U0309438

航天科技图书出版基金资助出版

航天电子互联技术

潘江桥　周德祥　等 编著

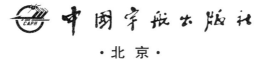

中国宇航出版社

·北京·

图书在版编目(CIP)数据

航天电子互联技术/潘江桥等编著 . -- 北京：
中国宇航出版社，2015.12
　　ISBN 978 - 7 - 5159 - 1078 - 9

　Ⅰ.①航… Ⅱ.①潘… Ⅲ.①航天器-电子技术
Ⅳ.①V4

　　中国版本图书馆 CIP 数据核字(2015)第 322391 号

责任编辑　彭晨光

责任校对　祝延萍　　**封面设计**　宇星文化

出　版
发　行　**中国宇航出版社**

社　址　北京市阜成路 8 号　**邮　编**　100830
　　　　　(010)68768548
网　址　www.caphbook.com
经　销　新华书店
发行部　(010)60286880　　(010)68371900(传真)
　　　　　(010)60286887　　(010)60286804(传真)
零售店　读者服务部
　　　　　(010)68371105
承　印　北京画中画印刷有限公司

版　次　2015 年 12 月第 1 版
　　　　　2015 年 12 月第 1 次印刷
规　格　787×1092
开　本　1/16
印　张　23.75
字　数　534 千字
书　号　ISBN 978 - 7 - 5159 - 1078 - 9
定　价　168.00 元

本书如有印装质量问题，可与发行部联系调换

航天科技图书出版基金简介

航天科技图书出版基金是由中国航天科技集团公司于 2007 年设立的，旨在鼓励航天科技人员著书立说，不断积累和传承航天科技知识，为航天事业提供知识储备和技术支持，繁荣航天科技图书出版工作，促进航天事业又好又快地发展。基金资助项目由航天科技图书出版基金评审委员会审定，由中国宇航出版社出版。

申请出版基金资助的项目包括航天基础理论著作，航天工程技术著作，航天科技工具书，航天型号管理经验与管理思想集萃，世界航天各学科前沿技术发展译著以及有代表性的科研生产、经营管理译著，向社会公众普及航天知识、宣传航天文化的优秀读物等。出版基金每年评审1～2次，资助 10～20 项。

欢迎广大作者积极申请航天科技图书出版基金。可以登录中国宇航出版社网站，点击"出版基金"专栏查询详情并下载基金申请表；也可以通过电话、信函索取申报指南和基金申请表。

网址：http：//www.caphbook.com

电话：（010）68767205，68768904

自　序

中国航天历经近 60 年的发展，取得了载人航天、月球探测、北斗卫星导航、高分辨率对地观测等一系列举世瞩目的成就。航天技术作为高新技术的重要组成部分发挥了不可替代的作用，通过航天人的奋力拼搏、集智攻关，实现了一次次重大的技术跨越。

航天电子互联技术是航天技术的重要一环，为实现航天电子产品的高性能、小型化、轻量化发挥着巨大作用。纵观国内外发展，电子互联技术一直得到各国政府的高度重视，德国提出的工业 4.0，预示工业将进入以信息物理融合系统为基础，以生产高度数字化、网络化、机器自组织为标志的第四次工业革命，以电子互联技术为基础的集成电路必将是此次变革的重要支撑；我国也发布了《中国制造 2025》，强化核心基础零（部）件、先进基础工艺、关键基础材料和产业技术基础等工业基础能力被列为战略任务和重点，以集成电路及专业装备为代表的"新一代信息技术产业"被列入了大力推动的 10 个重点领域，要求重点掌握高密度封装及三维（3D）微组装技术，提升封装产业和测试的自主发展能力。

从航天型号研制和生产的角度看，随着载人航天工程、月球探测工程、第二代卫星导航系统、高分辨率对地观测系统、大推力运载火箭等国家重大科技专项和重大航天工程任务逐渐走向深入，对航天电子产品在性能、小型化、环境适应性等方面提出了更高的要求，迫切需要提升航天电子互联技术水平。

本书充分总结了近年来航天电子互联技术发展所取得的成果，体现了航天特色，紧密跟踪电子互联技术深度融合的发展趋势，将微观封装与宏观电装有机地结合在一起。本书既是一本理论教材，也是一本工具参考书，必将为航天电子互联技术的继承与发展发挥极大的促进作用。

电子互联技术领域十分活跃，技术更新换代飞快，我希望，更多的科技工作者能投身到航天电子互联技术的研究中来，不断开拓创新，为航天电子互联技术取得更大发展做出贡献！

作　者

2015.12

前　言

当前，随着国内外电子产品朝着高性能、微型化方向发展，微组装技术、SiP 技术等新技术不断涌现，宏观电子产品与微观电子产品表现出日趋融合的发展趋势，原本较为分明的一级和二级互联的界限也随着技术的应用逐渐模糊。同时，由于电子产品的小型化，各级互联间的相互影响日趋显著，尤其是一、二级互联间表现得更为明显，元器件封装、印制板制造不合理导致的后续电子产品组装失效的案例屡见不鲜，迫切需要系统地研究分析电子互联的全过程，以达到提升电子产品质量的目的。

从航天工程自身而言，由于其具有系统性、高风险等特点，航天器在发射及太空运行期间将面临恶劣的环境考验，包括高真空、强辐射、高量级振动、极端温度等，因此，航天电子互联技术作为航天技术的重要支撑，有其自身显著的特点，以适应航天产品高可靠的要求。

为此，中国航天电子技术研究院组织编写了本书，以适应宏观电子产品与微观电子产品进一步融合的发展趋势，固化航天电子互联技术自身的经验与成果，进一步明确后续的发展思路。

本书共 9 章，主要包括单片集成电路封装技术、混合集成电路互联技术、微波组件组装技术、印制电路板制造技术、印制电路板组装件互联技术、整机装联技术、电子互联可靠性分析与验证、航天电子产品数字化制造技术等内容。

本书系统总结、提炼了航天电子互联技术的内涵、发展现状、主要技术及取得的成果，可作为相关型号科研生产的工具参考书，具有很好的实用价值，对航天电子互联技术水平的整体提升具有很好的促进作用；同时，本书分析了航天电子互联技术的发展趋势，明确了后续的发展方向。其具体特点如下：

1）突出电子互联技术融合的发展趋势。对微组装、SiP 等体现融合发展的新技术进行了系统的阐述，对各级互联技术之间的相互关系及影响进行了系统分析并提出了应对措施。

2）突出航天特色。全书围绕航天特色的电子互联技术进行论述，以流程为牵引，以方法为重点。同时，系统梳理了航天电子产品研制过程中的典型故障，分析了原因，并提出了改进措施；针对航天电子互联技术的各项分技术分别梳理了航天特殊要求及禁忌，并分析了禁用相关技术的原因。

本书主要面向从事航天电子互联技术的工程技术人员及管理人员，也可作为大专院校相关专业的教学参考书。

在本书的编写过程中，潘江桥、周德祥、赵元富、赵凡志、史进朝、华苇、王冲等参与了全书策划，林建京、练滨浩参与了第1章编写，冯小成、曹玉生、贺晋春参与了第2章编写，李冬梅、练滨浩、王茉参与了第3章编写，林玉婕、何伟参与了第4章编写，苏艳玲、王强、暴杰参与了第5章编写，李春辉、赵钺参与了第6章编写，赵志勇、曾令迪、何伟参与了第7章编写，李国丛、廖声冲、何伟参与了第8章编写，高庆、孙磊、薛强参与了第9章编写。周德祥、林建京、华苇、暴杰参与了全书的统稿，王轶参与了全书的审校。

在此，衷心感谢为本书编著付出努力的各级技术人员及管理人员，感谢给予指导的有关专家及领导！

由于作者水平有限，书中难免有不妥之处，敬请广大读者提出宝贵意见！

作　者

2015.12

目　录

第1章　概　述

1.1　航天电子互联的概念

电子技术是 20 世纪发展最迅速的新兴技术，其应用最广泛，已成为近代科学技术发展的一个重要标志。进入 21 世纪，人们面临的是以半导体和集成电路为代表，微电子技术、电子计算机和因特网为标志的信息社会，高科技的广泛应用使社会生产力和经济获得了空前的发展。电子互联作为电子技术的重要组成部分，在国防、科学、工业、医学、通信及文化生活等各个领域中都起着巨大的作用。

电子互联是电子产品制造的核心技术。在电子产品制造中，任何两个分立电气接点之间的连接称为互联；将数量众多的电子元器件、金属或非金属零部件、紧固件及各种规格的导线，按设计文件规定的技术要求，装配连接成整件或整机的技术称为电子互联技术，主要内容包含了芯片内部工艺互联、集成电路封装互联、印制电路板组装件互联和整机互联等 4 个等级的互联，互联级别如图 1-1 所示。

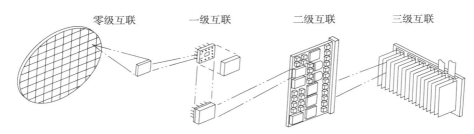

零级互联　　　一级互联　　　二级互联　　　三级互联

图 1-1　电子互联级别

电子互联级别按不同的连接对象可以分为如下 4 种。

1）零级互联：芯片内部工艺互联，如利用金属布线、通孔等结构将芯片内部的晶体管之间按设计需要进行连接。零级互联属于微观工艺互联技术，本书中不做重点介绍。

2）一级互联：集成电路封装互联，包括采用粘接材料将芯片与外壳粘接区连接，或者利用引线键合、载带焊接或倒装焊接等连接方式将芯片与外壳进行连接。

3）二级互联：印制电路板组装件互联，是一种将多芯片和多元件组装到印制电路板的互联，采用焊料将元器件引出端与印制电路板焊盘进行连接。

4）三级互联：整机互联，包括整机电气互联和整机装配互联。整机电气互联指的是印制电路板与印制电路板的互联，如用电连接器连接，将分别位于两块印制电路板组装件上的电连接器对插连接；整机装配互联指的是分系统到分系统、系统到系统的互联，如采用线束、线缆或无线方式将两个分系统或系统之间进行连接。

由于航天电子产品的特殊性，如在生产、运输、长期贮存、发射、飞行、太空运行、返回过程中或在战斗环境下要经受各种极为复杂和恶劣环境条件的严酷考验，为适应航天电子产品这种高可靠、高质量和小型化的要求，我国航天电子互联技术历经数十年努力得到了较大的发展。

本书中的航天电子互联主要介绍一级、二级和三级互联。

1.2　航天电子互联技术在航天制造技术领域的地位和作用

航天工程是天地一体化工程，需要对空间目标进行探测、跟踪、识别，如对卫星、飞船等空间飞行器进行测量、控制与信息传输，或实现空间通信、广播、遥感、导航定位等功能。航天电子技术研究是航天工程技术发展和产品现代化的基础，航天电子产品在航天工程领域有着广泛的应用，其性能是决定航天装备技术指标的重要因素。随着我国航天电子产品的设计水平和制造技术的发展，过去的一个线路单元、一个模块甚至一部单机，现在仅采用四边引线扁平封装或球栅阵列封装等封装形式的集成电路再加上少量外围线路即可取代。航天电子产品功能大幅度发展的同时，产品体积大幅度缩小，可靠性随之提高，实现方法是采用了支撑高密度、窄间距的电子互联技术。该技术也是电子产品实现模块化、智能化、复合化、高频率和在有限空间内组装功能更加复杂、高度综合集成的根本途径。

近年来为了适应航天电子产品集成化、高密度和质量小的要求，电子产品的组装密度急剧提高，组装难度明显加大，其中任何一个电子互联部分出现问题都将直接导致电子产品失效，并最终影响整个装备的质量和可靠性。目前，由工艺控制不当导致的工艺缺陷、设计缺陷等因素引发的印制电路板绝缘性失效和焊点疲劳失效等电子互联问题，已成为影响航天电子产品可靠性的主要原因。

在航天电子产品制造过程中，电子互联的作用分别如下：

1）一级互联的主要作用是为芯片提供机械支撑和环境保护，接通芯片的电流通路，提供信号的输入和输出通路，提供散逸芯片产生热的热通路。一级互联质量直接影响着半导体器件的电、热、光和机械性能，还影响其可靠性，并且对电子产品的小型化起着十分重要的作用。一级互联技术在元器件领域通常称为封装技术。

2）二级互联是实现印制电路板组装件的重要基础。随着航天型号对电子产品的要求不断提高，电子产品的性能也飞速发展，印制电路板也迅速更新换代，随之而来的是元器件和印制板使用的多元化，如表面贴装元器件的使用、多层印制电路板的使用等。新材料、新技术的不断应用，对印制电路板加工技术和组装工艺技术也提出了更高的要求。二级互联技术是电子产品装联工艺中的核心技术之一。

3）三级互联是航天制造技术的重要组成部分，是航天电子产品从理论变成实物、成果转化为生产力的重要桥梁，是航天制造业的基础技术，是国家航天实力和技术水平的重要标志。为了适应航天市场竞争激烈和产品更新速度快、生产批量小、品种多的特点，提高航天电子整机互联水平成了缩短航天产品研制周期的主要手段，并且成为航天电子产品质量及其稳定性的重要保障。

1.3　航天电子互联的发展简史

自从 1947 年世界上第一只半导体晶体管问世，同时也就开始了一级互联技术的历史。20 世纪 50 年代以 3 根引线的晶体管外形（Transistor Outline，TO）外壳为主，与此同时发明了生瓷流延工艺，为以后多层陶瓷工艺的发展奠定了基础。1958 年发明了第一块集成电路，推动了多引线外壳的发展。由于集成电路芯片的集成度越来越高，要求外壳封装的引线数越来越多，促进了多层陶瓷工艺日臻成熟。20 世纪 60 年代发明了双列直插引线的双列直插封装（Dual Inline Package，DIP）外壳，由于这种外壳的电性能和热性能优良、可靠性高，使它备受集成电路厂家的青睐，于 20 世纪 70 年代成为系列主导产品。20 世纪 80 年代，表面贴装技术掀起了集成电路封装领域的一场革命，与之相适应发明了一系列用于表面贴装技术的新集成电路封装形式，如无引线陶瓷片式载体和四边引线扁平封装。由于密度高、引线节距小、成本低和适于表面贴装，四边引线扁平封装成了 20 世纪 80 年代的主导产品。到了 20 世纪 90 年代，集成电路发展到超大规模阶段，要求封装的引出端数越来越多，引出端节距越来越小，从而促进了集成电路封装从四边引线型向平面阵列型发展。20 世纪 90 年代初发明了球栅阵列（Ball Grid Array，BGA）封装，目前正处于快速发展阶段。与此同时，集成电路向多芯片组件（Multi Chip Module，MCM）发展，即把多块裸露的集成电路芯片安装在一块多层布线衬底上，并封装在同一外壳中。多芯片组件被认为是当代集成电路封装领域的另一场革命，发展势头只增不减。

回顾集成电路封装发展的几十年，概括起来可以说 20 世纪 70 年代是双列直插封装的时代，20 世纪 80 年代是四边引线扁平封装和表面贴装的时代，而 20 世纪 90 年代则是球栅阵列封装和多芯片组件的时代。进入 20 世纪 90 年代末期，伴随着 MCM、芯片尺寸封装（Chip Scale Package，CSP）、BGA 等封装技术的发展，出现了三维多芯片组件/封装［3D MCM/3D 多芯片封装（Multi Chip Package，MCP）］技术、系统级封装（System in Package，SiP）技术以及光、机、电一体化封装技术，为多功能、高性能、小体积的微小电子系统的制造提供了技术基础。

二级互联技术根据元器件的安装方式不同，可以分为通孔插装技术（Through Hole Technology，THT）、表面贴装技术（Surface Mount Technology，SMT）和混合安装技术（Mixed Mount Technology，MMT）三种。通孔插装技术是最早随着印制电路板大批量生产而诞生的，将元器件从印制电路板的元器件面插入，然后在焊接面处完成焊接操作，焊接方式可以采用手工焊接和自动焊接两种；表面贴装技术于 20 世纪 80 年代开始出现，将元器件的焊接部位直接贴放在对应的焊盘上，然后可以通过手工焊接或再流焊接的方式完成焊接；混合安装技术是集上述两种互联方式于一体的互联技术，它既包含通孔插装技术，又包含表面贴装技术，只是根据产品特点和需要，对两种互联技术采用的时机进行分配和组合。由于当前印制电路板组装件所使用的元器件大多包含通孔插装和表面贴装两种结构，因此混合安装技术是目前大多数印制电路板组装件主要采用的互联技术。二级互联技术共经历了 6 个发展阶段，第 4 阶段中表面贴装技术已成为航天电子互联技术的主流方向，并向第 5 阶段和第 6 阶段发展，其发展阶段见表 1-1。

表 1-1　二级互联技术的发展阶段

阶段	第 1 阶段 （1960 年以前）	第 2 阶段 （1960~1970 年）	第 3 阶段 （1970~1980 年）	第 4 阶段 （1980~1990 年）	第 5 阶段 （1990~2000 年）	第 6 阶段 （2000 年至今）
元器件	电子管、大型元器件	晶体管、径向型元器件	IC、高混合 IC、径向型元器件	QFP、SOP、LCC、SOJ、片式器件	裸芯片、ICP、薄膜元件	BGA、CSP、SiP
互联工艺	端子式连接	手工插装	自动插装	表面贴装	复合（裸芯片）组装	后表面贴装

三级互联技术包括整机装配互联和整机电气互联。整机装配互联技术的历史与机械行业中的装配技术的历史紧密相关，机械装配技术自 20 世纪 20 年代出现以来，经历了 3 个阶段，即刚性自动化、柔性自动化和综合自动化。如今，随着计算机和传感器的出现和普及，人们将零件的互换性以及装配线的应用推向了一个又一个的高峰，不仅仅在装配行业，整个制造业都朝着自动化和智能化的方向快速发展；整机电气互联技术的发展与印制电路板组装技术的发展密切相关，涉及整机的接口和接点的安装、印制板组装件的安装、面板元器件及部（组）件的组合与安装、导线走线与连接、导线束敷设与安装、电缆走向和绑扎等项目，航天电子产品的电气装联质量是决定其可靠工作的关键。由于航天电子产品在发射飞行过程中的不可维修性以及自身的结构特点，因此，在装联准备、组装、焊接、清洗及防护处理等工序均需要采用高可靠性的工艺措施和工艺方法，才能生产出可靠性、稳定性和精度要求远远高于其他电子产品要求的航天产品。

由上述互联技术的发展历史可以看出，电子产品的性能指标随着互联技术高密度、小型化的发展而不断更新换代，电子产品的更新换代又牵引了电子技术的飞速发展，电子技术的发展又进一步推动了装备实现小型化、集成化，使得装备的性能水平提高，进而提升装备可靠性，逐渐形成了"一代电子、一代技术、一代装备"的局面。

1.4　航天电子互联的技术展望

中国航天事业自 1956 年创建以来，经历了艰苦创业、配套发展、改革振兴和走向世界等几个重要时期，迄今为止已达到了相当规模和水平，在卫星回收、一箭多星、火箭技术以及静止轨道卫星发射与测控技术领域已跻身世界先进行列，在遥感卫星研制及应用、通信卫星研制及应用、载人飞船试验以及空间微重力试验等方面均取得了重大成果。未来航天型号发展的重点包括深空探测、载人航天、小卫星阵列和空间站等几个方面，这些工程型号的应用对整机、分系统、单机和微电子器件的互联技术均提出了更高的要求，航天电子互联技术的发展趋势必将与新的技术要求相适应，具体如下。

我国新一代航天产品对性能、质量、体积和可靠性的要求不断提高，推动着航天用集成电路一直向着高性能、轻量化、小型化、高可靠的方向发展，使得电子封装形式也经过不断演变，逐渐向高集成度、小型化方向发展，这使得常规的引线键合工艺已经不能满足当前和下一阶段航天用集成电路的需要（尤其是引出端数超过 600 个的器件）。而倒装芯片（Flip Chip，FC）封装技术由于芯片引出端采用了面阵列排布方式，具有短信号传输距离、高密度、高频性能优异、低串扰和高可靠等特点，是实现高速、高密度先进封装最为有效的途径之一。SiP 技术是在系统级芯片（System On Chip，SOC）的基础之上发展起来的一种新技术。SOC 是指将系统功能进行单片集成的电路芯片，对该芯片加以封装就形成一个系统级的器件，而 SiP 是指将多个半导体裸芯片、无源元件构成的高性能系统集成于一个封装内，形成一个功能型器件，因此可以实现较高密度的芯片组合，如 SiP 计算机在质量、体积和功耗指标上与现有计算机相比存在极大的优势。实际上 SiP 也是 3D 封装，是 3D MCM 的发展，它实现了一、二、三级互联的集成，使得一级互联完成后产品的功能和性能达到了以往需要经过二、三级互联完成后产品的水平。

当前，随着电子产品愈加朝着高性能、微型化和薄型化的方向发展，印制电路板组装工艺已经逐步迈入了后 SMT 时代，随着第 5 代组装技术逐步兴起，印制电路板组装技术也在朝着复杂化和多元化的方向发展，原较为分明的一级和二级互联的界限也将随着板上芯片直装（Chip On Board，COB）等技术的应用逐渐模糊。我国航天电子产品的印制电路板组装工艺主要是 THT 与 SMT 相结合的组装技术，产品结构也以二维结构为主，生产模式以手工作业和自动化作业相结合，数字化程度较低。在电子产品组装技术逐渐朝着高密度、微小型化、数字化和智能化等方向发展的影响下，今后航天电子产品在印制电路板组装领域的发展主要有以下几个方向：

1）随着电子产品向小型化、便携化方向发展，器件集成度不断提高，传统的锡铅焊料存在一系列材料及工艺问题，已经不能满足当前工艺要求，迫切需要开发新型连接材料。目前，各国都在抓紧研究锡铅合金焊料的替代品。其中，在微电子组装领域，导电胶膜是代替传统的锡铅焊料的选择之一。

2）在电路中引入光路的光电互联技术能有效地解决"电子瓶颈"效应，因此成为新互联方式的首选。光电互联技术作为电子行业新的技术发展趋势，是 21 世纪电气互联技术的重要发展方向之一。

3）微焊接技术作为继传统 THT 技术和当前的 SMT 技术之后，进一步朝着微小型化方向发展的组装技术，也将成为今后电子产品装联领域的一项重要工艺技术。

4）随着电子产品的小型化和集成化发展，原有的 2D 组装将无法满足产品设计要求，印制电路板组装工艺将立体化实现 3D 组装。

目前，三级互联技术仍大量采用传统人工装配方式，自动化和柔性化水平较低，数字化协调尚未贯穿整个装配过程。开发一款新产品需要一年乃至更长的时间，光装配就需要数月，原因是设计和工艺手段落后，装配过程往往会出现干涉和错位等现象，不得不进行现场返工等，不仅费工费料，而且耗费时间。而虚拟装配技术已成为数字化制造技术在制造业中研究和应用的典范。在计算机里利用虚拟装配仿真软件将设计的产品三维数据进行装配工艺设计及仿真，可帮助产品摆脱装配物理样机及所涉及的工艺装配制造难题，有效地提高产品、工装的建模质量，有助于降低产品开发成本，缩短产品的开发周期。

数字化制造技术是在数字化技术和制造技术融合的背景下，并在虚拟现实、计算机网络、快速原型、数据库和多媒体等支撑技术的支持下，根据用户需求，迅速收集资源信息，对产品信息、工艺信息和资源信息进行分析、规划和重组，实现对产品设计和功能的仿真以及原型制造，进而快速生产出达到用户要求性能的产品的整个制造全过程。生产管理的数字化就是实现管理可视化、可量化和可追溯性，即通过一系列的软件合成对生产全过程进行调度及质量控制。而且可以通过模拟装配软件在正式生产前进行模拟装配，检查并处理将会在实际生产中出现的问题。利用印制电路板（Printed Circuit Board，PCB）设计数据与材料清单（Bill Of Material，BOM）数据，通过结合元器件实体库及丰富的行业设计和制造标准，在制造前进行软件智能化虚拟仿真分析，生成三维装配视图，自动全面检查设计错误（焊盘、走线、过孔、丝印等），第一时间发现设计缺陷或隐患，分析并预测设计可能带来的生产缺陷、品质问题，最大化促使设计与制造工艺能力匹配，减少改版次数，并快速产生可供设计部门及制造部门协同工作的可分享的可制造性设计工艺分析报告。

展望未来，中国航天发展前景广阔，其中北斗卫星导航系统在区域卫星导航系统的基础上，到2020年将全面建成由30余颗卫星组成的高精度全球卫星导航系统；高分辨率对地观测系统将研制发射1米全色/4米多光谱光学成像卫星、地球同步轨道光学成像卫星和高光谱分辨率国土测绘卫星等；加速推进深空探测和空间科学发展，包括载人登月、重型运载火箭和深空探测，适时提出实施火星环绕巡视探测、小卫星伴飞附着、深空太阳天文台、太阳极区探测和火星取样等工程。随着航天型号工程的发展，航天电子互联将不断涌现和发展新技术，互联级别之间的界限将越来越模糊，其高技术含量的特征也将越来越明显，对需要掌握和运用该技术的科技工作者也提出了更高的要求。

第 2 章　单片集成电路封装技术

2.1　概述

单片集成电路封装技术起步于 20 世纪 60 年代，以双列直插封装、针栅阵列封装为主。到 20 世纪 80 年代出现了表面贴装器件，代表产品有无引线芯片载体（Leadless Chip Carrier，LCC）、四边引线扁平封装（Quad Flat Package，QFP）等。随着 FC 技术的逐渐成熟，又出现了 FC - BGA 封装，封装集成度越来越高，封装引出端数也越来越多。目前国外航天用单芯片封装密度已经达到 2 000 个引线以上，CPU 频率超过 2.5 GHz，高速 AD 转换器采样频率达 10 GSPS 以上，航天用单片集成电路封装技术的总体趋势是朝着高可靠、高速、高密度、大功率器件封装方向发展。

封装是指通过微细连接技术将半导体芯片与外壳进行安装、固定及连接构成整体立体结构的工艺，主要通过装片、键合、封帽等工序实现芯片到电子器件的转化。封装的主要作用包括机械支撑和机械保护、传输信号和电源分配以及散热。封装可分为气密性封装与非气密性封装两类，航天用器件主要采用气密性陶瓷封装。气密性封装的目的在于保护芯片不受或少受外界环境的影响，并为之提供一个良好的工作条件，以使集成电路具有稳定的、正常的功能。

由于电子封装技术发展迅速，如今单片集成电路有着各种不同的封装类型，表 2 - 1 为航天用陶瓷器件常用的封装形式。

表 2 - 1　航天用陶瓷器件常用的封装形式

封装形式	名称缩写	电装类型	主要特点	典型照片
陶瓷双列封装	CDIP （Ceramic Dual Inline - pin Package）	插装型	引出端中心距为 2.54 mm，引出端数从 4 到 64	
陶瓷针栅阵列封装	CPGA （Ceramic Pin Grid Array Package）	插装型	中心距通常为 2.54 mm、1.27 mm，引出端数从 28 到 560	

续表

封装形式	名称缩写	电装类型	主要特点	典型照片
陶瓷扁平封装	CFP (Ceramic Flat Package)	表面贴装	中心距通常为 1.27 mm、0.635 mm,引出端数从 8 到 64	
陶瓷片式载体封装	CLCC (Ceramic Leadless Chip Carriers)	表面贴装	引出端从封装的 4 个侧面引出。中心距通常为 1.27 mm、1.0 mm,引出端数从 16 到 156	
陶瓷四边引线扁平封装	CQFP (Ceramic Quad Flat Package)	表面贴装	引出端中心距有 1.0 mm、0.8 mm、0.65 mm、0.5 mm、0.4 mm、0.3 mm 等多种规格,引出端数从 48 到 300	
陶瓷四边 J 形引线扁平封装	CQFJ (Ceramic Quad Flat J–leaded Package)	表面贴装	引出端中心距 1.27 mm,引出端数从 18 至 84	
陶瓷球栅阵列封装	CBGA (Ceramic Ball Grid Array Package)	表面贴装	引出端节距 1.0～1.5 mm,引出端数可超过 600	
陶瓷柱栅阵列封装	CCGA (Ceramic Column Grid Array Package)	表面贴装	引出端节距 1.0 mm、1.27 mm,引出端数可超 1 500	

　　航天用陶瓷器件封装,由于互联密度越来越高,逐渐朝着系统级封装方向发展,代表类型为微机电系统(Micro Electro Mechanical System,MEMS)封装、光机电一体化封装。图 2-1 为微电子封装的发展趋势。

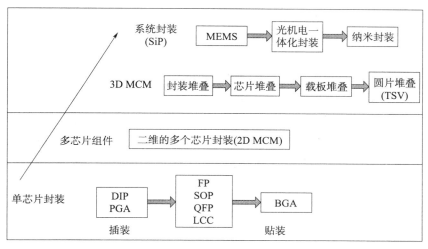

图 2-1　微电子封装的发展趋势

2.2　单片集成电路封装原材料

　　封装原材料作为连接芯片和系统的重要桥梁，是航天用电子元器件封装技术的重要组成部分。采用引线键合（Wire Bonding，WB）封装形式的原材料主要包括陶瓷外壳、装片材料、键合丝、盖板，而对于 CBGA 和 CCGA 还需要焊球材料、焊膏以及焊柱材料。图 2-2 为 WB-CCGA 形式示意图。与引线键合封装相比，倒装焊封装工艺采用面阵列排布，封装密度更高，可靠性更好。倒装焊封装主要的原材料包括焊球、散热片、基板和底部填充材料，图 2-3 为 FC-CBGA 形式示意图。

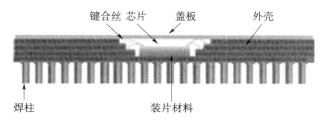

图 2-2　采用 WB 工艺的 CCGA 形式示意图

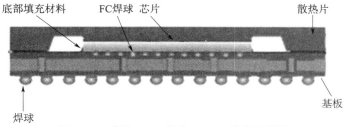

图 2-3　采用 FC 工艺的 CBGA 形式示意图

2.2.1　引线键合封装工艺原材料

2.2.1.1　外壳

封装外壳主要为芯片提供机械支撑、保护和电热连接，航天用封装外壳一般采用陶瓷封装外壳。陶瓷封装外壳是以陶瓷材料为主体的外壳，制造技术是以多层陶瓷制备工艺技术和陶瓷-金属封接工艺技术为基础发展起来的一种非常重要的航天用高可靠封装外壳技术。其特点为布线密度高、气密性好、耐高温和化学稳定性良好、机械强度高。外壳的组成包括多层金属化布线的陶瓷件、金属的封口环、热沉和引线等。陶瓷材料可分为氧化铝陶瓷、氮化铝陶瓷、氧化铍陶瓷；金属材料为钨、钼、钨铜、钼铜、无氧铜、可伐（kovar）、银铜、银、金、金锡等。图 2-4 为一款 CQFP 形式的陶瓷外壳示意图，主要由陶瓷体、外引线及表面镀层材料组成。

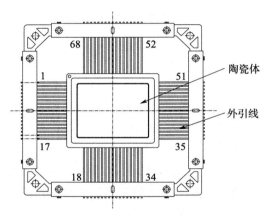

图 2-4　CQFP 形式的陶瓷外壳示意图

2.2.1.2　装片材料

装片材料主要分为粘接胶和合金焊料。

（1）粘接胶

粘接胶粘接工艺是最常用的工艺，它具有工艺简单、速度快、成本低、低温粘接和对芯片背面金属化无特殊要求等优点。在集成电路组装中流行使用两种粘接胶，即导电粘接胶和绝缘粘接胶。二者主要成分都包括环氧树脂和固化剂，不同的是导电胶需要加入一定量的掺杂金属（如金或银），目前航天用元器件的粘接材料主要使用银浆。

（2）合金焊料

合金焊料是由两种及以上不同的金属按一定比例形成的共熔合金。将合金焊料放在芯片和外壳底座之间，在一定的保护气氛中加热到合金共熔点使其熔融，然后填充于芯片和外壳底座之间，形成合金焊料与金层原子间的结合，从而完成芯片与外壳的电气互联。

由于合金焊料的固有特性，合金焊料被广泛应用于长寿命、高可靠电路的芯片装片工艺。常用的合金焊料成分见表 2-2。

表 2 - 2　常用的合金焊料和熔点温度

序号	焊料成分	共熔温度/℃
1	80Au、20Sn	280
2	88Au、12Ge	356
3	96.76Au、3.24Si	363
4	97.5Pb、2.5Ag	303
5	62.5Sn、36.1Pb、1.4Ag	179
6	63Sn、37Pb	183

2.2.1.3　键合丝

键合丝按照材料不同可分为金丝、硅铝丝和铜丝。由于相对于其他芯片互联工艺具有较好的质量稳定性和相对低廉的价格，引线键合如今仍然被认为是最重要的芯片互联技术之一，每年有超过 4 万亿的引线键合点产生。航天用集成电路引线键合材料使用最广泛的是金丝和硅铝丝，少部分产品也会使用铜丝。

（1）金丝

金丝具有电导率大、耐腐蚀、韧性好等优点，而且技术成熟，工艺稳定性好。但金丝也有一定的局限性：一是金丝球焊键合需要在加热的条件下进行，二是在高温条件下金焊点与芯片铝电极之间容易产生金铝间化合物 $AuAl_2$（紫斑）和 Au_2Al（白斑），这些金铝间化合物接触电阻大，具有脆性，在有振动或者弯曲的情况下容易发生断裂。

金丝球焊使用的多为 99.99% 的高纯度金丝，有时候为了满足一些特殊要求，例如高强度，也使用低纯度的合金丝。研究表明某些掺杂物，能降低金铝间化合物扩散生长的速度。金丝主要分为掺杂金丝和合金化金丝。掺杂金丝比合金化金丝具有更好的强度，但是会损失一定的电性能。表 2 - 3 为常用金丝的性能表。

表 2 - 3　常用金丝性能表

序号	直径/μm	延伸率/%	拉断力/g
1	20	2～6	3～8
2	25	3～6	8～13
3	30	2～7	16～22
4	50	2～7	32～50

（2）硅铝丝

硅铝丝由于在铝丝成分中含有 1% 的硅，因此具有高强度、高硬度等特点，硅铝丝可在室温下进行键合，并且不会导致扩散层出现可靠性问题，具有较高的物理稳定性及化学稳定性，因此被广泛用于航天用集成电路、半导体分立元器件等。

硅铝丝质量的好坏直接影响半导体器件、集成电路的可靠性，随着集成电路的多功能化、小型化、高集成度的发展及全自动键合机的开发以及焊接技术不断提高，焊接过程中对键合材料硅铝丝的机械性能、产品的单丝长度、稳定性、表面质量等方面提出了更高的要求，表 2 - 4 为常用硅铝丝性能表。

表 2 - 4　常用硅铝丝性能表

序号	直径/μm	延伸率/%	拉断力/g
1	25	1～3	15～17
2	30	1～4	19～21
3	40	1～4	25～35
4	50	1～4	55～65

（3）铜丝

目前，铜丝球焊键合在航天用集成电路中应用极少，主要原因是铜丝球焊在大气环境下形球容易氧化；铜的硬度较大，键合过程在硅片中产生较大的应力，易损伤芯片；铜的氧化膜与铜基体的性质接近，键合中不容易破碎，需要更大的变形等。

（4）盖板

随着航天复杂电子装备的研制和大量生产，人们对电子元器件和微电子元器件的质量与可靠性提出愈来愈苛刻的要求，对器件进行性能优良的气密性封装，可以有效保护器件免受外界环境的影响。盖板是形成气密性封装的重要材料。盖板按类型可以分为平行缝焊盖板和熔封盖板，按照材料主要可以分为可伐合金盖板和纯镍盖板。为了具有良好的耐腐蚀性能，盖板表面有一层或者多层的镀层结构，一般为镀镍或者镀金结构，高可靠盖板主要采用两层镍、两层金的复合镀层结构。

2.2.2　CBGA/CCGA 封装工艺原材料

2.2.2.1　焊球材料

国内外常用的焊球材料主要分为有铅和无铅两类，其中有铅焊球材料主要包括 63Sn37Pb、60Sn40Pb、90Pb10Sn、95Pb5Sn 等，而无铅焊球材料主要包括 Sn3.0Ag0.5Cu、Sn3.8Ag0.7Cu、48Sn52In、80Au20Sn、Sn9Zn 等。在航天应用中，常用的焊球材料有 63Sn37Pb 和 90Pb10Sn 合金。

2.2.2.2　焊柱材料

CCGA 封装器件的焊柱主要有两种：第一种是 90Pb10Sn 的焊柱，直径为 0.51 mm，高度为 2.2 mm。该种焊柱材质较软，能够有效缓解使用过程中由于陶瓷外壳与 PCB 热膨胀系数（Coefficient of Thermal Expansion，CTE）不同而引起焊点处的切应力。但其在运输和使用过程中易受外力影响而使焊柱发生变形，从而影响 CCGA 器件焊点的质量和可靠性。第二种是 80Pb20Sn 的焊柱，直径为 0.54 mm，高度为 2.2 mm，表面附有 40 μm 厚的铜带。该种焊柱材质与 90Pb10Sn 焊柱相比较硬，能够有效防止器件在运输和使用过程中受外力影响而发生焊柱变形的情况，从而提高 CCGA 器件的使用性。

2.2.2.3　焊膏材料

焊膏材料的选择直接影响植球的牢固性和封装器件的长期可靠性。若焊膏选择不合适，在焊接区域容易出现空洞，导致器件的可靠性下降。焊膏的分类方法主要有以下几种：按清洗方式分类，按焊剂活性分类，按熔点高低分类和按合金成分分类。

焊膏材料根据清洗方式分类，主要包括有机溶剂清洗型、水清洗型、半水清洗型和免清洗型四种。从保护环境角度考虑，不推荐采用有机溶剂清洗型焊膏，最常用的一般为免清洗型焊膏。免清洗型焊膏在再流焊工艺后助焊剂残留少，在民用产品中一般不进行清洗，但对于军用及航天用器件，为保证其长期贮存、长寿命的要求，仍然要对残留的助焊剂进行清洗。焊膏材料根据焊剂活性分类，主要包括低活性、中等活性和高活性三种，常用中等活性的焊膏。焊膏材料按照熔点高低分类，主要包括高温焊膏（＞250 ℃）、低温焊膏（＜150 ℃）和常用焊膏（151～249 ℃）。另外，按照焊膏的合金成分分类，焊膏材料主要分为有铅焊膏和无铅焊膏两种。其中，有铅焊膏一般为 63Sn37Pb、60Sn40Pb、62Sn36Pb2Ag 等，而无铅焊膏则为 SnAgCu、SnCu、SnSb、SnIn 等。目前，航天用器件中最常用合金成分为 63Sn37Pb 等的有铅焊膏，这是由于该成分合金具有熔点低（183 ℃）、润湿铺展性能强、抗疲劳性能高等特点而被广泛使用。

2.2.3　倒装焊芯片封装工艺原材料

2.2.3.1　芯片

倒装焊芯片电路与外界的连接通过制作焊球来实现，大多数硅芯片主要采用金属铝来制作芯片电路布线，由于金属铝性能活跃，在芯片铝布线的对外互联点需要制作金属层（Under Bump Metallization，UBM），图 2-5 为典型芯片 UBM 结构图。为增强焊点可靠性，倒装焊芯片焊球底部金属化多采用梁式引线多层金属化结构，通常由 3 层组成。

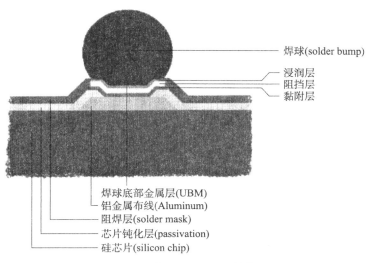

焊球(solder bump)
浸润层
阻挡层
黏附层

焊球底部金属层(UBM)
铝金属布线(Aluminum)
阻焊层(solder mask)
芯片钝化层(passivation)
硅芯片(silicon chip)

图 2-5　典型芯片 UBM 结构图

1）黏附层：与铝布线、硅层和钝化层的黏附性好，保证和铝布线、硅层形成低阻接触，且热膨胀系数相近，热应力小。一般选用 Cr、Ti、V、TiW 等材料。

2）阻挡层：能阻止锡铅合金化合物或金与铝、硅之间的相互扩散。一般选用 Ni、

Cu、Pb、Pt 等材料。

3）浸润层：能和焊球材料相浸润，可焊性好，且不形成有害于焊接的金属间化合物，能保护 Ni、Cu 等不被氧化、沾污。一般选用很薄的 Au 或 Ag 膜、Au 的合金膜。

2.2.3.2　焊球

与 CBGA 所用焊球材料成分基本一致，倒装焊球的直径大致在 80～300 μm 范围内。

2.2.3.3　基板

航天用倒装焊基板主要采用陶瓷基板，陶瓷基板是以多层陶瓷制备工艺技术为基础发展起来的航天高可靠封装基板。陶瓷基板使用的陶瓷材料包括氧化铝陶瓷、氮化铝陶瓷、氧化铍陶瓷；陶瓷基板中使用的金属材料主要包括钨、钼、钨铜、钼铜、无氧铜、银铜、银、金、金锡等。航天用倒装焊基板具有布线密度高、耐高温和化学稳定性良好、机械强度高等特点。

2.2.3.4　底部填充胶

底部填充胶可以有效缓解芯片和基板的热失配，并改善由于热失配而引发的焊点可靠性问题，提高焊点热疲劳寿命，同时底部填充胶材料参数对焊点寿命的提高程度有着密切关系。首先在底部填充胶参数中热膨胀系数（Coefficient of Thermal Expansion，CTE）应该与焊球材料相匹配，如果焊球为共晶铅锡焊料，那么底部填充胶材料热膨胀系数可以选择在 20～40 ppm/℃ 之间；其次底部填充胶材料的杨氏模量和玻璃化温度（Glass Transition Temperature，T_g）必须足够高，这样对焊点的可靠性改善才有帮助；另外底部填充胶对裸片以及基板的结合力大小，决定了它防止分层的能力，对焊点可靠性也有一定影响。表 2-5 为倒装焊常用的两种底部填充胶产品参数。

表 2-5　底部填充胶产品参数

序号	型号	T_g/℃	CTE($<T_g$)/(ppm/℃)	CTE($>T_g$)/(ppm/℃)	杨氏模量/GPa
1	U1	135	26	110	9
2	U2	135	28	90	10

2.2.3.5　热沉

芯片功耗较大时，需在芯片背面粘接热沉，及时将芯片工作所产生的热量散发出去，保证芯片工作时的温度不会过高，以保证电路的性能和可靠性。碳化硅铝（AlSiC）是一种性能优良的热沉材料。碳化硅铝是铝和碳化硅的复合材料，将铝渗透进碳化硅内部，形成内外一体、性质迥异的新型材料。碳化硅铝热膨胀性能类似陶瓷，热扩散性胜过普通金属，且具有质量轻、密度小和不易变形的优点。

2.3　单芯片封装技术

随着器件 I/O 端数增加，电子封装的互联方式也发生了变化。内部互联主要由引线键合互联技术发展到目前较为先进的倒装焊互联技术。互联数也由原来的 400 多根线发展到倒装焊中的 1 000 多个凸点，封装集成度大大提高，同时倒装焊产品还具有优越的电学和热学性能。

外部互联主要由最早的插装方式发展到目前的表面贴装方式，可靠性和使用效率得到较大的提升，作为目前航天领域较为先进的 CBGA 和 CCGA 形式，其在引出端数和可靠性方面具有独特优势，正被航天电子领域逐渐重视。

在单片航天用陶瓷封装工艺线环境控制中，对与集成电路生产和芯片加工环境有密切关系的动力分系统，如供电、人工环境、空压系统、纯水系统、真空系统、氮气系统等，做出了明确的控制要求。目前航天用陶瓷封装工艺线的净化等级为万级，室内温度要求控制在 18～28 ℃，湿度要求控制在 30%～70%。

对于单片航天用陶瓷封装工艺线静电控制，需要建立等电位系统，让可能接触敏感器件的所有表面都处于等电位状态，避免静电放电现象发生。具体做法是将台垫、手腕带等并联到公共接地点，再连接到地线上。另外在静电防护区域，需要严格管理绝缘物品和导体使用，保证与敏感器件直接接触的材料为静电耗散类材料。

2.3.1　内部互联

内部互联主要分为引线键合封装工艺和倒装焊封装工艺两种。

2.3.1.1　引线键合封装工艺

引线键合封装工艺的流程如图 2－6 所示。整个工艺生产过程可以分 6 个步骤，具体包括以下内容。

1）圆片减薄：对圆片进行背面减薄；

2）圆片背金：根据工艺需要，对于采用合金焊料的粘片工艺，需要先进行背面金属化；

3）划片、分片：将整个圆片的芯片划切成独立单元，然后将芯片从划片膜上取下；

4）装片：检验合格后芯片通过专门粘接材料与外壳粘接；

5）引线键合：对产品进行电气互联；

6）封帽：对产品进行密封。

图 2－6　引线键合封装工艺流程图

（1）圆片减薄工艺

随着集成电路向着短小轻薄的方向发展，封装中使用更薄的硅片已成为必然。目前行业内可以将硅片减薄至 50 μm，相当于普通人头发丝的直径。通过减薄，可以将硅片背面多余材料去除掉，不仅有效地减小了硅片封装体积，同时也提高了器件在散热、机械、电气等方面的性能。

目前，减薄方法主要有研磨、化学机械抛光（Chemical Mechanical Polishing，CMP）、干式抛光（Dry Polishing）、电化学腐蚀（Electrochemical Etching）、湿法腐蚀

（Wet Etching）、等离子辅助化学腐蚀（Plasma Aided Chemical Etching，PACE）、常压等离子腐蚀（Atmospheric Downstream Plasma Etching，ADPE）等，其中最常用的减薄技术有研磨、CMP、湿法腐蚀等。由于研磨的加工效率高，加工后的硅片平整度好，成本低，故多被封装厂所采用。

在研磨过程中，晶片和砂轮绕各自的轴线回转，进行切入减薄（In-Feed Grinding）。此种方法可以保证砂轮与晶片的接触长度、接触面积、切入角不变，研磨力恒定，加工状态稳定，避免硅片出现中凸和塌边现象，降低晶片翘曲和表面应力。工作原理如图 2-7 所示[5]。

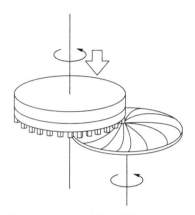

图 2-7　背面研磨减薄技术原理图

在研磨前，首先将所要加工的晶片粘接到减薄膜上，然后把减薄膜及上面晶片利用真空吸附到多孔陶瓷工作台上，通过粗磨到精磨，对晶片进行磨削加工。加工后的晶片由于黏附在减薄膜上，此时需要对其进行揭膜，然后对晶片进行测厚，以监控工艺状态。

（2）划片工艺

在一个晶圆上，通常有几百个至数千个芯片连在一起。它们之间留有 80～250 μm 的间隙，此间隙被称之为划片道（Saw Street）。将每一个具有独立电气性能的芯片分离出来的过程叫做划片或切割（Dicing Saw）。目前，机械式金刚石切割是划片工艺的主流技术。在这种切割方式下，金刚石刀片（Diamond Blade）以每分钟 3 万转到 4 万转的高转速切割晶圆的街区部分，同时，承载着晶圆的工作台以一定的速度沿刀片与晶圆接触点的切线方向呈直线运动，切割晶圆产生的硅屑被去离子水（DI Water）冲走。按能够切割晶圆的尺寸，目前半导体界主流的划片机分 8 英寸和 12 英寸两种，主要方式是采用金刚石砂轮刀切割，如图 2-8 所示[7]。

金刚石砂轮刀是利用薄片砂轮在高速旋转时的切削能力，对硅片、玻璃、陶瓷、PCB、LED、NTC 进行切割的机器，在半导体等行业应用十分广泛。金刚石砂轮刀片是一种极薄的切割刀片，其厚度在 0.04～0.30 mm 范围内不等，厚度的不均匀度在 2.5 μm 以内，锯片的尺寸为 φ（20～120）mm。金刚石砂轮刀切割具有切割效率高、切口质量好、被切材料消耗少等优点[6]。

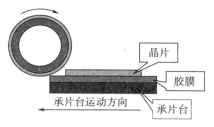

图 2-8　划片机工作原理图

（3）装片工艺

芯片的装片是指半导体芯片与载体（封装壳体或基片）之间形成牢固的、传导性或绝缘性连接的方法。装片除了为器件提供机械连接和电连接外，还须提供良好的散热通道。装片方法可分为金属合金焊接法和环氧粘贴法，以下对这两种方法进行介绍。

①金属合金焊接法

金属合金焊接主要指金硅、金锡等共晶焊接。金硅共晶焊接法就是指芯片在一定的压力下（附以摩擦或超声），当温度高于共晶温度时，金硅合金熔化成液态的 Au-Si 共熔体；冷却后，当温度低于共晶温度时，共熔体由液相变为以晶粒形式互相结合的机械混合物（金硅共熔晶体）而全部凝固，从而形成牢固的欧姆接触焊接面。合金焊片焊接法是将合金焊片（如金锡）放在芯片和外壳底座之间，在一定的保护气氛中加热到合金共熔点使其熔融，填充于芯片和外壳底座之间，形成合金焊料与金层原子间的结合，从而完成芯片与外壳的电气互联。共晶焊接法具有机械强度高、热阻小、稳定性好、可靠性高和杂质含量较少等优点，因而在微波功率器件和组件的芯片装配中得到了广泛的应用，并备受高可靠器件封装行业的青睐，其焊接强度已达到 245 MPa。

②环氧粘贴法

在集成电路封装中，经常使用两种粘接剂，即导电粘接剂和电绝缘粘接剂（非导电），其中导电环氧粘接剂可以掺银或金。而对于芯片衬底与外壳之间不需要欧姆接触的集成电路一般采用非导电环氧贴装。环氧树脂是一种稳定的线性聚合物，在加入固化剂后，环氧基打开形成羟基并交链，从而由线性聚合物交链成网状结构再固化成热固性塑料。其过程是由液体或粘稠液到凝胶化再到固体。固化的条件主要由固化剂种类来决定，而其中掺杂的金属含量决定了其导电、导热性能的好坏。

掺银环氧粘贴法是当前最流行的芯片粘贴方法之一，它所需的固化温度低，这可以避免热应力，但有银迁移的缺点。近年来应用于中小功率晶体管的金导电胶导电、导热性能优于银导电胶。

非导电性填料包括氧化铝、氧化铍和氧化镁，可以用来改善热导率。树脂粘贴法因其操作过程中载体不须加热，设备简单，易于实现工艺自动化操作且经济实惠而得到广泛应用，尤其在集成电路和小功率器件中应用更为广泛。但树脂粘贴的器件热阻和电阻都很高。树脂在高温下容易分解，有可能发生填料的析出，在粘贴面上只留下一层树脂使该处电阻增大，因此它不适于要求在高温下工作或需低粘贴电阻的器件。另外，树脂粘贴法粘贴面的机械强度远不如共晶焊接强度大，金属合金焊接法和环氧粘贴法对比见表 2 - 6。

表 2 - 6　金属合金焊接法和环氧粘贴法对比

序号	类别	金属合金焊接法	环氧粘贴法
1	导电性	提供导电路径	取决于所用环氧胶，可以为导电，也可以为非导电
2	导热性	热导率高	绝缘胶的热导率较差，掺金热导率较好
3	成本	材料成本高	材料成本较低
4	返修	返修困难	返修容易
5	工艺温度	高温工艺	低温工艺
6	气体	不释放任何气体	释放水汽、碳氢和其他气体，密封前要求真空烘烤，以便控制封装内水汽
7	助焊剂	有的合金法需要助焊剂，因此需要增加清洗步骤	不需要助焊剂
8	应力	刚性和脆性能引起大芯片的开裂	固有柔性，能消除应力

（4）键合工艺

在芯片器件被贴装到外壳或基片上以后，必须对它们进行电气互联，以便使它们具备电路的功能。将芯片上的输入/输出焊盘与基片上的输入/输出端互联是集成电路制造中的重要步骤之一。据统计，绝大多数的集成电路失效都是由于焊接不当引起的。目前航天用集成电路，芯片与外壳或基片的互联大多数还是采用引线键合的方式，引线键合是以非常细小的金属引线的两端分别将半导体封装内部芯片与外部引出端连接，确立芯片与外部的电气连接，确保芯片和外界之间的输入/输出畅通，是整个后道封装过程中的关键。引线键合工艺主要为两种：金丝球焊键合与硅铝丝楔形键合。

①金丝球焊键合

金丝球焊键合是将金丝穿过劈刀毛细管，到达其顶部，利用氢氧焰或电气放电系统产生电火花以熔化金丝在劈刀外的伸出部分，在表面张力作用下熔融金属凝固形成标准的自由空气球，球直径一般是线径的 2～4 倍，紧接着降下劈刀，在适当的功率、压力、时间和温度下将金丝球焊接在焊盘上。金丝球焊过程中，通过劈刀向焊球施加压力，同时促进焊球和焊盘表面金属层发生塑性变形和原子间相互扩散，并完成第一焊点键合，紧接着劈刀运动到第二焊点位置，通过劈刀外壁对金丝施加压力以楔焊的方式完成第二焊点键合，图 2 - 9 为金丝球焊键合过程。

1）—2）—3）烧球：穿过劈刀的金丝在放电系统作用下，熔融形成标准的自由空气球，在外部气体张力的作用下，金丝球被拉紧至劈刀顶端准备进行第一焊点键合；

4）第一焊点键合：劈刀顶端的金丝球接触到芯片焊盘后，在适当的功率、压力、时间和温度下将金丝球焊接在焊盘上；

5）—6）形成线弧：第一焊点键合后，劈刀垂直向上升至一定高度，当劈刀到达设定高度的最高点之后，劈刀进行反向移动，向上和反向移动的距离将直接影响成形后线弧拱

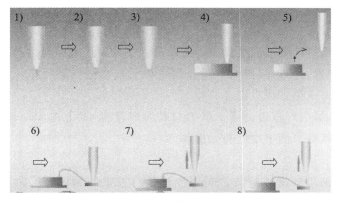

图 2-9 金丝球焊键合过程

起高度的大小，紧接着劈刀运动至第二焊点上方；

7）第二焊点键合：劈刀接触到焊接位置表面时，在适当的功率、压力、时间和温度下，通过劈刀外壁对金丝施加压力以楔焊的方式完成第二焊点键合；

8）形成线尾：第二焊点键合后，劈刀上升至线尾设定高度，拉断金丝，为下次烧球做准备。

②硅铝丝楔焊键合

楔焊是指在施加压力的同时，通过换能器施加一定频率的超声到劈刀，通过劈刀带动键合丝与芯片焊盘表面、基片之间产生超声频率的弹性振动，破坏焊件与被焊件之间界面上的氧化层，并产生热量，同时促进键合丝和焊盘表面金属层发生塑性变形和原子间相互扩散，使两固态金属牢固键合，图 2-10 为硅铝丝楔焊键合过程。

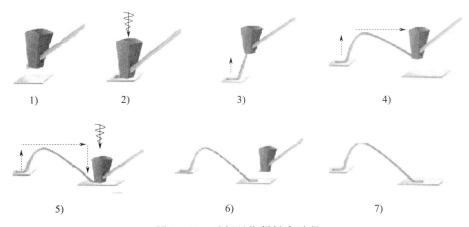

图 2-10 硅铝丝楔焊键合过程

1）搜寻高度：键合丝穿过楔焊劈刀孔与劈刀成 30°、45°、60°、89°夹角，键合丝与劈刀一起高速下降至距焊盘表面一定高度后再缓慢下降与焊盘接触；

2）第一焊点键合：劈刀顶端的键合丝接触到芯片焊盘后，在适当的功率、压力和时间下将键合丝以楔焊的方式焊接在焊盘上；

3）—4）形成线弧：第一焊点键合后，劈刀向着与焊盘成45°方向斜向运动至设定高度，设定高度将直接影响成形后线弧拱起高度的大小，紧接着劈刀运动至第二焊点上方；

5）第二焊点键合：劈刀接触到焊接位置表面时，在适当的功率、压力和时间下将键合丝以楔焊的方式完成第二焊点键合；

6）形成线尾：第二焊点键合后，劈刀向着与焊盘成45°方向斜向运动并拉断键合丝，通过丝夹运动送出线尾，为下次键合做准备。

（5）封帽工艺

航天产品通常采用气密性封装，气密性封装的主要目的是确保芯片与外界环境的隔绝，避免外界有害气体的侵袭。航天产品通常采用冶金焊接进行气密性封装，这里主要介绍两种密封工艺，即平行缝焊工艺和熔封工艺。

①平行缝焊工艺

在平行缝焊工艺中，盖板放在外壳的上面，两个圆锥形的铜合金电极在盖板的两对边缘上表面滚动，一个电极加载大电流脉冲流过盖板-封装界面，在另一个电极输出。由于盖板和电极之间为点接触，为最高电阻点，盖板-外壳表层金属熔化，形成牢固焊点，同时通过电极前进时对电流脉冲的设置，形成部分重叠焊点，得到连续的焊接。电流滚动速率、脉冲时间、功率是决定平行缝焊焊接质量的关键因素，图2-11为平行缝焊示意图。

图 2-11　平行缝焊示意图

②熔封工艺

熔封工艺是将带有合金焊料的金属盖板用专用夹具固定好后，放在链式炉入口处随传送带匀速进入炉体，经过预设链速与各温区温度形成的温度曲线，使焊料熔化，与盖板、焊环形成良好的气密性焊接的工艺。熔封工艺具有封装一致性好、焊料溢出均匀且光滑连续、盖板表面无损伤、生产效率高、可靠性高等优点，适用于高质量、高可靠性电路的批量生产。陶瓷外壳链式熔封工艺流程主要包括封盖前烘、盖板固定、熔封焊接三个部分。

1）封盖前烘：为了保证电路封帽后的内部气氛，需要去除外壳、盖板在原材料保存和后期加工中吸附的有害残余气体；

2）盖板固定：在熔封焊接前需将盖板与陶瓷外壳焊环对正，并进行机械固定，防止熔封焊接过程中出现盖板偏移，影响焊接质量；

3）熔封焊接：将固定好的外壳、盖板组件放入链式炉内，在氮气保护下随着传送带向前移动，经过链式炉的各个温区，形成气密性封接。

2.3.1.2　倒装焊封装工艺

倒装焊工艺共可以分为 8 个步骤，如图 2 - 12 所示，每个步骤具体包括的内容如下。

图 2 - 12　倒装焊封装工艺流程

1）凸点制备：采用圆片植球法进行凸点的制备，通过助焊剂的印刷和再流焊工艺实现凸点的制备工艺；

2）减薄：将带凸点的圆片减薄到规定厚度；

3）划片、分片：将带凸点的圆片按照划片道划开，并分成单颗芯片；

4）芯片倒装：采用光学显微镜分别对芯片凸点和基板焊盘对焦，实现芯片倒装；

5）再流焊：通过再流焊工艺实现芯片凸点和基板焊盘的互联；

6）清洗：对再流焊后的助焊剂进行清洗；

7）等离子清洗：对清洗后器件进行等离子清洗，改善其表面状态；

8）底部填充：通过底部填充材料对芯片和基板之间的空隙进行填充。

（1）凸点制备

芯片凸点制备的方法多种多样。目前，针对超大规模集成电路芯片的凸点制备，由于具有凸点密度大、凸点节距小、凸点直径小及单个芯片上 I/O 引出端数多的特点，通常采用圆片植球法进行凸点的制备。在凸点金属材料的选择方面，普遍采用 Pb - Sn、Sn - Ag - Cu 材料制备芯片凸点，它具有剪切强度高、表面质量好、可焊性和抗疲劳性能优异等特点，并有良好的机械、抗震、热循环能力，广泛应用于国防、高科技及各种军、民品生产中。

凸点制备工艺中助焊剂印刷最为常用的有两种：一种是针转印方式，采用与芯片焊盘相对应的金属针蘸取助焊剂，然后移印至金属焊盘上，助焊剂的量可以通过转印针的粗细及针头的形状来控制；另一种是网板印刷方式，采用与芯片焊盘阵列的网孔完全对应的金属网板放置在圆片上，然后通过刮板印刷的方式将助焊剂印至金属焊盘上，助焊剂使用量由网孔的直径与厚度控制。

印刷助焊剂完成后，即可将焊球放置于金属焊盘的正上方。焊球放置的精确程度直接影响再流焊后制备凸点的质量。首先采用阵列排布的真空吸孔吸取焊球，经检查无漏球、多球等现象后，再将吸附好焊球的模组移至圆片表面上方，并进行光学对准，将焊球与芯片上金属焊盘一一对位，最后释放真空，将焊球放置于金属焊盘上方。图 2 - 13 为植球工序流程示意图。

（2）芯片倒装

芯片倒装工艺包括芯片吸取、助焊剂蘸取、对准、贴放。首先采用焊接头吸嘴从芯片承载台吸取面朝上的待倒装凸点芯片，通过机械臂将其转置，使得凸点芯片的有源面朝

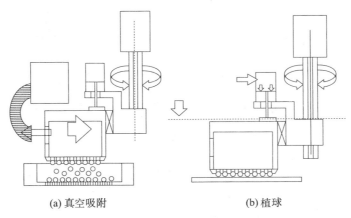

(a) 真空吸附   (b) 植球

图 2 - 13   植球流程示意图

下，最终将倒置的芯片吸取并移至助焊剂槽上方；然后将焊接头下降到设定好的高度，使得芯片上的凸点部分进入助焊剂中，助焊剂经过水平处理以保证各凸点进入深度一致，然后抬起焊接头，这样每个凸点上都沾有一定量的助焊剂；助焊剂蘸取完成后焊接头带着芯片移动到倒装基板焊区的上方，一路光学摄像头向上对着凸点芯片，另一路光学摄像头向下对着外壳上的焊区，分别进行调焦对位，并在显示屏上实时显示对准状态，对凸点和外壳焊盘进行一一对位；最后将对位后的芯片贴放到基板上。

（3）再流焊

再流焊是倒装焊过程中的一道极为关键的工艺，而再流焊温度曲线的调节则是焊球与金属焊盘冶金结合好坏的核心环节。最佳的再流焊温度曲线不仅要能使焊球与金属焊盘之间形成牢固结合，还要避免在界面处产生空洞等缺陷，同时防止对芯片本身的性能造成损伤。

再流焊温度曲线的设定的主要根据是焊球和金属焊盘的材料。不同的焊球材料具有不同的熔点，再流焊温度曲线也会存在很大差异。再流焊温度曲线一般分为 4 个阶段，即预热阶段、活化阶段、再流焊阶段和冷却阶段。

1）预热阶段：预热的主要目的是使整个器件均匀受热，同时具有烘烤的作用，除去所含的水分，以及蒸发掉助焊剂中部分溶剂，预热阶段的升温速率不能过快，一般升温速率控制在 3 ℃/s。

2）活化阶段：此阶段的主要目的是使助焊剂活化，除去金焊盘表面和焊球表面的氧化物，从而获得洁净的金属表面，为焊球再流焊过程做好准备。

3）再流焊阶段：此阶段焊点的温度上升到焊球的熔点温度以上，焊球处于熔融状态。再流焊阶段的主要目的是使熔融的焊料润湿金属焊盘，达到良好的焊接要求。在这个过程中，需要合适的时间保证熔融的焊料能够很好地润湿金属焊盘，时间过短可能造成润湿不良形成虚焊，时间过长则可能使焊料与焊盘之间形成很厚的一层金属间化合物，由于其脆性特性易形成开裂造成焊点失效。

4）冷却阶段：焊球经过再流焊后助焊剂被完全消耗，形成了熔融的金属焊点。冷却阶段的主要目的是在焊点凝固的同时细化晶粒，抑制金属间化合物的长大，以提高焊点的强度。一般冷却速率控制在 $1\sim3$ ℃/s。

（4）清洗

清洗工艺是将再流焊后残留在基板及焊点表面的助焊剂去除干净，以避免残留的助焊剂影响器件后续的表面贴装或在长期贮存过程中发生腐蚀等问题。清洗方式主要有喷淋清洗、汽相清洗、浸泡离心清洗等，对于喷淋清洗，是将清洗液以一定温度和压力喷淋到器件表面，清洗液溶解残留的助焊剂，通过多次清洗和漂洗将器件表面残留的助焊剂清除干净。

（5）底部填充

底部填充是缓解倒装焊点应力的一种手段。底部填充材料是一种有机材料或聚合物材料，其中可以混合或添加无机材料（例如熔融的二氧化硅）。这种封装材料用作柔性缓冲，可以降低焊点的剪切应力，并使得焊点的疲劳寿命显著增加。底部填充工艺原理是利用毛细作用使得填充胶流过芯片底部，在热力及表面张力的驱动下，迅速填充芯片底部空间。一般底部填充工艺对于较大尺寸的芯片，可进行双路径填充并采用 L 形路径；对于尺寸较小的芯片，一条填充路径即可，如图 2 - 14 所示。

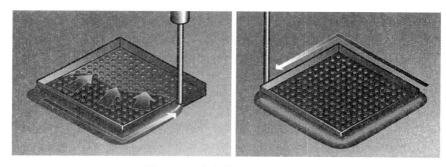

图 2 - 14　底部填充胶填充方式

2.3.2　外部互联

这里的外部互联主要是指引出端与陶瓷外壳或基板的互联，本小节将对目前航天封装领域较为常用的 CBGA 和 CCGA 的两种互联工艺进行介绍。前面章节已经对 CBGA 和 CCGA 的焊球、焊柱以及焊膏材料进行了介绍，下面将重点介绍 CBGA 和 CCGA 的外部互联流程和相关重点工艺。

2.3.2.1　CBGA 工艺流程

CBGA 工艺流程如图 2 - 15 所示。整个工艺生产过程可以分 4 个步骤，包括以下内容。

1）印刷焊膏/助焊剂：产品进行焊膏/助焊剂的印刷；

2）植球：印刷好焊膏产品放置焊球；

3）再流焊：对放置焊球的产品进行再流焊；

4）清洗：再流焊后的产品进行表面清洗。

图 2-15　CBGA 工艺流程图

2.3.2.2　CCGA 工艺流程

CCGA 工艺流程如图 2-16 所示。整个工艺生产过程可以分 4 个步骤，包括以下内容。

1）印刷焊膏：产品进行焊膏的印刷；
2）植柱：印刷好焊膏产品放置焊柱；
3）再流焊：对放置好锡柱的产品进行再流焊；
4）清洗：再流焊后的产品进行表面清洗。

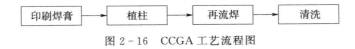

图 2-16　CCGA 工艺流程图

2.3.2.3　CBGA/CCGA 工艺技术

芯片封装在外壳内以后，必须对器件与外部 PCB 进行电气互联，以便实现器件的电气功能。球栅/柱栅阵列封装由于具有引出端多、可靠性高、电特性好等特点，已经成为多引出端高可靠电子元器件封装的必然选择。CBGA/CCGA 的植球/植柱工艺一般采用高铅焊球/焊柱作为互联材料，图 2-17 为 CBGA/CCGA 焊点结构示意图。在一定温度下，通过 63Sn37Pb 共晶焊膏熔化将封装外壳上的金属焊盘与高铅焊球/焊柱形成冶金连接，在此过程中，高铅焊球不熔化。CBGA/CCGA 工艺主要包含焊膏印刷、植球/植柱、再流焊和清洗四个工序。

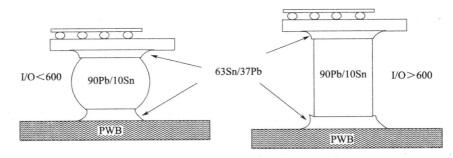

图 2-17　CBGA/CCGA 焊点结构示意图

（1）焊膏印刷

植球工艺环节中刷膏工艺至关重要，其效果好坏直接影响焊盘上的焊膏量是否符合工艺要求，焊盘上焊膏的形状是否规则以及焊膏内部是否有空洞，制约着焊球连接的质量和封装器件的可靠性。焊膏印刷工序主要通过网板印刷的方式将一定量的焊锡膏漏印在陶瓷外壳的焊盘表面，焊膏印刷主要工艺参数包括网板孔径、网板厚度以及刮膏的角度、压力和速度。如图 2-18 所示，丝网印刷的刮刀在特定速度、角度和压力下将焊膏刮印在网板孔内，然后通过网板脱模将固定量的焊锡漏印在焊盘表面。

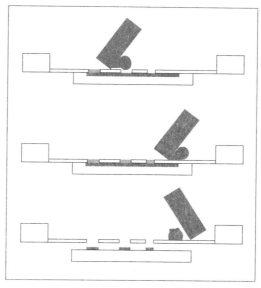

图 2-18　焊膏印刷示意图

刷膏的角度、压力和速度选择不合理，容易引起焊膏在网孔中无法顺利填充和焊膏不匀，从而导致焊后空洞较多和焊球的位置度较差，如图 2-19 所示。经过大量的工艺试验和分析研究，对刷膏过程中包括刷膏的角度、压力和速度在内的主要工艺参数进行了优化，得到了最佳工艺参数范围，见表 2-7。

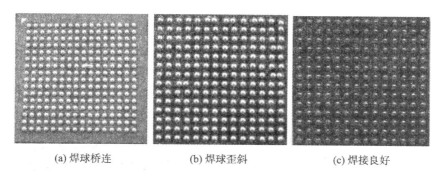

　　(a) 焊球桥连　　　　　　　(b) 焊球歪斜　　　　　　　(c) 焊接良好

图 2-19　印刷工艺对植球效果的影响

表 2-7　刷膏工艺参数控制

刷膏工艺影响因素	工艺参数
角度	50°～70°
压力	0.20～0.25 N/mm
速度	50～100 mm/s

（2）植球/植柱

植球工序主要是通过丝网漏置或真空吸附放置等方式将焊球以一定阵列的方式放置在焊膏上，保证焊球放置的位置精度，以确保焊膏再流焊后焊点的位置度。采用真空吸附放置焊球原理如图 2-20 所示。

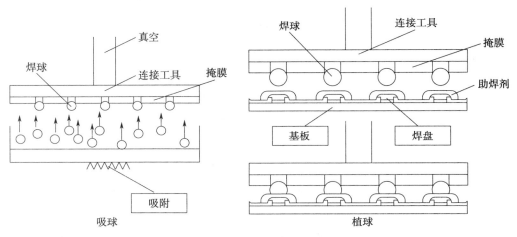

图 2-20　真空吸附植球示意图

（3）再流焊

再流焊工艺是 CBGA/CCGA 工艺中较难控制的工序，也是最为关键的工序之一。优化工艺参数，调节温度曲线对 CBGA/CCGA 焊点质量和可靠性极为重要。再流焊温度曲线的控制，对焊球牢固性起决定性作用。再流焊温度曲线设置不当容易造成空洞、虚焊、飞溅和桥连等焊接缺陷。再流焊曲线可以分为预热阶段、活化阶段、再流焊阶段和冷却四个阶段。

再流焊工艺主要的控制参数包括再流焊最高温度、再流焊时间、最大升温速率和最大降温速率。焊接温度曲线具体要求可参考第 6 章。再流焊工艺参数是否合适，直接影响 CBGA 焊点形貌以及内部空洞率，进而影响焊点的焊接质量。图 2-21 为 CBGA/CCGA 植球/植柱后的外观形貌。

图 2-21　CBGA/CCGA 植球/植柱后的外观形貌

（4）清洗

清洗工艺是将再流焊后残留在陶瓷外壳及焊点表面的助焊剂去除干净，以避免残留的助焊剂影响器件后续的表面贴装或在长期贮存过程中发生腐蚀等问题。将清洗液以一定温度和压力喷淋到器件表面，清洗液能够溶解残留的助焊剂，通过多次清洗将器件表面残留的助焊剂清除干净。

2.4　集成电路封装设计

随着电子系统向小型化、多功能、高性能等方面的发展，集成电路封装也面临着越来越严峻的挑战。封装设计已经成为保证封装满足电路及系统需求的重要设计过程。

2.4.1　封装设计概述

在应用需求和技术推动的双重作用下，微电子技术沿着摩尔定律、超越摩尔定律（More than Moore）及超越互补金属氧化物半导体（Complimentary Metal – Oxide Semiconductor，CMOS）方向发展。遵循摩尔定律发展的单片 CMOS 集成电路发展到以片上系统集成 SOC 为标志的新阶段，CMOS 制造工艺已经进入 20 纳米级工艺节点，典型产品的工作频率达到 3 GHz 以上，电路规模在 10 亿门以上，这使得集成电路封装寄生的电阻、电容、电感对电路性能的影响凸显。以系统级封装为基础的超越摩尔定律，将无源和有源器件、数字和模拟信号处理器、微机电系统等跨领域的器件集成在一个封装体内，对集成电路封装的电磁屏蔽、抗电子干扰等特性提出了较高要求；超越 CMOS 的发展，使得新的器件将跨越光学、电学与机械等多个学科，对集成电路封装的机械应力、热匹配等性能的要求越来越高。

在此发展趋势下，集成电路的封装设计对产品性能、工作可靠性以及制作周期起到越来越重要的影响，成为集成电路产品设计过程中越来越重要的一个环节。集成电路封装设计技术涉及多个学科，涵盖物理、化学、机械、电子等多个领域，具体设计内容如图 2-22 所示。

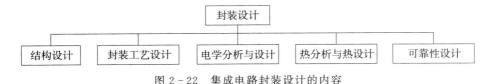

图 2-22　集成电路封装设计的内容

从图 2-22 中可以看出封装设计所涵盖的内容非常广泛，这些设计内容紧密联系、互相影响。封装的结构设计需要依托用户的需求，同时必须满足工艺要求；外壳布线设计、高速信号分析、电磁兼容等电学设计要在结构设计的限制下进行，同时电学设计又要满足用户芯片性能的要求，特别是针对高频器件，对封装的电学性能要求很高；随着集成度的增加，单位面积的功耗也越来越大，需要针对封装进行热性能仿真分析，必要时还需改善散热设计；针对航天用元器件，器件的可靠性也是重要的考核指标，器件能否达到高可靠性要求，需要进行可靠性仿真分析。

正是因为封装设计的复杂性，对封装设计工具提出了很高的要求，一个完整的封装设计平台应包含如图 2-23 所示的内容。由于封装影响因素涉及不同领域的知识，很难有统一的设计工具，不同的设计模块需要不同的设计工具，常用结构设计工具有 AutoCAD、SolidWorks、Pro/E 等；工艺设计工具主要涉及外壳加工库及工艺规则库的建立，不需要专门的设计工具；电学设计与电学分析工具在近些年来发展迅速，如 Cadence APD、Sigrity、Mentor SiP、Ansoft Q3D、Ansoft HFSS 等；热分析及可靠性分析工具有ANSYS、Flothem、ICpeak、Abqus 等。

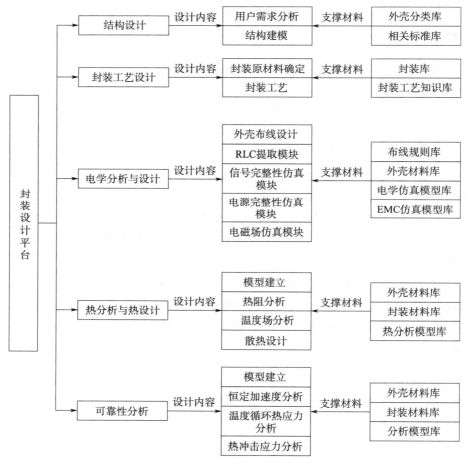

图 2-23　封装设计平台

2.4.2　封装设计内容

封装设计主要包括结构设计、封装工艺设计、电学分析与设计、热分析与热设计、可靠性设计等多个方面。航天电子元器件封装主要以陶瓷封装为主，本小节以高可靠陶瓷封装设计为主进行论述。

2.4.2.1　结构设计

首先根据用户要求及相关标准选择封装形式，基本封装形式包括 DIP、扁平封装（Flat Package，FP）、小外形封装（Small Outline Package，SOP）、QFP、BGA、针栅阵列（Pin Grid Array，PGA）、CGA 等；其次根据器件输出的引脚数及相关标准的要求，确定封装的外形尺寸、引脚节距等具体参数信息。最后根据芯片尺寸及焊盘的排布信息确定粘片区尺寸、键合指分布情况、键合指层数、封口环的尺寸，并选择与该外壳相适应的盖板。确定的尺寸应符合相关标准或者用户要求。

根据所确定的各尺寸信息绘制外壳图纸，对图纸进行详细标注，设计工具可以采用 AutoCAD 设计工具或 Pro/E、Solid Works 三维设计工具。图 2-24 为 CLGA717 的外壳设计图，从外壳顶视图可知外形尺寸为 35 mm×35 mm，粘片区尺寸为 17.7 mm×15.6 mm，从层叠结构示意图可以看出该外壳采用了三层键合指结构。

2.4.2.2　封装工艺设计

封装工艺设计是指根据设计的外壳及芯片进行封装相关工艺技术的设计，并确定相关工艺实施方案、工艺参数等信息。传统引线键合封装工艺主要涵盖以下几个方面。

（1）圆片减薄工艺方案

圆片减薄一方面可以减小圆片的厚度，便于实现器件的薄型化封装；另一方面器件在工作的过程中，会产生热量，减薄后的芯片会更加利于热量的散出。圆片减薄应根据电路的封装类型（引线键合或倒装焊）、电路功耗以及所选用外壳特点来决定，航天用集成电路的减薄厚度大多集中在 $300\sim600\ \mu m$ 之间。

（2）划片工艺方案

同一个圆片上，通常有多个甚至多种芯片，相邻芯片之间留有几十至几百微米的间隙，这个间隙被称为划片道。划片工艺的目的就是将这些芯片分成独立的单元，用于封装成一个独立的电路。在工艺中，应根据划片道的尺寸以及用户对划片道的要求选择合适的刀具。

（3）装片工艺方案

装片工艺是指采用粘接或者焊接等技术实现芯片/管芯与外壳连接的工艺，其方法可分为环氧粘贴法和金属合金焊接法两种。不同装片工艺的粘接强度、化学稳定性以及操作难易程度不同，导电和导热性能也有很大差异。环氧粘贴法工艺易于实现，导电性易于控制，其粘接材料的固有柔性使得与载体之间的应力较小。金属合金焊接法具有机械强度高、导热性能好、化学稳定性好和含较少的杂质等优点，广泛应用在微波功率器件和组件的芯片装配中。装片工艺方案应基于芯片和封装类型，电路导电、导热性能要求及可靠性要求来选择。

（4）键合工艺方案

键合工艺是封装工艺流程中最重要的一个工艺。按照键合丝材料的不同，可以分为金丝键合、粗铝丝键合以及硅铝丝键合，不同材料的键合丝对应不同的键合工艺。键合工艺的选取应综合考虑芯片压焊点及电路功能的特点进行。引出端较多的信号处理电路，如现

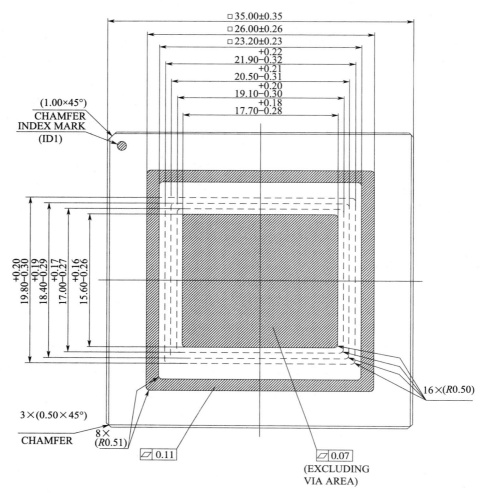

(a) CLGA717外壳顶视图

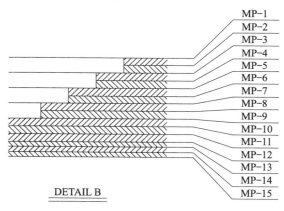

(b) CLGA717层叠结构示意图

图 2 - 24　CLGA717 外壳设计图

场可编程门阵列（Field Programmable Gate Array，FPGA）、中央处理器（Central Processing Unit，CPU）、SOC 等，由于压焊点密度高、尺寸小，多选择金丝键合。功率器件中工作电流较大，引出端较少，多选择粗铝丝键合。

（5）封帽工艺方案

航天用集成电路封帽工艺主要有两种：一种是熔封工艺，另一种是平行缝焊工艺。熔封工艺是指在氮气保护的熔封炉中，将盖板和外壳之间的焊料熔化，从而达到密封的目的。而平行缝焊则不需要熔封炉，通过在金属盖板和外壳之间通电产生热量，使得金锡焊料或盖板金属材料熔化，从而达到密封的目的。和熔封工艺相比，平行缝焊时外壳温度不高，对芯片和键合丝的影响较小。具体应用需要根据外壳类型和电路的特点，综合考虑电路的可靠性等级要求，进行封帽工艺的选择。

2.4.2.3　电学分析与设计

（1）多层布线设计

从外壳的制作工艺中可以看出，陶瓷外壳为多层布线结构，对于高密度多引脚的陶瓷外壳来说，其布线设计非常复杂，首先要根据芯片焊盘的排布情况进行键合指再分配设计（键合指层数、每层键合指分配情况），对封装外部输出引脚进行定义（一般需要客户提供），根据芯片焊盘与外部引脚的对应关系进行分层布线设计，类似于高速 PCB 设计，要考虑到电源、地的分配及信号线的分配情况；接下来就可以利用电子设计自动化（Electronic Design Automation，EDA）工具进行外壳多层布线设计，专业的封装设计工具有 Cadence APD、Sigrity UPD、Zuken 等软件，图 2-25 为外壳多层布线基板设计流程。

（2）电学仿真分析

当电路的工作频率达到几百兆赫兹时，集成电路封装寄生的电阻、电容、电感对电路性能影响凸显，封装电学仿真是保证高频电路正常工作的基础，封装电学仿真分析主要包括以下几方面内容：

1）封装模型的提取，提取外壳的 RLC 参数，提供封装的电性能参数或等效电路模型；

2）电源完整性（Power Integrity）分析，主要包含电源/地平面的谐振特性、电流分布、集成电路器件的供电阻抗、同步开关噪声及电源/地的辐射分布；

3）信号完整性分析，主要包含信号线的时域传输特性（如延时、反射、串扰等），信号线的频域传输特性（S 参数），阻抗匹配。

2.4.2.4　热分析与热设计

实验证明，器件的失效往往与其工作温度密切相关，元器件的失效率与结温成指数关系，性能则随结温升高而下降，某些器件环境温度每升高 10 ℃时，往往其失效率会增加一个数量级，这就是所谓的"10 ℃"法则。因此，在高密度集成封装技术中，热分析与热设计技术是一项非常重要的技术。对于功耗较大的器件，需要仔细考虑封装的热学特性。

目前航天用集成电路产品的热分析与热设计手段主要有两种：一种是使用 EDA 软件

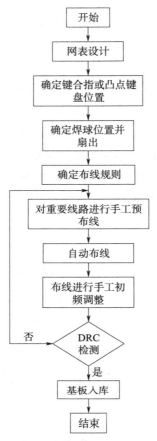

图 2 - 25　外壳多层布线基板设计流程

对集成电路产品的热阻及热场分布进行仿真分析，图 2 - 26 为使用热场仿真软件对 CQFP128 外壳，在环境温度为 20 ℃，芯片功耗 2 W 情况下进行的热仿真，从仿真结果可以评估该外壳的散热特性；另一种是使用热阻测试设备对集成电路产品的热阻等参数进行实际测试。

2.4.2.5　可靠性设计

电子封装的可靠性设计主要是从器件的应用角度对整个封装进行可靠性分析，包括结构、封装材料、工艺等几个方面，例如外壳盖板应力集中情况分析、恒定加速度承载能力分析、QFP 封装引线焊接牢固性分析、BGA 焊球牢固性分析等，在元器件封装前进行可靠性分析，可以对元器件的可靠性进行预判，从设计上保障封装的高可靠。

目前国内封装企业对器件的可靠性分析比较薄弱，以试验验证为主，其分析的难度在于模型的建立及材料参数的提取。图 2 - 27 为使用 ANSYS 工具对 CBGA 封装焊点可靠性在温度循环条件下的分析结果，从结果可以看出，经过一定的温度循环以后，CBGA 封装不同部位焊点的应力差距较大。

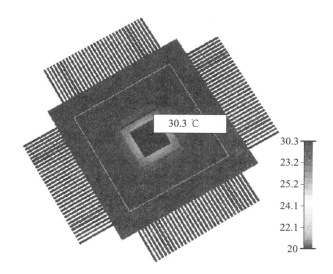

图 2-26   CQFP128 外壳热仿真分析

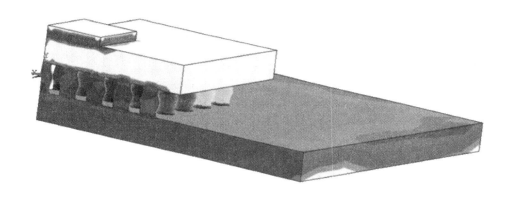

图 2-27   CBGA 封装焊点可靠性在温度循环条件下的分析结果

2.5   单片集成电路试验与检测

2.5.1   单片集成电路封装工艺过程检测

集成电路生产过程中为了保证产品质量，就必须对产品的每道工序设置工艺检验点，对其工艺质量进行过程检测。

2.5.1.1   圆片减薄工艺质量过程检测

对于圆片减薄工艺来说，其过程检测包括对片内厚度偏差及片间厚度偏差进行检测，应在生产过程中进行工艺监测，对片内厚度偏差及片间厚度偏差进行 100％检验。

（1）片内厚度偏差

片内厚度偏差是用来评估圆片减薄后，同一圆片内厚度偏差是否符合适用的标准要求。对于集成电路封装工艺来说，片内厚度偏差将直接影响后续芯片装片平整度及键合工艺可靠性，为确保装片及键合工艺可靠性，需要对片内厚度偏差进行检测。

一般采用 5 点测试法检测圆片内不同位置的厚度，测试位置如图 2-28 所示，其中位置⑤为圆片中心，位置①、②、③、④分别位于圆片半径的 2/3 处。目前业内一般控制要求为±5 μm。

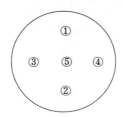

图 2-28　五点测试位置示意图

（2）片间厚度偏差

片间厚度偏差是用来评估圆片减薄后，同一批次不同圆片的一致性水平。对于集成电路封装工艺来说，片间厚度偏差将直接影响后续工艺可靠性及一致性，因此需要对片间厚度偏差进行检测。

对比同一批次不同圆片的厚度均值，目前业内一般控制要求为±10 μm。

2.5.1.2　划片工艺质量过程检测

对于划片工艺来说，质量过程检测应包括崩边宽度及芯片表面质量检验，应在生产过程中进行工艺监测，对崩边宽度及芯片表面质量应进行 100％检验。

（1）崩边宽度

崩边宽度是用来评估圆片划片过程中引起的崩边宽度是否符合适用的标准要求。对于航天产品，划片完成后芯片上的裂纹与任何工作金属化层、功能电路元件的距离应大于等于 6.5 μm，同时崩边宽度应小于等于 20 μm。

（2）芯片表面质量

芯片表面质量是用来评估减薄或划片工艺过程中对芯片表面是否造成损伤。圆片在经过减薄、划片后需进行一次芯片外观的 100％检验，以剔除导致集成电路正常使用时由于内部缺陷而失效的芯片。

2.5.1.3　装片工艺质量过程检测

对于装片工艺来说，其过程检测应包括溢胶质量、胶层厚度、芯片粘接强度、有效粘接面积、装片位置度及导通性，其中除芯片粘接强度、有效粘接面积及导通性应按相关规定进行抽检外，其余在线检测项目应进行 100％检验。

（1）溢胶质量

溢胶质量用来检验装片过程中粘接胶的完整性。对于芯片安装，芯片四周的焊接材料不应延伸到芯片表面上，且沿着芯片每个边的 75％长度上应有明显的焊接轮廓。对于航天产品，在装片工艺过程中，应对电路装片的溢胶质量进行 100％镜检。

（2）芯片剪切强度

芯片剪切强度是用来确定将芯片安装在外壳上所使用的材料和工艺步骤的完整性。通过测量对芯片所加力的大小，观察在该力作用下产生的失效类型（如果出现失效），以及通过残留的芯片附着材料和外壳的外形来判定电路是否可以接收。

对于航天产品，有以下任一条判据的电路均应视为不合格：

1）芯片剪切强度达不到标准规定；

2）芯片被剪切掉，底座上残留有硅碎片；

3）芯片与芯片附着材料脱离；

4）芯片与芯片附着材料一起脱离底座。

（3）有效粘接面积

有效粘接面积是通过声学连续性测量实现非破坏性检测半导体器件芯片的粘接材料中的未黏附区域和空洞。对于一定的芯片粘接材料，很难得到粘接良好和粘接不好两种情况之间的明显差别，当规定应用芯片粘接超声检测方法时，应考虑每种电路的设计因素。

对于航天产品，在检验过程中出现下列情况应被看作是不可接收的芯片安装：

1）接触区多个空洞总和超过应该具有的总接触区的 50％；

2）超过预计接触区 15％的单个空洞，或超过总预计接触区 10％的单个拐角空洞；

3）当用平分两对边方法把图像分成 4 个面积相等的象限时，任一象限中的空洞超过了该象限预计接触区面积的 70％。

（4）装片位置度

装片位置度是用来检验装片位置是否满足设计要求的。对于航天产品，芯片安装方位不可接收的规定如下：

1）芯片定向或定位不符合电路装配图的要求；

2）芯片与封装腔体边缘之间的平行关系出现明显偏斜（即大于 10°）。

装片位置与设计要求的偏差过大，可能导致后续内引线键合工艺完成后，相邻键合丝之间的间距过小。为保证键合工艺的可靠性，对于航天用单片集成电路，应增加装片位置与设计要求偏差的检验，航天用集成电路生产业内一般控制要求为装片位置与设计要求的偏差小于等于 $\pm 100 \mu m$。

（5）导通性

对于有些集成电路来说，其设计要求采用具有导电性能的焊接材料进行芯片安装。目前，业内一般采用银浆作为这种导电焊接材料，银浆的成分包括银粉、环氧树脂及硬化剂，银浆的导电性是通过银粉之间的相互接触来提供的。在银浆固化前，银粉的聚集度较低，此时银浆呈现绝缘状态。在银浆固化过程中，随着环氧树脂与固化剂之间发生交链反应，银粉的聚集度逐渐升高，电阻率也随之下降。银浆固化结束后，银粉在高聚集度的状态下，完全相互接触，最终使银浆从绝缘体变成导体。

由银浆导电原理可以看出，在集成电路装片工艺过程中，装片胶固化工艺将直接影响导电胶的导通性，为确保集成电路封装工艺满足设计要求，对于航天用单片集成电路，在装片工艺完成后，应对装片胶的导通性进行抽检。

2.5.1.4　键合工艺质量过程检测

对于键合工艺来说，其过程检测应包括破坏性键合强度、金球剪切强度、键合点形变及键合尾丝控制，其中应对破坏性键合强度及金球剪切强度进行抽检，对键合点形变及键合尾丝进行 100% 检验。

（1）破坏性键合强度

破坏性键合强度是评估键合强度分布或测定键合强度是否符合适用的标准要求。一般进行双键合点引线拉力测试，试验过程为在引线（该引线与芯片、基板或底座两个端点相连）下方插入一个钩子夹紧器件，大约在引线中央施加拉力。该力方向与芯片或基板表面垂直，或与两键合垫肩的直线大致垂直。当出现失效时，记录引起失效的力大小和失效类别。

内引线键合失效模式分类如下：

1）在颈缩点处（由于键合工艺而使内引线截面减小的位置）引线断开；

2）在非颈缩点处引线断开；

3）芯片上的键合（在引线和金属化层之间的界面）失效；

4）在基板、封装外引线键合区或非芯片位置上的键合（引线和金属化层之间的界面）失效；

5）金属化层从芯片上浮起；

6）金属化层从基板或封装外引线键合区上浮起；

7）芯片破裂；

8）基板破裂。

对于航天产品来说，不允许出现除前两项外的其他失效模式。

（2）金球剪切强度

金球剪切强度是评估焊球与焊盘结合强度分布，或测定金球剪切强度是否符合适用的标准要求。对于航天用单片集成电路，为确保键合工艺可靠性，需要对金球剪切强度进行过程检测，试验过程为将切刀（该切刀垂直于芯片表面）放置于焊球（该焊球位于芯片焊盘上）的侧面，切刀端面距离芯片表面约 $3~\mu m$。控制切刀，对焊球施加剪切力（该力的方向与芯片表面平行），当出现失效时，记录引起失效的力大小和失效类别。

金球剪切失效模式分类如下：

1）焊球脱离，整个焊球从压焊结合面脱离，仅在压焊面留下一些痕迹；

2）焊球断裂，焊球的一小部分残留在焊接表面，且残留表面较完整；

3）焊盘露底，芯片下层绝缘层的一部分脱离或暴露出来；

4）焊盘表面剥离，表面金属化合物从芯片表面剥离；

5) 芯片表面被接触，切刀与芯片表面接触，导致产生一个无效剪切数据；

6) 剪切遗漏，切刀仅仅剥离了焊球顶部的一小部分。

对于航天产品来说，不允许出现第 2 项外的其他失效模式。

（3）键合点形变

键合点形变是用来评估键合点在受到劈刀压力作用后，其变形程度是否符合适用的标准要求。试验过程为键合完成后，通过显微镜（通常为 100～200 倍）观察键合点，并用测量软件检测键合点形变。

（4）键合尾丝控制

键合尾丝是评估硅铝丝楔焊键合工艺质量的工艺指标，对于航天用单片集成电路，为确保硅铝丝楔焊键合工艺可靠性，需要对键合尾丝进行在线检测，试验过程为键合完成后，通过显微镜（通常为 100～200 倍）观察键合尾丝，并用测量软件检测键合尾丝，航天集成电路生产业内一般控制要求为 0.5 倍键合丝直径≤尾丝直径≤2 倍键合丝直径。

2.5.1.5　封帽工艺质量过程检测

采用低温合金焊料封帽的集成电路，为了保证其封帽气密性及可靠性，在正式封帽之前，必须根据集成电路的封装结构和焊接材料的性质，在封装炉上确定一个稳定而又可靠的封帽温度分布曲线，使任何一个产品都必须按照规定的温度和时间来进行封帽，以取得工艺条件的一致性，提高封帽成品率。

对于封帽工艺来说，其过程检测应包括封帽外观质量检验、密封检测及内部多余物检测，所有过程检测项目均应进行 100％检验。

（1）封帽外观质量检验

对于航天用单片集成电路，不能单一地追求电路封帽后的气密性要求而忽视封帽的外观质量，应在密封检测之前，对所有封帽后电路的封帽外观质量进行 100％的检验。封帽外观质量检验一般都采用目检法，对不合格产品予以剔除。由于封帽的方法很多，不同的封装结构有其不同的封帽形式，因此对每一种封装结构形式都应根据成品外观要求制定具体封帽外观质量检验标准，并且在生产过程中及时进行监测。对于单片集成电路，其封帽外观质量检验项目及判定标准见表 2-8。

表 2-8　封帽外观质量检验项目及判定标准

序号	外观异常项目	判定标准
1	盖板对位不正	超过设计值公差要求的为不合格
2	焊接边缘缺焊	不合格
3	焊料堆积	无法去除的为不合格
4	盖板沾污	无法清除的为不合格
5	焊接无明显焊缝	不合格
6	外壳结构变形	不合格
7	外壳材料破裂	不合格
8	外壳引线扭曲	经修理不能复原的为不合格

序号	外观异常项目	判定标准
9	盖板翘曲	超过 3°以上为不合格
10	焊料上翻成球	经修理不能去掉的为不合格

（2）密封检测

密封检测的目的是确定具有内空腔的微电子器件和半导体器件封装的气密性。任何一种封装结构的集成电路，它的密封性能都不可能是绝对的，也就是说当处在某一压力条件下，都会出现一定的泄漏现象。目前，行业内以集成电路的漏气速率大小来衡量集成电路气密性的好坏。

对于航天产品，在封帽工艺完成后，应对电路的气密性进行 100％检验。

（3）内部多余物

内部多余物检测的目的在于检测电路封帽后封装腔体内存在的自由粒子，这是一种非破坏性试验，当粒子质量足够大时，可通过激励换能器在它们与电路封装壳体碰撞时被检测出来。

对于航天产品，在封帽工艺完成后，应对电路进行 100％粒子碰撞噪声检测，试验最多进行 5 次，只要有 1 次试验的失效器件数少于总数的 1％，则认为该批次电路通过了试验。在每次试验后剔除失效电路，若第 5 次试验时，失效电路数仍不小于 1％或 5 次累计失效数超过 25％，则该批次电路应被拒收，并且不允许对其重新进行试验。

2.5.2　单片集成电路成品检验试验

单片集成电路的成品检验试验是通过对封装后单片集成电路进行外部及内部结构的检查，以及辅以一系列环境试验的手段，发现封装工艺中存在的缺陷。这些试验一般包括粒子碰撞噪声检测试验、内部目检和结构检查、X 射线照相、键合强度试验、热冲击试验、温度循环试验、耐湿试验、机械冲击试验、扫频振动试验、恒定加速度试验、盐雾试验、密封试验、内部水汽含量试验等。按照试验条件的施加方法，与电路封装相关的试验项目主要有环境试验和机械试验两大类。

2.5.2.1　环境试验

环境试验是对单片集成电路施加一定环境试验条件，将电路暴露在某种环境中，由此来考核评价单片集成电路在实际的长期贮存、运输、使用环境条件下的性能。与封装相关的环境试验，主要是通过模拟温湿度环境、气候环境等试验条件对封装工艺进行检查。主要项目见表 2-9。

表 2-9　单片集成电路封装试验项目（环境试验）

序号	试验项目	项目简介
1	热冲击	用于检验被试器件在极短的时间内经历极冷和极热环境，以此来确定器件在遭到温度剧变时的抵抗能力以及温度剧变产生的影响

续表

序号	试验项目	项目简介
2	温度循环	采用空气介质,使被试器件在较短的时间内经历极端高温和极端低温,以此来测定器件承受极端高温和极端低温的能力,以及极端高温与极端低温交替变化对器件的影响
3	耐湿	采用加速方式评估元器件及其所用材料在炎热和高湿条件下抗退化效应的能力。试验应用温湿度循环的方式,提供一个凝露和干燥的交替过程,使进入密封外壳内的水汽产生"呼吸"作用,从而使腐蚀过程加速,加速显现在其他情况下不宜发现的退化效应
4	盐雾	盐雾试验是为了模拟海边空气对器件影响的一个加速腐蚀试验,以确定样品耐盐雾腐蚀的能力,用来评定金属或非金属防护层的质量和均匀性
5	内部水汽含量	内部水汽含量试验是测定在金属或陶瓷封装器件内部气体中的水汽含量,一般为破坏性试验
6	密封	用来确定具有内空腔的器件封装的气密性,根据检测方法的不同分为细检漏和粗检漏两种,航天用单片集成电路的密封检查通常为先进行细检漏,再进行粗检漏

2.5.2.2　机械试验

　　单片集成电路的机械试验主要是通过对产品施加一定机械应力进行封装工艺的检查,以及通过一些检测性手段直接对产品的机械性能进行检查。一方面,用于考核单片集成电路在实际的长期贮存、运输、使用中遭受各种机械应力作用后的性能。另一方面,对封装工艺的物理性能和参数进行检查,以检验封装工艺的符合性和一致性。主要项目见表 2 – 10。

表 2 – 10　单片集成电路封装试验项目（机械试验）

序号	试验项目	项目简介
1	机械冲击	用于检验产品机械特性,通过对被试器件施加规定脉冲时间和加速度值的冲击脉冲,加速暴露有裂纹器件的缺陷,发现键合、粘片等工艺问题,进一步确定产品机械结构的适应性和可靠性
2	扫频振动	用于测定在规定频率范围内,振动对器件的影响。变频的振动易造成样品内部键合丝等发生共振并影响器件结构,是检验产品内部机械性能的有效手段。一般被视为破坏性试验
3	恒定加速度	恒定加速度试验是利用机械旋转产生的离心加速度使被试样品承受恒定加速度作用的考核,该试验可用于检验键合不牢、粘片不良、内引线匹配等封装工艺问题
4	粒子碰撞噪声检测	用于检测器件封帽后封装腔体内存在的自由粒子,通过筛查出空腔器件内部存在自由粒子的情况,降低可能引起内部引线短路的失效。由于航天用器件在失重的空间运行时,自由粒子可能造成较大危害,该项试验检测结果尤其重要
5	内部目检和结构检查	封装前的样品通常要进行内部目检,而封装后的产品一般是抽样后开帽检查。可以发现沾污、缺陷、损伤、互联不好、键合不良、外来物等缺陷。主要用于对内部结构的检查,以便验证其内部材料、设计和结构是否符合要求
6	键合强度	键合强度试验是评估键合工艺质量的重要工艺指标,既是一项在线检测技术也是器件封装完成后抽样检验的一个重要项目,通过测量键合强度,评估键合强度分布或测定键合强度是否符合适用的订购文件要求

续表

序号	试验项目	项目简介
7	可焊性	用于测定那些要焊接的器件外引线被焊料涂覆时的润湿能力,或当浸涂焊锡时形成适当焊料填充的能力。主要用于检验在生产过程中采用的处理方法是否有利于焊接,并且用于证明凡是设计要求进行连接的部分都已经进行了这种有利于焊接的处理
8	引线牢固性	破坏性试验,用于测定器件的引线(引出端)、焊接和密封的牢固性。用于检验按设计要求加工制造的产品外引线的互联可靠性
9	引线涂覆附着力	引线涂覆附着力试验是破坏性试验,用于确定引线主(外)涂覆层和内涂覆层的牢固性,也用于检验按设计要求加工制造的器件外引线的互联可靠性
10	X射线照相	封装成品可通过X射线照相的方法,透过外壳检查内部沾污、金属微尘、错误的内引线连接、键合不良、内部引线损伤、芯片附着材料中的或采用玻璃密封时玻璃中的空洞等内部缺陷,通常用来检验产品的组装工艺质量,如焊接质量、键合质量、污染检查等
11	耐溶剂性	用于验证当器件受到溶剂作用时,其标志是否会变模糊,只针对采用墨水或油漆作为标记或对比媒质的器件才要求进行

2.5.3 单片集成电路可靠性验证

可靠性试验是为了分析评价产品在规定条件下和规定时间内,完成规定功能的能力而进行的试验,它是评价器件可靠性水平的一个重要手段。可靠性试验的范围非常广泛,凡是与可靠性有关的试验都可以称为可靠性试验。在研制阶段,需要通过可靠性试验暴露产品在性能、工艺、材料等方面的薄弱环节并采取相应措施加以改进,达到提高器件可靠性指标,以实现可靠性设计目标。在产品研制定型后,产品的可靠性设计与可靠性水平是否符合预期要求,也需要通过一系列的可靠性试验加以验证和检验。对于航天用器件,需要满足一定的可靠性指标要求,主要根据国家军用标准和用户具体要求等规定进行试验,可靠性试验按照试验目的主要分为可靠性筛选试验、可靠性鉴定及质量一致性检验、破坏性物理分析、结构分析、应用验证等。

2.5.3.1 单片集成电路可靠性筛选

对于设计合理、工艺成熟、质量控制严格的生产线,生产出来的产品都具有一定的可靠性,称为产品固有可靠性。然而,产品在设计、生产过程中由于原材料、工艺条件、设备状况以及操作人员的人为参与等因素,很可能产生缺陷。缺陷使产品不能按设计如期使用或储存,而会提前失效,这种失效就称为早期失效。

早期失效产品的平均寿命远远短于正常产品寿命。早期失效产品的存在使批产品的使用可靠性大大降低。可靠性筛选试验是为剔除早期失效产品,或为了选择具有一定特性(如长寿命)的产品而进行的一种或几种试验。所有器件按照相应质量等级规定的试验项目和条件进行可靠性试验,从而对设计、材料、结构、工艺、性能、环境适应性等方面进行考核,以确认其是否达到器件质量和可靠性的规定水平。筛选简单地讲,就是通过各种方法,将不符合要求的产品淘汰和剔除,而将符合规定的合格产品保留下来。对于性能良好的产品,筛选是一种非破坏性试验,而对于有潜在缺陷的产品应能诱发其失效。合理的筛选能够剔除早期失效或有缺陷的产品,但不会影响产品的失效机理和失效分布,也就是说,通过筛选能够提高产品的使用可靠性而不能够提高产品的固有可靠性。产品的固有可靠性是由设计、制造工艺和原材料性能所决定的,筛选并不能改善产品的设计、工艺和原材料的性能。

在半导体集成电路总规范及微电子器件试验方法和程序中,半导体集成电路的质量保证等级分为 B 级和 S 级两个级别。按照国家军用标准要求,所有有质量保证等级的器件均应按照相应质量保证等级要求进行 100 % 的筛选。航天用单片集成电路通常要按 B 级质量保证要求规定的筛选程序进行,包括内部目检、温度循环、恒定加速度、老炼前电测试、老炼、老炼后电测试、允许不合格品率计算、最终电测试、密封、外部目检、辐射锁定(适用时)。半导体集成电路总规范规定的最高质量保证等级是 S 级,也就是通常所说的航天级,其可靠性筛选程序更加严格,一般会增加晶圆批验收、非破坏性键合拉力、粒子碰撞噪声检测、编序列号、反偏老炼、X 射线照相等项目。随着航天空间技术应用等领域对所选用器件的高可靠性要求,航天用集成电路的筛选程序也可能要求进行粒子碰撞噪声检测、反偏老炼、X 射线照相等试验。可靠性筛选应遵循应力在前、检查测试在后的原则,最终达到有效剔除那些有潜在缺陷和可能出现早期失效的器件。目前较全面的单片集成电路可靠性筛选流程如图 2 - 29 所示。

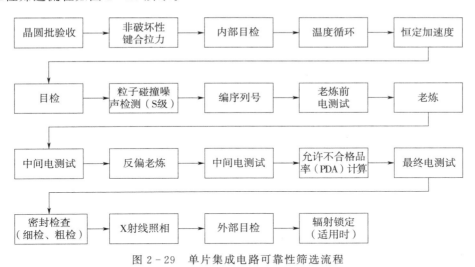

图 2 - 29　单片集成电路可靠性筛选流程

2.5.3.2　鉴定试验和质量一致性检验

鉴定试验和质量一致性检验是以抽样的方式,对器件可靠性和稳定性进行试验,以保证器件和批的质量符合有关采购文件的规定。为保证航天型号的质量可控,航天用单片集成电路,只有经受并通过相应质量保证等级规定的筛选试验,才能够进行供货或提交进行鉴定或质量一致性检验。鉴定及质量一致性检验通常是按照半导体总规范规定的质量保证等级要求及微电子器件试验方法和程序规定的试验要求进行。

航天用单片集成电路需要按照国家军用标准和产品详细规范的要求进行鉴定及质量一

致性检验。对新设计的产品或经过重大设计、工艺、材料更改的产品，需要通过可靠性鉴定试验，产品才能定型生产。一致性检验则指产品经过鉴定试验后，为保持合格资格需要进行的周期性检验。鉴定试验和一致性检验的要求基本一致，均采用随机抽样的方式，按试验组别进行样品分配，分组进行检验。按照国家军用标准对半导体集成电路的一般要求，鉴定和质量一致性检验程序分为 A、B、C、D、E 五个试验组别，每个试验组又包含不同的试验分组或试验项目。通常鉴定试验需要完成所有项目，一致性检验则根据器件生产和供货情况，按照各组检验周期的要求，完成相应组别的一致性检验项目。由于鉴定和质量一致性检验程序中规定的许多试验项目是破坏性试验，因此所有经历过 A 组电测试以外其他分组的样品都不可以用于供货。

A 组检验是按照器件详细规范要求所规定的电参数进行电测试，以进一步验证所用合格试验样品的电参数合格。B 组检验是对器件的外形尺寸、标识、内部结构、键合情况及抗静电能力等进行检查，主要由具体器件等级所规定的机械和环境试验组成。作为各批产品进行质量一致性检验中交货验收的必要条件，A 组和 B 组检验为逐批检验项目，即鉴定及质量一致性检验的每批器件均需要进行 A、B 组检验。C 组检验是为了检验芯片相关性能的一个试验组别，主要由寿命试验和电测试项目组成，其检验周期为 3 个月。D 组检验是与封装有关的检验，通常分为 6 个分组，逐个分组检验器件的封装性能，通过 D 组检验可以直接检查器件外壳相关的物理尺寸及内部水汽含量是否合格，也可以对器件分别进行引线应力试验、温湿度环境试验、机械试验、盐雾试验，试验后通过密封检查和电测试等手段检查器件的封装情况，D 组检验周期为 6 个月。E 组检验是对有辐射要求的产品设定的，该组别检验需要按规定逐批进行。

鉴定试验项目的样品通常是抽取筛选合格品，要求抽样检验结果符合批允许失效率（Lot Tolerance Percent Defective，LTPD）抽样要求。由于试验母体数的限制，试验结果基本不允许失效。由于鉴定试验是从芯片及封装等多方面综合验证电路批次性状况的一个流程，涵盖的试验项目是最全面的，因此在试验项目中与筛选程序以及封装工艺试验项目有较多的重复，仅在静电放电（Electrostatic Discharge，ESD）敏感度、辐射试验等方面略有增加。

静电放电敏感度试验通常仅在鉴定检验中要求，主要用于检验器件承受静电放电的能力。静电放电分为人体模型（Human Body Model，HBM）、机器模型（Machine Model，MM）、充电器件模型（Charged Device Model，CDM）。静电放电敏感度试验是采用人体典型 ESD 的部分条件，利用模拟器来模拟器件在使用、运输过程中可能遭受到的静电放电作用造成的损伤和退化，来对器件静电放电敏感度进行分级。

E 组辐射强度保证试验包括中子辐射试验、稳态总剂量辐射试验、瞬态电离辐射试验、辐射锁定试验、单粒子效应试验。根据器件使用环境及使用平台，选用适用的辐射试验。航天电子器件通常进行稳态总剂量辐射试验和单粒子效应试验。

单片集成电路鉴定试验及质量一致性试验基本流程如图 2 - 30 所示。

2.5.3.3　破坏性物理分析

破坏性物理分析（Destructive Physical Analysis，DPA）是通过微观物理手段确定器

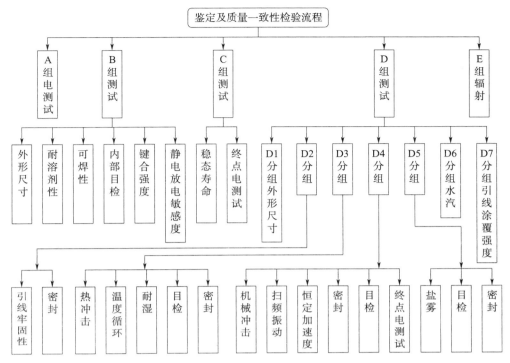

图 2-30 鉴定及质量一致性试验流程

件的设计、结构、材料和工艺质量是否满足预定用途或有关规范的要求，对器件进行剖析、试验及检验。根据 DPA 的结果，促使器件的生产厂商改进工艺和加强质量控制，让使用者最终能得到满足使用要求的器件。军用电子元器件破坏性物理分析方法（GJB 4027）规定了电子元器件 DPA 的通用方法，包括 DPA 程序的一般要求和典型电子元器件 DPA 试验与分析的通用方法和缺陷判断。

单片集成电路破坏性物理分析的目的是验证器件的外部和内部物理结构，以及验证在密封或其他工艺操作中器件未受到损伤。一般情况下按下列程序要求进行，也可根据实际要求增加或减少试验项目，具体试验项目见表 2-11。

表 2-11   单片集成电路 DPA 项目

序号	项目	目的
1	外部目检	检验已封装器件的外部质量是否符合要求，检查其标志、外观、封口封装、镀层等外部质量是否符合要求
2	X 射线照相	主要检查器件内部多余物、内引线开路或短路、芯片焊接空洞等缺陷，但无法实现对铝丝情况的检查
3	粒子碰撞噪声检测	检测封装腔体内存在自由运动的粒子，粒子质量足够大时可通过该项试验检测出来
4	密封	用于检查有空腔的器件封装气密性是否符合要求
5	内部水汽含量	定量检测密封器件封装内部气体中的水汽含量

续表

序号	项目	目的
6	内部目检	检查器件内部结构、材料和生产工艺是否符合相关的要求
7	键合强度	检验器件内引线的键合强度是否符合规定的要求
8	扫描电子显微镜	主要用于判断器件芯片表面上器件互联线金属化层质量
9	芯片剪切	检验半导体芯片或表面贴装的无源元件附着在管座或其他基片上所使用的材料和工艺的完整性

2.5.3.4　结构分析

结构分析 (Construction Analysis, CA) 通过分析和验证元器件内部的结构和构造，来确定其结构设计、工艺选择、材料选择的合理性，并进一步确定是否有潜在的能引起失效的缺陷。结构分析技术是一种对元器件合理性进行检查的手段，是评估元器件可靠性的方法。最初是由欧美元器件可靠性试验室开发的一种新元器件保证技术，主要为了研究元器件设计和工艺的特性，对新型元器件或在新型应用中的元器件进行可靠性分析和评估。这种方法通过对元器件进行一系列深入分析以确定其结构是否存在潜在的失效机制，可以评估制造商的设计能力和工艺水平，也可以确认元器件的结构是否能够满足特定的应用环境要求。因此结构分析对元器件的可靠性研发具有极其重要的作用，目前被欧美航天及重要军事领域的元器件可靠性保证工作广泛采用。

结构分析没有相应的标准，不同元器件结构分析的方案是不同的，需要综合分析元器件的特点和应用条件来制定分析方案。结构分析是采用破坏性分析的方式，对元器件进行分析评估并搭建一个结构基础，便于元器件的选择及元器件的验证，以评估新技术和定制元器件的可靠性，其对应用于高可靠领域内元器件的质量保证尤其重要。结构分析相对于标准程序的失效分析，方式和方法较为相似，都是对元器件的结构和特点进行深入分析，二者在很大程度上是相辅相成的。通过对元器件进行结构分析，对元器件的结构和特点有了深入的解析，可以发现元器件的某些特定薄弱环节和可能在应用中出现失效的部位，为元器件生产或应用后的失效分析打下基础。通过失效分析的结果，可以总结同类元器件生产和应用中易出现的问题，在元器件研制阶段进行结构分析方案设计时借鉴参考。

结构分析方案主要从电参数测试、电路外观特性、电路内部特性三个方面进行。元器件结构分析的流程一般先是对元器件进行电参数测试；再通过外部目检、X 射线、标记耐久性、密封、可焊性、引出端强度等试验对电路设计的外观特性进行检查；最后通过开帽评估（检查键合质量、钝化层）和镀层评估、材料分析等深入分析元器件的内部特性。单片集成电路常见的结构分析要素包括标识、管壳、外引线、键合系统、芯片粘接、芯片结构等。

2.5.3.5　应用验证

单片集成电路应用验证通常指在航天工程应用前开展的一系列管理、试验、分析、评估和综合评价等工作，以确定单片集成电路研制成熟度和在航天工程中应用适用度，并综合分析评价得出其可用度。航天单片集成电路应用验证方案包括管理方法、技术流程、技术方案的研究，以及按技术流程和技术方案所进行的验证。应用验证过程涵盖单片集成电路级验证、系统级（整机）验证和飞行阶段验证等多个阶段。

单片集成电路级验证包括研制生产过程控制、功能性能分析、可靠性试验、环境适应性、极限评估、寿命考核强化。研制生产过程控制包括工序控制，主要体现在质量管理体系的执行和有效性；过程要素控制，如"人、机、料、法、环、测"。功能性能分析主要包括单片集成电路的全参数性能测试及不同测试条件下的性能测试，若为国外单片集成电路的同类替代产品，还需与国外产品进行对比分析。可靠性试验包括符合工程要求的质量等级筛选试验、鉴定试验。环境适应性包括空间环境适应性、力学环境适应性、热学环境适应性。极限评估是探测和获得器件在热、力、电等应力作用下可承受的应力极限值。寿命考核强化试验通过施加比鉴定考核寿命中更高的环境应力或电应力、更长的时间，获得器件电性能、机械性能的退化趋势。

系统级（整机）验证包括装联工艺适应能力、电磁兼容适应能力、容差能力和插拔替换能力。飞行阶段验证主要以搭载试验为主，通过搭载有效载荷，采用地面模拟数据与空间在轨数据对比，地面模拟载荷数据与空间在轨数据对比，验证器件的工程适应性以及地面考核评价的有效性和充分性。

2.6　单片集成电路对电子产品装联的影响

单片集成电路大多数封装都采用软钎焊工艺来实现与 PCB 的连接，这一做法会增加对封装的要求。封装必须具备准确的引线形状和焊接所需的可焊性镀层。连接点必须制作得足够精确，以便使封装引线与电路板上的焊盘对齐。封装与 PCB 互联必须足够坚固，以避免外界应力对其造成损坏。过去，高引线数产品的周边有引线的封装形式，在外壳制造时采用的金属引线很细，在异常外力的作用下，极容易发生弯折，从而导致引线无法与 PCB 焊点对齐，或引线断裂。面阵列封装形式可以制作得非常坚固耐用，但是也会出现其他相容性问题，如共面性差、翘曲变形等。本节主要阐述单片集成电路的封装形式对电子产品装联的影响。

2.6.1　集成电路内部互联材料对电装过程中焊接温度的要求

集成电路内部需要互联的部分包括芯片与外壳之间的连接、芯片焊盘与外壳之间的内引线互联及盖板与外壳之间的焊接。

集成电路芯片与外壳之间的连接一般有两种形式，一种是环氧树脂胶粘接，另一种是钎焊焊接，两种连接工艺过程中所经历的最高温度均不超过 300 ℃。

集成电路芯片焊盘与外壳之间的内引线互联一般有两种形式，一种是硅铝丝楔焊工艺，另一种是金丝球焊工艺，两种工艺均存在金、铝结合的现象，金、铝两种金属结合后，当温度达到 160 ℃以上时，开始快速生成金铝化合物，并形成柯肯达尔空洞，伴随金属间化合物的产生，键合接触电阻变大，降低了接触区域的电学性能，导致器件参数漂移，甚至开路而失效，因此集成电路封装完成后，应尽可能避免在 160 ℃ 以上的温度下长期贮存或使用。

集成电路盖板与外壳之间的焊接一般有 2 种形式，一种是平行缝焊，另一种是熔封。平行缝焊工艺采用局部脉冲电流放热使盖板镀层熔化形成密封焊接，随着电极滚动脉冲放电以点接触形式产生热量，这种热量高度集中且释放较快，因此在平行缝焊过程中，器件整体温度不超过 80 ℃。熔封工艺常采用 AuSn 钎料进行钎焊，器件按温度曲线进行升降温，钎焊温度不超过 300 ℃。

综上所述，在进行集成电路电装的过程中，应充分考虑其内部互联材料所能承受的最高温度，避免电装过程中焊接温度对其内部互联的可靠性造成不良影响。

2.6.2　各种封装形式对电子产品装联的影响

2.6.2.1　陶瓷双列封装（CDIP）

双列封装结构属于引脚插装类之一，其特点是可以插拔而便于更换，其引出端的宽度一般上部大于下部，这是为了在插装时，使电路与 PCB 的安装平面之间能保持一个空间距离，这样的结构可以使其引出端与 PCB 插装焊接后，有足够弹压力以保证电路具有良好的接触。但双列封装结构目前常用的引出端间距均为 2.54 mm，这就使得它所占用的装配空间较大，航天用双列封装结构的集成电路，其引出端数一般低于 48 线，当引出端数超过 48 线时，则会造成陶瓷体过大而降低其机械强度。

另外，由于双列封装属于插装结构，在插装的过程中，引脚过长可能导致印制板的短路，引脚过短可能导致虚焊或漏焊，因此在使用过程中应重点关注引脚长度与印制板厚度的匹配问题。

2.6.2.2　陶瓷针栅阵列封装（CPGA）

陶瓷针栅阵列封装属于引脚插装类之一，其底面的垂直引出端呈阵列状排列，引出端中心距通常为 2.54 mm，引出端数从 64 到 447 左右，安装时需要插入 PCB 通孔。另外，还有一种中心距为 1.27 mm 的短引出端表面贴装型 PGA。

通常，陶瓷针栅阵列封装的 1 号引出端上会有一个定位片，这是为了在插装时，使电路与 PCB 的安装平面之间能保持一个空间距离，这样的结构可以使其引出端与 PCB 插装焊接后，有足够弹压力以保证电路具有良好的接触。陶瓷针栅阵列封装的特点是具有较高的电装可靠性。

另外，由于陶瓷针栅阵列封装也属于插装结构，在插装的过程中，引脚过长可能导致印制板的短路，引脚过短可能导致虚焊或漏焊，因此在使用过程中也应重点关注引脚长度与印制板厚度的匹配问题。

2.6.2.3　陶瓷扁平封装（CFP）

陶瓷扁平封装是表面贴装型封装之一，它的引出端设计都是由外壳的两侧平行引出，在电装前，需要在引出端距离陶瓷边缘 0.85～1 mm 范围外进行打弯成形后再进行焊接，对于 0.85 mm 范围内的引出端，为了不损伤引出端根部而造成封装材料破坏以及使引出端机械强度降低，是不允许在此范围内进行引出端弯曲、折断和应用的。另外，在打弯成形的过程中，引脚端面的镀层会不可避免地被破坏，这些遭到破坏的部分在空气中极易被氧化，从而影响焊接过程中的爬锡，因此在焊接过程中应对引脚端面进行预处理。

扁平封装结构的电路电装在 PCB 后，其陶瓷体下表面与 PCB 存在一定间隙（这是由于电装前，对引出端进行打弯成形所带来的），这种结构可以很好地解决陶瓷外壳与 PCB 之间的热适应性，但同时也降低了电路的抗机械能力。

考虑到陶瓷体内引线布局的困难，扁平封装的引出端数一般不大于 48 线，其整体质量较小，因此当整机应用环境对电路抗机械能力要求不高时，电装后可不进行电路加固（若整机应用环境对电路抗机械能力要求较高，则应考虑电装后对电路进行加固）。

2.6.2.4 陶瓷四边引线扁平封装 （CQFP）

陶瓷四边引线扁平封装也属于表面贴装型封装之一，引出端从 4 个侧面引出呈海鸥翼（L）型，与陶瓷扁平封装类似，在电装前，需要在引出端距离陶瓷边缘 0.85～1 mm 范围外进行打弯成形后再进行焊接，对于 0.85 mm 范围内的引出端，为了不损伤引出端根部而造成封装材料破坏以及使引出端机械强度降低，是不允许在此范围内进行引出端弯曲、折断和应用的。另外，在打弯成形的过程中，引脚端面的镀层不可避免地会被破坏，这些遭到破坏的部分在空气中极易被氧化，从而影响焊接过程中的爬锡，因此在焊接过程中应对引脚端面进行预处理。

陶瓷四边引线扁平封装的引出端之间距离很小，引脚很细，一般大规模或超大规模集成电路采用这种封装形式，其引出端数一般都在 100 以上，其整体质量相对较大，因此需要考虑引线成形后的共面性及加固问题。

2.6.2.5 陶瓷片式载体封装 （CLCC）

陶瓷片式载体封装也属于表面贴装型封装之一，引出端从封装的 4 个侧面引出，这种封装形式是针对无阵脚芯片封装设计的，它采用贴片式封装，其引出端在芯片边缘向内弯曲，紧贴芯片，减小了安装体积，相对于陶瓷四边引线扁平封装而言，陶瓷片式载体封装可直接焊接在 PCB 上，无须对引出端进行打弯成形，因此其机械强度较高。但从另一方面来讲，正是由于这种刚性连接结构，降低了陶瓷片式载体封装与 PCB 互联系统的热疲劳性能，可能出现电路与 PCB 的热失配现象。因此，当整机应用环境温度变化较大时，应慎用陶瓷片式载体封装的电路。

2.6.2.6 陶瓷球栅阵列封装 （CBGA）

陶瓷球栅阵列封装也属表面贴装型封装之一，这种封装形式在印刷基板的背面按阵列方式制作出球形凸点用以代替引出端，与传统表面贴装封装形式相比，陶瓷球栅阵列封装具有 I/O 数多 （或引线数相同的情况下封装尺寸减小 30% 以上）、电装成品率高、散热性能强、焊接机械强度高等优点。但陶瓷球栅阵列封装在电装过程中封装体边缘的焊球与 PCB 焊盘对准难度较大，另外由于陶瓷基板和 PCB 的热膨胀系数相差较大，因此热匹配性较差，焊点疲劳是其主要的失效形式。

2.7　典型故障

单片集成电路工艺中的典型故障包括芯片粘接系统失效、互联失效、封装失效和内部多余物失效等，本节逐一对这些典型故障进行阐述。

2.7.1　芯片粘接系统失效

半导体芯片是集成电路的核心，芯片同电路管座牢固结合是电路正常工作的必要条件。如果芯片粘接不牢，在使用中脱落，就会造成半导体器件的致命失效。

芯片是利用粘接材料通过特定的粘接工艺粘接在管座或基片（以下统称为底座）上。芯片材料一般是硅、锗等半导体材料，粘接材料多种多样，常用的有银浆、合金（如锡基合金、金基合金和银基合金等）、环氧树脂、导电胶等。半导体芯片粘接在底座上，通过粘接材料同底座形成一个完整的粘接系统，就粘接在陶瓷底座上的芯片粘接系统来说，包括 3 种材料和 2 个界面。3 种材料是半导体材料、粘接材料和陶瓷材料；2 个界面是芯片与粘接材料界面和粘接材料与陶瓷底座界面。

2.7.1.1　芯片周围可见粘接材料不足

（1）问题概述

在体视显微镜下观察，芯片周围所能观察到的粘接材料小于芯片周长，如图 2-31～图 2-32 所示。

图 2-31　粘接材料小于芯片周长

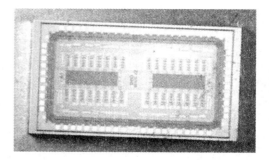

图 2-32　粘接材料完全没溢出

（2）原因分析

产生这种情况的主要原因是粘接芯片的粘接材料不足。

（3）改进措施

为避免芯片粘接材料不足，在芯片粘接过程中需根据芯片面积的大小优化粘接胶的用量，在实际操作过程中，可通过调整点胶系统的气压和阀门时间达到控制粘接胶用量的目的。

2.7.1.2 芯片粘接材料上的空洞

（1）问题概述

在体视显微镜下观察，芯片粘接材料上局部出现空洞，如图 2 - 33 所示。内部检查仅能发现在外部有开口的空洞，但不能发现芯片粘接材料内部的空洞。因此如果想准确地了解内部的空洞情况，可以借助 X 射线或声扫描电子显微镜等设备。

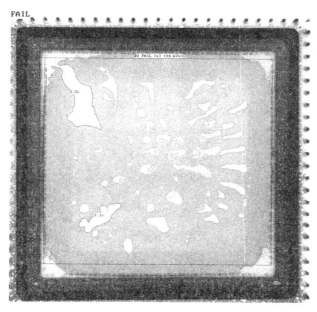

图 2 - 33 X 射线检测图片

（2）原因分析

产生这种情况的主要原因是芯片粘接材料存在气泡，例如，银浆在配料过程中银和添加剂混合不均匀，导致在烧结后聚集成块的添加剂挥发后形成空洞。

（3）改进措施

为避免芯片粘接材料上产生空洞，在芯片粘接前需对粘接材料进行均匀性处理，通过匀胶机的自转和公转将粘接材料搅拌均匀，另外在芯片粘接过程中需优化粘接材料的点胶图形。

2.7.2 互联系统失效

集成电路内部的芯片和外部实现电连接有多种方式，如采用键合、梁式引线等，其中键合是这些连接方式中使用最广泛的方法。集成电路的键合系统由键合金属引线和芯片、外引线柱的键合区金属组成，键合系统是集成电路的一个很重要的组成部分，是芯片和外引线的电连接纽带，是芯片的电信号输出、输入的通道。如果键合系统出现问题，就会使电信号无法从芯片输出或从外界输入到芯片内部，从而导致集成电路功能失效。

2.7.2.1　键合引线的尾丝过长

（1）问题概述

在体视显微镜下观察尾丝过长，这种情况多发生在楔形键合中，如图2-34～图2-36所示。

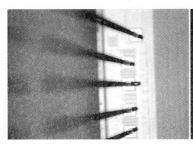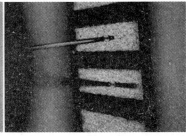

图2-34　尾丝过长　　　　　图2-35　尾丝过长　　　　　图2-36　尾丝过长

（2）原因分析

产生这种情况的主要原因是键合工艺控制不严格。

（3）改进措施

为避免键合引线的尾丝过长，在键合设备方面可通过调整丝夹的夹力以及丝夹的开口大小进行优化；在工艺参数方面可通过调整键合压力以及尾丝两项参数进行优化。

2.7.2.2　键合点损伤或不完整

（1）问题概述

在体视显微镜或在金相显微镜下观察，键合点不完整，如图2-37～图2-39所示。

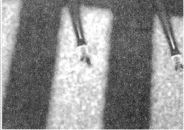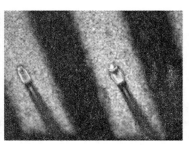

图2-37　键合点不完整　　　　图2-38　键合点不完整　　　　图2-39　键合点不完整

（2）原因分析

产生这种情况的原因是去除尾丝或其他过程中导致的键合点损伤。

（3）改进措施

为避免出现键合点损伤或不完整的现象，在原材料方面需对芯片焊盘及关键键合区的表面进行检查，避免键合点位于原材料表面的凸起或多余物上；在工艺参数方面可通过调整键合压力和键合时间进行优化。

2.7.2.3　金-铝键合系统的失效

（1）问题概述

金-铝键合系统失效发生在金丝与铝金属键合或硅铝丝与金键合的情况下，发生这类失效时，键合点键合强度很小，一般为键合点完整地从键合区脱落下来（脱键），造成键合开路，图 2-40 就是一个将硅铝丝键合在金上出现的脱键形貌。

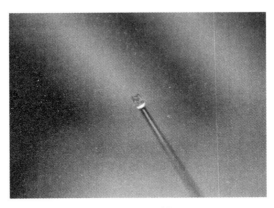

图 2-40　脱键

（2）原因分析

产生这种情况的主要原因有 2 种。

1）金-铝键合处生成金铝化合物：金丝和芯片表面的铝键合、硅铝丝和外键合区的金键合时，由于金、铝两种材料的化学势不同，在长期使用和存贮后，它们之间会生成一系列金属间化合物，如 $AuAl_2$、Au_2Al、Au_5Al_2、Au_4Al 等，这些化合物的晶格常数、膨胀系数以及形成过程的体积变化均不同，但它们有一个共同的特点就是导电性能比较差；

2）高温下金属间原子迁移：金-铝键合的另一种失效模式是柯肯达尔效应，即在高温下金向铝中迅速扩散，由于金的大量移出并形成 Au_2Al，造成键合点附近出现空洞，使键合点处出现高阻或开路失效。柯肯达尔效应的形成与温度和时间有关。

（3）改进措施

为避免出现金-铝键合系统的失效，需要从芯片焊盘的成分和结构优化、键合指镀层厚度优化以及键合丝材质优选等 3 方面着手。

纯铝的芯片焊盘在形成金-铝键合系统后，金铝化合物的生长速度较快，大量工艺试验表明，Al-Cu 或 Al-Si-Cu 结构的芯片焊盘可有效抑制金铝化合物的生长速度。

纯金材质的键合丝在形成金-铝键合系统后，金铝化合物的生长速度较快，大量工艺试验表明，在金材质中掺入钯元素后，可有效抑制金铝化合物的生长速度。

2.7.2.4　引线损伤

（1）问题概述

在引线的非键合部位出现损伤痕迹，如裂口、弯曲、割口、卷曲、刻痕和颈缩，如图 2-41～图 2-43 所示。

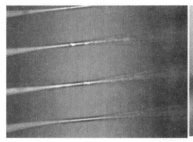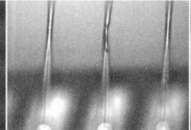

图 2-41　引线损伤　　　　图 2-42　引线损伤　　　　图 2-43　引线损伤

（2）原因分析

键合或其他生产工艺步骤控制不严格，造成引线损伤。

（3）改进措施

为避免出现引线损伤现象，在键合工艺方面应重点优化键合设备的送线系统，加强键合镜检；在其他工艺过程方面，应严格执行各工艺的工艺规范，避免出现人为碰丝的现象。

2.7.2.5　塌丝

（1）问题概述

在封装壳体的内引线有下垂或过量的线环，可能和其他引线或金属外壳短路，如图 2-44 和图 2-45 所示。

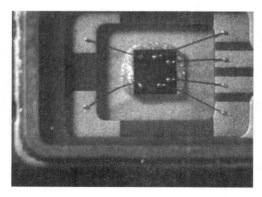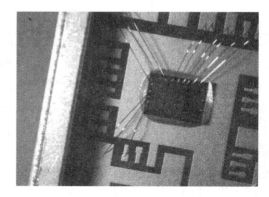

图 2-44　塌丝　　　　　　　　　　　　　图 2-45　塌丝

（2）原因分析

工艺操作控制不严格，导致引线被碰移位。

（3）改进措施

为避免出现塌丝的现象，在工艺参数方面可通过调整弧形参数，优化键合丝弧形；在工艺操作方面应严格执行工艺规范，避免出现人为碰丝的现象。

2.7.3　内部多余物引起的失效

半导体器件封装腔体内部的多余物是指来自器件封装以外的任何物质，或在器件封装壳体内部那些已离开了其原来位置或预定位置的任何非外来物质。多余物从来源上大体可以分为以下几类：

1）生产工艺过程中引入的多余物，如脱落的芯片粘接材料或划片过程中产生的半导体碎渣等；

2）器件封装内部的物质离开原来位置成为的多余物，如附着不牢的键合尾丝或芯片粘接材料、金属外壳或外键合区的脱落镀层等。

多余物根据材料的性质可分为金属多余物、非金属多余物和半导体多余物；根据是否可以移动，多余物分为可移动多余物和不可移动多余物。检查中常见的多余物有半导体材料、芯片安装材料、金属溅出物、键合引线、液滴光致抗蚀剂薄膜或封装陶瓷材料等。

在许多情况下外来物质的存在会导致半导体器件可靠性降低，因此《微电子器件试验程序和方法》（GJB548B）中对多余物的控制有明确规定。对半导体器件的使用方来说，可以通过颗粒碰撞噪声检测（Particles Impact Noise Detection，PIND）来筛选可动多余物，但对于不可动多余物就没有有效的筛选手段，用户只能通过抽样破坏性检查的方法来控制。

2.7.3.1　芯片表面有芯片粘接材料

（1）问题概述

在金相显微镜下观察能发现芯片表面有芯片粘接材料，如图 2 - 46 和图 2 - 47 所示。

图 2 - 46　芯片表面有粘接材料

图 2 - 47　芯片表面有粘接材料

（2）原因分析

产生这种情况的主要原因是芯片粘接工艺中引入的沾污，或者是由于粘接材料过多，在烧结工艺中溢到芯片表面。

（3）改进措施

为避免芯片表面出现粘接材料，可通过调整粘片设备的气压或阀门时间，控制粘接材料的使用量。

2.7.3.2 器件封装壳体内的多余物

（1）问题概述

在体视显微镜下观察，发现电路封装壳体内有足够大的多余物可以跨接未钝化的金属化层，如图 2-48～图 2-51 所示。

图 2-48 多余物

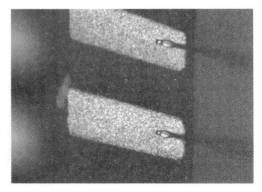

图 2-49 多余物

图 2-50 多余物

图 2-51 多余物

（2）原因分析

产生这种情况的主要原因是封装工艺中引入的多余物或碎裂脱落的半导体材料、芯片粘接材料等。

（3）改进措施

为避免电路封装壳体内出现多余物，在装片、键合及封帽的工艺过程中，应严格执行工艺规范，避免出现多余的键合丝、半导体材料或芯片粘接材料；在封装环境方面，应严格执行封装洁净间的相关管理规定，避免由封装环境引入其他多余物。

2.7.4 电路封装的典型缺陷分析

半导体器件的封装是电路封装重要的组成部分，它起到增加电路的可靠性，保护电路不被外界条件干扰、散热等作用。半导体器件封装的外观缺陷往往表征着封装已经不能完成上述功能，或存在潜在缺陷，将来使用中不能完全满足原设计的要求。随着半导体工业的快速发展，封装的形式越来越多，体积越来越小，因此封装质量对电路的影响越来越大。

2.7.4.1　金属引线的锈蚀

（1）问题概述

在体视显微镜下观察，能发现器件外引线局部或全部发生锈蚀，如图 2 - 52 和图 2 - 53 所示。

图 2 - 52　引线根部锈蚀　　　　　　　　　图 2 - 53　引线锈蚀

（2）原因分析

产生这种情况的主要原因是存放和使用环境不好，或引线镀层质量存在问题，不能有效保护内部材料。

（3）改进措施

为避免器件金属引线出现锈蚀的现象，在原材料方面，应加强原材料验收控制，确保引线镀层的质量满足要求；在器件保存方面，应使用氮气干燥柜保存器件。

2.7.4.2　封装壳体的机械损伤

（1）问题概述

在体视显微镜下观察能发现封装壳体上存在裂缝、剥层、沟痕或空隙，如图 2 - 54 和图 2 - 55 所示。

（2）原因分析

产生这种情况的主要原因是生产、试验、运输或使用过程中的机械应力导致外壳损伤。

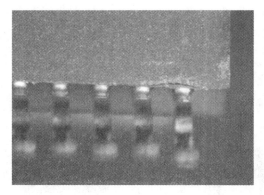

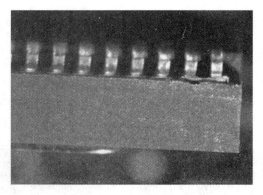

图 2-54　引线根部裂纹　　　　　　　　　　　图 2-55　陶瓷外壳剥层

（3）改进措施

为避免封装壳体出现机械损伤，在生产、试验或运输过程中应设计不同的器件置放器具或包装盒，对器件进行有效的保护。

2.7.4.3　采用平行缝焊工艺的电路焊缝处有打火痕迹

（1）问题概述

在体视显微镜下观察能发现平行缝焊工艺的电路焊缝处有打火痕迹，如图 2-56 所示。

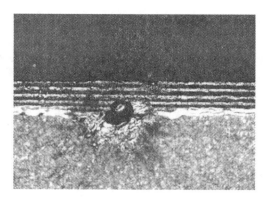

图 2-56　平行缝焊工艺的电路焊缝处有打火痕迹

（2）原因分析

产生这种情况的主要原因是在进行平行缝焊工艺时出现打火，导致金属高温变色。

（3）改进措施

为避免电路焊缝处出现打火的痕迹，可通过调整平行缝焊设备的功率、脉冲宽度及脉冲周期等参数进行优化。

2.8　航天特殊要求及禁忌

对于航天用单片集成电路，由于其具有高可靠性、长寿命的要求，因此在元器件封装、工艺结构与使用方面提出了一些特殊要求及工艺禁忌。

1）由于射线检验过程中，电压过高可能使电子器件提前失效，所以对附有电子器件的产品进行 X 射线照相时，X 射线电压应尽可能低，不宜超过 200 kV；

2）由于元器件清洗过程中，易损伤元器件内部接点，所以超声波清洗禁止用于内部有电气接点的元器件或装有该类电子元器件的 PCB 组装件的清洗；

3）由于静电易损伤静电敏感元器件，所以禁止不带防静电腕带等器具直接接触、装焊 CMOS 等易受静电损伤的元器件，禁止裸手拾取静电敏感元器件；

4）由于激光划片工艺过程中产生的高温可能造成芯片损伤，所以器件不得使用激光划片技术分割芯片；

5）由于镀纯锡的金属材料容易生长锡须，锡须对电子器件的可靠性影响较大，所以禁止使用镀纯锡的金属材料，使用锡铅合金时，铅含量应大于 3%；

6）由于干燥剂在长期使用过程中容易分解，分解后的物质可能影响电路性能，所以禁止元器件内部使用干燥剂材料。

2.9　展望

随着集成电路和电子器件的发展，新的封装形式不断涌现，新的封装技术层出不穷。电子封装形式也经过不断演变，逐渐向高集成度、小型化方向发展，从开始的单芯片封装，到加入无源元件或者加入多个芯片形成 MCM 封装，再到 3D 封装，并步入系统级封装（SiP）。

2.9.1　面向高密度发展

大规模和超大规模集成电路的集成度越来越高，要求封装的引脚数越来越多，引脚节距越来越小，因此封装难度越来越大。国外高集成度封装的引出端数已经达到 3 000 个，并且正在向 5 000 个引出端方向发展。

2.9.2　面向系统级封装（SiP）技术的发展

系统级封装技术是在 SOC 的基础之上发展起来的一种新技术，SOC 是指按系统功能进行单片集成的电路芯片，该芯片加以封装就形成一个系统级的器件。而 SiP 是指将多个半导体裸芯片和可能的无源元件构成的高性能系统集成于一个封装内，形成一个功能性器件，因此可以实现较高的芯片组合，实际上 SiP 也是 3D 封装，是 3D MCM 的发展。

2.9.3　从单芯片封装（Single Chip Package，SCP）向多芯片组件（MCM）发展

　　MCM 起步于 20 世纪 90 年代初，是当前微组装技术的代表产品。它将多个集成电路芯片和其他片式元器件组装在一块高密度多层互联基板上，然后对整体进行封装，是电路组件功能实现系统级的基础。MCM 采用芯片直接粘接技术（Direct Chip Attach，DCA）或 CSP，使电路图形线宽达到几微米到几十微米的级别。在 MCM 的基础上设计与外部电路连接的扁平引线（间距为 0.5 mm），几块 MCM 借助 SMT 组装在普通的 PCB 上就实现了模块或系统的功能。由于 MCM 具有高密度、高性能和高可靠性特性而备受生产厂商青睐，世界各国在近几年纷纷投入巨资开展其研究工作。

2.9.4　面向三维（Three Dimension，3D）微组装技术的发展

　　前面介绍的 MCM 技术是在 X、Y 平面内实现的二维（2D）封装，由于电子整机和系统在航空、航天、计算机等领域对小型化、轻型化、薄型化等高密度组装的要求不断提高，在 MCM 的基础上，对于有限的面积，电子组装必然在二维组装的基础之上向 Z 方向发展，这就形成了三维封装技术，即 3D MCM 技术，3D MCM 技术相对于 2D MCM 来说，硅片封装效率有进一步提高。目前基于硅通孔技术（Through Silicon Via，TSV）的 3D 集成技术是最先进的系统级封装方案，也是国内外研究的热点。

参 考 文 献

[1] James J L，Leonard R E. 混合微电路技术手册［M］. 朱瑞廉，译. 北京：电子工业出版社，2004.

[2] Enloe J，et al. Properties of ALN Package Material［C］. Proc NEPCON West，1990.

[3] Sanka G，Michael P. Lead – free Electronics［M］. CALCE EPSC Press，2003：444.

[4] Lead – Free Solder. Manufacturing Market Insider［J］. 1993：6.

[5] 王仲康. 芯片背面磨削减薄技术研究［J］. 电子工艺专用设备，2010，180：23 – 27.

[6] 王志杰. 半导体封装划片工艺及优化［J］. 封装与测试，2009（3）：47 – 48.

[7] 文赟，王克江，孙敏，等. 浅析砂轮划片机划切工艺［J］. 电子工业专业设备，2010（6）：21 – 26.

第3章　混合集成电路互联技术

3.1　概述

混合集成电路（Hybrid Integrated Circuit，HIC）是一种将各种功能的器件在预先做好导体图形或导体与电阻组合图形的绝缘基板上进行电气互联的电路，是膜集成技术与半导体技术互相结合的产物。在这种电路结构内组合了有源器件和无源器件两种[1]。

由于航天电子装备高性能、多功能、小型化、高可靠的迫切要求，当今混合集成电路技术伴随着半导体、微组装、封装和材料等技术的进步而不断发展[2]。应用范围涉及航天、航空等领域，涵盖各种通信、计算机等电子系统。航天装备的电子系统必须适应严酷的工作环境，能够在很宽的温度、压力和湿度等范围内工作，能够承受冲击、振动、加速度等应力的作用，能抵抗盐雾、水汽等的侵蚀，还要能抵抗宇宙射线和高能粒子的辐照而长期可靠且有效地工作。

由于混合集成电路采用成熟芯片进行设计，可根据客户的需求进行定制设计，与单片集成电路相比，优势主要体现在[3]：

1）设计周期短，灵活性好；

2）可选用嵌入式高性能元器件，便于不同工艺的电子元件混合组装；

3）适应小、中、大批量生产；

4）便于生产复杂的电路，便于适应用户的个性要求；

5）在高功率密度、高精度和高稳定性等方面具有优势。

本章主要介绍混合集成电路的封装原材料、薄厚膜制备工艺、组装工艺、试验与检测技术等相关工艺与技术，结合航天特点介绍了混合集成电路对电子产品装联的影响、典型故障失效模式及航天特殊要求和禁忌，并对未来的发展进行了展望。

3.2　混合集成电路封装原材料

混合集成电路原材料主要包括基板材料、导体材料、介质材料和封装材料，如图 3-1 所示。

3.2.1　基板材料

在混合集成电路中，基板起着承载厚膜元件、互联以及外贴元件等作用，在大功率电路中，还有散热的作用。航天用混合集成电路一般选择陶瓷基板，根据陶瓷烧结工艺不

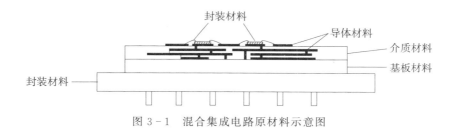

图 3-1　混合集成电路原材料示意图

同，基板材料主要分为高温共烧陶瓷和低温共烧陶瓷两种。

3.2.1.1　高温共烧陶瓷基板

高温共烧陶瓷基板具有结构强度高、热导率高、化学稳定性好和布线密度高等优点，因此在微组装电路中具有广泛的应用前景。高温共烧陶瓷多层基板中较为重要的是氧化铝多层陶瓷基板、氮化铝多层陶瓷基板。

（1）氧化铝多层陶瓷基板

氧化铝多层陶瓷基板由 92%～96% 的氧化铝，外加 4%～8% 的烧结助剂在 1 500～1 700 ℃ 的温度下烧结而成，其导线材料为钨、钼、钼-锰等难熔金属。该基板技术工艺成熟，介质材料成本低，热导率和抗弯强度较高。

（2）氮化铝多层陶瓷基板

对于氮化铝多层陶瓷基板来说，由于氮化铝（AlN）热导率高，热膨胀系数与 Si、SiC 和 GaAs 等半导体材料相匹配，介电常数和介质损耗均优于氧化铝，并且是较硬的陶瓷，在严酷的环境条件下仍能很好地工作；且氮化铝密度比氧化铝小。基于氮化铝高热导率和低密度的特点，氮化铝陶瓷在航天领域得到广泛应用。

3.2.1.2　低温共烧陶瓷基板

低温共烧陶瓷基板是玻璃和陶瓷的复合材料，低温共烧陶瓷与高温共烧陶瓷的主要差异在于玻璃含量不同。对于高温共烧陶瓷，玻璃含量较低，大约在 8%～15% 之间，而低温共烧陶瓷则含有较高的玻璃含量，大于或等于 50%。低温共烧陶瓷基板材料大致分为 3 类。

（1）微晶玻璃系

微晶玻璃是利用可结晶的玻璃制成玻璃粉体，然后进行低温烧结制备出高致密度并具有大量晶体的陶瓷基板。微晶玻璃体系主要包括 $MgO - Al_2O_3 - SiO_2$、$Li_2O - Al_2O_3 - SiO_2$、$BaO - Al_2O_3 - SiO_2$ 等。在烧结过程中，玻璃晶化成低损耗相，使材料具有较低的介电损耗。

（2）玻璃/陶瓷系

将玻璃添加到结晶质陶瓷填料中，混合均匀，成形，然后在预定温度下烧结。其中，玻璃是一种低软化点的材料，起到助溶剂作用，促进玻璃/陶瓷复合材料致密化；陶瓷填料用来改善基板的机械强度、绝缘性和防止烧结时由于玻璃表面张力引起的翘曲。玻璃/陶瓷系材料主要包括硼硅酸铅玻璃-Al_2O_3系、硼硅酸玻璃-Al_2O_3系、硼硅酸玻璃-经处理的氧化锆系、硼酸锡钡系等。由于硼硅酸盐玻璃具有较低的软化温度、较好的化学稳定性、较低的介电常数和热膨胀系数等优点，便于实现大规模生产。

（3）非晶玻璃系（陶瓷系）

将形成玻璃的氧化物 SiO_2、Al_2O_3、$CaCO_3$、MgO、B_2O_3 或 H_3BO_3 进行充分混合，在 $800 \sim 950\ ℃$ 温度之间煅烧，之后球磨过筛，最后按照陶瓷工艺成形烧结成致密的陶瓷基板。这种体系的工艺简单，成分容易控制，但陶瓷基板的综合性能不太理想，较少应用于实际工程中。

3.2.2　导体材料

混合集成电路导体材料可用于制作电路的导体、电阻和介质图形，多数是贵金属，如金浆料、银浆料、复合金属材料和共烧金属化材料。

3.2.2.1　金浆料

金具有很高的化学稳定性，其热导率和电导率仅次于银和铜，通常金导体在环境中几乎没有电迁移趋向，能在苛刻的环境中工作。厚膜金导体浆料一般是由金粉、粘接剂和有机载体组成的膏状物，印涂在陶瓷或玻璃基体上，经烘干—烧结形成导电膜。通过改变金粉、粘接剂和有机载体等主要组分的类型和含量，可以制得多种金浆料。金浆料是混合集成技术中理想的厚膜导体材料，在多层布线电路中起着很重要的作用。

3.2.2.2　银浆料

银浆料作为混合集成电路的导体材料，大致可分为纯银浆料、银钯浆料、银铂浆料等。纯银浆料的粘接剂是 $3\% \sim 10\%$ 的铅和铋硼硅酸盐玻璃，由有机载体将银粉和粘接剂调成浆料。银钯浆料是以银为基的浆料，钯的含量在 $2\% \sim 30\%$ 之间。银铂浆料中，铂的含量小于 5%。纯银浆料主要用于制作厚膜电容器上的电极、片式元件。银钯浆料主要用于厚膜电路中，其中含钯 $20\% \sim 25\%$ 的银钯浆料，在电场中具有明显的抗银迁移性。银铂浆料在微波集成电路中代替金浆料使用。

3.2.2.3　复合金属材料

对导电薄膜的要求除了经济性能外，主要是电导率大、附着牢靠、可焊性好和稳定性高。因尚无一种材料能完全满足这些要求，所以必须采用多层结构的复合金属材料。薄膜工艺中常用的是 $2 \sim 4$ 层结构，如铬-金（Cr-Au）、镍-铬-金（Ni-Cr-Au）、钛-铂-金（Ti-Pt-Au）、钛-钯-金（Ti-Pd-Au）、钛-铜-金（Ti-Cu-Au）、铬-铜-铬-金（Cr-Cu-Cr-Au）等。

3.2.2.4　共烧金属化材料

高温共烧陶瓷烧结温度高，导体材料采用 Mo 和 W。低温共烧陶瓷烧结温度低，可使用温度较低的内部导体材料，如 Au、Pd-Ag 材料。

3.2.3　介质材料

介质材料主要用作多层布线和交叉布线介质，要求耐压强度高、耗损小、绝缘电阻大、介电常数小。多层基板制备过程中，介质材料主要是陶瓷材料。基板表面多层布线介质材料包括有机材料和无机材料两种。有机材料主要是聚酰亚胺（Polyimide，PI），聚酰亚胺具有优良的热稳定性和机械稳定性，因而作为高性能介质材料被广泛应用。无机材料包括玻璃/陶瓷介质和晶化玻璃，由于膜层较薄，存在的针孔易导致电容器、层间绝缘失效，因此无机介质在薄膜多层电路中的应用越来越少。

3.2.4　封装材料

封装工艺原材料包括陶瓷外壳、粘接材料、键合丝和盖板材料，具体介绍见单片集成电路封装原材料（第 2 章 2.2 节）。

3.3　混合集成电路基板制备技术

混合集成电路基板是采用膜制备工艺在陶瓷基板表面形成单层或多层互联导体层，从而构成多层互联结构。根据陶瓷基板制备工艺的不同，可分为低温共烧陶瓷基板和高温共烧陶瓷基板两种。低温共烧陶瓷材料主要是微晶玻璃系材料、玻璃/陶瓷复合系材料、非晶玻璃系材料，烧结温度在 1 000 ℃ 以下；高温共烧陶瓷材料主要是氧化铝和氮化铝，烧结温度在 1 000 ℃ 以上。多层陶瓷基板结构如图 3-2 所示。

外层导体图形
内层导体图形
陶瓷生片

图 3-2　多层陶瓷基板结构图

3.3.1　低/高温共烧陶瓷基板制备工艺

3.3.1.1　低温共烧陶瓷基板制备工艺

低温共烧陶瓷基本制备工艺如图 3-3 所示。

（1）粉料准备和混合

粉料准备包括原材料选择、预处理，经配料合成达到材料的要求，再在球磨机或类似设备中混合。

（2）流延

流延是指将混合均匀的稳定浆料在流延机上制得所需厚度的一种成形方法。流延成形方法由于具有设备简单、可连续操作、生产效率高等特点，已成为制备大面积、超薄陶瓷基板的重要方法。

（3）冲片

将未烧结的生瓷采用切割机、激光或冲床进行切割，得到需要的尺寸。

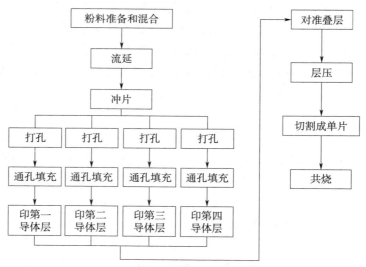

图 3-3 低温共烧陶瓷基板的制备流程

（4）打孔

通孔质量的好坏直接影响布线的密度和通孔金属化的质量，通孔过大或过小都不易形成盲孔。打孔主要有 3 种方法，即钻孔、冲孔和激光打孔。激光打孔的精度和孔径都比较合适，而且打孔速度高，可制作盲孔，是最理想的打孔方法[4]。

（5）通孔填充

通孔填充是制造低温共烧陶瓷基板的关键工艺之一，即为了层间电气连接而在生片上形成的过孔中填以导电粉料，其方法有厚膜印刷、丝网印刷和导体生片填充法等。

（6）导体层印刷

导体层印刷和通孔填充是金属化的两个部分。导体层的印刷可采用传统的厚膜丝网印刷工艺。

（7）对准叠层、层压

将印制好的导体和形成互联通孔的生瓷片，按预先设计的层数和次序依次叠放，在一定的温度和压力下粘接在一起形成一个完整的多层基板坯体。叠层中精确定位是制造多层结构的基础。

（8）切割成单件

切片工艺是将多层生瓷坯体切成更小的部件或其他形状，可通过钻石轮划片、超声切割、激光切割等 3 种方法来实现。

（9）共烧

由于低温共烧陶瓷技术需要将电介质材料（如电容、基板等）、磁介质材料（如电感等）和导电材料（包括银电极）等各种材料以叠层的形式交叠并一次性烧成，其共烧技术是"瓶颈"[5]。这是因为共烧过程中必须克服以下困难：

1）界面反应和界面扩散会影响器件的性能、可靠性以及微结构的变化；

2）不同介质层间在致密化速率、烧结收缩率及热膨胀速率等方面的失配也会导致共烧体内产生很大的内应力，产生层裂、翘曲和裂纹等缺陷；

3）为了降低成本，烧结温度必须低，以便和廉价的银电极共烧。

3.3.1.2　高温共烧陶瓷基板制备工艺

高温共烧陶瓷基板的制备工艺与低温共烧陶瓷基板的制备工艺类似，不同的是，高温共烧陶瓷基板是陶瓷材料直接烧制而成，烧结温度在 1 000 ℃以上；低温共烧陶瓷是在陶瓷中添加玻璃来降低烧结温度的。高温共烧陶瓷与低温共烧陶瓷优缺点的比较见表3-1。

表 3-1　低温共烧陶瓷与高温共烧陶瓷优缺点的比较

项目	高温共烧陶瓷基板	低温共烧陶瓷基板
基板介质材料	氧化铝、氮化铝、莫来石等	1）微晶玻璃系材料 2）玻璃/陶瓷复合系材料 3）非晶玻璃系材料
导带金属材料	钨、钼、钼-锰等	银、金、铜、钯-银等
共烧温度	1 000 ℃以上	1 000 ℃以下
优点	1）机械强度较高 2）散热系数较高 3）材料成本较低 4）化学性能稳定 5）布线密度高	1）电导率较高 2）有较小的热膨胀系数和介电常数且介电常数易调整 3）使用电导率高的金属作导体材料，可提高基板的导电性能 4）可以制作线宽小至 50 μm 的细线结构电路
缺点	1）电导率较低 2）制作成本较高	1）机械强度低 2）散热系数低 3）材料成本较高

3.3.2　混合集成电路薄/厚膜制备工艺

根据陶瓷基板表面膜制备工艺的不同，混合集成电路基板可分为薄膜混合集成电路基板和厚膜混合集成电路基板。厚膜一般采用丝网印刷、烧结工艺，而薄膜的工艺特征则为采用真空蒸发、溅射、离子镀、化学沉积等方法。基板表面多层导体结构如图3-4所示。

图 3-4　基板表面多层导体结构图

3.3.2.1　薄膜制备工艺

薄膜基板的制作包括基板表面淀积、涂覆光刻胶、掩膜、曝光、显影、电镀、去胶等工艺，具体流程如图3-5所示。

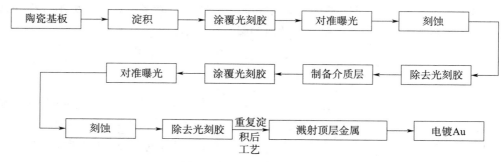

图 3-5　薄膜基板制造流程

（1）淀积工艺

薄膜混合集成电路制造过程中，首先选择基板材料，然后在基板上淀积金属或金属化合物。这些金属材料最终将提供导体、电阻器图形。一般情况，在基板上顺序地淀积电阻材料、阻挡层金属材料和顶层导体材料。基板表面金属淀积工艺可分为蒸发淀积和溅射两种。

蒸发淀积是将固体材料置于高真空环境中加热，使之升华或蒸发并淀积在基板上，以获得薄膜的工艺方法[6]。被涂覆的基板放在真空室中源材料的附近。当蒸汽接触到基板上较冷的表面时，通过晶核形成机理浓缩，且在基板上成长出膜层[7]。多数金属在空气中蒸发淀积会发生氧化，所以应在尽可能高的真空中淀积。在真空室中，被加热材料的蒸汽压在 1 Pa 以上时才会产生明显的蒸发现象，为此，常常需要把材料加热到 1 000～2 000 ℃，对于一些难熔材料，甚至要加热到 3 000 ℃ 左右。在蒸汽压较高时（10^{-8}～10^{-9} atm），能将多数金属的蒸发温度降低到 1 000 ℃ 或更低[8]。

溅射镀膜是利用气体放电产生的正离子在电场作用下高速轰击阴极靶，使靶材中的原子（或分子）逸出而淀击到被镀衬底的表面，形成需要的薄膜。任何物质都可以溅射，尤其是高熔点金属和化合物。溅射薄膜与衬底的附着性好，溅射镀膜的密度高、针孔少、纯度高，膜层厚度可控性和重复性好，但是溅射需要高压装置，成膜速率较低。

（2）涂覆光刻胶

光刻胶的涂覆是将光刻胶溶液均匀、平整地喷洒在基板表面上，通过加速旋转，使光刻胶受到离心力，向着基板外围移动。完成光刻胶涂抹之后，需要进行烘培操作，使溶剂挥发出来，从而降低灰尘的沾污，同时，可以减轻因高速旋转形成的薄膜应力，从而提高光刻胶在基板上的附着力。

（3）对准、曝光

选用合适的掩膜板覆盖在光刻胶表面，使用特定波长的光对光刻胶进行选择性照射。光刻胶中的感光剂会发生化学反应，从而使正光刻胶被照射区域（感光区域）或负光刻胶未被照射区域（非感光区域）化学成分发生变化。

在曝光过程结束后加入显影液，正光刻胶的感光区域、负光刻胶的非感光区域，都会溶解在显影液中。这一步完成之后，光刻胶中的图形就可以显现出来。为了提高解析度，每一种光刻胶都应有专门的显影液，以保证高质量的显影效果。

（4）刻蚀

刻蚀方法有两种类型，即湿法刻蚀和干法刻蚀。湿法刻蚀采用液体腐蚀剂，通过溶液和薄膜间的化学反应就能够将暴露的材料腐蚀掉。干法刻蚀使用等离子体中的气态刻蚀剂进行刻蚀，刻蚀过程中兼有化学反应和物理反应。

（5）除去光刻胶

光刻胶的去除方法有两种，即湿法去胶和干法去胶。湿法去胶包括有机溶剂去胶和无机溶剂去胶，有机溶剂去胶是利用有机溶剂去除光刻胶；无机溶剂去胶通过使用一些无机溶剂，将光刻胶这种有机物中的碳元素氧化为二氧化碳，进而将其去除。干法去胶是将光刻胶剥除，主要为等离子体去胶。

（6）制备介质层

介质层的功能主要是作为多层布线的层间绝缘，应用较广泛的介质材料为有机介质材料，如聚酰亚胺。可以像光刻胶一样采用旋涂法将介质材料涂覆在基板表面，然后采用热板进行固化处理，从而保证光刻过程中不发生变形，并保证线条平直。

（7）电镀

电镀就是利用电解原理在某些金属表面镀上一薄层其他金属或合金的过程。电镀时，镀层金属或其他不溶性材料作阳极，待镀的工件作阴极，镀层金属的阳离子在待镀工件表面被还原形成镀层。在薄膜基板制造过程中，在光刻胶显影后，会有金属图形裸露，在图形区域电镀适当的金属材料。

3.3.2.2　厚膜制备工艺

从 20 世纪 60 年代开始，厚膜混合集成电路就以其元件参数范围广、电路设计灵活性大、适合于多种小批量生产等特点，与单片集成电路相互补充、相互渗透，已成为集成电路的一个重要组成部分，广泛应用于航天电子产品中，对电子设备的微型化起到了重要的推动作用。

厚膜基板的制作包括电路图形的平面化设计、丝网印刷、高温烧结、激光调阻等工艺，具体流程如图 3-6 所示。

图 3-6　厚膜基板的制作流程图

（1）丝网印刷

丝网印刷是将黏性的浆料在漏印丝网上用力推动，使其通过网孔将图形淀积到基板上。推动浆料的橡皮刮刀称为刮板，它将力作用于浆料，使其通过丝网。为了制作丝网漏印板，用机械力或用粘接方法将网布固定在金属框架上，框架常用铸铝材料，然后在丝网上产生负的掩膜，使导体、电阻或介质浆料能被刮板的力（选择性地漏过丝网网孔）漏印到基板上，这样才能在基板上产生正的图形。通过在整个丝网表面涂上光敏乳胶或者贴上固体光敏膜，干燥后，将该乳胶膜（有所要图形的）原图在紫外光下曝光、显影，形成负的图形。

丝网质量直接影响厚膜电路的质量，丝网是由贴到网框上拉紧的网布，再加上光敏乳胶构成的。网布材料可以是尼龙、聚酯或不锈钢丝。当要求机械耐磨和抗化学腐蚀时，首选的丝网是不锈钢丝网。

（2）高温烧结

将印刷好的基板在高温烧结炉中烧结，使浆料与基板间形成良好的熔合和网络互联，并使厚膜电阻的阻值稳定。

浆料制造商规定了应该使用的温度曲线，但用户也常需要通过试验验证对温度曲线进行优化。在第一温区（温区 A，200～500 ℃），使暂时性的有机结合剂在空气中氧化分解而被去掉；在中间温区（温区 B，500～700 ℃），使永久性的结合剂（玻璃）熔化，浸润基板和功能材料颗粒的表面；在第三温区（温区 C，700～850 ℃），功能颗粒被烧结，且与玻璃料一起固定在基板上；最后温区从峰值温度迅速冷却到比室温稍高的温度。

（3）激光调阻

激光调阻技术是实现高性能厚膜混合电路的重要手段，是厚膜电路最精密的阻值调整方法，与其他调阻技术相比，激光调阻精度高、速度快、效率高，因此广泛地应用于混合电路的制造工业中。

激光调阻是把激光器输出的脉冲激光束聚焦成很小的光点，从而产生高能量密度的激光脉冲对电阻体印刷浆料进行轰击，使被切割的电阻浆料迅速汽化掉，从而有效地改变长宽比，改变电阻膜的面积，达到调整膜片电阻值的目的。利用激光束按一定轨迹照射在电阻膜片上，使膜层汽化来改变膜面积，在膜片上刻出一定轨迹的槽，从而达到微调电阻的目的。同时，对电阻进行动态测量，将测量结果与设定阻值进行比较，并反馈控制激光的扫射运动，达到预定的要求。

印刷电阻值等于外观系数（即长宽比 L/W）乘以（浆料阻值/单位面积）。激光调阻是通过有效地提高 L/W 比值，从而提高电阻值的。调阻机理示意如图 3-7 所示。

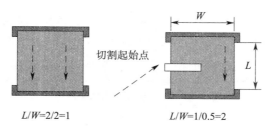

$L/W=2/2=1$　　　　　　　$L/W=1/0.5=2$

图 3-7　调阻机理示意图

激光调阻工艺是利用激光束打击电阻膜，在瞬间产生极高温度，使局部电阻膜材料汽化蒸发，这种方法微调速度快、精度高（可达 0.01%～0.1%）、阻值调整范围广（0.1 Ω～10 000 MΩ）、定位准确、速度快、效率高，对周围元件的特性无影响，对厚膜和薄膜均适用，适合大批量生产。

激光调阻的工艺参数直接影响调阻的精度，因此确定适宜的工艺参数十分重要。主要工艺参数包括激光输出功率、激光器的步进尺寸、重复率、光斑尺寸等。

厚膜与薄膜优缺点对比见表 3 - 2。

表 3 - 2　厚膜与薄膜优缺点的比较

项目	薄膜	厚膜
膜厚	5～2 400 nm	2 400～24 000 nm
制造工艺	间接工艺——蒸发、光刻	直接工艺——丝网印刷、烘干和烧结
优点	1)线条精细 2)引线键合性较好	1)成本低 2)无须使用化学刻蚀或镀液
缺点	1)成本高 2)使用化学刻蚀或镀液	1)线条较粗 2)引线键合受浆料中杂质影响

3.4　混合集成电路的组装

3.4.1　混合集成电路的组装工艺流程

　　厚膜和薄膜混合电路组装所用的工艺基本相同，但因基板贴装在外壳内的工艺不同，混合集成电路的组装顺序有所差异。基板贴装工艺分为合金焊料焊接和胶粘工艺两种。若用合金焊料，因为是高温操作，基板必须首先贴在封装上。随后的芯片和元件贴装是用递减的工艺温度顺序进行的。若某些元件是用焊料焊接而其他元件是用胶粘工艺时，温度较高的焊料贴装应该先进行加工。混合集成电路组装工艺流程如图 3 - 8 所示。

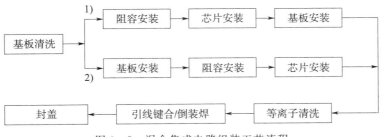

图 3 - 8　混合集成电路组装工艺流程

　　当基板的焊接温度低于阻容安装和芯片安装的温度时，采用 1) 组装流程；当基板的焊接温度高于阻容安装和芯片安装的温度时，采用 2) 组装流程。

3.4.2　混合集成电路的组装工艺技术

3.4.2.1　基板清洗技术

　　陶瓷基板是一种高吸附的材料，将其暴露于大气中任何一段时间都将从空气中吸附一层有机膜到其表面上，即使存放在净化间环境中，也不可能完全滤掉所有有机和无机气体物质。可以通过溶剂清洗或等离子清洗工艺进行清洗，去掉吸附在表面的有机物质。

3.4.2.2　阻容安装

电阻器件主要包括厚、薄膜电阻器和外贴分立电阻器。厚、薄膜电阻器与外贴分立电阻器之间的选择，主要取决于所要求的性能参数。一般情况下，采用厚、薄膜电阻器即可，但当电路提出特殊要求时，如热敏电阻、可变电阻、大功率电阻、甚低电阻等，就不可避免地要采用一些外贴的分立电阻器。典型的阻容器件安装方法包括再流焊、导电胶粘接、绝缘胶粘接并键合。

3.4.2.3　芯片安装

芯片安装工艺是指半导体芯片与陶瓷基板形成牢固的、传导性或绝缘性连接的方法。焊接层除了为器件提供机械连接和电连接外，还需为器件提供良好的散热通道。芯片到基板的安装方法很多，可概括为金属合金焊接法（或称低熔点焊接法）和环氧粘贴法两大类。它们连接芯片的机理大不相同，要获得理想的连接质量，还需要有针对性地分析各种焊接（粘贴）方法的机理和特点，分析影响其可靠性的诸多因素，并在工艺中不断地加以改进。具体工艺方法参考单片集成电路芯片安装工艺。

3.4.2.4　基板安装

基板安装主要采用合金贴装或环氧贴装方法进行安装。混合集成电路的组装顺序取决于基板的贴装方法，若用合金贴装，因为这是高温操作，基板必须首先贴装在外壳上，随后的芯片和元件贴装是用递减的工艺温度顺序进行。若用环氧贴装方法，将全部芯片先贴装在基板上，然后将基板安装在外壳上。组装完成后进行键合，最广泛的方法是采用金丝或铝丝键合完成外壳与基板之间的互联。

3.4.2.5　等离子清洗

在键合之前，需对混合集成电路内部进行等离子清洗，去除内表面的沾污物、有机残余物。等离子是气体通过与高能电子的碰撞发生电离，产生自由电子、未反应的气体、中性的和离子化的粒子混合物，它能十分有效地通过物理和化学作用达到混合集成电路内部清洗目的。

3.4.2.6　引线键合/倒装焊

混合集成电路的引线键合工艺包括芯片键合工艺、基板和外壳之间的键合工艺。内引线键合工艺实现芯片到基板的互联，外引线键合实现基板与外壳引线柱的互联。目前航天用集成电路，引线键合是以金丝或铝丝分别与芯片和外壳或基板键合而形成电气连接。航天用引线键合工艺主要有两种，即超声键合与热压超声波键合，具体工艺方法参考单片集成电路引线键合工艺。

混合集成电路芯片互联的另一种工艺方法为倒装焊工艺，其采用金属凸点代替键合引线来实现芯片与基板的互联。目前，集成电路倒装焊芯片的凸点主要以合金类凸点（无铅、有铅）和单质类凸点（Au）为主，通过将带凸点芯片倒装在基板上焊接而形成电气连接。倒装焊的焊接方式主要以再流焊工艺为主，具体工艺方法参考单片集成电路倒装焊工艺。

3.4.2.7　封盖

航天用半导体器件通常采用气密性封装，主要目的是确保芯片与外界环境的隔绝，避免外界有害气体的侵袭，限制封装腔体内水汽含量和对自由粒子的控制等。航天用集成电路通常采用平行缝焊和储能焊。

对于大腔体混合集成电路，主要采用平行缝焊工艺。采用平行缝焊进行陶瓷封装过程中，金属盖板与陶瓷外壳的可伐框直接焊接，平行缝焊热量集中在电极与金属盖板接触区域，局部集中受高温作用，器件内部芯片未受到高温的作用。

对于小腔体混合集成电路，主要采用储能焊工艺。进行焊接时先将管帽倒置于下电极中，再将外壳引脚向上倒置于管帽上部，上电极受设定的气压推动并压紧器件，压力到达设定值触发放电回路，将储存在电容器内部的能量转换为低电压大电流，通过焊接回路在焊接处产生电阻热，实现气密性封装。

除了常用的平行缝焊和储能焊外，激光焊接工艺逐步应用到混合集成电路封装过程中，激光焊接是利用高能量密度的激光束作为热源的一种高效精密焊接方法。但激光焊接对航天用高可靠混合集成电路内部芯片的影响需进一步验证。

3.4.3　多余物控制技术

多余物是指在生产过程中，或在生产完成后由外部进入或内部产生的，存在产品内部的一切与产品设计图样、技术条件无关的物质。多余物的存在会对元器件的可靠性产生影响而造成质量事故。

当混合集成电路存放在接触化学元素的环境中，可能会导致外壳表面的金属附着颗粒发生反应，长期存放将导致外壳表面出现变色锈斑，对产品的可靠性产生影响。组装过程中产生的金属多余物会导致电路短路失效。封帽工艺参数控制不当，可能造成金属飞溅，引入焊料颗粒。

为了有效减少混合集成电路中的多余物问题，从环境控制、组装过程控制、工艺参数优化和镜检等方面制定措施。

3.4.3.1　环境控制

提高工作环境的洁净度，对于混合集成电路封装要求在千级洁净以下的环境中生产，相对湿度控制在 30%～70%，消除空气中飞落的尘粒。除了总体洁净度要求之外，还需要对各个工序的局部环境进行严格控制。加强对产品生产现场进行 6S 管理，合理划分产品的装配工作区域。每天生产前和工作完成后对工作现场的工作台面进行清理、整理，及时去除废弃物。

3.4.3.2　组装过程控制

组装过程引入的多余物包括脱落的陶瓷基板边缘颗粒、芯片装配过程边缘损伤产生的颗粒、粘接胶残留物、清理不彻底的键合引线尾丝、某些金属产生的氧化物和锈迹以及环境中飞落的尘粒等。通过进行组装过程控制，避免多余物的产生。

3.4.3.3　工艺参数优化

在进行混合集成电路封帽时，储能焊工艺参数主要包括压力、电压、时间、速度等，通过优化工艺参数，采用大小合适的焊接压力和电参数，使外壳和管座之间形成一圈完整封闭的线接触，在密封环上产生的电阻分布也是均匀的，避免造成飞溅、毛刺，产生金属多余物。

3.4.3.4　镜检

封装前严格镜检，剔除多余键合尾丝及其他残留物，并用高压氮气枪吹洗电路表面，有效清理可动颗粒。外壳和电镀线引入多余物的主要来源是原材料，故在原材料入厂（所）检验中应严格控制，剔除不合格品。对于键合工序和划片工序中引入的多余物，需要在内部目检中严格要求，剔除键合中尾丝过长和测试图形翘曲的不合格品。

3.4.4　混合集成电路水汽控制与检测

密封工艺过程主要由4部分组成，即前烘、安装、固化、冷却。各个阶段的时间、温度需要根据工艺试验确定。密封完成后需进行密封检漏，确保封装体为气密性封装。

3.4.4.1　水汽来源

封装内部水汽的来源主要有2个方面，一是来自封装环境气氛中的水汽，二是来自封装外壳和芯片表面吸附的水汽以及粘接材料中的水汽。

由于水分子极具亲和力，水汽在外壳腔体或芯片表面容易吸附形成一层水分子膜。尤其是封装外壳的内表面粗糙，存在凹凸不平，而凹陷处对水分子的吸附力远大于平面处的吸附力，因此在表面的凹陷处易造成水分子集聚。

芯片粘接材料大部分用的是导电胶，其内部吸收有大量的水汽，在高温下会逐步释放出来。

3.4.4.2　采取措施

（1）前烘

电路封帽前应对外壳及盖板进行前烘，目的是去除陶瓷外壳内的潮气、粘接胶内的残余气体和键合检验过程中在大气中吸附的有害气体，航天用混合集成电路的前烘推荐在氮气环境下进行。混合集成电路腔体较大，为有效地去除原材料中氢气等有害气体，前烘过程调整为抽真空→充氮气→抽真空→充氮气→抽真空→充氮气，这样可以使前烘过程加长，有利于充分去除吸附的氢气。

（2）封帽工艺的改进

影响封帽工艺质量的因素较多，如操作人员水平的高低、设备的状态、材料的稳定性、环境的变化等都可能影响器件密封的质量。封帽质量的高低可以用考察封帽合格率以及监测漏率的方法判断，将密封电路的成品率加以分析，即可判断出封帽工艺是否处于统计受控状态。选择封帽合格率和漏率作为关键工艺参数进行有效的控制，可以提高产品工艺控制水平。

（3）密封气氛的改善

①真空度的控制

对待封帽器件进行加热和抽真空，从而降低外壳腔体内的水汽和氧气等有害气体的含量，对封装后芯片起到保护作用，使外壳内部的芯片不易被氧化和腐蚀，且不因外部条件变化而影响正常工作或损坏。

②控制良好的封帽气氛

封帽气氛就是指在封帽时采用何种气体对封装器件进行保护，不致因表面氧化而影响其质量。同时，集成电路封装时，为了防止芯片受到污染，芯片和键合线保持表面洁净而不受氧化，采用封帽气氛就显得尤为重要。一般采用真空、氮气或氮气和氢气的混合气体作为保护气体。若封帽整个过程在氮气保护气氛中进行，对器件起保护作用，其压强约为一个大气压，这样既利于在使用过程中内外压强的平衡，也利于人员操作，使得器件在长时间工作下不会因内外压强差造成器件损坏。

进行密封时需保证炉体内部气氛为高纯惰性气体。为保证炉体内部气氛的稳定，需有前置隔绝气体、保护气体、后置隔绝气体三路气体进行循环；隔绝气体防止室内空气通过炉口进入炉体，在高温的作用下使芯片、外壳发生氧化；保护气体主要起胶膜熔化过程中的工艺保护及电路密封后腔体内的气体填充作用。三路气体均采用高纯度氮气，隔绝气体及保护气体的纯度直接影响着电路后期的内部气氛环境以及产品的长期可靠性。

3.5　混合集成电路试验与检测

3.5.1　混合集成电路封装工艺在线检测

混合集成电路在线检测技术包括芯片质量检验、装片质量检验、内引线质量检验、封帽质量检验、多余物质量检验、非破坏性键合力检验和自动光学检测（Automatic Optical Inspection，AOI）等。本小节重点介绍非破坏性键合强度检验和自动光学检测。

3.5.1.1　非破坏性键合强度检验

非破坏性键合强度检验不需要将引线拉断就能判断其键合强度是否能达到规定值的要求，此检验方法适用于超声楔焊和热压球焊在生产过程中的检测。方法是用光滑小钩在内、外焊点的中间部位将引线钩住，使其沿着内、外焊点之间垂直方向运动而上升到某一最高位置，并保持不变，表 3-3 为引线与钩子的对应关系；然后将封装外壳加以固定，慢慢调节上升机构，使小钩缓缓上升，直到拉力指示仪达到规定拉力指示位置为止，此时再检测焊点有无裂断、脱落等现象。

表 3-3　引线与钩子的对应关系

引线直径 d/μm	钩子直径/引线直径
$d \leqslant 51$	$\geqslant 2.0$
$51 < d \leqslant 127$	$\geqslant 1.5$

续表

引线直径 $d/\mu m$	钩子直径/引线直径
$d>127$	$\geqslant 1.0$

在整个检验期间的任何时刻，不允许对引线产生过大的冲击，所施加最大力的停留时间不能超过 1 s，拉力方向应在其内、外焊点连线的垂线上，并控制其偏离度在 $10°$ 以内。非破坏性键合强度检验的最小拉力值为破坏性键合强度封帽前最小拉力值的 80% 左右，表 3-4 为不同引线直径的铝丝和金丝的最小拉力参考值。

表 3-4 不同引线直径的铝丝和金丝的最小拉力参考值

引线直径/μm	拉力/gf	
	铝丝	金丝
18	1.2	1.6
25	2.0	2.4
32	2.5	3.2
38	3.0	4.0
50	4.5	6.0
76	9.5	12.0

3.5.1.2 自动光学检测（AOI）

AOI 是基于光学原理来对焊接生产中遇到的常见缺陷进行检测的技术，其原理是通过摄像头自动扫描基板，采集图像，将测试焊点数据与数据库中的合格参数进行比较，经过图像处理，检查出基板上的缺陷，并通过显示器或自动标志把缺陷显示出来。

由于混合电路工艺较为复杂，存在小尺寸元件和芯片，基板呈现高密度、细间距的特点，采用普通人工目检已不能达到要求，但采用 AOI 可有效发现存在的缺陷，缺陷类型包括芯片/元件粘接后的位移、角度偏转、少胶、翻胶、荫胶、连胶等，以及键合后的缺线、多线等。

3.5.2 混合集成电路试验

混合集成电路可靠性试验与单片集成电路可靠性试验相似，对于航天用器件需要按照相应的质量保证等级进行可靠性筛选、可靠性鉴定及质量一致性检验、破坏性物理分析等。由于混合集成电路在结构上与单片集成电路存在差异，二者各项可靠性试验的具体情况略有不同，本小节主要介绍混合集成电路中与单片集成电路不同的试验技术内容。

3.5.2.1 混合集成电路可靠性筛选

混合集成电路进行可靠性相关试验时，主要是依据 GJB 2438《混合集成电路通用规范》，该通用规范主要规定了混合集成电路、多芯片组件（MCM）的通用要求，以及相关质量和可靠性要求。混合集成电路按质量保证等级要求从高到低分为 D、G、H、K 四个级别，其中 H 级是标准军用质量等级，K 级是最高可靠性等级，供航天用。G 级是由标准军用质量等级（H 级）派生出来的一个较低质量等级，D 级是由承制方规定的质量等级。

混合集成电路可靠性筛选的试验方法与单片集成电路相似，依据微电子器件试验方法和程序的要求，仅在具体试验条件上有所区别。通常混合集成电路筛选项目中恒定加速度试验条件低于单片集成电路，且没有反偏老炼的要求。对于混合集成电路，其可靠性筛选试验包括密封前老炼（可选项）、非破坏性键合拉力、内部目检、温度循环（或热冲击）、恒定加速度（或机械冲击）、PIND、电测试、老炼、最终电测试、密封（细检漏和粗检漏）、X 射线照相、外部目检等十余项，具体试验项目按器件的质量等级以及用户要求确定。其中，封装前老炼试验根据用户要求和生产实际进行选择。

3.5.2.2　混合集成电路鉴定和质量一致性检验

　　按照混合集成电路总规范要求，鉴定和质量一致性检验按抽样要求分为 A、B、C、D、E 五个分组。鉴定及质量一致性检验都是以抽样的方式，对器件可靠性和稳定性进行检验，以保证器件批次的质量符合有关采购文件的规定。质量一致性检验是提交用户前必须进行的可靠性试验。鉴定检验主要用以评价电路制造中用到的工艺与材料的性能，确定这些工艺和材料是否可以接收。

　　混合集成电路鉴定和质量一致性检验要求与单片集成电路相比，在流程和项目上具有一定差异。混合集成电路鉴定及质量一致性检验流程如图 3-9 所示，其相对于单片集成电路主要存在以下几点不同：

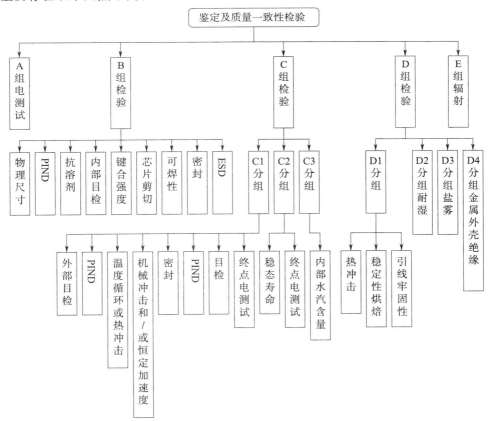

图 3-9　混合集成电路鉴定/质量一致性检验分组及检验项目

1）B组检验中增加了 PIND 试验、芯片剪切强度试验和密封试验，其中 PIND 试验为 K 级电路特殊要求；密封试验若在筛选试验中已经 100% 地进行，则在 B 组中不再要求。

2）键合强度要求被测试电路在最低 300 ℃ 的空气或惰性气体里预处理最少 1 h，主要是考核键合丝与基板之间的金铝化合物生长，且键合强度要求比单片电路键合强度要求低。

3）芯片剪切强度试验是破坏性试验，用于确定将半导体芯片或表面贴装的无源元件安装在管座或其他基板上所使用的材料和工艺步骤的完整性。芯片剪切的判据包括对芯片所加力的大小、在该力作用下产生的失效类型（如果出现失效）以及残留的芯片附着材料和基板/管座金属层的外形。

4）器件经历过 100 次温度循环后，通常其内部水汽含量较试验前增大数倍，且元件剪切强度明显降低。因此，C 组检验要求经历过 C1 分组的试验样品进行 C3 分组内部水汽含量检验。

5）D 组检验均不需要进行终点电测试，经历过引线牢固性检验的样品需要进行密封试验，在单片集成电路中仅针对玻璃熔封的器件有这样的要求。

3.5.2.3　混合集成电路老炼与 KGD 技术

混合集成电路的筛选程序与单片集成电路相似，筛选程序中要求的老炼试验通常指的是封装后的成品。但不同的是，混合集成电路在筛选程序中增加了封装前老炼作为可选项，通过对未进行封装的芯片进行电测试、老炼等可靠性试验达到筛选的目的，然后再将确认良好的芯片（Known Good Die，KGD，已知好芯片）进行封装，从而降低成本，提高成品率。

近几年，随着国外 KGD 技术的发展，圆片及裸芯片的老炼也逐步成为一种新的趋势。KGD 技术是通过对裸芯片进行功能测试、参数测试、老炼筛选等可靠性试验，筛除有早期失效缺陷的芯片，保证最后挑选出来的芯片的质量与可靠性达到封装成品的质量与可靠性等级要求。目前，KGD 技术的应用因对技术和试验条件的要求极高，尚缺少完全被认可的 KGD 标准，同时工装和装配技术还不能适用现有裸芯片试验和测试的要求，因此其发展受到了一定的制约。

目前国内外 KGD 技术的应用，首先是对未封装的裸芯片进行镜检、老炼和测试等步骤挑选出 KGD 产品，其次对裸芯片进行抽样封装，再进行封装验证。筛选流程如图 3-10 所示，裸芯片经老炼试验（芯片镜检、电参数测试、充氮保护）、终点电测试、外观检查等项目进行筛选，剔除早期失效的产品。部分厂家在筛选出 KGD 产品后，一般进行封装验证。抽取一定数量的裸芯片样品进行封装，再按检验流程对封装样品进行检验。检验的主要项目流程如图 3-11 所示。

图 3-10　KGD 筛选流程

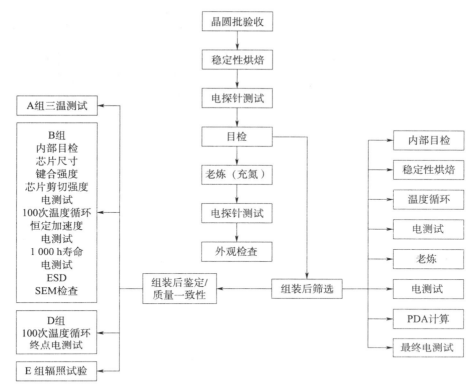

图 3-11　封装验证流程

3.5.2.4　混合集成电路破坏性物理分析和结构分析

混合集成电路的破坏性物理分析和结构分析与单片集成电路的基本要求大体一致，适当增加对混合封装内部元件和结构的分析，在实际应用中可以更多地按照产品结构特点和用户要求等进行修改，以便更好地按有关规范评价器件的特性及整个结构。

3.6　典型故障

混合集成电路典型失效模式，包括大腔体外壳平行缝焊漏气问题、芯片表面铝层损伤问题以及盐雾失效。

3.6.1　大腔体外壳平行缝焊漏气问题

3.6.1.1　问题概述

外壳陶瓷部分有不同程度的裂纹和盖板打火现象，如图 3-12 和图 3-13 所示。

3.6.1.2　原因分析

一般认为，电路外壳出现裂纹是由于金属与陶瓷热膨胀系数相差较大，在封帽时产生高热量，而在冷却时金属比陶瓷收缩量大，对陶瓷产生了拉力，进而导致瓷裂。

 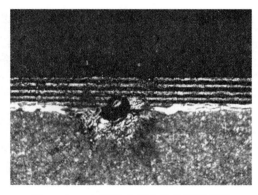

图 3-12 出现裂纹的外壳形貌图   图 3-13 出现打火现象的外壳形貌图

平行缝焊的主要工艺装备是电极和夹具，打火现象产生的可能原因是电极与盖板接触不好，即夹具未精准固定。夹具使用不当是最终导致漏气问题的另一主要原因。

3.6.1.3 改进措施

在生产过程中，如果夹具尺寸不合适，会造成平行缝焊中电极与盖板接触不好，引起盖板打火现象，导致电路损坏，而陶瓷外壳和盖板选择不匹配也可能导致电路密封性问题。因此需要合理设计大尺寸腔体平行缝焊夹具，并选择与外壳相匹配的盖板。

3.6.2 电容立碑失效

3.6.2.1 问题概述

在电容焊接过程中，电容会产生因翘立而虚焊或脱焊的缺陷。而且，电容尺寸越小，越容易发生立碑现象，图 3-14 为立碑引起虚焊，图 3-15 为立碑引起脱焊。

 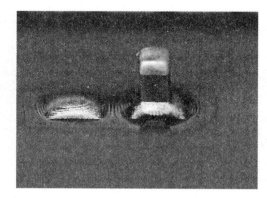

图 3-14 立碑引起虚焊   图 3-15 立碑引起脱焊

3.6.2.2 原因分析

立碑现象的产生是由于元件两端焊盘上的焊膏在再流焊熔化时，元件两焊端中表面张力较大的一端拉着元件沿其底部旋转所致。造成张力不平衡的因素主要包括预热时间不够，焊盘两端不对称，焊膏厚度太薄以及贴装位置偏移。

3.6.2.3 改进措施

首先是合理设计焊盘尺寸和布局，在再流焊过程中如果两侧焊盘尺寸不匹配，可能导致热容量的不均匀而引起其湿润力的不平衡性，此外基板表面各处温差较大也会导致其元件焊盘吸热不够均匀，进而可能导致其润湿力的不平衡，因此解决办法是对其焊盘设计与布局进行结构上的改善。

其次是锡膏及锡膏的印刷，对锡膏来讲，其活性不高或元件可焊性比较差的时候，锡膏是很容易发生熔化的，这时候其表面张力就会不同，同时也容易引发焊盘润湿力不够均匀。当两个焊盘上的锡膏印刷不均匀的时候，锡膏多的一边就会因为锡膏吸热量增多，引发润湿力不均匀，解决这类现象可以选用一些活性较高的锡膏，对锡膏印刷的参数进行改善，特别是对其模板的窗口尺寸进行改善。

3.7 混合集成电路对电子产品装联的影响

混合集成电路一般采用插装方式或是表面贴装方式安装在 PCB 上。由于混合电路尺寸及质量较大，因此在装联过程中需要考虑基板加固，防止在振动过程中由于质量较大而导致脱焊现象。同时对于大尺寸混合电路在安装时，可以考虑在外壳的 4 个角进行安装和固定，减小振动的影响。另外，为减小振动对大尺寸混合电路的影响，可以采用底部填充工艺，以增加混合电路装联的可靠性。在混合集成电路在插装的过程中，引脚过长可能导致印制板的短路，引脚过短可能导致虚焊或漏焊，因此在使用过程中应重点关注引脚长度与印制板厚度的匹配问题。

3.8 航天特殊要求及禁忌

在混合集成电路生产过程中，应当尽量避免采用以下工艺方法：

1）由于镀覆工艺过程中，镀后残留溶液清洗不净易产生腐蚀，所以对于各种焊接部件，如果有缝隙或气孔，不允许镀覆；

2）由于卤素气体，危害健康，破坏环境，所以限制使用卤素检漏试验方法；

3）由于强放射性污染源危害健康，所以禁止使用氪 - 85 放射性同位素检漏的试验方法；

4）由于渗透检测后电路不易清洗干净，可能引起介质相互反应，所以不允许使用与产品材料或可能接触的使用介质不相容的渗透剂。

3.9 展望

国外混合集成电路经过多年来的发展，已进入了一个新阶段。随着电子装备发展的小型、轻量、高速、多功能化需求，半导体集成电路以摩尔定律高速发展；混合集成电路新技术的成熟和应用，使混合集成电路已迈向高级混合集成电路多芯片组件（MCM）、微组装技术、2.5D 封装技术、3D TSV 技术及系统级封装（SiP）阶段，在提高组装密度、缩短互联长度、减少信号延迟时间、减小体积、减小质量及提高可靠性方面，具有明显的优势，将最大限度发挥高集成度、高速单片 IC 性能，制作高速电子系统，是实现电子整机小型化、多功能、高可靠、高性能最有效的技术途径，是实现具有系统功能封装产品的基石[9]。

　　混合集成电路基板材料至今主要使用 96% 的 Al_2O_3 陶瓷，但发展趋势是侧重于研制和使用具有高导热性和特殊性能的材料。在基板结构方面，主要是发展厚、薄膜多层和低温共烧陶瓷多层基板，在多层基板中埋置无源器件，开发大尺寸基板[10]。

　　先进混合集成电路组装技术将向着高密度、高精细、高柔性、高可靠性和多样化方向发展。焊接方法上，航天用产品主要使用成熟的粘贴芯片/引线键合技术；多引出端集成电路（Integrated Circuit，IC）器件焊接更多使用 BGA 技术；在要求特殊的组装焊接场合多采用倒装焊技术。

参 考 文 献

[1] TAPAN K GUPTA. 厚薄膜混合微电子学手册［M］. 王瑞庭，朱征，等译. 北京：电子工业出版社，2005.

[2] High－Density Packaging（MCM，MCP，SiP）：Market Analysis and technology［EB］. 2009－02－02.

[3] 李振亚，赵钰. 混合集成电路技术发展与展望［J］. 中国电子科学研究院学报，2009（2）：119－124.

[4] Niwa K，Imanaka Y，et al. Adv Ceram［J］. 1986，26：323.

[5] 董兆文. LTCC 基板制造工艺研究［J］. 电子元件与材料，1998（5）：24.

[6] Bunshah R F，ed. Deposition Technology For Films and Coatings［M］. 2nd Ed. Park Ridge，NJ：Noyes Publications，1994.

[7] Maissel L I，Glang R，eds. Handbook of Thin Flim echnology［M］. McGraw－Hill，1970.

[8] JAMES J L，LEONARD R E. 混合微电路技术手册——材料、工艺、设计、试验和生产［M］. 2 版. 朱瑞廉，译. 北京：电子工业出版社，2004.

[9] 万里兮. 系统级封装及其研发领域［J］. 电子工业专用设备，2007，151：1－15.

[10] 韩庆福，成立，严雪萍，等. 系统级封装（SiP）技术及其应用前景［J］. 半导体技术，2007，32（5）：374－378.

第 4 章　微波组件组装技术

4.1　概述

微波组件是由各种微波元器件（至少有一个是有源的）和其他零件组装而成，通过同轴、波导或其他传输线形式与外电路相连，在系统中能独立完成特定功能的组件，其工作频率范围为 0.3～300 GHz。微波组件中包括多种功能电路，如低噪声放大器（Low Noise Amplifier，LNA）、功率放大器（Power Amplifier，PA）、混频器、上变频器、检波器、调制器、压控振荡器（Voltage Controlled Oscillator，VCO）、移相器、开关、发射/接收（Transmit/Receive，T/R）组件等。

20 世纪 40 年代，雷达的出现和发展使得人们开始重视微波理论和技术。为了满足雷达系统对高频前端的要求，微波领域进入一个以立体电路为主的第一代微波电路迅猛发展时期。

随着航空航天技术的发展，要求微波电路和系统做到小型、轻量、性能可靠。20 世纪 60 年代，平面混合集成电路应运而生并得以发展，即第二代微波混合集成电路（Hybrid Microwave Integrated Circuit，HMIC），由于其具有性能好、可靠性高、使用方便等优点，被迅速应用于各种微波整机，并在提高电子系统性能和小型化方面起到了显著作用。

20 世纪 70 年代，砷化镓（GaAs）材料制造工艺逐渐成熟，对微波半导体技术发展有着极为重要的影响，促成了微波集成电路（Microwave Integrated Circuit，MIC）由 HMIC 向第三代微波单片集成电路（Monolithic Microwave Integrated Circuit，MMIC）的过渡。与 HMIC 相比，MMIC 具有体积小、寿命长、可靠性高、噪声低、功耗小、工作极限频带宽等优点，因此获得了广泛应用。

随着 MMIC 技术的进一步提高和多层集成电路工艺的进一步发展，使用多层基片实现无源器件和芯片互联的三维多层微波结构受到越来越多的重视，而且建立在多层互联基片上的多芯片组件（Multi - Chip Module，MCM）技术使微波/毫米波系统的尺寸变得更小，其中低温共烧陶瓷（Low Temperature Co - fired Ceramic，LTCC）技术是 MCM 中最有发展前途的技术之一。同时，多功能芯片的出现，标志着微波电路由第三代向第四代过渡。

进入 21 世纪，随着人们对小型化的要求进一步提升，系统级集成技术已成为国内外电子领域研究热点，并被认为是今后电子技术发展的主要方向之一。至此，微波集成电路的发展进入第四代，即片上系统（System On Chip，SOC）或系统级封装（System in Package，SiP）。

从制造工艺上来讲，微波组件中除了控制电路外，其余均为微波高频电路，目前主要采用微带电路的形式。对于微波电路，接地问题、匹配问题、隔离问题、腔体问题等都将影响微波性能，因此对组装提出较高要求，例如电路基板或模块的接地、模块间的配合和连接、元器件安装位置、元器件引脚长度、焊点位置和形状等，如果控制不好，不仅影响幅相一致性，而且影响组件长期工作的可靠性。

T/R 组件是众多微波组件中的典型产品，其具有高集成化、高密度、高精度组装和适用于大批量生产的特点。T/R 组件的组装包含电路、接地、匹配、隔离、互联等诸多微波组件工艺。

本章重点介绍以 T/R 组件为代表的微波多芯片组件组装技术，主要包括载体基片、壳体、元器件组装及密封等技术，含裸芯片 T/R 组件产品剖面如图 4-1 所示，不含裸芯片 T/R 组件产品剖面如图 4-2 所示。

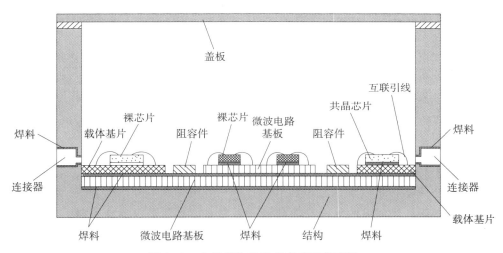

图 4-1　含裸芯片 T/R 组件产品剖面图

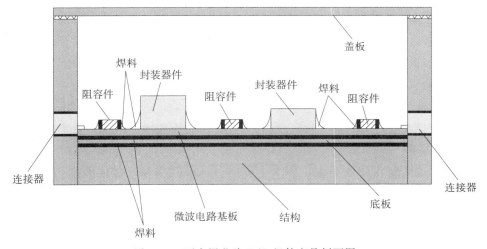

图 4-2　不含裸芯片 T/R 组件产品剖面图

4.2　微波组件主要材料

微波组件制造的主要材料有微波电路基板、壳体、载体基片、裸芯片、分立器件等。微波电路基板承载微波元器件，是实现 T/R 组件内部互联和一些无源功能的电气互联基板，是 T/R 组件的主要组成部分；高密度、高性能、高可靠的微波电路基板是研制生产 T/R 组件的基础。壳体主要用来承载元器件及基板，承担着接地、导（散）热和保护等功能，还起到隔离、屏蔽、抗干扰甚至防辐射等作用，因此高精度、高导热和高效率壳体加工技术也是研制生产 T/R 组件的关键。载体基片是芯片的支撑载体，主要起到支撑、散热和热匹配的作用，要求其具备良好的导电导热性，热膨胀系数与电路基板材料相接近，并保证可焊性。

4.2.1　微波电路基板

常用的微波电路基板主要分为微波复合介质基板、微波低温共烧陶瓷多层电路基板两种。复合介质基板一般为单层微波电路基板，适用于工作频率较低（4 GHz 以下）且体积、质量要求不高的 T/R 组件。微波低温共烧陶瓷多层电路基板具有工作频率高（14～100 GHz）、互联密度高、散热特性好（适合于中功率电路）且可将电阻/电容/电感等无源器件集成和有利于实现微波信号耦合或隔离等独特的技术优势。

4.2.1.1　微波复合介质基板

微波复合介质基板是以聚四氟乙烯（Polytetrafluoroethylene，PTFE）为基材，复合精细电子陶瓷、微纤维制成的复合介质基板，不仅介电常数可以连续可调、微波损耗小，而且具有金属化成本低、电路加工与安装方便以及在振动场合使用不会碎裂等一系列优点。

微波复合介质基板按工作频段可分为高频和低频两种，其中低频微波复合介质基板生产时精度要求不高，工艺难度不大；高频微波复合介质基板要求高精度、高密度，加工生产较复杂，制造难度高。随着技术的发展，高频微波复合介质基板的需求量增加。本小节将重点介绍高频微波复合介质基板（以下简称高频微波板）的基本要求和生产注意事项。

（1）高频微波板的基本要求

1）特性阻抗是高频微波板最基本的要求。设计时根据实际阻抗的需求，选择介电常数、介质厚度、铜箔厚度合适的板材。高频微波板传输线的特性阻抗，直接影响微波信号的传输质量；

2）对传输线的制作精度要求一般为±0.01～±0.02 mm，传输线的边缘要求整齐，不允许产生毛刺和缺口；

3）特性阻抗的大小与铜箔的厚度有一定关系，特别是对于孔金属化的微波板，镀层厚度不仅影响总的铜箔厚度，而且影响刻蚀后导线的精度，因此镀层厚度以及均匀性要严格控制；

4）高频微波板的材料与普通印制板的环氧玻璃介质材料在机械加工方面有所不同，且高频微波板的加工精度比普通印制板的要求高很多，一般外形公差为±0.1 mm 或更高。

（2）高频微波板生产注意事项

①下料

高频微波板下料通常使用剪板机或自动下料机，但对于微波介质材料不能一概而论，要根据不同的介质特性，选择不同的下料方法，多以铣、割为主，以免影响材料的平整度以及板面的质量。

②钻孔

对于不同介质材料，不仅钻孔参数不同，而且对钻头的顶角、刃长、螺旋角等均有其特殊的要求，主要目的是避免毛刺的产生。

③导通孔接地

一般情况下，导通孔采用化学沉铜的方法接地。化学沉铜通常采用化学法或等离子法进行处理，从安全方面考虑等离子法效果更好。

④图形转移

本工序是保证图形精度的一个重要工序。在选择光刻胶、湿膜、干膜等感光材料时，必须满足图形精度的要求，同时光刻机或曝光机的光源也必须满足加工的需要。

⑤刻蚀

本工序要严格控制刻蚀的工艺参数，如刻蚀液各成分的含量、刻蚀液的温度、刻蚀速度等，确保导线边缘整齐，无毛刺、缺口，导线精度在公差要求的范围内。

⑥涂镀

高频微波板导线最后涂镀层一般有锡铅合金、锡铟合金、锡锶合金、银、金等，以电镀金作涂镀层较为普遍。

⑦成形

高频微波板的成形与普通印制板一样，以数控铣为主。但对于不同材料铣削的方法是有较大差异的。金属基微波板的铣削需要使用中性冷却液进行冷却，而且铣削的参数会有很大的变化。

4.2.1.2　微波低温共烧陶瓷多层电路基板

低温共烧陶瓷（Low Temperature Co‐fired Ceramic，LTCC）技术是 MCM 中的一种多层布线基板技术，因其在高频显现出的优异性能，已经成为微波、毫米波高密度集成技术研究发展的主要方向。LTCC 基板的工艺流程主要包括配料、流延、打孔、通孔填充、印刷导体浆料、叠层热压、切片和共烧等工序（详细过程见本书第 3 章）。LTCC 多层电路结构主要包括埋置于内部介质层中的无源元件（如电感、电容和电阻）、无源电路（如滤波器、功分器）、各种传输过渡结构（如带状线、基片集成波导）以及封装在 LTCC 多层结构表面的有源器件（如放大器）等，特别适用于高频通信用组件。

此技术之所以能大大提高组件的组装密度，并能有效地改善其传输速度和频率特性，是因为可以直接组装 LTCC 多层布线基板上的裸芯片，进而提高组装密度、频率特性及传输速度。LTCC 技术允许的芯片间距较近，使互联线变短，有效地缩小了封装尺寸，并缩短了信号传送时间的延迟，不仅保持了元器件本身的电性能，还解决了诸如杂散电感、串扰噪声、电磁场辐射及杂散电容耦合等一系列问题。它可以在 LTCC 多层互联布线基板中埋置无源器件，实现通孔互联。一方面，表面无源器件的减少为有源器件的安装提供了更大的空间，减小了表面积；另一方面，通孔之间的互联减小了互联寄生参量，有助于增加系统的带宽，从而改善系统的性能。由此可见，LTCC 是实现收发组件轻量化、小型化、高速度、高性能、高可靠性电路集成的一种关键技术。

LTCC 技术的主要特点如下：

1）与传统的平面微波电路基板相比，LTCC 基板由多层叠加而成，可以设计成几层或几十层，增加了在 Z 方向设计的灵活性。在基板内可埋入大量的无源元件，如电感、电阻、电容等，除此之外，还可将控制信号线、电源线等埋置于基板之内，将更多的表面区域留给了有源器件，提高了表面区域的利用效率。

2）LTCC 基板玻璃含量大于等于 50%；而玻璃含量的不同导致烧结温度不同，这影响了金属导体的类型。对于 LTCC 基板，金（Au）、银（Ag）、铜（Cu）和钯银（Pd - Ag）导体浆料适合在较低温度 850～950 ℃烧结。LTCC 中的玻璃含量降低了其介电常数，这有利于制作高速电路。同时，由于玻璃也降低共烧陶瓷的机械强度和导热性能，大多数 LTCC 基板常要求粘接高强度支撑材料，开设热通道或热墙，以便将元器件上的热转移到散热片上。

3）与厚膜混合集成电路不同，LTCC 技术与薄膜多层布线技术良好的兼容性相结合即可实现更高的组装密度，形成优良性能的混合型多芯片组件（MCM - C/D）和混合多层基板。厚膜集成电路是在已烧结好的陶瓷基片上印刷电子浆料，并且每次印刷完都要在高温环境下进行烧结（除电阻是在所有层次的电阻都印刷完后再一起烧结）。而 LTCC 各层印刷完后只是烘干，叠起后再烧结。

4）LTCC 材料应用在 2.4 MHz～80 GHz 频率范围内，具有高 Q 值、耐大电流及耐高温的特性。可制作成气密式密封基板，使尺寸进一步减小，提高组件的可靠性。与普通的 PCB 电路基板相比，散热更快。

5）LTCC 工艺加工精度高，可以达到线宽/线间距为 50 μm 的工艺精度。在加工工艺过程中，可进行非连续式生产，每进行一步，需对生坯基板进行检查，从而使成品率提高。

由此可见，LTCC 的制作工艺简单、成本低、性能好，与组装用的陶瓷元件和陶瓷载体器件的热匹配性好，化学惰性强，热导率高。

微波 LTCC 技术应用分为两大类，第一类是模块、组件和（子）系统；第二类是通用的单元电路，包括无源和有源电路。LTCC 在毫米波频段的应用也存在着一些问题，一是精度与公差的问题，包括厚膜技术、层间对位、层间金属化孔等；二是气密问题没有得到很好的解决；三是散热与制冷问题，即多层 LTCC 的散热及功放模块的液冷问题；四是多个 LTCC 模块间的微波垂直互联问题。

4.2.2　微波组件壳体

微波组件壳体用于承载元器件及基板，具备接地、导（散）热、密封保护、隔离、屏蔽、抗干扰、防辐射等功能。

微波组件壳体的设计、材料的选择及加工均有其特殊性。微波组件壳体的设计尺寸要求严格，精度要求高；材料要求不仅具有良好的化学稳定性和导热导电性，还要具有与其他电子材料相匹配的热膨胀系数（CTE）特性。常用的微波组件壳体材质有可伐合金、铜、铝合金、硅铝合金和碳化硅合金等。

可伐合金 4J29 为含有 Ni 29%、Co 17% 的铁基合金，在较宽的温度范围（−80～+450 ℃）内具有与硬玻璃相近的线性膨胀系数，该合金的氧化膜致密，容易实现焊接和熔接，并具有良好的可塑性和切削加工性能，作为电子封装行业中最常用的金属外壳材料，被广泛地用于相控阵雷达 T/R 组件等微波组件及集成电路的引线和结构材料。相比铝合金，其焊接性能更好，但由于密度较大，散热性较差，在一些特殊环境下使用受到限制。

铜材质由于密度大、导（散）热性能较好，常被应用于散热要求较高、质量要求不大的封装模块。

铝合金因具有质量轻、导热性能好、强度高、耐腐蚀性能优、无磁性、成形性好以及低温性能好等诸多优点，被广泛应用于各种焊接结构产品中。

硅铝合金具有强度和硬度低、导热性好、塑性较低、允许高速切削等特点。工业上较重要的硅铝合金分为亚共晶硅铝合金（硅含量 9%～12%）、共晶硅铝合金（硅含量 11%～13%）、过共晶硅铝合金（硅含量 15%～30%）。硅铝合金中硅含量的提高，能有效地提高耐磨性，使材料的热膨胀系数和比重相对减少，从而可提升流动性、抗裂性。

碳化硅具有化学性能稳定、导热系数高、热膨胀系数小、耐磨性能好（常用作高级耐火材料）、耐温冲、体积小、硬度大、质量轻而强度高等特性，其中硬度高表现在莫氏硬度达 9.5 级，仅次于金刚石（10 级）。

另外，为提高封装材料的可焊性和耐腐蚀性，可在封装壳体和盖板表面进行镀镍、镀镍金和镀锡铋等表面处理，应用较多的是在壳体表面进行化学镀镍金。在航海等环境恶劣的领域对气密性要求更高，可在壳体气密封盖后再涂覆三防漆，以满足抗酸碱盐等特殊环境要求。

4.2.3　微波组件载体基片

载体基片是连接壳体和芯片的桥梁，为了防止芯片断裂，首先将芯片烧结于载体之上，再将烧结完成的芯片载体基片焊接到壳体上，有利于保证焊接质量和提高产品的生产效率。T/R 组件中芯片接地对载体基片材料的基本要求是载体基片材料具有良好的导电、导热性，热膨胀系数与电路基板材料相接近，同时具有可钎焊性。

芯片载体基片的导电、导热性能以及 CTE 是选用的参考依据。另外，载体基片镀层厚度直接影响共晶焊接的强度，镀层太薄会造成焊料不能充分浸润，易形成空洞、焊接不牢甚至掉片；镀层太厚不仅使成本提高，还会在焊接后出现"金脆"现象从而影响产品质量。载体基片镀金层表面的洁净度对焊接的质量影响也很大，表面的无机物、有机污染物、氧化物等都会在共晶焊层形成空洞，从而影响共晶的钎透率。

对于以焊接方式相连接的部件，其材料的选型应以 CTE 的匹配为首要考虑原则，以确保焊接的可靠性。一般情况下，相焊接的两种材料 CTE 差值不宜超过 3×10^{-6} K^{-1}。

4.3　T/R 组件组装技术

随着 T/R 组件产品功能的多样化、集成化，要求元器件封装尺寸越来越小、基板设计越来越复杂、元器件组装密度越来越高，因此高精度、高导（散）热、高效率和稳定性是 T/R 组件组装技术的关键。T/R 组件产品形式有不含裸芯片和含裸芯片两种。

4.3.1　不含裸芯片的 T/R 组件组装技术

不含裸芯片的 T/R 组件适用于低频段、密封性要求不高的产品。微波和控制元器件是实现 T/R 组件各项功能的关键，因此不含裸芯片的 T/R 组件设计含有接地基板、元器件密集的微波印制板（如 100 mm×90 mm 的印制板包含近 200 只封装器件）、I/O 端口连接器。其组装工艺流程如图 4-3 所示。

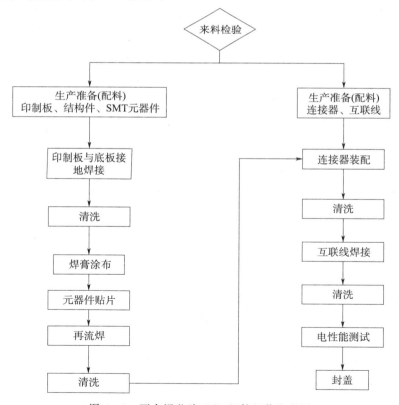

图 4-3　不含裸芯片 T/R 组件组装流程图

不含裸芯片的 T/R 组件组装的关键技术有：

1）T/R 组件印制板与底板接地焊接技术；

2）表面组装技术（SMT 技术）；

3）连接器组装技术。

4.3.1.1　T/R 组件印制板与底板接地焊接技术

微波组件中的电源模块、功率模块、发射通道模块等一系列固态微波集成电路，通过微带传输线构成一个平面电路，整个电路基板固定于接地板的金属底板上，构成一个完整的电路，这种电路消除了许多接头，具有体积小、质量轻、可靠性高的优点，在 T/R 组件中大都采用大面积接地结构。

当前微波功能模块越来越复杂，射频基板、微波部件和微波器件的种类越来越多，由于微波组件接地需求不同于低频电路，其良好的接地可以抑制干扰，有缺陷的接地则会导致微波性能降低，传统的点接地（螺钉接地），由于连接间的间隙，导致功能模块间的串扰、插入损耗增加，同时也带来了附加电容与振荡，无法获得满意的微波性能，大大增加了调试的工作量和难度，降低了组件的可靠性。因此采用底板与印制板大面积接触焊接技术，可实现底板与腔体、高频微波器件与腔体的高可靠连接，是有效解决高频微波模块射频接地、散热、减小体积和质量的重要工艺途径。

（1）大面积接触底板材料的选择

常用的电路印制板材料有 Al_2O_3 陶瓷、Dueoid 软陶瓷、TMM10 系列聚四氟乙烯高频介质板、低温共烧陶瓷板及普通的环氧印制板。需要根据不同的用途，选用不同的底板材料。T/R 组件模块微波接地对底板材料的要求是具有良好的导电导热性，热膨胀系数与电路基板相接近，同时底板材料具有可钎焊性。在微波组件制造中，常用的底板材料有 Al、Cu、Kovar、Ti、Mo 以及 AlSiC 系列的复合材料（见表 4-1）。

表 4-1　几种常用底板材料特性

特性＼材料	Kovar	Al	Cu	Mo	AlSiC	Ti
密度/(g/cm³)	8.36	2.7	8.93	10.2	3.03	4.54
热导率/(W/m·K)	17	221	400	68.4	176	—
热膨胀系数/(×10⁻⁶/K)	5.3	23	16.7	5.1	8.1	8.6

（2）接地工艺的关键技术及质量控制

1）底板材料的处理。通常采用的底板材料本身难以锡焊，须经处理，其工艺流程为热处理→脱脂、除油→去氧化→活化处理→化学镀或电镀。

底板材料热处理的目的是校平底板，去除内应力，减少钎焊时的热应力和变形。脱脂、除油、去氧化的目的是便于底板材料形成可润湿的界面，良好的洁净度直接影响到镀层焊接的结合力。活化的目的是促进基体与镀层金属间形成金属键。而对底板材料的化学镀或电镀是为了保护基体金属，防止基体金属氧化，防止焊料渗透引起晶界胀裂，改善焊料对基体金属的润湿，降低钎焊难度。微波组件模块底板材料之间的可焊性镀层材料有铜、金、银、锡及其合金。

2）焊料的施加。焊料的施加可以通过预定一定厚度的焊片或印刷焊膏。适量的焊料是接地焊接质量的保证，必须严格控制焊料量。焊料过多会使焊接时焊料漫溢，增加了焊后修补的工作量及难度；焊料偏少导致接触面不可靠，钎透率低。

3）焊接方式的选择。按工件结构及生产需要，选择适宜的焊接方式，包括红外热风再流焊、汽相焊、热板焊等。

红外热风再流焊加热速度可控，可根据工件设置焊接温度曲线达到精确控温，但板中心与边缘受热不均匀。汽相焊受热均匀，峰值温度固定，适于异形、超大型基板焊接及解焊，但焊膏须预烘。热板焊接的热交换使得加热时间不可控，但因可视性强适于小型件的解焊和补焊修整。

4）钎透率的控制。面接地焊接要求严格控制两板面间隙与压力以及板面的平整度。另外，在焊接时两板间的焊接空气排除要通畅，对面焊接而言，钎透率（已焊接面积占总需焊接面积的百分比）是重要的技术指标。

工艺设计直接影响焊接质量（钎透率的高低）。工艺设计包括焊接夹具的设计、工艺孔（槽）的设计等。夹具状态与焊后钎透率有着直接的关系，设计焊接夹具可以起到定位、定间隙、定压力等作用，其控制作用由装配状态一直延续到焊接状态、焊后冷却状态。工艺孔（槽）可以控制钎接面空洞的位置，还可以控制焊接变形。

（3）焊后检测

大面积焊后须采用 X 射线检测，这是一种无损检测方法。X 射线源在被检测物体的一侧发射 X 射线，射线穿过物体后，被对 X 射线敏感的照相机接收，再将接收信号转化为图像，显示在监视器上。其中灰度较大的地方表明 X 射线能量衰减多，材料比较致密；而灰度较小的地方，则表明材料不连续或材料稀疏。X 射线照相法易于发现材料内部的空洞、裂纹等缺陷。大面积焊接缺陷主要是空洞，空洞具体反映为气孔、残余焊剂（夹渣）、未熔透。这些不同的夹杂反映在灰度图像上差异很小，给判断造成比较大的困难，有时还会出现误判，因此缺陷灰度的正确判定十分重要。X 射线检测设备的自带软件可以计算出空洞率，其过程是框定一定的范围，然后人为选择一定的灰度级确定为缺陷，软件会用红色将这种灰度级填满，同时会显示出这种灰度级的百分比数。

4.3.1.2　表面组装技术（SMT 技术）

表面组装技术可以有效利用组装空间，最大限度地缩小电路模块所占面积与体积，从而达到使电子设备微型化与轻量化的目的；同时减少了信号传输延迟时间，电路寄生参数小，具有噪声低、高频特性好等优异电性能。

微波组件的 SMT 技术与普通 PCB 的不同之处在于其印制板与底板大面积焊接完成后，再进行回流焊接工艺，这就要求有温度高、低的梯度划分。由于印制板与底板焊接不仅增加了印制板的厚度，而且散热较快，因此焊接温度曲线不能按常规的参数设定，再流焊时需增加焊接温度和焊接时间。

4.3.1.3　连接器组装技术

航天用 T/R 组件中的电连接器发挥着至关重要的作用，设计、装配优良的电连接器不仅可以起到支撑、定位、物理保护的作用，而且还可以起到传输信号和参与组件内部与外围电路的信号传输作用。在装配时提出了气密性指标、接地钎透效果等要求，即通过壳体与连接器构成的气密封装，使内部电路与外部环境隔绝，保护电路免受外界恶劣环境影响。

目前的 T/R 组件包含了大量的连接器，其分布密度高、形状结构差异大，普通机械连接不能满足高气密性、高效率和高可靠性要求。为了达到理想的装配效果，连接器大量采用钎焊技术进行装配，使用合适的焊料完全密封连接器和结构的装配间隙，必要时需配合使用专门的工装辅助焊接。

4.3.2　含裸芯片的 T/R 组件组装技术

含裸芯片的 T/R 组件具有工作频率高、体积小、质量轻、集成度高等特点，该组件组装时要求良好接地、高气密性、高可靠性、一致性。具有代表性的产品类型是 LTCC 基板的 T/R 组件组装技术，其工艺流程如图 4 - 4 所示。

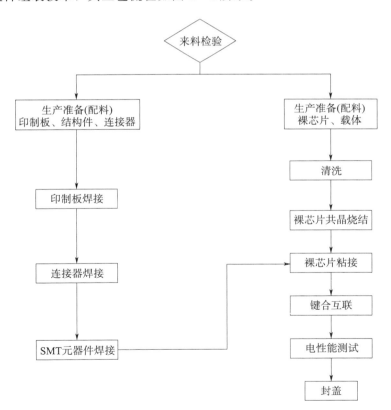

图 4 - 4　含裸芯片 T/R 组件组装流程图

由上述工艺流程可以归结出，以 LTCC 为基板的 T/R 组件组装主要关键技术如下：

1）LTCC 基板大面积焊接工艺技术；

2）多芯片安装工艺技术；

3）引线键合技术。

4.3.2.1　LTCC 基板大面积焊接工艺技术

在基于 LTCC 基板的 T/R 组件生产过程中，常常需要把基板和壳体进行大面积焊接，但用常规工艺（如热板焊接）焊接后，焊接层里经常出现大量的空洞，这样焊接的钎透率就比较低。低的钎透率意味着更多的空洞，空洞的存在使焊接层的电导率和热导率大大降低，焊接的可靠性也大受影响。钎透率低的原因主要是焊接面润湿性差，而润湿性差的主要原因如下：

1）壳体表面、焊片表面、LTCC 基板表面有明显的污垢没有被洗掉；

2）焊接表面存在有机污染物；

3）焊接表面有一层氧化物；

4）在焊接过程中，由于高温，焊接面容易产生新的氧化物；

5）在焊接过程中使用焊剂，导致一些挥发性溶剂或焊剂残留陷入焊接层，形成了空洞。

解决以上问题需主要从焊接方法和对印制板、结构和基板清洗等方面进行钎透率控制。

（1）焊接方法

①真空共晶焊接

真空共晶焊接技术在电子封装行业得到广泛应用，具有热导率高、电阻小、传热快、可靠性强、粘接后剪切力大等特点。共晶焊接时无须使用助焊剂，并通过抽真空充惰性气体以达到防氧化和污染的效果，若用夹具或工装配合效果更优。

真空共晶焊接是在加热过程中，通过充入氮气提高升温速率，减少甚至避免了焊接面出现氧化残渣的问题，降低了焊料片的储存条件要求；在共晶焊接时抽真空，排除焊接面的气体，缩短了共晶焊接时间，避免了基板过焊和高温加速老化导致的失效，减少了焊接空洞率；具有可靠性高、成品率高、效率高等特点。

②氢等离子体再流焊

LTCC 大面积焊接最常用热板焊接，其焊接具有以下缺点：

1）在空气中加热，焊接面容易氧化，导致焊料片润湿性严重恶化；

2）在大气中焊接，空气容易陷入焊料层中形成空洞；

3）如果不加焊剂，焊接的钎透率可能会比较低，而使用焊剂又会带来清洗和环保的问题，还易形成空洞，同时还会增加焊接的工艺复杂性。

氢等离子再流焊就是把氢等离子体清洗与再流焊加热结合起来的一种方法。以氢等离子气氛作为还原气氛，在低温下，它的还原能力显得不足，但加热到一定的温度后，氢等离子体的还原能力加强，能有效清除焊接表面的氧化层，防止焊接面的再氧化，且焊料的铺展性加强。

氢等离子体气氛作为一种气体助焊剂可以代替其他化学助焊剂，起助焊作用。通过恰当的工艺方法可以有效预防焊接空洞，大大提高焊接钎透率。由于没有使用化学助焊剂，可以省去清洗、干燥等复杂工艺，提高了生产效率。

（2）清洗方法

① 超声波清洗

壳体表面、焊片表面、LTCC 基板表面有一些明显的污垢，这些污垢比较适合采用超声波清洗的方法清洗，因为超声波清洗能力强，清洗效率高，可以达到较高的清洁度。传统的污垢清洗往往采用手工擦洗，其效率低、清洁度差，清洗的效果不理想。LTCC 基板由于有厚膜金导带烧结在基板表面，而且金导带的致密性和附着力都是有限的，所以超声波清洗的时间要短，清洗功率低。如果担心超声波清洗损坏 LTCC 的金导带，可以采用汽相清洗方法，先用蒸煮清洗，后用喷淋清洗，最后用蒸汽清洗，这样对 LTCC 基板没有任何不良影响，而且清洗效果也比较好。

② 光清洗

有机污染层清洗同样适合用光清洗的方式，利用紫外光和臭氧强的分解能力来清除有机污染层。紫外光清洗的基本原理是低压紫外汞灯能同时发射 254 nm 和 185 nm 波长的紫外光，这两种波长的光子能量可以直接打开和切断有机物分子中的共价键，使有机物分子活化，分解成粒子、游离态原子、受激分子等。与此同时，185 nm 波长紫外光的光能量能将空气中的氧气分解成臭氧；而 254 nm 波长紫外光的光能量能将臭氧分解成氧气和活性氧，这个光敏氧化反应过程是连续进行的。在这两种短波紫外光的照射下，臭氧会不断生成和分解，活性氧原子就会不断地生成，而且越来越多。由于活性氧原子有强的氧化作用，与活化了的有机物（即碳氢化合物）分子发生氧化反应，生成挥发性气体（如 CO_2、CO、H_2O、NO 等）逸出物体表面，从而彻底清除黏附在物体表面的有机污染物。

由于紫外光清洗具有强的氧化作用，含锡的焊料片、电镀锡铅的 LTCC 基板和电镀银的壳体都不适合采用光清洗的方法。光清洗只适合镀金的表面和其他一些不氧化的表面。

③ 等离子清洗

1）氧等离子体清洗。焊接面上往往会有一层薄薄的黏附很牢的有机污染层，如指印、人体油脂等污染物。氧等离子清洗是利用氧等离子体的强氧化的化学作用"烧掉"有机污染物。在低温情况下，氧等离子体的氧化能力受到一定限制。装配时加上适当的温度后，能有效提升氧等离子体的氧化能力。

经过氧等离子体的清洗，有机污染层被彻底烧掉，焊接面的润湿性增加。由于氧等离子体具有强的化学氧化作用，所以芯片、焊料片不适合用氧等离子体来清洗，氧等离子体清洗方法适合用于镀金的 LTCC 基板和壳体。

2）氩等离子体清洗。一些焊接面的有机污染物不适合采用氧等离子体清洗或光清洗的方法，因为这些清洗方法会导致焊接面严重氧化。氩等离子体为一种惰性气体等离子体，它不是通过化学反应而是通过物理反应来清洗。氩离子不断冲击清洗表面，就像喷砂作用一样，把表面的有机污染物清理掉，露出表面润湿性很好的新鲜层。

氩等离子体对清洗氧化层同样有效，其基本原理同清洗有机污染层一样。物理清除有机污染层和氧化层效果最好的是 40 kHz 氩等离子体，其次是 13.56 MHz 氩等离子体和 2.45 GHz 氩等离子体。

3）氢等离子体清洗。LTCC 基板、焊料片、壳体表面往往有一层薄薄的氧化层，这种氧化层严重影响焊接面的可焊性，用氢等离子体还原的方法可以有效去除焊接表面的氧化层。

氢等离子体在不加热的情况下，去除氧化物的能力是有限的，还原能力显得不足。产品在适度加温的情况下，氢等离子体的还原能力会有显著改善。焊接面在氢等离子体清洗过后要及时焊接，以免重新氧化。镀金的 LTCC 基板、壳体不需要进行氢等离子体清洗，但焊料片需要进行氢等离子体清洗。

4.3.2.2　多芯片安装工艺技术

多芯片焊接是在采用多层微波电路互联基板的基础上，将多个功率芯片、无源芯片、小信号芯片、控制芯片高密度组装在微波电路互联基板上。由于采用了高密度互联基板和裸芯片组装，有利于实现组件或子系统的高集成化、高频和高速化，以及实现电子组装的高密度、小型化和轻量化。

裸芯片装配的方法有胶粘接和共晶焊接两种。按芯片贴装要求，决定采用环氧胶粘接还是共晶焊接；按照背面是否接地，决定采用导电胶还是绝缘胶。若需进行胶粘接，就采用定量点胶机；若需进行共晶焊接，就采用共晶贴片机或真空烧结炉。

高频器件应使用共晶焊接，对电阻要求高的二极管、晶体管以及任何无钝化（Non-Passivated）、对污染十分敏感的器件都应使用金锡焊料进行共晶焊接，采用某种局部加热的方法。至于采用何种比例的金锡共晶焊料应依据工艺的要求，并兼顾氧化的问题。共晶贴片借助摩擦的方法可达到更好的焊接效果。

（1）胶粘接

常用的胶粘剂有导电胶、绝缘胶和导热胶。

1）导电胶是在有机聚合物中添加导电材料，主要有金基导电胶和银基导电胶，高温导电胶（150～120 ℃固化）和低温导电胶（80 ℃固化）。一般用于芯片底面有金属化层、芯片产热不高的场合。

导电胶具有工艺简单、速度快、成本低、不可修复、低温粘接以及对芯片背面和管壳表面金属化无特殊要求等特点。但在微波频率高端、毫米波大功率时，由于导电胶粘接部位的电阻率大、导热系数大，使微波损耗大、结温高，从而影响到功率芯片性能、寿命及可靠性等。

2）绝缘胶主要由环氧树脂、硅胶、聚酰亚胺等组成，用于背面不接地的元器件、芯片等粘接。主要用在芯片底面无金属化层、芯片产热不高的场合。

3）导热胶是在环氧树脂中加入 Al_2O_3、AlN、BeO、Ag 和金刚石等导热材料制成，主要用在芯片、基板或壳体等要求尽快散去热量的场合。

（2）共晶焊接

T/R 组件的发射部分主要应用大功率裸芯片。其芯片的接地状况影响着电路串扰和插入损耗，同时也带来了附加电容与振荡。通常 T/R 组件所用发射部分的大功率芯片基体材料 GaAs 导热差，因此大功率芯片与基体（基板）的连接必须具有良好的接地性能（低欧姆接触）及散热能力。由于导电胶的导热和散热性能相对焊料较差，因此大功率芯片需要采用共晶焊接技术完成。

共晶是指在一定温度下共晶焊料发生共晶融合的现象，共晶合金直接从固态变到液态，而不经过塑性阶段，是一个液态同时生成两个固态的平衡反应，其熔化温度称为共晶温度。共晶焊接就是应用此原理，选用与载体基片有共同成分（Au）的焊料，在高温环境下使裸芯片与载体基片进行共晶焊接。共晶焊接芯片的空洞率大小反映了接地效果、散热能力，是整个焊接技术的重要指标之一，直接影响着测试指标。

共晶焊接芯片有 2 种，一种是传统的手工共晶方法，其芯片与载体基片焊接面钎透率低，内部残余有空隙，降低了散热面积，芯片容易因结温高而烧坏，而且该方法是开放式的焊接，其焊接温度难以掌控，空气中氧气和水分也会影响焊接效果，很难实现无空洞率和低空洞率的焊接，而且手工操作效率及成品率较低，不适合批量生产；另一种是应用真空烧结方法，是在真空环境下进行软钎焊的一种方式，即在密闭的工作腔体中充入适当的工艺保护气体，通过抽真空排除大气中的氧气，避免了氧化物的产生，真空环境下烧结时所有气体都会沿着芯片焊料边沿流出，排除内部气体，使焊接面不含气泡，提高有效焊接面积，可一次性完成多个芯片的烧结及组装，装配精度高且焊接一致性好，适用于批量生产。共晶焊接的热性能、电性能及机械性能都优于导电胶粘接。

芯片焊接完成后，需满足表 4-2 芯片焊接镜检要求。

表 4-2　芯片焊接镜检要求

检查项目＼镜检要求	检验事项	要求
芯片固定	芯片的焊料高度	＜75％芯片厚度
	焊料不允许碰及芯片	是
	表面芯片与底座熔融占总周边长的比例/（％）	＞75％
芯片焊料管座	材料：球化、龟裂、变皱、碎片、剥落、残渣	无
	位置：水平方向	10°以内
	可动的外来异物	无
附着的外来异物	导体之间的跨接	50％距离
	在芯片、内引线、外引线压焊	无
	点墨水，光刻胶或其他化学处理残物	无

4.3.2.3　引线键合技术

引线键合是 T/R 组件产品封盖前最后一道关键工序，整个电路性能都是依靠键合连接。引线互联时芯片、载体基片、微波印制板都已经装入结构内部。T/R 组件结构内腔较窄，腔体较深，裸芯片密集，键合数量多（每套 T/R 组件可能需要键合 700 多根金丝），单一设备完成的工作量较大，因此将射频电路部分用金丝楔焊（在较细间距 0.01 mm 内也能完成互联），供电和直流部分互联用金丝球焊，一些大电流互联需用金带互联。

楔焊可实现最小的拱弧和间距互联，故在 T/R 组件这样的微波器件中应用广泛。楔焊使用楔形头，楔形头一般由陶瓷、钨碳合金或钛碳合金制成。由于键合的组件模块是基板已装入壳体的，对于一般的应用，要求基板表面到壳体框口的距离小于或等于 6 mm（距离过高需用长尺寸的深腔劈刀，键合机也应作相应调整），基板表面待键合焊盘距壳体壁应有 1.5 mm 的空间（才能保证楔焊劈刀的正常键合）。

球焊使用毛细管头，毛细管头一般用陶瓷或钨制成，压焊头一般选用耐磨、耐氧化、容易清洁的材料。

微波组件对键合金丝的要求见表 4 - 3。

表 4 - 3　金丝、金带键合镜检一般要求

键合形式　　镜检标准	镜检项目	一般要求
焊球	直径	2～4 倍引线直径
	在未钝化焊区内的位置	90%
	在引线柱上的位置	全部
	引出线（对称）	是
	引出线（垂直）	是（对于引线直径来说）
其他焊接	宽度	1.2～2 倍引线直径
	长度	＞2 倍引线直径
	钝化焊片中楔焊位置	90%
	焊点处的引线角度	10°～30°
	焊接压缩凹入	10%～75%
一般性要求	最近入口的引线距离	2 倍引线直径
	交叉	无
	焊点间距	0.05 mm
	焊片处的引线尾	＜2 倍引线直径
	焊柱处的引线尾	＜4 倍引线直径
	丢失线尾	无
	裂焊	没有浮起或部分分离迹象
	重焊	芯片上没有，焊柱上有一个

键合是在压力与加热（有的需超声波振动）同时工作的环境下，使需焊接部位产生典型的塑性变形。但此时接合面上的污物、氧化膜以及表面吸附的气体则不如熔化焊时那样能被较充分地排除出接合面区域。因此，凡键合的金属表面必须经过清洁处理（如氩等离子清洗），焊接时有防止氧化的气体，同时键合环境的洁净度应满足使用要求。为确保引线键合质量，对已完成的引线键合采用抽样测量键合拉力来验证其焊接可靠性，一般采用

拉力测试仪检测。

在小型化、高密度多芯片微波组件中，通常采用引线键合来实现单片微波集成电路、集总式电阻和电容等元器件与微带线、共面波导的互联，以及微波传输线之间或与射频（Radio Frequency，RF）接地面的互联。金丝键合互联的拱高、跨距对 T/R 组件微波特性和一致性有很大影响。由于引线键合互联是开放式结构，且存在介质边界和金丝弯曲，通过分析引线键合互联的微波特性，会发现随着频率的升高和引线长度的增加分析精度下降。通过将实际测试结果与仿真软件（如三维电磁场分析软件 HFSS、微波电路设计仿真软件 ADS）结果相结合，可以精确计算出金丝键合互联模型的各个模型参数，从而优化出幅相一致性好和微波键合最佳的互联结构。将仿真结果与实际测试结果进行对比时，要求两者吻合。

4.4　T/R 组件密封技术

T/R 组件密封的部位包括电源接口的插头，射频输入/输出（I/O）接口的玻珠或 SMP、SMA、N 型、BNC、BMA 等连接器，盖板等。目前，采用的密封方法有胶粘剂密封、衬垫密封、玻璃金属封接、软钎焊密封、平行缝焊密封、脉冲激光熔焊密封等，其中软钎焊密封和平行缝焊密封在其他章节已有介绍，本节不再赘述。对于密封要求较高的微波组件，为达到气密性封装要求，需要选用玻璃金属烧结、软钎焊、激光熔焊、平行缝焊等密封方法；对于密封性要求不高的非气密性封装微波组件，可选用胶粘剂密封、衬垫密封等密封方法。

4.4.1　胶粘剂密封

胶粘剂可填充缝隙以密封接头。胶粘剂密封使用方便、成本低，但由于接缝处胶的密封性不够，潮气可通过胶渗透到微波组件内部而损坏电路，因此该方法只适合密封要求不高且不考虑寿命期的微波组件密封。微波组件中 I/O 连接器、盖板、水管等密封接头可采用胶粘剂密封。

4.4.1.1　常用密封胶粘剂及选用

常用的密封胶粘剂有硅橡胶、环氧树脂胶、厌氧胶等。

胶粘剂选择时考虑的因素很多，主要有粘接基材、使用性能要求、工艺要求等。根据具体情况来选择，必须考虑粘接制件使用环境条件因素，如温度、湿度、化学介质等；胶接强度也是重要的指标，可根据微波组件密封部位的结构受力要求选用相应强度指标的密封胶粘剂。

4.4.1.2　胶接密封接头设计

胶接密封的结构形式较多，比较典型的有表面堆砌密封接头、储胶槽密封接头、平面涂胶密封接头，如图 4-5 所示。在微波组件密封中，电源接口的插头法兰盘、射频 I/O 接口的 SMA、N 型、BNC、BMA 插头法兰盘以及冷却功放单元部件的输入/输出水管等部位与微波组件外壳体之间的胶粘剂密封，常采用储胶槽密封接头形式；固定插头的螺钉与插头法兰盘之间的胶封采用表面堆砌密封接头形式；盖板与微波组件外壳体之间常采用储胶槽密封接头或平面涂胶密封接头形式。

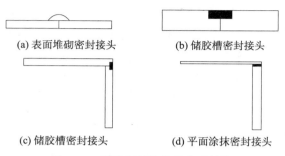

(a) 表面堆砌密封接头　　　　　　(b) 储胶槽密封接头

(c) 储胶槽密封接头　　　　　　(d) 平面涂抹密封接头

图 4-5　胶接密封接头的典型结构

4.4.1.3　胶接密封工艺过程

胶接密封的一般工艺过程为：接头设计→表面处理→配胶→涂胶→晾置→合拢→清理→固化。其中表面处理是粘接过程不可缺少的重要环节，被沾污表面处理的质量直接关系到粘接强度的高低和耐久性的长短，微波组件的胶封接头采用丙酮溶剂脱脂去油处理即可。

4.4.2　衬垫密封

衬垫密封是安装时预压力使衬垫产生挤压变形而实现密封的一种密封方法。密封衬垫的使用寿命受材料、使用条件和温度等因素影响较大，易出现密封失效。选择该种密封方法，要考虑微波组件的应用环境和密封指标要求以及衬垫的设计寿命等因素。

微波组件密封的衬垫按外形分为平面衬垫和 O 型环衬垫两种。平面衬垫用于插头法兰盘与组件外壳体等接触面为平面的密封。O 型环衬垫可用于盖板与组件外壳体、各种连接器与组件外壳体的密封。O 型环衬垫密封作用的发挥主要是利用它在受挤压时产生轴向或径向变形，受挤压后的光滑表面对于静态密封有着十分重要的意义，能够起到均匀的封闭作用，其密封效果要优于平面衬垫。

微波组件密封的衬垫按导电性能可分为非导电衬垫和导电衬垫两种。非导电衬垫一般用硅橡胶或氟橡胶制作，用于环境密封；导电衬垫用于电磁屏蔽密封。

衬垫密封性能的影响因素主要有密封衬垫材料、密封衬垫压缩率以及衬垫安装空间尺寸的设计。正确选择衬垫材料，可以保证有效地抵抗化学和机械的破坏。密封衬垫压缩率，即衬垫装入密封槽后因受挤压在截面产生的压缩变化，此压缩不能太小，否则密封性不好。衬垫安装槽尺寸及公差要设计正确，才能获得良好的密封性能。

4.4.3　玻璃金属封接

玻璃金属封接是通过玻璃与金属的物化作用，使组件 I/O 引线固定在封装壳体上，达到气密性封装的一种密封方法，其中玻璃在金属引线与封装壳体之间起电绝缘作用。玻璃金属封接具有气密性好、可焊性高的特点，因此在军用高可靠电子产品中得到广泛的应用。对于小型化微波组件，如果外壳体采用可伐合金且组件结构尺寸充裕，射频的 I/O 引线可采用玻璃金属封接。另外，微波组件中使用的各种连接器本身，若需要达到气密性要求，则采用玻璃金属封接工艺。

4.4.3.1　封接机理

金属及合金的结合方式主要是金属键，而玻璃的结合方式是离子键-共价键混合型，因此玻璃与金属不能直接进行封接；但是当金属及合金进行预氧化处理，表面生成一层氧化膜时，它们就可以封接在一起，实际正是这层氧化膜与玻璃的结合达到了密封效果。

4.4.3.2　封接材料

封接材料的选择正确与否直接影响密封的可靠性。小型微波组件密封中，外壳体和引线材料选用电性能优良的可伐合金 4J29（Fe－29％Ni－17％Co）。由于在一定温度范围内，可伐合金 4J29 与玻璃的热膨胀系数相匹配，它们封接后的内应力很小，也减小了这种密封接头使用时产生的热应力，提高了接头密封的可靠性。因此，玻璃适合作为可伐合金 4J29 的封接材料。

4.4.3.3　封接工艺

玻璃金属封接工艺一般包括清洗、脱碳、预氧化和烧结四个环节，每个环节对最终的封接密封可靠性都有重要影响，因此要严格加强生产工艺过程的控制。

（1）清洗

机械加工的微波组件可伐壳体表面存在油污和灰尘等污染物，需要对它们进行清洗。清洗时一般采用汽油、碱液、丙酮、酒精等清洗剂反复清洗，最好采用超声波设备进行清洗，以保证清洗干净彻底，然后进行烘干。

（2）脱碳

可伐合金表面含有微量的碳，在高温烧结时会氧化，转化为 CO 或 CO_2。如果没有及时溢出，会在密封的接头处形成气泡，严重影响封接质量。因此，在烧结工序前一定要进行脱碳处理，脱碳工艺一般采用湿氢的方法，可伐合金的脱碳温度为 920～1 050 ℃，保温时间为 10～30 min。

（3）预氧化

预氧化的目的是在可伐合金表面形成氧化膜，使得可伐合金能够与玻璃烧结在一起。预氧化一般采用湿氮的方法，有时也可加适量的 H_2。可伐合金的预氧化工艺温度为 800～1 000 ℃，保温时间为 5～16 min。

（4）烧结

烧结是玻璃金属封接的最后一道工序，也是最为关键的一道工序，烧结质量直接影响密封性和密封接头的可靠性。

烧结温度和保温时间要根据所选烧结玻璃的种类和密封微波组件的壳体壁厚以及外形尺寸来选择。烧结温度过低、保温时间过短，不利于溶解在液态玻璃内的气体逸出，易产生气泡；烧结温度过高，保温时间过长，玻璃会沸腾，也易产生气泡。4J29 可伐合金与玻璃的烧结温度一般为 940～980 ℃，保温时间为 10～35 min。

　　烧结环境为工业普通氮气时，含有一定量的水和氧气，水蒸气高温时部分溶于液态玻璃中会导致封接后接头出现气泡；氧化性气氛会使液态玻璃的浸润性过好，使得液态玻璃沿金属引线上爬的高度增大，受力时引线根部易产生裂纹而发生密封失效。因此，烧结时采用高纯 N_2 或 $N_2+5\%H_2$ 作为气氛，其露点一般低于 -50 ℃。

4.4.4　脉冲激光熔焊密封

　　激光焊是利用经过聚焦产生高能量密度的激光束作为焊接热源的一种高效精密焊接方法。脉冲激光焊辐射到工件上的激光束为脉冲式，激光束输出光束能量为断续的脉冲方式，在脉冲激光焊中大多使用 Nd：YAG 固体激光器。微波组件的盖板与壳体、连接器与壳体等可以采用脉冲激光熔焊进行密封，能达到气密性要求，且该技术适用于任何结构形状。

4.4.4.1　密封接头设计

　　脉冲激光焊密封的常用接头形式有对接接头、搭接接头和角接接头等三种。微波组件的盖板与壳体的密封可采用对接或搭接接头形式；带法兰盘的连接器、圆形连接器与组件壳体的密封采用对接接头形式，更有利于定位。

4.4.4.2　密封材料

　　对于微波组件，脉冲激光束的焊缝要达到密封要求，采用的密封材料一般为可伐合金 4J29 或可伐合金 4J42。可伐合金 4J29 和可伐合金 4J42 为定膨胀合金，其焊接可靠性较好。

4.4.4.3　焊前工件表面处理及接头装配要求

　　焊接前应除去表面氧化物和污染物（灰尘、油脂等），以保证焊接接头质量。

　　脉冲激光密封焊一般不加填充材料，因此对焊接接头装配要求较严。装配间隙必须小，装配越紧密，焊接效果越好。对接接头最大间隙要小于 0.06 mm。搭接接头要求接触面平整，平面度要小于 0.05 mm。

4.4.4.4　工艺参数

　　脉冲激光焊的焊接工艺参数包括激光功率密度、焊接速度、脉冲重复频率、脉冲宽度、离焦量等。这些工艺参数共同影响着焊接质量，它们之间相互制约、相互影响，因此最佳工艺参数的选择具有相当的难度。下面介绍这些工艺参数的一般影响规律。

　　（1）激光功率密度

　　它是影响焊点成形的比较综合性的参数，定义为单位面积上激光辐射的功率大小。

　　激光功率密度越大，焊缝熔深、熔宽都相应增加。但功率密度不能过高，否则易引起熔池金属大量蒸发汽化，强大的蒸汽压力会造成熔池金属飞溅，形成陷坑，焊缝成形差，从而不能达到密封效果。

（2）焊接速度

焊接速度即激光束的扫描速度，影响焊点成形和生产效率，焊接速度过大，焊缝成形不好；焊接速度过小，生产效率低。

（3）脉冲重复频率

脉冲重复频率影响着焊缝成形。脉冲重复频率增加，两相邻焊缝熔池的间距减小，相互重叠区域变大，有利于内部裂纹的消除及晶粒的细化，使焊缝质量提高；另外脉冲频率的选择应与焊接速度相匹配，以提高焊接接头致密性。

（4）脉冲宽度

脉冲宽度决定加热时间，影响熔深和热影响区。增加脉宽可增加焊缝熔深，但同时增加了热影响区和焊接变形等，因此在焊接薄板时，不宜使用太大的脉冲宽度。为了加深焊缝熔深，可适度增加脉宽。对于同一种金属，要获得相同熔深，如脉宽短，则需要的脉冲激光功率密度高，热效率高，但是激光可焊范围变窄，熔点易偏移；如脉宽长，则所需的脉冲功率密度低，激光参数可焊范围变宽，不能形成熔点。

（5）离焦量

离焦量描述了激光、焦点平面与被焊工件表面的相对位置。在焊接时，焦点平面位于被焊工件表面之上称为正离焦，否则称为负离焦。脉冲激光焊时一般都需要一定的离焦量，因为激光焦点处光斑直径最小，光斑中心的激光功率过高，容易蒸发成孔，不利于焊接的正常进行。离开激光焦点的平面，激光功率密度分布相对均匀，需要注意的是激光焦点不在聚焦透镜的焦平面内。一般焊接厚材料时采用负离焦，此时焦点在熔池内，焦点处激光功率密度最大，金属汽化，可得到更大的熔深；焊接薄材料时采用零偏焦或正偏焦。

4.5　T/R 组件检测与测试

通常 T/R 组件的测试分为电性能测试、力学性能测试和环境适应性测试三部分。其中力学性能测试和环境适应性测试见第 3 章，本节主要介绍 T/R 组件电性能测试，主要分为发射和接收两个通道的独立测试。由于绝大多数雷达工作在脉冲调制状态下，因此发射通道的测试方案均是基于大功率微波脉冲调制的特性测试，而在接收通道中，由于测试信号均处于所用器件的线性工作区，功耗非常小，因此接收通道的测试可以基于小信号连续波的特性测试。由于 T/R 组件的生产量大，需测试的指标较多，人工测试不能满足需求，因此采用自动化测试系统成为必然。

4.5.1　T/R 组件发射电性能测试

4.5.1.1　发射幅相测试

（1）测试系统配置

图 4-6 是一个由脉冲矢量网络分析仪组成的发射通道幅度相位测试系统框图。在测试系统中，T/R 组件的输出端有两种连接方式，一种是接大功率衰减器，另一种是利用定

向耦合器来完成大功率信号的衰减。

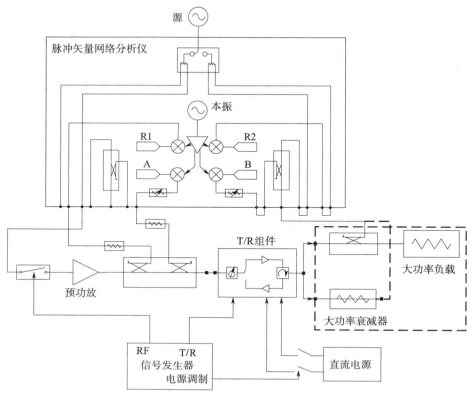

图 4-6 脉冲矢量网络分析仪组成的发射通道幅度相位测试系统框图

（2）发射脉冲幅相测试技术

使用脉冲网络分析仪对 T/R 组件进行测试时，针对脉冲调制信号的脉冲宽度，可以采用两种测量方式，第一种是宽带测试法，第二种是窄带测试法。

当脉冲调制信号的主瓣宽度落在网络分析仪接收机带宽之内时，可使用宽带检波。宽带检波的优点是测试速度快、步骤简单；缺点是进入仪器的噪声会比较大，影响测试系统的动态范围。当脉冲调制信号的脉冲宽度太窄或接收机的带宽太小，不能包含足够的脉冲频谱能量时，需要使用窄带检波。窄带检波的主要优点是没有最小脉冲宽带限制，信号脉冲宽度的变化对动态影响不大；缺点是随着占空比的减小，测试的动态范围减小，测试速度也会比宽带检波慢。

4.5.1.2　线性相位偏离和群时延特性测试

（1）线性相位偏离测量

线性相位偏离主要用来描述传输信号的相位失真特性。通常情况下，为了能观测相位失真，需要一种补偿相位响应线性分配的方法。目前，在通用的矢量网络分析仪中，通常利用电延迟特性来产生异号的线性频率，抵消器件的电长度，这样可以将相位响应的线性部分移去，得到高分辨力的线性相位偏离率显示。

（2）群时延测量

相位失真的另一个有用的度量技术是群时延，它是相位响应随频率变化的速率。群时延是特定频率下信号通过被测器件时渡越时间的度量。在群时延测量技术中，相位斜率法最为简单和常用。群时延考虑了每单位频率的波动次数，更便于说明相位失真迹象。

4.5.1.3　输出功率测试

T/R 组件的输出功率测试主要是大功率情况下的脉冲调制微波峰值或平均功率测试。T/R 组件的脉冲输出大功率测量，是根据需求完成平均功率 P_{avg}、脉冲功率 P_p 和脉冲峰值功率 P_{peak} 三种功率的测量，其测量主要是采用脉冲小功率计间接测试，测量方法有大功率衰减法和定向耦合器法两种，如图 4-7 和图 4-8 所示。它是利用脉冲功率测量仪器与定向耦合器或大功率衰减器组合扩展量程来完成中、大输出功率的测量。

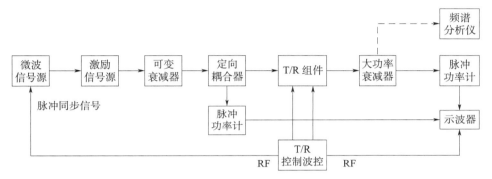

图 4-7　T/R 组件输出功率测试系统框图（大功率衰减器组合）

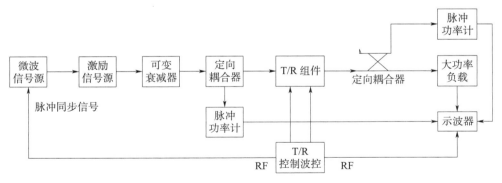

图 4-8　T/R 组件输出功率测试系统框图（定向耦合器组合）

4.5.1.4　输出信号波形上升沿、下降沿、顶降测试

T/R 组件的发射输出功率信号波形即为微波信号经脉冲调制的低频包络检波信号波形。T/R 组件重点关注的是该信号的上升时间、下降时间、顶降，上述波形参数的系统测试框图如图 4-7 所示。通常在利用脉冲功率计进行 T/R 组件输出功率测量时，该功率计可以自动表征所有的脉冲参数，也可以将峰值功率传感器的视频检波信号接到数字示波器上，完成上述指标的测试。另外，利用频谱分析仪也可以完成脉冲包络参数的测量。

4.5.1.5　输出信号频谱测试

T/R 组件的频谱测试主要用于评估组件发射信号的频谱纯度，通过测量组件的基波、谐波和杂散频谱的幅度来计算这些指标的抑制度，测试框图如图 4-7 所示。通过频谱测试也可以评估输出脉冲功率信号的包络特性。

由于多数 T/R 组件发射通道工作在饱和放大区域，非线性效应将会导致高次谐波的产生，对其他电子设备产生干扰，因此在设计过程中需要考虑谐波抑制。杂散是非整数倍频率的无用频率分量，杂散抑制度常用低于载波频率功率的多少 dBc 表示。元器件的不稳定和电路的设计欠缺，以及电源波纹、振动等外界干扰都会产生杂散。

4.5.2　T/R 组件接收电性能测试

T/R 组件接收通道主要由限幅器、低噪声放大器、衰减器、开关和移相器组成。在小信号情况下，这些元器件呈现出大动态范围内的幅度和相位线性特性。在接收通道测试中，一般情况下均采用连续波方式完成。

4.5.2.1　接收幅相测试

T/R 组件接收通道的幅相测试可采用传统的二端口器件测试方法。图 4-9 是接收通道幅相的系统测试框图。需要注意的是，输入信号应低于输入 1 dB 饱和压缩点功率电平 10 dB 以上，同时还应综合考虑组件的线性工作范围和矢量网络分析仪的动态测量范围。

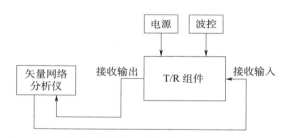

图 4-9　T/R 组件接收通道幅度、相位测试系统框图

4.5.2.2　噪声系数测试

噪声系数（Noise Factor，NF）直接与组件以及雷达接收机灵敏度或检测小信号能力有关，噪声系数的增加，直接降低雷达系统的灵敏度。噪声系数的测量可以利用不同的仪表完成，包括噪声系数分析仪、频谱分析仪和矢量网络分析仪。这些仪表在被测件的输入端注入一个附加已知量或额外的噪声，并测量在这种条件下被测件的输出端总噪声。增加的噪声（超过在输入端注入的噪声部分）就是对被测件噪声系数的一种度量。

4.5.2.3　非线性特性测试（1 dB 压缩点和三阶截获点）

1 dB 压缩点是衡量 T/R 组件接收通道系统线性度的重要指标，也是整个雷达系统确定动态范围的上限指标，定义为随着输入功率的增加，输出功率比理想的线性系统输出功率低 1 dB 时的输入或输出功率。在增益压缩测量过程中，可以利用网络分析仪的功率扫描模式完成，测试框图如图 4-9 所示，也可以利用信号源和功率计按照定义对 1 dB 压缩点进行测量。

　　三阶截获点是衡量非线性电路系统线性度的另外一个重要指标,指的是当基波分量幅度和三阶失真分量理想输出(无增益压缩)幅度相等时的交叉点。截获概念的用途是规定并预先评估系统中的失真电平,二阶、三阶截获点是与信号电平无关的指标。如果已知两个不同电路的截获点,可以很容易比较它们的失真特性。

4.5.2.4　低噪声放大器和限幅器恢复时间测试

　　接收通道低噪声放大器和限幅器的恢复时间表征的是灌入接收通道的微波杂散信号消失后,恢复到正常工作状态所需要的时间。接收通道恢复时间的测量如图 4 - 10 所示,测量过程中,可以用一个宽带功率计将检波信号送往示波器来观察幅度变化,测量对应的恢复时间。

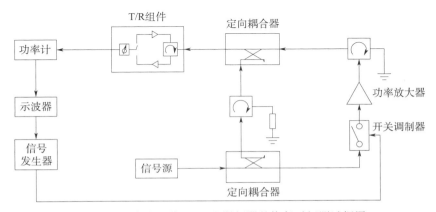

图 4 - 10　接收通道 LNA 和限幅器的恢复时间测试框图

4.5.3　T/R 组件自动测试系统

4.5.3.1　自动测试系统组成

　　微波组件自动测试系统通常由中央计算机控制系统、测试仪器系统、测试控制装置、电源供电系统和测试软件五部分组成。自动测试系统的框架如图 4 - 11 所示。

　　中央计算机控制系统作为整个测试系统的中枢神经,经测试仪器和测试控制系统进行通信,完成系统控制指令下达、数据采集、交换处理和最终测试结果输出等任务;同时还负责管理测试系统的数据库,实时进行数据查询、编辑、打印报告等操作。

　　测试仪器系统由先进的测试仪器和模块组成,通过标准仪器接口完成相应的测试需求,并产生测试结果。测试仪器通常有脉冲矢量信号分析仪、频谱分析仪、微波信号源、微波功率计、数字示波器、噪声系数分析仪、脉冲信号发生器等。

　　测试控制装置由开关矩阵模块、驱动模块、开关状态检查模块、A/D 数据采集模块、总线扩展模块和调试/通信接口模块组成,这些模块的状态根据被测微波组件的测试要求被设置到相应的状态,选择指定的测试通道,设置程控器件的状态参数,同步完成微波组件的控制和测量,并将采集的测试数据上传到中央计算机控制系统。

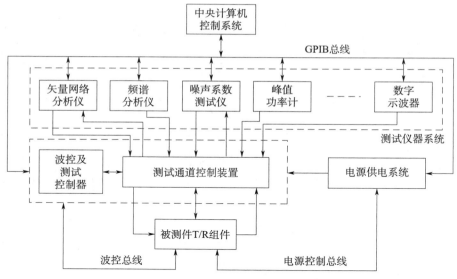

图 4-11　T/R 组件自动化测试系统框架图

电源供电系统负责整个测试系统的电源管理,同时还提供微波组件所需要的电源、对应供电状态的采集和数据上传。

测试软件通常由自动测试系统、器件设备管理和自检子系统三部分组成。

4.5.3.2　自动测试系统的功能

微波组件自动测试系统应具备下述几种功能:

1）产生微波组件所需的各种电源和激励信号。主控计算机通过通用接口总线（General Purpose Interface Bus，GPIB），可以控制测试仪表系统中的相应设备,产生微波组件测试所需要的各种电源、微波激励信号和波控制信号,如发射时需要的微波信号频率、重复周期、脉冲宽度、输入功率等。

2）控制功能。主控计算机通过数字电平信号控制程控微波开关的状态、仪器的设置、微波组件的状态等,建立相应的测试通道,以实现系统的自动测试。

3）测试功能。组件工作环境设置完成后,自动测试系统将组件的输出信号传送至相应的仪表上进行测试。主控计算机通过 GPIB 总线获取所测试的数据,并实时修正误差,提高测试结果的精度和准确度。

4）数据分析和后处理功能。自动测试系统需要对采集的微波组件测试数据进行分析处理,提供用户需要的相关指标信息,如多个微波组件的发射接收幅度相位一致性、温度特性曲线、测试指标的符合性判断、技术指标统计等,必要时提供标准的测试报告打印输出。

4.6　典型故障

T/R 组件主要典型故障有基片失效、器件失效、互联失效三种。

4.6.1　案例 1：耦合微带粘连

4.6.1.1　问题概述

　　某组件交付用户 2 年后才开始整机装配，在装机前的测试过程中发现部分组件输入端口之间出现低阻现象。而组件的端口阻值测试在出厂前的生产、调试过程中均未作要求，因此造成该缺陷直到整机装配阶段才发现，如图 4-12 所示。

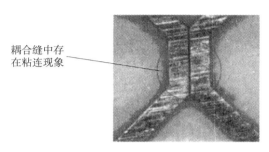

耦合缝中存在粘连现象

图 4-12　某组件中电路图形耦合缝存在粘连现象

4.6.1.2　原因分析

　　造成故障的原因是陶瓷基片金属化工艺时未腐蚀干净，耦合缝存在粘连，造成耦合缝间绝缘性能下降。微波微带印制板布局是通过仿真结构设定的，一些敏感微带电路加工难度较大，图 4-12 的微带电路耦合宽度仅为 0.1 mm。检验时由于肉眼和放大镜放大倍数偏低、电路间距窄未将该缺陷检出。此种缺陷是基片失效模式的一种，基片失效约占混合电路失效的 9%。基片失效，实质上可以分为机械或电气性能失效两种。机械失效包括基片裂纹、碎裂或断裂，原因是野蛮操作或未清除干净连接间隙表面等；电气性能失效几乎都是由于电路设计的错误，造成金属化图形开路或短路而引起的。

4.6.1.3　改进措施

　　加强印制板来料的检验，及早发现印制板的早期失效；并将印制板放置在干燥、有保护气体的环境下保存以防止基板氧化或潮解，影响印制板表面。此方法避免了缺陷印制板的使用。

4.6.2　案例 2：电容焊点断裂

4.6.2.1　问题概述

　　某组件在进行高温测试时有少量产品出现无功率输出现象。经检查发现，这些产品均在同一贴片电容与附近螺钉靠近焊盘的焊点处出现裂纹现象，如图 4-13 所示。

4.6.2.2　原因分析

　　该电容焊接应用了回流焊工艺，焊接过程中未发现异常。经扩大分析范围，发现由于印制板元器件密集（1 块印制板包含近 200 只封装器件），设计时螺纹孔边缘与焊接电容的焊盘之间距离约为 1 mm，导致螺纹孔处安装的弹垫和平垫与焊盘搭接在一起，在电路板

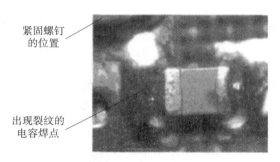

紧固螺钉
的位置

出现裂纹的
电容焊点

图 4 - 13　某组件中螺钉附近的电容焊点出现裂纹

紧固该螺钉过程中，印制板焊盘同时受力产生了形变。这种应力在后续的温度试验过程中，由于累积效应使焊点的强度降低，最终导致出现了裂纹，引起了高温测试指标异常。

4.6.2.3　改进措施

设计时将装配的螺纹孔与器件焊盘间的距离设定为大于等于 5 mm，电路布局时减少螺钉使用，使产品达到受力均衡即可。在内部评审时工艺严格把关，控制住每个装配环节。

4.6.3　案例 3：尾丝不一致

4.6.3.1　问题概述

某组件在测试过程中发现芯片性能与设计仿真指标差异较大，经分析发现供电端焊盘有金丝互联引起的短路情况发生，如图 4 - 14 所示。

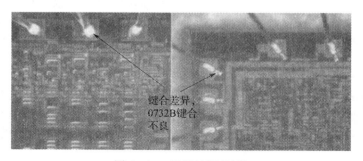

键合差异、
0732B键合
不良

图 4 - 14　尾丝过短/过长

4.6.3.2　原因分析

经分析观察得知，其金丝键合的尾丝存在太短和太长的情况。过长的尾丝将焊盘与不相关的电路搭接在一起引起了失效，属于常见的互联失效模式。

互联失效是键合的失效，约占微波组件电路失效的 23%，是微波组件电路最大失效类别。通过对使用的材料进行确认的方法，线焊失效可减至最少。

引起此现象的原因有引线表面污染，引线传送角度不对，楔形劈刀通孔中有部分阻塞，夹子表面污损，夹子间隙调节不正确和夹子的力调节不正确，但经过排查上述几种原因都排除可能。最终经分析原因为器件焊盘可键合面积较小，设定的尾丝相对较大，键合之前未进行材料和拉力确认所致。

4.6.3.3　改进措施

在每次测试开始时，通过程序调整尾丝长度，再对调整的程序进行金丝键合试验，并测试其拉力强度。在显微镜下观察尾丝形状和键合区域，按 GJB 548B—2005 进行检验。

每批正式产品生产前需要对金丝键合的器件进行取样筛选，用标准生产用的线焊机来进行线焊。线焊后进行破坏性的拉力测试，若线焊拉力强度大于规定值，可放行生产。该试验保证器件和基片的金属化能够接受线焊，而且在一段时间内不会降级。材料确认对于在部件投产前就能识别出焊接问题是非常重要的。

4.7　航天特殊要求及禁忌

航天型号产品的可靠性和一致性工艺是保证产品高性能的先决条件，环境污染、危害生产安全的工艺方法都不能保证产品质量可靠性，应淘汰，或采用其他替代工艺，或采取措施，使工艺满足产品质量或使用要求。在生产过程当中，应当尽量避免采用以下工艺方法：

1）由于接插件互联的硬引线易在应力作用下损坏内部介质，所以禁止该器件硬引线直接与接点硬连接，而需要通过软导线或弹性支撑。

2）由于微组装中裸芯片共晶焊接可靠性一致性要求较高，如果该器件出现翘起、缝隙、空洞等现象禁止继续使用此器件。共晶焊接完成后镜检无缺陷的，用 X 射线检测方法检测其空洞率，要求空洞率在 20％ 以下的才能进行下一步生产工作。

3）由于金丝在受应力作用下会受到损伤，需要对键合点进行加固。禁止使用胶、树脂等不导电且可能污染芯片电路的材料对金丝进行加固。可以对焊点进行金球加固。

4）在常规清洗时使用的免清洗焊剂，易留残留物影响可靠性，故不宜使用免清洗焊剂。

5）密封检漏时，使用氪-85 放射性同位素检测会使人身体感觉麻醉，故不能选用氪-85 放射性同位素进行检漏。

4.8　展望

有源相控阵雷达包含成千上万个宽带、小型化、高效的 T/R 组件，其成本占整个雷达系统的 50％ 以上。T/R 组件由固态功率放大器、低噪声放大器、T/R 开关、移相器、限幅器和波控驱动器等电路组成，具有完整的接收、发射和控制功能。由于功能复杂，所含电路较多，需求量大，生产流程复杂，因而对设计、加工、生产装配要求很高。有源相控阵雷达对 T/R 组件电性能、结构和使用性能的共同要求是高性能、高可靠性、低成本，如大功率、宽带宽、轻型、小型化、高效率、输出信号幅度与相位的一致性、稳定性、可监测性、可调整性。

T/R 组件作为雷达、通信中关键的分系统，体积、质量、性能、成本和可靠性直接决定了电子整机相关指标。基于微波单片集成电路、各种超大规模数模集成电路及相关 3D 互联、高性能组装、封装、测量和检测、材料和相关制造工艺的快速发展，使新一代宽带轻型 T/R 组件的研制成为现实。它的特点是结构小巧、纵向尺寸薄、多功能电路集成。能够实现 3D 的微波多芯片组件，电源和控制电路充分利用，效率高，适用于批量生产，成本相对较低。

从技术发展角度来看，T/R 组件高密度封装的关键技术主要有倒装芯片技术（Flip Chip Technology，FCT）、三维封装（3D - MCM）技术。

倒装焊是最有效率的互联技术，可用于取代低可靠性、低产率、高成本的手工丝焊技术。倒装焊技术采用焊球作为互联媒介，将焊球直接制作在芯片上，然后在封装衬底上制作出相应的焊盘，芯片工作面朝下将焊球与衬底焊盘对准后，所有焊点的焊接可以一次完成。

倒装焊技术（如图 4 - 15 所示）封装速度高，可同时进行成百上千个焊点的互联；焊球直接完成芯片与衬底的电连接，实现了最短的电连接通路；几乎没有封装密度的限制，至少可达到 90% 以上的封装密度。

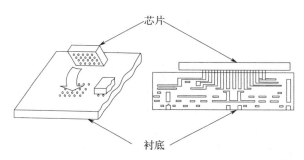

图 4 - 15　芯片倒装焊技术示意图

3D - MCM 工作频率高，组装密度大，制造工艺特点为可将电阻、电容和电感等无源元件埋置在多层微波互联基板中从而减少基板面积，叠层型 3D - MCM 立体组装技术是在 2D - MCM 的基础上将电路基板在垂直方向上进行互联的一种组装形式，从而可以进一步减小体积、减小质量，实现小型化。

3D - MCM 技术在组装密度、电性能以及可靠性等方面独具优势，是目前能最大限度发挥高集成度半导体 IC 性能和制作高频高速电子系统以及实现电子整机小型化、高性能、多功能和高可靠性的最有效途径，是最有发展前途的高密度组装技术，是世界各主要军事强国国防工业基础能力必备的关键技术之一。

3D - MCM 微组装技术主要包括 3D - MCM 组装设计与布局技术、单元基板的微组装技术、三维叠层微组装技术三种。其中三维叠层的垂直互联技术是关键，主要有以下技术途径：

1）通过焊料凸点实现多块基板的垂直互联；

2）通过侧面互联（如基板边缘的金属化导带）完成多块基板的垂直互联；

3）采用毛纽扣（Fuzz Button）互联方式实现垂直叠层互联，如图 4 – 16 所示。

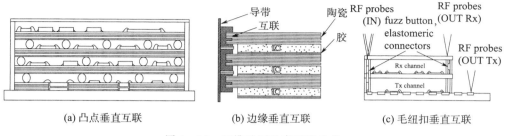

(a) 凸点垂直互联　　　　　　(b) 边缘垂直互联　　　　　　(c) 毛纽扣垂直互联

图 4 – 16　三维叠层垂直互联技术

　　国外 3D – MCM 技术在军事领域的应用已日趋成熟，正向工程实用化方向迈进，如美国在装备 F – 22 歼击机的有源相控阵雷达高密度微波立体组件研制过程中，Hughes 公司利用绒毛状微纽扣完成了微波垂直互联，Texas 公司则采用预成形的弹性体完成三维互联，Westinghouse 公司通过微纽扣中间板实现了垂直互联。又如欧洲的 Thales 公司为应用于相控阵雷达中的下一代微波组件的发展制定了中长期计划，研制的一种 3D 宽带瓦片式微波组件。

参 考 文 献

[1]   胡明春，周志鹏，严伟 . 相控阵雷达收发组件技术 ［M］. 北京：国防工业出版社，2010.
[2]   孙海，王瑞庭 . 射频和微波混合电路——基础材料和工艺 ［M］. 北京：电子工业出版社，2006.

第5章　印制电路板制造技术

5.1　概述

印制电路板简称印制板（Printed Circuit Board，PCB），它是电子元器件之间实现电气互联的基本载体，也是实现电子产品小型化、轻量化、装配自动化的重要基础部件，在电子产品中广泛应用。印制板的质量对电子产品的性能和可靠性有重要影响。

在绝缘基材上，按预定设计形成的印制元件或印制线路以及两者结合的导电图形称为印制电路；印制线路是指在绝缘基材上形成的导电图形，用于元器件之间的连接，但不包括印制元件；印制电路或印制线路成品板通称印制板。印制电路板在电子产品中的功能与作用如下：

1）为电子元器件的安装、固定提供支撑；

2）实现各种电子元器件之间的电气连接或绝缘；

3）限定印制板组装件焊接位置；

4）提供元器件安装、检验和维修的识别图形和字符；

5）在高速或高频电路中为电路提供所需的电气特性、特性阻抗和电磁兼容特性；

6）预置电阻、电容，提供一定的电路功能。

自20世纪初（1903年），德国人汉森（A. Hanson）提出印制电路的概念至今，印制电路的发展已有上百年的历史。第二次世界大战后印制电路技术得到了快速发展，1947年美国航空委员会和国家标准局发起印制电路的研讨会，将此前的印制电路制造方法归纳为6类，即金属浆料涂覆法、喷涂法、真空沉积法、化学沉积法、模压法、粉末涂撒法，但是这些方法都未能实现大规模工业化生产。20世纪50年代初期，随着覆铜箔层压板的粘合强度和耐焊性得到解决并实现工业化大生产，铜箔刻蚀法成为印制板制造技术的主流。从单面板开始，到20世纪60年代，有镀覆孔的双面印制板实现了大规模生产；20世纪70年代，多层印制板得到迅速发展；20世纪80年代，表面贴装印制板逐渐替代插装式印制板，成为生产的主流；20世纪90年代以来，高密度球栅阵列封装印制板得到快速发展，同时芯片级封装印制板和以有机层压板材料为基板的多芯片模块封装技术用印制板也迅速发展。

我国从20世纪50年代中期开始单面印制板的研制。1956年，成功研制了第一块印制板，应用于半导体收音机中；20世纪60年代，已能大批量生产单面板，小批量生产多层板；20世纪70年代，开始推广图形电镀-刻蚀法工艺；20世纪80年代，引进大量国外先进印制板生产线，印制板生产水平得以快速提高。20世纪90年代中期，我国香港和台湾地区以及日本、澳大利亚等国纷纷来到大陆建厂，使印制板产量猛增。2006年，我国印制板产值超过日本，成为世界第一印制板生产大国。

　　我国航天印制板研制生产始于 20 世纪 60 年代中期。在 20 世纪 60 年代末期，我国研制的东方红一号卫星系统已成功地大量采用有镀覆孔的双面印制板，并且有少数航天单位已开始研制多层板；20 世纪 70 年代末期，航天印制板技术标准体系逐步形成；20 世纪 80 年代，航天印制板生产能力初具规模；20 世纪 90 年代，多层印制板逐步取代双面印制板，成为主流；2000 年以后，高密度细间距多层印制板、刚挠结合印制板等开始应用于航天电子产品中。由于航天电子产品的高可靠性要求，高密度互联印制板和无铅印制板应用较少。

　　由于电子产品不同，印制板也有许多不同种类，通常是按印制板的结构和基材分类。印制板的分类如图 5-1 所示。

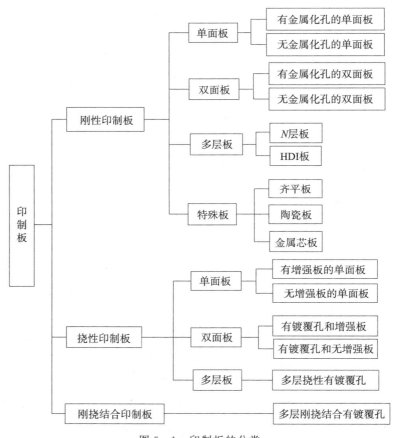

图 5-1　印制板的分类

5.2　基　材

5.2.1　基材的选用

　　印制板的基材影响印制板的基本性能、制造工艺和成本。设计印制板时，应根据下列因素选择合适的基材：

　　1）印制板的类型；

　　2）制造工艺；

　　3）工作及储存环境；

　　4）机械性能要求；

　　5）电气性能要求；

　　6）特殊性能要求（耐热性、阻燃性、介电常数和介质损耗等）；

　　7）与安装的元器件热膨胀系数相匹配；

　　8）印制电路板组装工艺。

　　选择基材时应在满足产品关键特性要求的基础上兼顾其他性能。根据印制板结构确定基材的覆铜箔面数（单面、双面或多层板用薄板）；根据印制导线的宽度和精度要求以及工艺方法选择铜箔厚度（5 μm、18 μm、35 μm、70 μm、105 μm）；根据印制板的尺寸、单位面积承载元器件质量和产品使用时的力学应力环境，确定基材板的厚度；根据产品使用的环境温度和元器件安装焊接的方式，选择玻璃化转变温度（T_g）性能较好、热膨胀系数（CTE）相匹配的基材；多层板的内层应根据电气性能要求和印制板总厚度匹配的需要选择不同规格的薄片型覆箔材料，层间的半固化片应与覆箔材料是同一种类型的树脂材料。

5.2.2　基材的分类

　　印制板基材的主要材料是覆铜箔层压板。它是用增强材料（玻璃纤维布或有机纤维布等），浸以树脂粘合剂（酚醛树脂、环氧树脂、聚酰亚胺树脂等），通过烘干、裁剪、叠合成坯料再覆上铜箔，用钢制模具在热压机中经高温高压使树脂固化成形而形成的层压材料。总体上分为刚性覆铜箔板和挠性覆铜箔板两大类。刚性板材具有一定的机械强度，不能弯曲；挠性板材具有柔韧性，可以弯曲和弯折。

5.2.2.1　刚性覆铜箔板

　　在刚性层压基材上覆有铜箔。按基材中的增强材料不同，分为纸基板、玻璃布基板、复合基板（两种以上）和特殊材料基板（金属、陶瓷）四类。每一类又可根据所用的树脂粘合剂与基材不同分为许多品种，如覆铜箔酚醛纸质层压板、覆铜箔环氧玻璃布层压板等。每种层压板又有阻燃型与非阻燃型之分，一般阻燃型层压板相当于美国标准中的 FR－3、FR－4、FR－5、国标中的 CEPGC－32F 等。航天用主要覆铜箔层压板型号对应关系见表 5－1。

表 5－1　航天用主要覆铜箔层压板型号对应表

名称	GB	IEC	NEMA	MIL
覆铜箔环氧玻璃布层压板	CEPGC－31	IEC－249－2－4	G10	GE
覆铜箔环氧玻璃布层压板	CEPGC－32F	IEC－249－2－5－FV	FR－4	GF
覆铜箔环氧玻璃毡层压板	CEPGC－32F	IEC－249－2－5－FVO	FR－4	GF

　　注：GB—中国国家标准；

　　　　IEC—国际电工委员会标准；

　　　　NEMA—美国全国电气制造商协会标准；

　　　　MIL—美国军用标准。

在环氧玻璃布基覆铜板中，用量最大、应用最广（用量占 90% 以上）的是 FR-4 环氧玻璃布基覆铜板。FR-4 覆铜板包括一般型环氧玻璃布基覆铜板和高性能环氧玻璃布基覆铜板。

高性能环氧玻璃布基覆铜板，是指主要树脂经改性的具有某方面高性能的环氧玻璃布基覆铜板（也称高性能 FR-4 板）。它主要包括热膨胀系数低的 FR-4 板、低介电常数的 FR-4 板、高耐热的 FR-4 板、高弹性的 FR-4 板、高耐漏电起痕性的 FR-4 板〔又称高相比漏电起痕指数（Comparative Tracking Index，CTI）的 FR-4 板〕、高耐金属离子迁移的 FR-4 板等诸多品种。

目前航天型号产品印制板生产中，FR-4 型基材因其性能指标良好、质量稳定可靠，得到广泛采用。FR-4 型板材的主要性能指标见表 5-2。

表 5-2　FR-4 型板材的主要性能指标

序号	项目		单位	处理条件	刚性板		薄型板(多层板)	
					技术标准	典型值	技术标准	典型值
1	抗弯强度	纵向	N/mm²	A	≥413	557.5	/	/
		横向			≥344	449.4	/	/
2	剥离强度	常态(接受试验)	N/mm	A	≥1.4	1.75	≥0.9	1.75
		热应力后		A	≥1.4	1.70	≥1.1	1.70
		高温时		E-1/125	≥0.9	1.55	≥0.9	1.55
		暴露工艺溶液后		A	≥1.3	1.70	≥0.9	1.70
3	热冲击试验 (耐浸焊性) 288 ℃		s	A	≥10	>30	/	/
				E-2/150	/	/	≥10	>20
4	阻燃性		/	A(UL—94)	V—0	V—0	V—0	V—0
5	体积电阻系数	受潮处理后	Ω·cm	C-96/35/90	≥10^{12}	10^{13}	≥10^{12}	10^{13}
		升温后		E-4/125	≥10^9	10^{12}	≥10^9	10^{12}
6	表面电阻	受潮处理后	Ω	C-96/35/90	≥10^{10}	10^{12}	≥10^{10}	10^{12}
		升温后		E-24/125	≥10^9	10^{11}	≥10^9	10^{11}
7	介电击穿强度 (平行层)		kV	D-48/50+ D-0.5/23	≥40	≥60	/	/
8	抗电强度(耐电弧)		s	D-48/50+ D-0.5/23	≥60	155	≥60	70
9	Q 谐振(Q 值)1 MHz		/	D-24/23	≥50	134	/	/
10	介电常数 1 MHz		/	C-40/23/50	≤5.4	4.6	≤5.4	4.6
11	介电损耗角正切值 1 MHz		/	C-40/23/50	≤0.03	0.017	≤0.035	0.020
12	玻璃化转变温度 T_g		℃	/	/	128~130	/	128~130
13	尺寸稳定性	刻蚀后	mm/mm	E-1/105	/	0.000 25	0.000 5	0.000 15
		热处理后		E-1/105	/	0.000 4	0.000 5	0.000 30
14	最高使用温度		℃	/	/	130	/	130

续表

序号	项目	单位	处理条件	刚性板		薄型板（多层板）	
				技术标准	典型值	技术标准	典型值
15	翘曲度 340 mm×304 mm （双面）	%	A	1	≤0.5	/	/

注：A—未处理；

　　C—恒温恒湿的空气中处理；

　　D—浸入恒温水中处理；

　　E—恒温空气中处理。

5.2.2.2　挠性覆铜箔板

挠性覆铜箔板是由金属箔（一般为铜箔）、绝缘薄膜、粘接剂三类不同材料不同的功能层复合而成，可以弯曲和挠曲的印制板基材。其产量接近于刚性印制板的产量，广泛应用于便携式通信设备、计算机、打印机等民用领域。

挠性板材主要有覆铜箔聚酯薄膜、覆铜箔聚酰亚胺薄膜和覆铜箔聚酰亚胺氟碳乙烯薄膜等，使用最多的是前两种。

（1）覆铜箔聚酯薄膜（Polythylene Terephthalate，PET）

覆铜箔聚酯薄膜的抗拉强度、介电常数、绝缘电阻等机电性能较好，并具有良好的耐吸湿性和吸湿后的尺寸稳定性；缺点是耐热性差、受热后尺寸变化大，不耐焊接，工作温度较低（低于 105 ℃）。PET 只用于不需焊接的印制传输线和电子整机内的扁平电缆等。

（2）覆铜箔聚酰亚胺薄膜（Polyimide，PI）

覆铜箔聚酰亚胺薄膜具有良好的电气特性、机械特性、阻燃性和耐化学药品性、耐气候性等，最突出的特点是耐热性高，其玻璃化转变温度 T_g 高于 220 ℃；缺点是吸湿性较高，高温下或吸湿后尺寸收缩率大，成本较高，安装焊接前需要预烘去除潮气。PI 适用于高速电路微带或带状线式的信号传输挠性印制板，也是目前挠性基材中应用最多的一种基材。

5.2.2.3　半固化片（粘接片）

半固化片是由增强材料与树脂构成的预浸渍材料（预烘干的半固化态树脂），用于制造多层印制板的中间粘接绝缘材料。它的性能影响多层板的层间绝缘电阻、耐电压和介质的介电常数等电气性能，以及层间的结合强度等机械性能。

半固化片主要由树脂和增强材料组成，增强材料又分为玻纤布、纸基、复合材料等几种类型，而多层印制板所使用的半固化片（粘接片）大多采用玻纤布作增强材料。经过处理的玻纤布浸渍上树脂胶液，再经热处理（预烘）使树脂进入半固化状态而制成的薄片材料称为半固化片，是多层板生产中的主要材料之一。半固化片中所用树脂主要分为环氧树脂、双马来酰亚胺三嗪、聚酰亚胺等多个品种，其物理性能和电气性能都不尽相同。

半固化片的主要性能指标有含胶量、流动度、凝胶时间、挥发物含量四项。

半固化片的主要外观要求有表面应平整、无油污、无污迹、无外来杂质或其他缺陷、无破裂和过多的树脂粉末，但允许有微裂纹。半固化片一般要求与覆铜板基材在同一厂家生产。

5.3 印制电路板制造工艺

5.3.1 典型工艺流程

5.3.1.1 无金属化孔单面板典型制造工艺流程

单面板是指在基材上只有一面有导电图形，是制造工艺最简单的印制板。单面板典型制造工艺流程如图 5-2 所示。

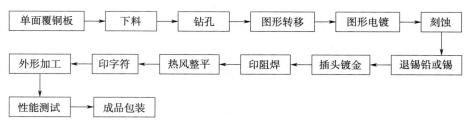

图 5-2 无金属化孔单面板制造的典型工艺流程

5.3.1.2 有金属化孔双面板典型制造工艺流程

有金属化孔的双面板是指双面有导电图形，两面相关联图形通过金属化孔连接。典型制造工艺流程如图 5-3 所示。

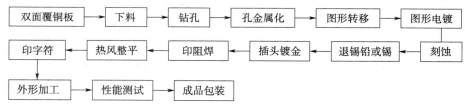

图 5-3 有金属化孔双面板制造的典型工艺流程

5.3.1.3 多层板典型制造工艺流程

常用多层印制电路板典型制造工艺流程如图 5-4 所示。

5.3.1.4 刚挠印制板典型制造工艺流程

刚挠印制板是由刚性基板和挠性基板有选择地层压在一起组成的，结构紧密，以金属化孔形成导电连接，每块刚挠印制板上有 1 个或多个刚性区和 1 个或多个挠性区。刚挠印制板与挠性印制板的主要区别在于刚挠印制板是在挠性印制板上再粘接 2 个或多个刚性外层，刚性层上的电路与挠性层上的电路通过金属化孔相互联通。刚挠印制板制造的典型工艺流程如图 5-5 所示。

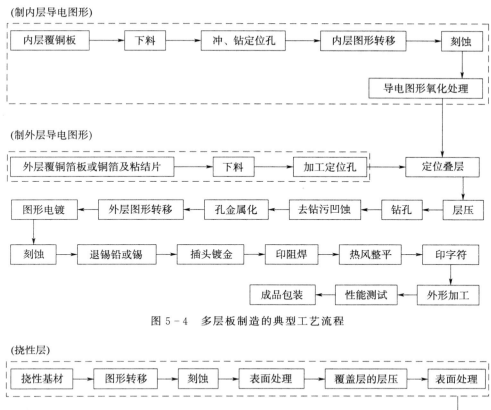

图 5-4　多层板制造的典型工艺流程

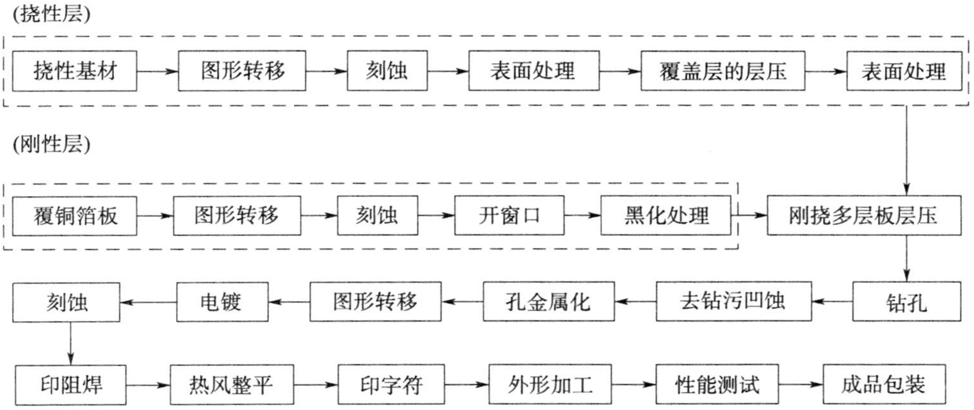

图 5-5　刚挠印制板制造的典型工艺流程

5.3.2　主要工艺技术

5.3.2.1　机械加工和数控钻孔技术

印制板的机械加工主要用于印制板坯料的下料、孔加工和外形加工，是印制板整个工艺程序中的重要步骤。印制板的孔和外形加工质量直接影响印制板的机械装配性能和电气连接性能，特别是印制板上各种用途的孔，如元件安装孔、导通孔、安装孔、定位孔、测试孔等，其加工质量还会影响后续的金属化孔质量、安装质量和整个印制板的质量和可靠性，所以机械加工是制造印制板重要的加工技术之一。

印制板机械加工根据加工基板的形状和部位可分为两大类。

（1）外形加工

外形加工有毛坯加工和精加工。毛坯加工一般采用剪、锯的方法。精加工是用于印制板成品的外形加工，包括板内的机械安装孔、槽、缺口等，加工方法有冲、铣等。批量大、尺寸精度要求高的印制板，多数是采用数控铣加工。

（2）孔加工

一般圆形孔加工方法有冲和钻两种，异形孔的加工方法有冲和铣等。孔机械加工又可以根据加工工具、工艺装备和加工手段分为一次冲孔、手工加工、数控加工。数控钻铣适用于高精度的印制板生产，设备及加工成本比较高。

数控钻孔能够满足高质量、高精度和高速度钻孔的要求，是目前广泛采用的机械钻孔方法之一。数控钻孔需要专用的印制板数控钻孔设备。

在印制板生产过程中，对钻孔工序有 3 方面要求，即孔位准确、孔内质量好、生产效率高。印制板上各种直径大小的孔都可以通过钻孔加工来实现，机械钻孔一般只能钻直径 $\phi 0.2$ mm 以上的孔，钻更小的孔需要采用激光钻孔技术。

5.3.2.2　孔金属化技术

双面板和多层板钻孔后孔内壁是不导电的，即各层间的导电图形不是互联的。通过化学镀铜后，在绝缘的孔壁镀上一层导电的化学镀铜层，然后再利用电镀铜的方法加厚铜层，使之达到要求的厚度（一般要求达到 25 μm）。孔金属化工艺的化学沉铜工序之后，表面需要电镀 5～8 μm 的金属铜以加厚金属化孔壁的厚度，也就是说，孔金属化是由化学镀铜和电镀铜两种工艺过程实现的。孔金属化的质量对印制板的影响至关重要，镀层的完整性和可靠性对电气连接的可靠性有着很重要的影响，尤其是对内层间的相互电气连接。

航天产品通常在潮湿、高温、低温、腐蚀性很强的气体环境中储存和使用，因此对沉铜质量要求很高。它必须有较好的韧性和延展性，在 100 次高低温循环后，孔电阻变化不大于 10%，这样才能满足航天产品的需要。目前最成熟、采用最多的，同时也是航天型号产品印制板使用的孔金属化是通过化学镀铜和电镀铜两种工艺过程实现的。

5.3.2.3　图形转移技术

图形转移是将照相底片上的电路图形转移到覆铜箔层压板上，即用抗蚀材料或抗电镀材料在覆铜箔层压板上形成比较精确的正（负）相图形，用刻蚀或电镀后再刻蚀的方法得到由铜箔构成的所需图像或者电镀锡铅合金层构成的所需图像。图形转移有 2 种方法，一种是光化学法，另一种是丝印法。光化学图形转移法采用的光致抗蚀剂显像分辨率高，制作的图形印制导线细、精度高，是制作高精度导电图形印制板工艺过程的重要工序。丝印图形转移法成本低，制造的导线精度比光化学法差，制作导线尺寸一般不小于 0.2 mm，适用于大批量的单面板和无金属化孔的双面板生产。

光化学图形转移用的感光材料有干膜和湿膜之分，不同类型材料的性能和光化学图形转移采用的工艺方法有很大区别。

5.3.2.4　电镀技术

印制板的电镀贯穿于印制板的生产全过程，通过不同的电镀工艺达到改善印制板的外观、可焊性、耐蚀性、耐磨性等性能要求。它涉及印制板的多道工序，电镀层品种也很多，其工艺方法也不尽相同。

（1）电镀铜

在印制板的生产过程中，两次涉及电镀铜，分别是在化学镀铜后电镀铜加厚和图形电镀的底镀层。化学镀铜层一般为 $0.5\sim2~\mu m$，必须经过电镀铜后才可进行下一步加工，电镀加厚铜是全板电镀，厚度为 $5\sim8~\mu m$。图形电镀以铜作为锡铅镀层、锡镀层和低应力镍镀层的底层，厚度为 $20\sim25~\mu m$。

随着印制线路板向高密度、高精度发展，对铜镀层的要求也越来越高。对铜镀层的基本要求是：铜镀层均匀、细致、平整、无麻点、无针孔，有良好外观的光亮或半光亮镀层。铜镀层与铜基体结合牢固，在镀后和后续工序的加工过程中不会出现起泡、起皮等现象。铜镀层应纯度高、导电性好、柔软性好，以保证在热风整平和波峰焊接时，不会因环氧树脂基材与铜镀层的热膨胀系数不同而导致铜镀层产生纵向断裂。

（2）电镀锡铅合金

印制板生产中的图形电镀锡铅镀层，当作为金属抗蚀层，也就是作为印制板碱性刻蚀的保护层时，镀层中铅的含量并不重要；当作为可焊性镀层时，要求可焊性好，用于保护焊盘可焊性，厚度 $7\sim11~\mu m$，刻蚀后需要热熔时，必须提供含锡 $60\%\sim63\%$ 的锡铅镀层。航天用印制板采用高分散能力的不光亮锡铅合金电镀，它能保证板面和金属化孔内镀层均匀一致。对镀层的质量要求是均匀、细致、半光亮。由于铜的氧化还原电位高于锡铅的电位，因而在印制导线表面的镀层，还可以对铜导线起电化学保护作用，防止铜的腐蚀，但是在焊接温度下该镀层会熔化流动，使镀层上的阻焊层起皱或脱落，所以只适合于不印阻焊膜的印制板。

（3）电镀金

印制板生产中的镀金层分为印制插头镀金和板面镀金两种。

在印制板有接触连接的部位，需要电镀镍金，用以提高接触点的耐磨性和抗氧化性，降低接触电阻等，俗称"金手指"。印制插头镀金适用于高稳定、高可靠的电接触连接，对镀层厚度、耐磨性、孔隙率均有要求。镀层厚度，当采用镍底层镀金时应不小于 $1.3~\mu m$，当采用无镍底层镀金时应不小于 $2.0~\mu m$。航天用印制板插头必须用镍打底酸性镀硬金，镀层质地细、硬度高、空隙小，提高抗蚀性能，以满足航天产品的需要。

板面镀金是 24 K 纯金，具有极好的导电性和可焊性。金镀层厚度一般为 $0.05\sim0.45~\mu m$。若作为锡焊的可焊性镀层，厚度必须薄，不能超过 $0.45~\mu m$；如果用于超声波冷压焊接，则厚度可小于 $0.1~\mu m$，但不能小于 $0.05~\mu m$；如果用于热压焊接，则厚度应大于 $0.8~\mu m$。板面镀金层以低应力镍或光亮镍为底层，镍镀层厚度一般为 $3\sim5~\mu m$，镍镀层作为中间层起着金、铜之间阻挡层的作用，可以阻止金、铜间的相互扩散和阻碍铜穿透到金表面；同时镍层还可起到砧垫作用，提高了金镀层的硬度。板面金镀层既是碱性刻蚀的保护层，也是印制板的最终表面镀层。

5.3.2.5　刻蚀技术

刻蚀是指在图形掩膜的保护下，以化学方式去除覆铜箔基板上不需要的铜箔部分，使其形成所需要的电路图形。刻蚀质量的好坏直接关系到印制板的质量优劣。所以，选择好刻蚀溶液、方法和设备是满足刻蚀要求的必要条件，特别是刻蚀液的功能和刻蚀方式是确保电路图形尺寸精度的关键。

电路图形上的抗蚀层有 2 种，一种是有机膜抗蚀层，另一种是金属镀层抗蚀层。在选择刻蚀液时，必须考虑与刻蚀液类型适合的抗蚀保护层，刻蚀速度快而且能容易地实现自动控制，刻蚀系数大、侧蚀小；刻蚀液能连续运转和再生，溶铜量要大、溶液寿命长、稳定性好；工艺条件范围宽，水洗性要好。此外还应考虑作业环境良好，铜容易回收再利用，污水处理容易。刻蚀分酸性刻蚀和碱性刻蚀两种。

（1）酸性刻蚀

适用于生产多层板的内层刻蚀，也适用于图形电镀金抗蚀层印制板的刻蚀，但不适用于锡铅合金和锡抗蚀剂。所采用的抗蚀剂是网印抗蚀印料、干膜、液体光致抗蚀剂等。其刻蚀速率容易控制，刻蚀液在稳定状态下能达到高的刻蚀质量、溶铜量大，刻蚀液容易再生与回收，减少污染。

（2）碱性刻蚀

有金属化孔的印制板采用金、锡铅、锡等金属抗蚀层，适合金属抗蚀层的刻蚀液种类随抗蚀金属的不同而异。金属层作为抗蚀层，可采用三氯化铁刻蚀液或碱性刻蚀液，锡铅合金、锡镀层适用于碱性刻蚀液。目前锡铅合金、锡等金属抗蚀层广泛采用氨碱性氯化铜刻蚀液。氨碱刻蚀液的刻蚀速率恒定，能连续进行刻蚀，溶液的再生补充可自动进行，刻蚀速度快，能满足高精度、高密度印制板要求。常规线宽（0.2 mm）的印制板刻蚀比较容易，细线条（≤0.2 mm）容易发生侧蚀。

5.3.2.6　热风整平技术

热风整平是将印制板浸入熔融的焊料（通常为 63Sn37Pb 的焊料）中，再通过热风将印制板的表面及金属化孔内的多余焊料吹掉，从而得到一个平滑、均匀又光亮的焊料涂层。热风整平工艺包括助焊剂涂覆，浸入熔融的焊料，当印制板从焊料中提取出来时利用热风吹去多余的焊料起到整平效果。热风整平的优点是在裸铜上直接涂覆阻焊剂，可以消除锡铅合金镀层上涂覆阻焊剂在波峰焊时所造成的阻焊层起皱现象。阻焊层起皱不仅影响外观，如果阻焊层被破坏，焊剂会残留在阻焊层下面，影响波峰焊接后的清洗效果，造成印制板在使用过程中漏电，且容易产生桥连现象而引起短路。

（1）热风整平前处理

热风整平前处理对热风整平的质量影响很大，目前热风整平前处理一般采用水平式的前处理机进行清洁处理，它通常包括清洁处理和微刻蚀处理，以便除去印制板上的油污、杂质或氧化层，露出新鲜可焊的铜表面。清洁处理通常使用酸性除油液去除指印或油污等。

（2）热风整平

①预涂助焊剂

将板子浸入助焊剂槽内，当取出时，过多的助焊剂被装在槽上方的橡皮刮板刮去。涂覆热风整平助焊剂应让助焊剂均匀涂覆到整个表面，特别是孔内也要保证全部涂覆。

②热风整平

热风整平工艺参数包括焊料温度、风刀温度、风刀压力、浸焊时间、提升速度。

热风整平质量要求为：所有焊料涂覆处的铅锡合金层应光亮均匀完整、无半润湿、无结瘤及露铜缺陷；阻焊膜不应有脱落、起泡或变色等现象；阻焊层下的铜不应氧化或变色；印制板表面以及孔内应洁净、无异物、不堵孔，非涂覆锡铅合金部位不应挂粘铅锡焊料。

5.3.2.7　丝印技术

非导电图形是与印制板导电图形相对应的不导电图形，它包括阻焊图形和字符标记图形两种，是需要涂覆阻焊层和印制字符标记必须的图形。涂覆阻焊图形和字符标记的技术称为丝印技术。

（1）阻焊图形

阻焊图形是与焊盘的位置相对应并与孔同心的实心圆盘，目的是防止焊接时焊料流到不该焊接的部位，保持焊点大小均匀一致，帮助提高焊点的质量，并保护印制板的电性能。直径应略大于焊盘直径 0.1～0.2 mm，但是最大不能包容邻近的印制导线。整个板上的焊盘直径尽量一致，保持整板的美观。

（2）字符标记

字符印料网印在印制板上，作为文字或标志用。此种印料要求印刷立体鲜明，耐溶剂性、附着性、电绝缘性及耐热性均优良。一般选用白色字符，字符通常情况下印在元件面，极少数印在焊接面，也有两面均印字的情况。

5.3.2.8　叠层和层压技术

层压是利用半固化片把各层线路薄板粘接成整体的一种手段，这种粘接是通过界面上大分子之间的相互扩散、渗透，进而产生交织来实现的。

（1）层压前的准备

①选定半固化片

半固化片选定的要点是决定树脂体系及玻璃布基的类型（FR-4 或其他类型），确定半固化片的特性指标并对选定材料进行验收。半固化片一定要按规定的条件存放；为降低挥发物含量，建议将半固化片置于真空柜中 2 h 以上；预先切割成需要的尺寸后再在现场使用。

②叠层

多层板在叠层前首先是定位，多层板的定位有销钉定位和无销钉定位两种。

销钉定位法分为两孔定位、一孔一槽定位、三孔或四孔定位及四槽孔定位。它的特点是产品合格率高、工艺容易控制，但操作复杂、工作效率低、成本高。无销钉定位法分为 X 射线打靶定位法、铆接定位法和熔合定位法。它的特点是无须多层定位设备，直接使用铜箔和粘接片，充分利用基材和设备，增加了层压机每个窗口中的压板数量，提高了生产效率。

　　叠层就是分别将内层板、半固化片、外层板（或铜箔）、离型纸（膜）、缓冲层、不锈钢隔离板等借助定位销钉，按照工艺要求放置在上、下热压模板之间。

　　（2）层压

　　首先是预压。多层板的层压质量要求是：半固化片不分层、不起泡；层压后不应显露布纹，露出纤维和白斑；层压后工件受热冲击时不应起泡、分层；内层图形相对位置和各层连接盘的同心度必须符合原设计要求；半固化片内不应夹杂异物（尘埃和外来物）。

　　多层板层压的全过程包括预压、全压和保压冷却三个阶段。其中有一段时间间隔是在较低的接触压力下，完成层压排气、树脂填充层间空隙和实现初期粘接等功能，这段时间间隔称为预压周期。正确掌握预压周期是多层板层压工艺的关键。

　　层压的参数，如温度和压力应根据半固化片的树脂体系和多层板的结构来决定。从压力出发，有一级和二级加压周期。一级加压周期控制较简单，常以低温或高温作为预压周期的出发点，采用低流动型或不流动型半固化片时选用这种压制周期。中流动型或高流动型半固化片常选用二级加压周期，即在压制过程中有低压和高压两阶段。低压阶段熔融成低黏度的树脂，润湿全部粘接面并填充间隙，逐出气泡以及逐步提高树脂的动态黏度。高压阶段彻底完成排泡、填隙以及保证厚度和最佳树脂含量的固化交联反应。压力的转移有低温转换和高温转换两种方式，低温转换就是当粘接片温升至 80～90 ℃时，将低压转换为高压。高温转换是当粘接片温升至 115～125 ℃时，由低压转换为高压。

　　压力的大小应以树脂能否填充层间间隙和填满孔并排尽层间气体和挥发物为基本原则，在此基础上调整树脂与玻璃布的比例，使其达到最大值。

5.3.2.9　黑化和棕化技术

　　为防止多层板受到高温热冲击时分层起泡和增加层间粘接力，多层板的内层粘接面必须进行表面处理。粘接面不仅应无油污和其他污染物，而且要对铜表面进行适当的粗化和氧化处理，以改善铜的表面状态，力求使粘接片对铜表面有较大的粘接力。

　　（1）表面洁净处理

　　内层印制板在刻蚀完成后，表面并不洁净，可能存在残膜和新的污染物。因此，层压工序前须进行机械的和（或）碱性化学的清洁处理，以保证粘接表面的洁净。

　　（2）化学微蚀或化学粗化

　　化学微蚀或化学粗化是为了获取更大的比表面积，给粘接创造条件。

　　（3）黑化或棕化（化学氧化）

　　黑化或棕化（化学氧化）是对铜表面进行氧化，使其表面生成一层氧化物（黑色或棕色），以进一步增加比表面，提高粘接力。

　　1）黑化是传统的化学氧化，是工艺流程中最关键的环节，是在碱性介质中使用强氧化剂，如硫酸钾等。在黑化处理中，黑化层有斑点或不均匀是最容易发生的弊病。

　　2）棕化是新型的化学氧化，是以表面处理技术的原理为基础的一种新型的多层板内层导电图形化学氧化法，目前应用越来越普遍。根据表面处理技术的理论，一是提高了粘接面的比表面积，二是形成了一层有机金属转化膜。通过棕化氧化处理后的铜表面利用物理及化学的作用来提高内层结合力，同时能保护膜本身的稳定性，防止铜导体进一步被腐蚀，保护导电图形，提高耐酸性，从而保证印制板多层板的质量和性能。

棕化过程是铜在一种酸性的介质中，表面被氧化成为氧化亚铜膜层，具有致密、完整、均匀（提供一致的粗糙度）等特点，为下一步有机金属转化膜的形成提供良好的物理结构。

5.4　印制电路板的检测

为保证航天产品用印制板质量的可靠性，必须对印制板生产的全过程进行质量控制。印制板生产必须处于受控状态，应重点从工艺性审查、原材料复验、生产工艺编制和工序检验点设置进行控制。在生产过程中，主要检验点应包括照相、钻孔、孔金属化、图形转移、图形电镀、刻蚀、氧化、层压、印制插头镀金、热风整平、阻焊膜、字符、机械加工等。

5.4.1　印制电路板的检测

航天印制电路板的检测项目是印制板每个批次产品均需完成的检验项目，根据板型的不同应分别涵盖航天标准中的相应逐批检验项目。此外，印制板应符合布设总图要求，成品合格证和检测报告等质量证明文件应符合客户要求。印制电路板经逐批检验合格后，才能用于航天型号产品。

检测项目是印制电路板生产中的常规检验项目，检验要求和方法应满足表 5-3 中的相关要求。

表 5-3　检测项目

序号	检验项目	检测要求（QJ 201B）	检测要求（QJ 831B）	检测方法（QJ 519A）	检测方法（QJ 832B）	抽样方案
1	外观	3.5	3.4	5.1	5.1	100%
2	基本尺寸和特征	3.5	3.5	5.1	5.1	方案 H
3	修复	3.11	3.12	5.1.2	5.1.2	100%
4	翘曲度	3.6.1	3.7.1	5.3.1	5.3.1	方案 H
5	镀层附着力	3.6.4	3.7.4	5.3.4	5.3.4	方案 H 或 J
6	表面可焊性	3.6.6.1	3.7.6.1	5.3.6	5.3.6	方案 H 或 J
7	镀覆孔可焊性	3.6.6.2	3.7.6.2	5.3.7	5.3.7	1 件
8	阻焊膜固化剂附着力	3.6.7	3.7.7	5.3.8	5.3.8	方案 J
9	热应力	3.6.8	3.7.8	5.3.9	5.3.9	1 件
10	耐热油性	3.6.9	3.7.9	5.6.3	5.6.3	1 件
11	电路导通性	3.9.3 3.9.4	3.10.3 3.10.4	5.6.4	5.6.4	100%

续表

序号	检验项目	检测要求（QJ 201B）	检测要求（QJ 831B）	检测方法（QJ 519A）	检测方法（QJ 832B）	抽样方案
12	镀覆孔（金属化孔）电阻	3.9.5	3.10.5	5.6.5	5.6.5	100%
13	互联电阻	3.9.6.1	3.10.6.1	5.6.6	5.6.6	方案J
14	特性阻抗	3.9.7	3.10.7	5.6.7	5.6.7	100%
15	验证要求	检查生产厂家合格证及检测报告				100%

　　印制电路板在进行项目检验时，如果产品件数少于抽样数量时，则应进行全部检验，当产品件数大于抽样数量时，应按表 5-3 的抽样方案，根据表 5-4 抽样方案对照表中的相应序列数量进行检测。

表 5-4　抽样方案对照表

批量	样品数						
	序列 A	序列 D	序列 F	序列 H	序列 J	序列 L	序列 N
1～8	全部	全部	全部	5	3	2	1
9～15	全部	全部	13	5	3	2	1
16～25	全部	全部	13	5	3	2	1
26～50	全部	32	13	5	5	3	1
51～90	50	32	13	7	6	4	2
91～150	50	32	13	11	7	5	2
151～280	50	32	20	13	10	6	2
281～500	50	48	29	16	11	7	3
501～1 200	75	73	34	19	15	8	4
1 201～3 200	116	73	42	23	18	9	5

　　当成品印制电路板能够全部符合逐批检验项目中的要求时，应判定产品全部合格。当有个别产品不合格时，应返厂进行维修或更换。当发现多件产品有同样质量缺陷时，应返厂进行批次确认，当确认缺陷不对印制电路板可靠性造成影响时，可进行让步接收，但应取得生产厂家的书面说明，对风险进行评估后办理相关接收手续，并在验收报告中进行注明。对返厂的印制电路板，在重新验收时，抽样方案应加严（一般应为原抽样方案样品数的 2 倍），只有产品全部合格后才能接收。对存在可靠性缺陷的产品，不允许接收。

5.4.1.1　外观

（1）基本要求

　　随着印制板制造水平和要求的不断提高，对印制板的外观质量要求日趋严格。印制板的板面应平整，无起泡和分层，边缘应整齐光滑，无碎裂和毛刺，钻孔周围应无晕圈；表层基材表面的脱胶程度允许见到由树脂覆盖的纤维纹理，但不应露出织物；各层图形不失真，印制导线表面应光洁、色泽均匀，无翘箔、鼓涨和明显的划痕，划痕深度不应使导体截面积减少到 QJ 3103 中规定的通过最低电流时的截面积；表面涂层应光亮均匀，不起皮、鼓泡，无结瘤、烧焦现象；阻焊膜表面应光滑、平整，色泽一致，无漏印、划伤、脱落，无明显针孔和气泡，阻焊图形应无明显偏移。

图形区中各层任意 10 cm×10 cm 面积内或同一根印制导线上存在的针孔数量应不大于 1 个，且印制导线上针孔最大直径应符合表 5-5 中的规定。印制板表层上所有字符、标志应清晰可辨，做抗剥试验时不应有字符和标志被粘起。

表 5-5　印制导线上针孔最大直径

印制导线宽度 A/mm	针孔最大直径/mm
0.10≤A<0.30	≤0.02
0.30≤A<0.50	≤0.04
0.50≤A<0.75	≤0.10
0.75≤A≤2.00	≤0.20
A>2.00	≤0.30

（2）检测方法

外观检测一般是在 400～500 lx 的照明条件下，用透光或上面光照明，用裸眼观察或借助于 5 倍的放大镜观察基材和导线阻焊膜上的表面缺陷、字符及修复等外观质量。对于不同布线密度的多层板，可按表 5-6 选择放大工具检验。

表 5-6　外形检验工具

导线宽度/间距	验收检验放大工具的倍率	仲裁检验放大工具的倍率
≥0.25 mm	5	10
<0.25 mm	10	30

抗剥试验是将胶带贴附在印制板的字符上，并用手指反复赶压排出气泡，放置 10 s 后，拉起胶带的一端，以与板表面成 90°角的力迅速将胶带拉起，不应有字符和标志脱落或被粘起。

5.4.1.2　基本尺寸和特征

（1）基本要求

①外形机加尺寸要求

印制板检验的基本尺寸和特征包括印制电路板的外形机加尺寸和图形基本尺寸要求。

外形机加尺寸中，印制电路板的厚度公差应符合布设总图或设计文件要求，当无具体要求时，单、双面和多层印制电路板的厚度公差应为板材厚度的±10%，带有连接插头的印制电路板厚度公差应为±0.1 mm。其他外形机加尺寸公差也应符合图纸或设计文件中规定的要求，当图纸或设计文件未特殊标注尺寸公差时，可按国标中 IT14 或 m 级公差执行，印制电路板的外形尺寸一般应选用负偏差。

印制电路板上有很多特殊的安装孔，如沉孔、盲孔、椭圆孔等。沉孔要检验沉孔角度，一般为 90°；盲孔要检验锪孔的深度。沉孔和盲孔的孔壁无基材分层，且光滑平整，孔径口边缘应无毛刺与翻起。安装孔与安装孔、安装孔边缘与印制电路板边缘之间的最小间距应大于板材的厚度，元器件孔和安装孔一般应选取正偏差。

印制电路板图纸中无特殊要求时，为了避免锋利的板边会划伤手或不易放入机箱，可对印制电路板的板边进行导边，导边一般为 45°，不大于 0.5 mm。

为避免印制电路板的直角在运输途中划破真空包装材料或碰伤，同时为了便于安装，在图纸或设计文件未规定时，允许印制电路板的 4 个角为圆角，圆角尺寸应不大于 R1.0 mm。

②图形基本尺寸要求

图形基本尺寸是印制板验收中的重要检验项目，它主要包括对基材、导电图形和阻焊膜的要求。

印制板基材的缺陷主要包括基材边缘、基材表面和基材内的缺陷。印制板基材边缘的缺陷应不大于图纸规定边距的 50% 或 2.5 mm，当无边距要求时，应不大于 2.5 mm；当基材缺陷在印制板表面时，玻璃布增强材料应未被切断，且不露织物；当缺陷位于印制板内部时，缺陷应不大于导体间距的 1/4，缺陷距离导电图形的最小间距应大于 0.25 mm，且经过模拟返工、热应力或温度冲击试验后缺陷不扩大。

内层的变色或斑点可以接收，但其面积应不超过该层导体总面积的 10%。印制板上不允许有金属多余物，多余物应是半透明的，距最近导体的间距应不小于 0.25 mm，当多余物在导线间时，应不使导线间距减小到规定间距的 50%，电路区内多余物的最大尺寸应不大于 0.80 mm。

印制板导电图形主要包括线宽、线间距、焊盘环宽、导电图形等，印制板上内、外层的所有导线宽度均应不小于 0.10 mm，在导线宽度方向上，缺陷的大小应不大于导线宽度的 20%。印制板外层导线最小间距应不小于 0.13 mm，内层导线最小间距应不小于 0.10 mm，缺陷导致的导线间距减小应不大于 10%。

非支撑孔的最小环宽应大于 0.15 mm，焊盘与导线连接处的最小环宽应不小于 0.38 mm；金属化孔焊盘的最小环宽应大于 0.05 mm，焊盘与导线连接处的最小环宽应不小于 0.13 mm，如图 5-6 所示。

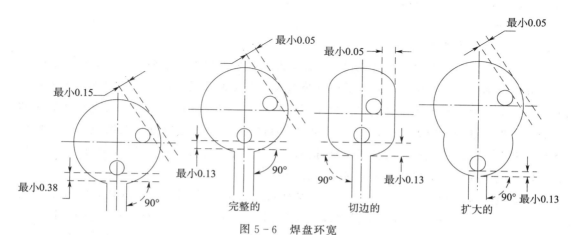

图 5-6　焊盘环宽

导电图形上任何缺陷应不大于导线宽度的 20%，且缺陷的长度应不大于 12.70 mm 或印制导线长度的 10%，一般选较小者，如图 5-7 所示。

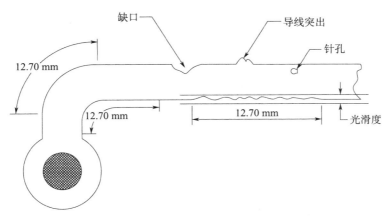

图 5-7　线条缺陷

印制板表面的涂覆层一般包括镀铜层、镍层、金层和铅锡合金层，导电图形表面镀铜层和金属化孔孔壁镀铜层的平均最小厚度应为 25 μm，最薄处应不小于 20 μm；印制板插头簧片镀金层厚度，当采用镍底层镀金时应不小于 1.3 μm，当采用无镍底层镀金时应不小于 2.0 μm；焊盘上金镀层厚度不大于 0.45 μm（薄金）；导电图形表面镀锡铅合金层或锡合金层的厚度应为 7~11 μm；热风整平的焊料涂层应完全覆盖焊盘，且完全湿润，导体不裸露。

印制板上的焊盘包括通孔安装盘和表贴安装盘。通孔安装盘的焊接区应无污染，焊盘环宽的 90% 以内不应有结瘤、麻点、凹坑、凹陷等缺陷。矩形焊盘的中心长与宽的 80% 以内区域是无污染、无缺陷的洁净区（如图 5-8 所示），在洁净区以外可有不多于 3 处的结瘤、麻点、凹坑、凹陷等缺陷，在焊盘上允许有轻微可视的电测试压痕。圆形焊盘沿边缘诸如缺口、凹痕及针孔等缺陷，不应向焊盘中心径向延伸超过焊盘直径的 10%，且不应超过焊盘圆周的 20%；在焊盘直径 80% 以内的区域为洁净区，应无污染和缺陷存在；在焊盘上可有轻微可视的电测试压痕。

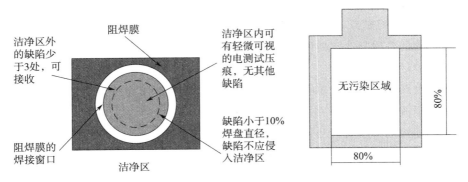

图 5-8　洁净区示意图

阻焊膜厚度要求如图 5-9 所示，A 处最厚，应不大于 0.1 mm；B 处应不小于 0.015 mm；C 处最薄，但应覆盖导体，且不导电。

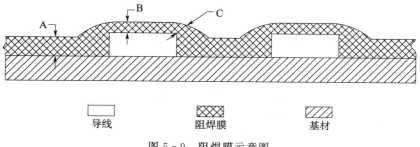

图 5-9　阻焊膜示意图

成品印制电路板上印制插头接触片与插座簧片的位置偏差应符合布设总图规定，与插座最大偏移应小于接触片设计宽度的四分之一，插头两面对应簧片的位置应无明显错位。

（2）检测方法

①机械尺寸检测方法

印制电路板板厚的测量应根据图纸或设计文件，采用精度为 0.001 mm 的千分尺，测量应分别选取印制电路板的 4 个角，测量必须包含铜层，但不能包括阻焊层或铅锡涂覆层。

印制电路板其他外形尺寸的测量应根据图纸或设计文件，用精度不低于 0.02 mm 的卡尺进行测量。

对较小金属化孔孔径的测量一般采用专用的、分度不低于 0.05 mm 的针规进行；当孔径大于 2.0 mm 时，一般采用精度不低于 0.02 mm 的卡尺进行测量。

对于特殊尺寸的测量，角度测量时应借助角度规进行，对特殊孔、倒角可利用卡尺进行测量；圆角可以用 R 规进行测量。

②图形基本尺寸检测方法

可通过裸眼或借助放大镜对印制电路板成品板的基材边缘、表面布纹、划痕、凹坑、麻点、压痕、外来杂物，内部的起泡、分层、白斑、裂纹和外来杂物等进行外观检查。

导线宽度和导线间距测量时，应在待测试样上任取 3 条导线（或间距），在每条导线（或间距）上取 3 个测量点，用精度为 0.01 mm 的读数显微镜或其他符合精度要求的量具，测量所选择的各段导线（或间距）的宽度，然后取其算术平均值（个别突出或凹陷部位的测量值不应计入）。

外层连接盘环宽，应从镀覆孔（金属化孔）或非支撑孔的内侧表面到连接盘外层环的外缘，用精度不低于 0.01 mm 的读数显微镜测量。

层间重合度检测时，对 6 层以下的多层板，在外层环宽符合标准要求的情况下，从板的一侧或另一侧，利用透光或上面光照明的方法，观察内层连接盘与内层连接盘、内层连接盘与外层连接盘是否存在明显的错位来检查重合度；如果层数超过 6 层、内层有大面积接地（或电源层）或用 10 倍放大镜观察不到内层连接盘时，可以采用专用的 X 射线检测系统观察或采用显微剖切的方法。

镀覆层厚度的破坏性测量适用于在成品板中抽样或用附连测试板进行仲裁检验和较厚镀层的检验，按显微剖切方法，对样品显微剖切后的金相图放大 200 倍，用精度为 0.02 mm 的计量器具测量。X 射线厚度测量仪是非破坏性测量设备，适用于成品板较薄镀层的测量。仲裁检验应采用显微剖切的方法。

锡铅镀层或锡镀层厚度应在热熔前在印制板上不同部位（一般在 4 个象限及中间位置上）至少测量 5 处；金镀层厚度应在不同的印制插头接触片、触点或焊盘上至少测量 3 处；铜层厚度应在退除铜表面上的其他镀层后，在板的对角线方向从板边到板中心均匀选择 3 处以上进行测量。

焊接连接盘检查可利用裸眼和 10 倍放大镜对通孔焊盘、圆形或矩形表贴焊盘表面缺陷进行检查，必要时可用 40 倍以下的放大镜进行检查。

印制插头接触片位移可通过目视检查插头两侧簧片是否有明显偏移，当有偏差时应采用精度为 0.02 mm 的游标卡尺进行测量，印制插头接触片与插座应进行配插，观察插头簧片与插座簧片的接触情况，不应有明显的位置偏差。

阻焊膜的厚度可采用涂覆层厚度测试仪进行测量，对未涂覆阻焊层的印制板可采用千分尺，分别测量未涂覆前金属层和涂覆后金属层与涂覆层的厚度总和，当进行仲裁时应选取显微剖切的方法测量阻焊膜厚度，结果应符合 QJ 831B 中对阻焊膜厚度的要求。

阻焊膜的重合度是指阻焊膜窗口与焊盘的位置偏移程度，当布设总图的阻焊窗口大于或等于焊盘尺寸时，应采用精度为 0.02 mm 的读数放大镜或其他适当的计量器具，测量从暴露的焊盘边缘到阻焊窗口边缘的最大距离 R_2，该距离减去布设总图规定的阻焊窗口与焊盘边缘的间隙 R_1，即为阻焊膜的实际偏移量；当布设总图的阻焊窗口小于焊盘尺寸时，如阻焊膜限定的球栅阵列器件（BGA）焊盘，则测量被覆盖的焊盘边缘到阻焊窗口边缘的最大覆盖距离 R_2，该距离尺寸减去布设总图规定的阻焊窗口与焊盘边缘的覆盖值 R_1，即为阻焊膜的实际偏移值，如图 5 - 10 所示。

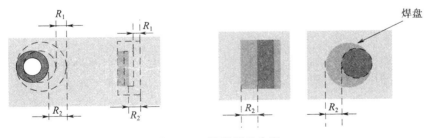

图 5 - 10　阻焊膜重合度

阻焊膜的覆盖度可通过裸眼或借助放大镜进行检查。

5.4.1.3　翘曲度（弓曲和扭曲）

（1）基本要求

印制电路板在制作过程中因受基材玻璃纤维经纬分布、层压应力和铜箔分布等多重因素影响，成品印制电路板会存在翘曲变形，翘曲变形可分为弓曲和扭曲变形。印制电路板表面有陶瓷封装芯片器件时翘曲度应不大于 0.5%，有表贴安装器件或混合安装器件时翘曲度应不大于 0.75%，其他印制电路板应不大于 1.5%。在无明确要求时，翘曲度一般应不大于 0.75%。

（2）检测方法

如果是弓曲，将待测印制板的凹面向下放于平台上，先用精度为 0.5 mm 的直尺，测量出被测印制板的弓曲边长度（L），用精度为 0.02 mm 的游标高度尺或其他能保证精度的量具，测量印制板上部与平台之间的最大距离，如图 5-11（a）所示，再减去印制板的厚度，即为该印制板的翘曲高度（h）。

如果是扭曲，应将多层板的凹面向下，3 个角落于平台上，先用精度为 0.5 mm 的直尺测量出被测多层板的对角线长度（L），再用精度为 0.02 mm 的游标高度尺或其他能保证精度的量具，测量多层板翘曲的最大高度（h），如图 5-11（b）所示。

翘曲度计算公式

$$q = \frac{h}{L} \times 100\% \tag{5-1}$$

式中　q——翘曲度，无量纲；

　　　h——印制板翘曲高度，单位为毫米（mm）；

　　　L——印制板对角线长度（弓曲时为弓曲的边长度），单位为毫米（mm）。

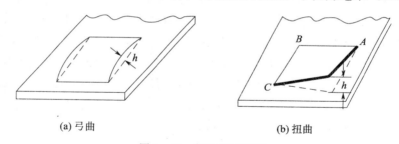

(a) 弓曲　　　　　　　　　　(b) 扭曲

图 5-11　翘曲度示意图

5.4.1.4　镀层附着力

（1）基本要求

印制电路板导电图形表面镀层附着力利用胶带法，选取剥力为 2.5～3.5 N/cm 的聚酯压敏胶带（如 3 M 的 600 号胶带）时，在测试胶带胶面上不应有粘下的镀层金属（电镀层增宽除外），镀层表面不应有起皮现象。

（2）检测方法

镀层附着力的检测是利用胶带法进行，在正常测试条件下，用无水乙醇将待测样品镀层表面清洗干净，自然晾干或在（85±5）℃下烘干。被测面积应不少于 10 mm²。选取剥力为 2.5～3.5 N/cm 的聚酯压敏胶带（如 3 M 的 600 号胶带）或其他同等胶带，用手指将胶带压到试样的待测金属镀层上，并用手指反复赶压排出气泡，放置 10 s 后，拉起胶带的一端，以与板面成 90°角的力迅速将胶带拉起，观察胶带上是否有镀层被粘起（电镀增宽层除外），试样上是否有镀层鼓泡、起皮现象。

　　每块板应测 3 个不同部位，当有印制插头时，应在印制插头的接触片上至少测 1 次。每次测试都应更换新胶带。镀层增宽（悬挂层）的金属脱落，不属于镀层附着力失效。

5.4.1.5　表面可焊性

（1）基本方法

　　试样表面应至少有 95% 的面积润湿，其余可出现小针孔、半润湿（如图 5 - 12 所示）等轻微缺陷，且这些缺陷不应集中在一个区域。

图 5 - 12　焊盘不润湿

（2）检测方法

　　表面镀层可焊性测试时先将试样浸入配置好的助焊剂中停留 5～10 s，再将试样取出垂直滴流 60 s，并将助焊剂吸干，然后放在可焊性测试仪的夹具上，调整焊接时间为规定的时间（3.0±0.3）s，温度为（232±5）℃，浸入速度为（25.0±2.0）mm/s。在吸干助焊剂后 5 min 之内进行试样焊接，在一次焊接后取出试样，冷却后观察焊料对镀层的表面润湿状态。试验的设备采用能控制锡槽温度、浸焊时间和浸入速度的摆动浸焊式或浮焊式可焊性测试仪。

5.4.1.6　镀覆孔（金属化孔）可焊性

（1）基本要求

　　镀覆孔的所有孔壁应完全润湿，不应有不润湿或露基底金属的现象；所有孔径不大于 1.5 mm 的金属化孔，在焊料冷却后孔中皆应充满焊料；孔径大于 1.5 mm 的金属化孔，孔内可未充满焊料。通孔的焊料皆应攀升至孔口处，并应延伸到孔口连接盘上，当板厚大于 3.0 mm 时，试验后可以不攀升到孔口，但焊料与孔壁的接触角应小于 90°；孔径比大于 5 的印制板，金属化孔的可焊性要求应由供需双方商定。

（2）检测方法

　　镀覆孔可焊性应使用专用的可焊性测试仪或者采用 50 W 温控电烙铁，其头部温度为（232±5）℃，用 HL - Sn63Pb 焊料和 R 型助焊剂，按规定的焊接时间手工焊接，应使焊料沿孔壁爬升，焊后冷却至室温，观察孔内的焊料润湿状态。

5.4.1.7　阻焊膜固化及附着力

（1）基本要求

阻焊膜应光滑平整、坚硬、颜色均匀一致，表面无流痕、渗透、手印等缺陷，图形区域无漏印、跳印、脱落、污染和多余物，图形的铜表面上无氧化点，阻焊膜无分层、起泡现象。

在间距小于 0.5 mm 的平行导线区域，阻焊膜缺陷不应使导线裸露；暴露的导体不应是裸铜；用阻焊剂掩盖或填充的导通孔不应裸露；阻焊膜在镍金层起泡或起翘面积应小于总面积的 5%，在熔融金属上起泡或起翘面积应小于总面积的 10%。

阻焊膜偏移不应使外层环宽减小到规定的最小值；阻焊膜不应进入元件孔或表贴盘的表面上（如图 5-13 所示）；长方形表贴盘当宽度大于 1.27 mm 时，阻焊膜可侵入不超过0.050 mm；小于 1.27 mm 时，阻焊膜可侵入不超过 0.025 mm。球栅阵列阻焊膜限定焊盘允许有不大于 90°的阻焊膜破盘；铜箔限定的焊盘阻焊膜不应侵入焊盘；如果规定了阻焊坝，则该坝应覆盖在导体到导通孔的位置上。

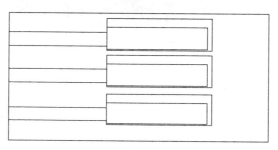

图 5-13　阻焊偏移

（2）检测方法

选取 25 mm×25 mm 面积，采用专用十字线切割器（由 6 个平行且间距为 2 mm 的阻焊膜专用切割刀具组成）或锋利的切割刀及钢板尺，在选定的位置垂直交叉切割阻焊膜成为 2 mm×2 mm 的方格（要切透阻焊膜），用软毛刷轻轻刷去切割下的阻焊膜粉尘颗粒，将规定的压敏胶带贴附在阻焊膜上，垂直于板面将胶带迅速拉起（每次测试用新胶带），检查阻焊膜是否有剥离或起翘。

5.4.1.8　热应力

（1）基本要求

将印制电路板放入温度（288±5）℃的熔融焊料中，浸焊 10～11 s 后，不应出现分层、起泡或破坏，35 μm 以上表层铜箔印制导线对基板的剥离强度应不小于 1.2 N/mm，18 μm以上表层铜箔印制导线对基板的剥离强度应不小于 1.0 N/mm。

（2）检测方法

试验前应把试样在 120～140 ℃条件下烘干处理 6 h，除去湿气，然后将试样放在干燥器的陶瓷平板上，冷却至室温，取出后及时涂上 RMA 型助焊剂，在（288±5）℃的

HL - Sn60Pb（或 HL - Sn62Pb、HL - Sn63Pb）熔融焊料中保持 10^{+1}_{0} s，试样的背面与焊料液位于同一平面，浸焊后把试样放在绝缘板上冷却至室温，检验基材上有无分层、起泡等缺陷，并检验剥离强度。

5.4.1.9　耐热油性

（1）基本要求

有铅焊接用印制电路板在温度 260^{+5}_{0} ℃的热油中浸泡 10 s 后，不应出现分层、起泡、白斑、沙眼或破坏；其浸泡后的互联电阻变化值应不大于浸泡前的 10%。无铅焊接用印制电路板在温度 260^{+5}_{0} ℃的热油中浸泡 20 s 后，不应出现分层、起泡、白斑、砂眼或破坏；其浸泡后的互联电阻变化值应不大于浸泡前的 10%。

（2）检测方法

试验前应把试样在 120～140 ℃条件下烘干处理 6 h，除去湿气，然后将试样放在干燥器的陶瓷平板上，冷却至室温，放入 260 ℃的热油中，对于采用无铅焊接的印制板浸 20 s，对于采用有铅焊接的印制板浸 10 s，取出冷却后清洗干净，目视检验有无分层、起泡、白斑或破坏，并进行显微剖切和互联电阻检查。

5.4.1.10　电路导通性

（1）基本要求

进行电路导通性手工测试时，测试电压应不小于 200 V，加电时间应不小于 5 s。自动测试时，一般选用飞针测试仪进行实际测试，测试电压应不低于 60 V，一般应为布设总图规定电压值的 2 倍。开路判定电阻值最大不超过 10 Ω，大于 10 Ω 视为开路；短路判定电阻值应不低于 2 MΩ，低于 2 MΩ 视为短路。

（2）检测方法

电路导通性测试可手工测量，也可采用专用仪器。手工测量时，在试样上不同宽度的每条导线或导线组终端施加电流，在该电流下相应显示出的互联电阻大于规定值则为开路。在相互绝缘的相邻导电图形之间，施加不低于 200 V 电压值，加压时间为 5 s，在该电压下绝缘电阻小于规定值则为短路。如果采用通断测试仪自动测试，按 QJ 2776 规定进行。

5.4.1.11　镀覆孔（金属化孔）电阻

（1）基本要求

印制电路板镀覆孔（金属化孔）的孔电阻值应采用四端电阻法进行测试，当印制电路板孔径大于等于 0.6 mm 时，镀覆孔（金属化孔）的孔电阻应符合表 5 - 7 规定，表 5 - 7中没有的孔径应按 QJ 832B 中公式（9）换算出阻值。

表 5 - 7　金属化孔电阻值

板厚	孔径			
	0.8 mm	0.9 mm	1.0 mm	1.2 mm
1.6 mm	≤500 μΩ	≤450 μΩ	≤400 μΩ	≤350 μΩ
2.0 mm	≤660 μΩ	≤590 μΩ	≤530 μΩ	≤450 μΩ

孔径为 0.6 mm 以下或板厚与孔径之比大于 6∶1 的镀覆孔应按 QJ 832B—2011 规定的四端接线法进行 100％测试，孔电阻值应不大于孔壁厚度（25 μm）时按 QJ 832B 中公式（9）换算出的电阻值。

（2）检测方法

镀覆孔电阻应在成品板或在印制板上进行检验，测试孔应在板的对角线方向不同位置上选取 10 个以上孔。测量时，应先按仪器的使用说明书调整好仪器，将待测孔对准上探头，搬动手柄压下探头，直接由仪器显示器上读出孔电阻值。当采用四端接线探头系统测量时，将上、下探针压在被测孔两端，压力为 1 N 左右，测量孔壁两端的电阻值。

5.4.1.12　互联电阻

（1）基本要求

印制电路板的互联电阻是指独立网络的线电阻，线电阻是由印制导电图形的导线电阻和独立网络中各个金属化孔的孔电阻叠加而成。分别选取网络两端的独立焊盘作为测试点，该两点间的互联电阻值应小于连接导体标称电阻的 120％与相应的镀覆孔（金属化孔）电阻之和。

（2）检测方法

测量时选用能满足电阻测量范围的低电阻测试仪，测量范围应根据被测互联导线的长度选择微欧级、毫欧级或欧姆级量程，采用可移动式四端探头，测量接触压力为 1 N 左右，测量的孔、线应包括 2 个以上镀覆孔。标称电阻包括导线电阻、孔电阻、导线和接触电阻。

5.4.1.13　特性阻抗

（1）基本要求

当客户对印制板的局部线路有特性阻抗要求时，应采用时域反射计（Time Domain Reflectometer，TDR）或印制电路板专用特性阻抗测试仪进行测试，测试的阻抗值应满足客户的数值要求。

（2）检测方法

特性阻抗测试应在专门设计的具有一定阻抗图形的附连测试板或在成品板中设计指定的电路上进行，采用测量精度优于 5％的时域反射计或印制板专用特性阻抗测试仪，测量导线或导线网络的阻抗值。

5.4.1.14　修复

（1）基本要求

印制电路板的裸板应未进行过修复，即成品印制电路板应未进行过功能性修复。阻焊膜允许进行修复，但应满足客户的要求。局部修复，需经双方协商一致后，应按原工艺，采用原材料，进行适当的修复。

（2）检测方法

通过裸眼或借助放大镜对成品印制电路板的表面进行检查，对局部可用 40 倍以内的放大镜进行检查。

5.4.1.15　验证要求

（1）基本要求

合格证应填写准确，签章应符合要求，报告中的数据应准确，符合相关标准要求，各项签署应符合要求，完整有效。

（2）检测方法

在完成印制电路板的逐批检验后，应对报告和合格证中的项目数据进行检查，报告项目应能够覆盖 QJ 831B 和 QJ 201B 中的全部逐批检验项目，并满足客户的特殊需求，检测数据应符合标准要求。

5.4.2　印制电路板的试验

为了能够满足航天产品的特殊使用环境和条件要求，保证印制电路板的高可靠性，航天产品不仅要满足逐批检验项目要求，还应满足周期试验项目要求。

周期试验项目是考核印制电路板可靠性和寿命以及制造工艺稳定性的试验，印制电路板生产厂家在不改变材料和工艺的情况下，应每隔 5 个月进行一次，改变材料和工艺的情况下应随时进行相关项目检测。

周期试验主要包括 12 个项目，周期试验项目应根据产品使用特点和客户的实际需要确定检验项目。周期试验项目可在表 5 - 8 的项目中进行选定，也可根据双方实际需要协商确定，周期试验项目见表 5 - 8。

表 5 - 8　周期试验项目

序号	检验项目	检测要求（QJ 201B）	检测要求（QJ 831B）	检测方法（QJ 519A）	检测方法（QJ 832B）
1	表面导体剥离强度	3.6.2	3.7.2	3.5.2	5.3.2
2	非支撑孔焊盘拉脱强度	3.6.3.1	3.7.3.1	5.3.3.1	5.3.3.1
3	表面贴装焊盘拉脱强度	3.6.3.2	3.7.3.2	5.3.3.2	5.3.3.2
4	模拟返工	3.6.5	3.7.5	5.3.5	5.3.5
5	吸湿性	3.6.10	3.7.10	5.3.10	5.3.10
6	耐溶剂性	3.7.2	3.8.2	5.4.2	5.4.2
7	铜镀层特性	3.8	3.9	5.5	5.5
8	绝缘电阻	3.9.1	3.10.1	5.6.1	5.6.1
9	抗电强度（介质耐电压）	3.9.2	3.10.2	5.6.2	5.6.2
10	互联电阻	3.9.6.2	3.10.6.2	5.6.6	5.6.6
11	耐负荷振动	3.10.1	3.11.1	5.7	5.7
12	耐负荷冲击	3.10.2	3.11.2	5.7	5.7

客户应定期对周期试验项目检测报告进行检查，存在由于周期试验项目失效造成的检测项目不合格时，应针对失效机理进行分析，属批次性问题的该批产品应拒收，属个例的应加严抽样方案，进行重点验收，如发现同样问题，应批次性拒收。

5.4.2.1　表面导体剥离强度

（1）基本要求

在正常测试条件下，印制导体对基板的剥离强度，35 μm 以上铜箔应不小于 1.4 N/mm，18 μm 铜箔应不小于 1.1 N/mm。在温度（-65 ± 2）℃下放置 6 h；在温度（125 ± 2）℃下放置 16 h；在交变湿热条件下放置 48 h，连续依次放置后，印制导体对基板的剥离强度，35 μm 以上铜箔应不小于 1.2 N/mm，18 μm 铜箔应不小于 1.0 N/mm。

（2）检测方法

用小刀将试样上铜箔一端从基板上剥离 20 mm，将剥离的铜箔一端固定在拉力试验机夹头上，开动拉力试验机，以 50 mm/min 的恒定速度在与基板垂直方向施力，至少将铜箔剥离基板 25 mm。以剥离铜箔时的最小指示值为试样的剥离力，剥离强度计算公式为

$$P_b = L_m/W_s \tag{5-2}$$

式中　P_b——剥离强度，单位为牛每毫米（N/mm）；

　　　L_m——剥离力（剥离铜箔时的最小拉力），单位为牛（N）；

　　　W_s——被测线宽，单位为毫米（mm）。

5.4.2.2　焊盘（连接盘）拉脱强度（粘合强度）

（1）基本要求

在经过焊接、解焊五次循环后，非支撑孔焊盘拉脱强度应不小于 14 N/mm²。

（2）检测方法

按表 5-9 配好焊接和拉脱用的镀锡铅合金导线或裸铜导线（约 150 mm 长）。

表 5-9　铜线和孔径配比表

焊盘直径/mm	孔径/mm	导线直径/mm
2	0.8	0.6～0.7
4	1.6	1.4～1.5

将导线插入孔中，使之位于孔中心，不应弯曲，并在多层板的背面稍有突出。用 50 W 温控电烙铁手工焊接到焊盘上，焊接和解焊循环 5 次，焊接和解焊时温度为 232～260 ℃。每个焊接循环都应更换新导线，并且待到焊盘冷却至室温后，再进行下一次焊接，每次焊接或解焊时间为 3～5 s，可以采用 RMA 型助焊剂，焊后的焊面应覆盖整个焊盘。

用拉力试验机的夹具夹住导线，固定住试样，以速度为 50 mm/min 的垂直力拉导线，直至把焊盘从基材上拉脱，取拉脱时所需的最小拉力为拉脱力。焊盘拉脱强度计算公式

$$P_L = \frac{4F}{\pi(d_2^2 - d_1^2)} \tag{5-3}$$

式中　P_L——拉脱强度，单位为兆帕（MPa）；

　　　F——拉脱力，单位为牛（N）；

　　　d_1——孔直径，单位为毫米（mm）；

　　　d_2——焊盘直径，单位为毫米（mm）。

5.4.2.3　表面贴装焊盘拉脱强度

（1）基本要求

表面贴装焊盘拉脱强度应不小于 345 N/cm² 换算值与 22 N 相比中的较小者。

（2）检测方法

用精度优于 0.02 mm 的量具测量焊盘的面积。采用直径比焊盘宽度小 50～150 μm 的搪锡铜导线，用功率为 50 W 的温控电烙铁，控制电烙铁头温度在 232～260 ℃ 条件下将导线置于焊盘中间进行焊接，并保证导线垂直于焊盘表面，焊点冷却至室温后将导线的自由端固定在拉力试验机的夹具上，并固定待测板，以 50 mm/min 的匀速垂直向上施加拉力进行拉脱试验。取把焊盘从基材拉脱的最小力为该焊盘的拉脱力，用拉脱力除以焊盘的面积即为焊盘的拉脱强度。

5.4.2.4　模拟返工

（1）基本要求

在经过模拟焊接和解焊返工后，应符合显微剖切的基本要求。

（2）检测方法

将导线插入孔中，用 50 W 温控电烙铁手工焊接到焊盘上，焊接和解焊循环五次，焊接和解焊时温度为 232～260 ℃。每次焊接循环都应更换新导线，并且待到焊盘冷却至室温后，再进行下一次焊接，每次焊接或解焊时间为 3～5 s，可以采用 RMA 型助焊剂，焊后的焊面应覆盖整个焊盘。经 5 个循环焊接和解焊周期后，进行显微剖切，放大 100 倍检验基材上有无起泡、裂纹、分层及焊盘起翘等缺陷。

5.4.2.5　吸湿性

（1）基本要求

由环氧玻璃布基材制成的多层板在正常温度下的蒸馏水中浸泡 24 h 后，其质量的增加量与浸泡前的质量相比，应不大于 0.3%。

（2）检测方法

外形铣切成单块测试板，用 400 号水砂纸将四周断面磨光，清洗干净后，放在 105～110 ℃ 烘箱中烘 1 h，取出后放在干燥器里，冷却至室温，取出后立即用灵敏度为 0.000 1 g 的精密分析天平准确称量并记录，然后将试样放入去离子水或蒸馏水中，室温下存放 $24^{+0.5}_{0}$ h，取出后用滤纸吸干表面的水分，及时精确称量，计算浸泡后与浸泡前试样质量之差与浸泡前试样质量之百分比，即为吸湿率。

5.4.2.6　耐溶剂性

（1）基本要求

在进行耐溶剂试验后，应无物理损伤，标志应清晰可辨。

（2）检测方法

标志油墨的耐溶剂性检验，应从成品板或包括有油墨标志的附连测试板的标志识别区域抽样，按 GJB 360A—1996 中方法 215 规定的方法清洗试样标志区，并检查标志、字符的清晰度和阻焊膜的完整性。对所使用的每种溶剂至少应检验 3 个试样。

5.4.2.7 铜镀层特性

（1）基本要求

伸长率应不小于 12%，抗张强度应不小于 $2.5 \times 10^4 \text{ N/cm}^2$。

（2）检测方法

在尺寸不小于 254 mm×127 mm 的镜面不锈钢板（接到负极）上镀覆一层电解铜箔，厚度约 35 μm，经清洗干燥后用薄的锋利手术刀或适当的工具从不锈钢板上翘起镀层的一个角轻轻将铜镀层剥离不锈钢板成为一张薄的电解铜箔，将铜箔剪裁成尺寸为 12.7 mm×152.4 mm 的测试样品至少 5 件，然后用千分尺或其他合适的量具精确测量出镀层铜箔试样的厚度（至少测量铜箔的四周和中间不同部位 6 个点取其平均厚度值）和截面积。仲裁时采用感量优于 0.001 g 的分析天平精确测量铜箔试样的质量，按式（5-4）、式（5-5）计算镀层铜箔的平均厚度和平均截面积

$$H = \frac{W_{Cu}}{S_y \times \rho} \tag{5-4}$$

$$\bar{S}_j = \frac{W_{Cu}}{L_y \times \rho} \tag{5-5}$$

式中　H——镀层铜箔的平均厚度，单位为厘米（cm）；

　　　W_{Cu}——镀层铜箔样板的质量，单位为克（g）；

　　　S_y——样板面积，单位为平方厘米（cm²）；

　　　ρ——电解铜的密度，单位为克每立方厘米（g/cm³），$\rho = 8.990\ 9\ \text{g/cm}^3$；

　　　$\bar{S}_j$——镀层铜箔的平均截面积，单位为平方厘米（cm²）；

　　　L_y——样板长度，单位为厘米（cm）。

在测出试样的平均厚度和截面积后，再按 GB/T 5230—1995 附录 D 规定测量和计算铜箔试样的伸长率和抗张强度，取 5 件样品测试结果的平均值。

5.4.2.8 绝缘电阻

（1）基本要求

表层、内层同平面内以及层间两相邻导体间的绝缘电阻应符合表 5-10 规定。

表 5-10　绝缘电阻值

环境条件	绝缘电阻/Ω		
	表层	内层	层间
正常测试条件	$\geq 10^{10}$	$\geq 10^{10}$	$\geq 10^{10}$
交变湿热后[a]	$\geq 5 \times 10^8$	$\geq 5 \times 10^8$	$\geq 5 \times 10^8$

注：a 交变湿热后多层板基材应无白斑、起泡、分层等缺陷。

（2）检测方法

①常规条件

设备采用测量范围为 $10^6 \sim 10^{14}$ Ω，精度优于 10% 的绝缘电阻测试仪进行测量。测试

电压应根据被测相邻导线间距大小按表 5 - 11 规定选择。内层和层间绝缘电阻测试电压为 (100 ± 10) V (DC)。

表 5 - 11　间距电压对照表

被测量导线间距/mm	测试电压(DC)/V
＞0.5	500 ± 50
0.5～0.2	100 ± 10
＜0.2	按供需双方协议或设计规定

测试时应将试样放入屏蔽盒中，保持电压 1 min 后读数，如果能提早得到较稳读数则早读数，如果 1 min 后仍得不到稳定读数，则读近似于稳定的平均值，并在报告中记录该现象。

②交变湿热

交变湿热条件下试验时，先将试样用异丙醇和去离子水清洗干净后，在 110～120 ℃ 条件下烘干，在干燥的环境下冷却后，及时均匀涂上敷形涂覆层（测试点暴露），干燥后放入交变湿热试验箱内，在低温25_{-0}^{+2} ℃至高温（65±2）℃，匀速升温 2.5 h；（65±2）℃，恒温 3 h；高温（65±2）℃至低温25_{-0}^{+2} ℃，匀速降温 2.5 h；过程中保持相对湿度 90％～98％（可变），上述过程为一个试验循环周期，按规定进行 10 个循环。试样在湿热箱暴露时，对各层施加（100±10）V 的直流极化电压，交变湿热后从箱中取出，在 2 h 内进行绝缘电阻的最后测量。电气测试后，在正常测试条件下放置 24 h，检查试样上是否有白斑、起泡、分层等缺陷。

5.4.2.9　抗电强度

（1）基本要求

表层和内层同一平面内两相邻导体的间距为 1 mm 时，其抗电强度应符合表 5 - 12 的规定。试验时，应无火花放电或击穿现象。

表 5 - 12　同层导体抗电强度值

环境条件	抗电强度(介质耐电压)/V	
	表层	内层
正常测试条件	≥1 200	≥1 300
交变湿热后	≥1 000	≥1 100
低气压条件	≥350	≥400

层间两相邻导体的间距不小于 0.1 mm 时，其抗电强度应符合表 5 - 13 的规定。

表 5 - 13　层间导体抗电强度值

环境条件	层间抗电强度(介质耐电压)/V
正常测试条件	≥700
交变湿热后	≥550
低气压条件	≥250

（2）检测方法

①常规条件

测量时采用误差小于 4％、测量范围为 0～5 000 V 的高压击穿仪或其他同样量程的仪器，在正常测试条件下将探头连接在 2 组（2 条）相邻被测导线上，按仪器要求缓慢连续升压，在 QJ 831B—2011 中规定的耐电压条件下保持 1 min 而不应击穿，如未达到规定电压值出现击穿现象，则应记录击穿时电压值。

测试导线间距应不大于 3 mm，对测试的结果按式（5-6）换算成标准间距的抗电强度

$$U_m = U/b \qquad (5-6)$$

式中　U_m——相当于标准间距时的抗电强度，单位为伏每毫米（V/mm）；

　　　U——实测的耐电压值，单位为伏（V）；

　　　b——导线的实际间距，单位为毫米（mm）。

②交变湿热

在交变湿热条件下试验时，先将试样用异丙醇和去离子水清洗干净后，在 110～120 ℃条件下烘干，在干燥的环境下冷却后，及时均匀涂上敷形涂覆层（测试点暴露），干燥后放入交变湿热试验箱内，在低温 25^{+2}_{0} ℃至高温（65±2）℃，匀速升温 2.5 h；（65±2）℃，恒温 3 h；高温（65±2）℃至低温 25^{+2}_{0} ℃，匀速降温 2.5 h；过程中保持相对湿度 90％～98％（可变），为一个试验循环周期，按规定进行 10 个循环。试样在湿热箱暴露时，对各层施加（100±10）V 的直流极化电压，交变湿热后从箱中取出，在正常测试条件下，于 2 h 内按上述方法进行耐电压测试。

（3）低气压

在低气压条件下试验时，试样表面应无阻焊膜，将试样在（85±5）℃下烘 2 h 后，再在正常条件下放置 24 h，处理后放于低气压箱内，用测量导线预先接好被测点，导线另一端通过转接连接器，将导线引至低气压箱外，与测量仪器相连并与地绝缘，关上箱门后将箱内气压降至 0.66～0.001 33 kPa 后，按上述方法进行耐电压测试，测试的过程中以 200 V/min 的速度缓慢升压，并应通过低气压箱上的观察口密切监视试样上飞弧（电晕放电）现象，取飞弧前的最高电压为低气压条件下的耐电压值。当被测试样表层和内层在同一平面内，导体间距为 1 mm，层间距不小于 0.1 mm 时进行测量，如导线间距不是标准间距时，应测出相邻导线的实际间距（精确至 0.05 mm）。按式（5-7）进行计算

$$U_d = B \cdot P \cdot d / \ln\left[A \cdot P \cdot d / \ln(1+1/Y)\right] \qquad (5-7)$$

式中　U_d——低气压条件下的耐电压值，单位为伏（V）；

　　　B——系数，在空气中 $B=2.744$ V/（cm·Pa）；

　　　P——大气压，单位为帕（Pa）；

　　　d——导线间距，单位为厘米（cm）；

　　　A——系数，在空气中 $A=0.110$ V/（cm·Pa）；

　　　Y——电极系数，在空气中 $Y=0.025$。

5.4.2.10　互联电阻

（1）基本要求

在低温 -65 ℃、高温 125 ℃下，各放置 15 min，经 100 次循环、转换时间小于 1 min 的温度冲击试验后，第一次高温后的互联电阻值与最后一次高温后的互联电阻值之差，应不大于试验前互联电阻值的 10%。

（2）检测方法

在温度冲击条件下测量互联电阻变化率，将试样在低温 -65 ℃、高温 125 ℃各放置 15 min，循环 100 次，每次转换时间小于 1 min。测量试验前的互联电阻、第一次高温后的互联电阻和最后一次高温后的互联电阻。取第一次高温与最后一次高温后互联电阻之差与试验前互联电阻值之比的百分数为互联电阻的变化率。

5.4.2.11　耐负荷振动和耐负荷冲击

（1）基本要求

应符合供需双方协商制定的技术质量要求或协议。

（2）检测方法

从成品板中抽样，根据试样图形位置，将 3～5 个质量为（5±0.5）g（包括引线质量）的模拟元件焊在试样上，引线直径为 1 mm，元件与基板距离为 1～5 mm，焊接时间为 3～5 s，焊接温度为 260～265 ℃并应一次焊好。

将焊好元件的试样固定在试验夹具上，夹具应固定在多层板四周 10 mm 范围内，多层板中间部位处于悬置状态。将试验夹具固定在振动台或冲击台上，根据不同使用要求，按供需双方商定的振动和冲击条件进行试验后，用 4～5 倍的放大镜检验焊盘和基材。用 232～260 ℃的吸锡器一次解焊模拟元件，再用测量电路导通和短路的方法，检查电路的导通性能。

5.5　典型故障

根据目前印制电路板制造技术的发展趋势和航天小型化需要，航天印制电路板的制造难度越来越高，品质要求也越来越严格。印制电路板的制造涉及物理、化学、光学、光化学、高分子、流体力学、化学动力学等诸多学科的知识，是综合性的技术结晶。印制电路板的使用还受设计、工艺水平、生产管理、环境控制等多方因素的综合影响，此外储存期、保存环境、电装前处理等也会对印制板质量造成影响。

下面对印制电路板常见的典型失效案例进行探讨和分析，希望能够通过这些案例分析，在印制板的使用中起到警示作用。

5.5.1　案例 1：印制电路板焊接后翘曲问题

5.5.1.1　问题概述

印制板已进入到表面贴装和芯片安装的时代，装配厂对印制板翘曲度的要求越来越严。在电装过程中，印制板经过焊接后产生翘曲变形，会造成表贴元器件引脚焊端与板面无法紧密接触，直插长元器件引脚焊接后会产生引脚露出长度不一致的情况，如图 5-14 所示。

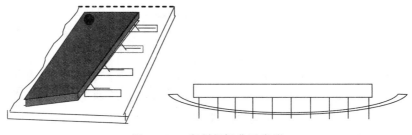

图 5-14　印制板翘曲示意图

5.5.1.2　原因分析

印制板产生翘曲的原因很多，从设计、生产、使用等方面都有造成翘曲产生的可能，造成印制板翘曲的主要原因有：

1）设计布局的合理性直接影响印制板的翘曲度，设计的印制板层数不对称或印制板对称层的铜箔面积、密度分布不均匀，都是翘曲产生的重要原因；

2）生产前工程准备不合理，两侧对应层间半固化片的排列不对称，即半固化片的层数和厚度两侧分布不对应；

3）在进行半固化片下料时因半固化片的经度和纬度收缩不一样，印制板加工时没有注意半固化片的叠层方向；

4）印制板生产用板材在加工前未进行充分的预烘板，基材应力未释放充分，对成品板的翘曲造成了影响；

5）印制板在层压过程中除应力不充分，加工应力未完全释放；

6）电装时焊接温度过高、时间过长或放置不平。

5.5.1.3　改进措施

印制板产生翘曲时，可将未焊接的翘曲印制板放到烘箱内，在 150 ℃及重压下烘 3～6 h，并在重压下自然冷却；然后卸压把板子取出，再作平整度检查，如果仍翘曲不应继续使用。印制板在生产时应注意以下方面：

1）生产加工前应对布线合理性进行检查，对布线不均衡的印制板应采取适当纠正措施，注意半固化片经纬度的搭配；

2）在印制板生产加工时，注意半固化片的经纬方向，层间应交叉排列，避免同向排列；

3）在校平时应根据不同板型选择较合适的压力、温度，并应保证足够的时间，使印制电路板的层压应力能够得到充分释放；

4）电装时注意焊接温度，避免温度过高或时间过长，焊接后应平放至冷却。

5.5.2　案例 2：印制电路板焊接后白斑问题

5.5.2.1　问题概述

印制电路板在手工焊接后焊接孔周围产生白斑，或经过波峰焊接后基材上产生不规则白斑，白斑位于基材内层，且呈玻璃布纹放射状，白斑的大小和分布不规则，一般位于焊接孔旁边或大面积基材处，如图 5-15 所示。

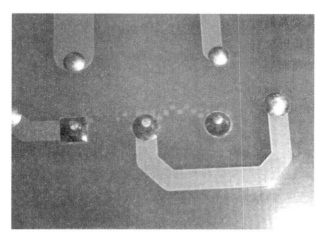

图 5-15　印制板白斑示意图

5.5.2.2　原因分析

印制电路板白斑是印制电路板焊接过程中常见的缺陷，白斑形成主要是因为湿气进入基材内部，在焊接时整体或局部高热使基材内部的潮气无法及时排出造成，偶见金属化孔在铆接后，因胀铆过紧在进行焊接后铆接孔周围出现白斑。产生白斑的主要原因有：

1）印制板在生产加工时，层压前烘干不彻底或生产环境湿度较大，造成基材内部有水分存在；

2）在储存验收后未采用真空包装，或存贮环境湿度不符合要求；

3）印制板在电装前处理不充分，烘干温度和时间不够，基材内的水分未及时排出；

4）电装时焊接的温度和时间不合理，造成局部温度过高；

5）因外力作用，对印制板产生局部应力，造成白斑产生。

5.5.2.3　改进措施

1）层压前要充分烘干，包装前应增加一次烘干处理，烘干后应及时真空包装；

2）印制电路板复验合格后应采用真空包装，并放于防潮柜中；

3）印制电路板焊接前应按规定进行充分的排潮处理，并及时焊接；

4）注意控制焊接过程的温度和时间；

5）在印制电路板电装过程中，应尽量避免外力的冲击。

5.5.3　案例3：印制电路板过孔开路问题

5.5.3.1　问题概述

印制电路板在焊接后会出现过孔不通的现象，表现为无信号输出或信号时有时无，或通断随温度变化而变化，如图5-16所示。

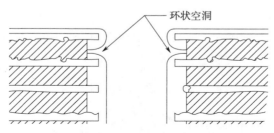

图5-16　印制电路板金属化孔环状残缺示意图

5.5.3.2　原因分析

金属化孔开路是印制电路板常见的质量问题之一，属于印制电路板质量问题的致命缺陷。印制电路板开路主要与基材、层压、钻孔、电镀等工序质量有关，此外焊接温度不当和受外力也会造成金属化孔的开路。金属化孔开路的主要原因有：

1）印制电路板制作应选用热膨胀系数相近的基材和半固化片，否则经过热风整平、焊接等高温加工后，因基材膨胀系数不同，易产生分层导致过孔开路；

2）印制电路板在钻孔过程中，钻头磨损或钻头转速与进给量配合不合适，造成孔内钻污或孔壁粗糙，在后续加工过程中造成孔壁镀层厚度不均匀；

3）使用的铜阳极或药液纯度不够，孔壁镀铜层的铜层延展性差；

4）孔壁铜层过于粗糙，造成铅锡保护层不细密，在腐蚀过程中产生渗蚀，造成孔壁残缺；

5）印制电路板在焊接或机加过程中，金属化孔受到拉伸、挤压、弯折等外力，造成金属化孔断裂；

6）焊接温度过高或时间过长，造成金属化孔过度膨胀，使金属化孔壁断裂。

5.5.3.3　改进措施

1）加工过程中注意层压、钻孔、电镀、刻蚀等工序的过程质量控制，并通过四端子孔电阻值测试，加强对金属化孔电阻值的检查；

2）印制电路板生产厂家应做好电镀铜层厚度控制工作，应仔细观察过孔孔壁，对孔壁过于粗糙的、铅锡不平整、光亮的孔应着重进行孔电阻测试；

3）印制板在使用前对孔径较小和板厚、孔径比较大的过孔，应采用四端子方法进行孔电阻值测试；

4）电装过程中应严格控制焊接温度和时间；

5）多层板在电装过程中应避免外力损伤。

5.6　印制电路板对电子产品装联的影响

5.6.1　设计工艺性对电装的影响

印制板的质量和可靠性对电子产品的性能和可靠性有重要影响，同时也影响电子产品的成本。印制板设计是将电路原理图转换成印制板图，确定印制板结构，选择基材，设计导电图形和非导电图形，提出加工要求，完成印制板生产所需要的设计文件和资料的全过程。印制板设计工艺性决定印制板的固有特性，在一定程度上也决定印制板的制造、安装和维修的难易程度，同时也影响印制板的可靠性和成本。印制板的设计决定印制板的固有性能，而生产制造、测试和检验是设计思想实现的保证。

设计的可制造性会影响制造工艺，决定产品的加工难易程度，影响产品的质量和生产效率及成本。所以，在进行设计时，应充分考虑印制板各加工工艺的要求，将这些制造系统的要求融合在设计中一起进行总体优化，使设计的产品更便于制造，保证最终产品的质量。这就是印制板可制造性所必须考虑和研究的问题。

5.6.1.1　外形及尺寸

在满足整机空间布局要求的前提下，印制板外形力求简单，一般选用长宽比例不太悬殊的长方形，也允许有圆形和其他异形。但是对于长宽比例较大或面积较大的印制板，容易产生翘曲变形，需要增加板的厚度或采取增加支撑点和边框加固等措施。同一台仪器使用的若干种印制板，其外形尺寸应尽量保持一致。

5.6.1.2　公差

除印制板安装有严格的配合要求外，印制板的尺寸公差应注意避免不必要的、过严的尺寸公差，因其可能造成生产困难，成本增加。建议精公差为 ± 0.1 mm；一般公差为 ± 0.2 mm。

5.6.1.3　选择材料

在能满足安全使用的前提下，不要选择过厚的基材，以减轻产品质量和降低成本；不要选非标准厚度的基材，这样会增加成本及订货周期。

5.6.1.4　印制导线宽度、间距

表层印制导线间距应不小于 0.13 mm，内层印制导线间距应不小于 0.10 mm。小于 0.13 mm 的导线间距难以加工，所以在布线空间允许的条件下，应适当加大导线间距。

5.6.1.5　印制板孔

印制板孔可归为 4 类，即机械安装孔、元件安装孔、隔离孔和中继孔。各类孔的设计要求不同，尺寸的种类应尽可能少，并避免异形孔。元件孔孔径与安装元器件引线直径之间应有合理的安装间隙，手工焊装选择 0.2～0.4 mm，波峰焊装选择 0.2～0.3 mm，焊盘直径与引线直径的比值一般为 2～3。若孔径设置不当，对于通孔插装印制板，孔径大，

焊接时会产生气泡，孔径小，元器件安装困难；对于表面贴装印制板，表贴焊盘小，元器件大，会焊接不实。最小孔径与板厚度的比一般不小于1：6，过小的比例会导致在孔金属化时，工艺难度加大，成本上升，可靠性降低。

5.6.2　物理性能对电装的影响

物理性能包括弓曲和扭曲（翘曲度）、表面导体剥离强度、焊盘（连接盘）拉脱强度（粘合强度）、镀层附着力、表面可焊性、镀覆孔（金属化孔）可焊性、阻焊膜固化及附着力、热应力、耐热油性、吸湿性、金镀层孔隙率。

5.6.2.1　翘曲度

翘曲度是印制板使用的主要技术指标，它会影响印制板与边缘连接器的连接可靠性，影响元器件的安装，尤其是对表面贴装印制板更为重要。在自动化插装线上，印制板若不平整，会引起定位不准，元器件无法插装到板子的孔和表面贴装焊盘上，甚至会撞坏自动插装机。装上元器件的板子焊接后发生弯曲，元件引脚很难剪平整齐，板子也无法装到机箱或机内的插座上。按布设总图规定，安装有陶瓷封装芯片的多层板弓曲和扭曲应不大于0.5%，表面贴装或混合安装用多层板的弓曲和扭曲应不大于0.75%，其他多层板应不大于1.5%。如布设总图未规定，则弓曲和扭曲应不大于0.75%。

5.6.2.2　阻焊膜

过厚的阻焊膜会影响导线散热和高速信号线与微波线的阻抗；在印制板焊接装配过程中，如果阻焊膜脱落，会带来以下问题：

1）焊接时，阻焊膜脱落部位会引起导线间短路；

2）阻焊膜脱落产生的碎屑，如果清理不及时、不彻底，会产生多余物；

3）阻焊膜脱落处需要修补，修补后会留有痕迹，且有色差，一致性差。

5.6.2.3　吸湿性

印制板包装开封以后，与大气接触，金属化孔壁粗糙的镀层会吸附空气和潮气，印制板基材又有一定的吸湿性，在空气中暴露的时间越长、空气湿度越大，吸湿就越严重，吸湿后印制板的绝缘电阻值会降低，在焊接时金属化孔处会冒气泡，基材也有可能起泡分层，在焊点周围出现白斑等缺陷。所以，印制板在安装之前应进行预烘去湿处理。

不同基材、不同结构的印制板预烘温度应有所区别，对环氧玻璃布基材的双面印制板，可在80~85 ℃下预烘2 h，并在干燥环境中冷却至室温，及时进行安装和焊接。由于多层板的内层结构复杂，预烘去湿一般要在较高温度（110~120 ℃）时根据受潮情况预烘2~6 h，才能除去板内湿气。

5.6.2.4　金镀层孔隙率

金能与焊料中的锡形成金锡间化合物，较厚的金层溶于焊料中，会改变焊料的成分，使焊点变脆（金脆），影响焊接质量，所以焊盘上的金镀层应薄；但是过薄的金层孔隙率大，长期暴露在空气中或受湿热环境影响时，底层的镍易被氧化，会使可焊性下降，所以应严格控制镀金层厚度在规定的范围内。

5.6.3　化学性能对电装的影响

化学性能包括清洁度、耐溶剂性、耐焊剂性。

当未覆盖阻焊膜或其他有机涂敷层的多层板按 QJ 832B 试验时，离子污染程度应不大于 $1.56\ \mu g/cm^2$（氯化钠当量）。成品多层板的清洁度应符合布设总图的规定。耐溶剂性按 QJ 832B 试验时，应无物理损伤，标志应清晰可辨。

5.6.3.1　表面清洁度

印制板的表面清洁度又称离子污染。清洁度好坏直接影响板的表面绝缘电阻和印制板的使用寿命。清洁度不好、离子污染严重会使印制板的可焊性和表面绝缘电阻下降，在潮湿环境下还会造成导体的腐蚀而影响印制板的寿命。尤其是对细导线、小间距的高密度布线板影响更为明显，所以在印制板涂覆阻焊膜前和焊接后必须严格进行清洗，达到规定的清洁度要求。

5.6.3.2　耐溶剂性和耐焊剂性

印制板的耐溶剂性和耐焊剂性是指印制板的绝缘涂层（包括阻焊膜、字符、标志等）、耐焊剂和清洗溶剂的能力。如果印制板不具耐溶剂性和耐焊剂性，或耐溶剂性和耐焊剂性差，阻焊膜将出现鼓泡、分层、印料脱落，类似字母混淆，影响后期装配。

5.6.4　电气性能对电装的影响

印制板的电气性能是印制板的重要性能指标，电气性能主要包括绝缘电阻、抗电强度（介质耐电压）、电路的导通、电路的短路、镀覆孔（金属化孔）电阻、互联电阻、特性阻抗等。

导体镀层和涂层是为了保护导体、增加导体厚度和提高保护焊盘的可焊性，由于航天可靠性要求高，其厚度要求高于一般民用产品，需要有严格控制。孔壁薄的铜层在高低温冲击条件下容易断裂，过薄的金镀层孔隙率大，影响储存和使用寿命，但焊盘上的金层过厚，在锡焊时会产生金脆，影响焊点可靠性。

实践证明，互联电阻变化大的印制板容易失效，可靠性大大下降，使用寿命明显缩短。

电路短路和电路完善性要求是印制板使用功能的基本要求，一旦出现不应有的短路或断路，不仅会使电路的功能失效，严重时还会损坏元器件或设备。

印制板上的白斑和微裂纹会影响基材的耐电压。航天产品在使用中要经历发射过程中气压的急剧变化，经历较长时间的低气压状态，而在低气压状态下，抗电强度只有正常值的 1/3 左右，可能会导致电路击穿，严重影响电子产品的电性能。

5.6.5　玻璃化转变温度（T_g）对电装的影响

当温度升高到某一区域时，基板将由玻璃态转变为橡胶态，此时的温度称为该板的玻

璃化温度 T_g。也就是说，T_g 是基材保持刚性的最高温度。通常 $T_g \geqslant 170 \, ℃$ 的，称作高 T_g 印制板。基板的 T_g 提高了，印制板的耐热性、耐潮湿性、耐化学性、耐稳定性等特征都会提高和改善。

T_g 是衡量基板的树脂结构抵抗因热导致软化性能的明确指标。T_g 的高低将会影响焊接时耐温度高低，高 T_g 和低热膨胀系数的基板材料在高焊接温度和高功耗的情况下有较好的耐热性和尺寸稳定性。这种功能特性对于表面贴装用基板焊接时及应用高密度互联结构的可靠性是至关重要的。因为表面贴装器件在较低的 T_g（通常所使用的 FR-4 的 $T_g \approx 130 \, ℃$）基材上时，经过高温焊接（$\geqslant 215 \, ℃$）引起基材软化、弯曲或翘曲等，或冷却后很容易造成内应力，导致器件引脚焊接不上或可靠性极差，严重时还会在振动过程中导致焊点部位产生断裂。

如果印制板使用条件的温度是在覆铜板的 T_g 以上，覆铜板就会出现绝缘电阻恶化、基材树脂发脆的问题。高 T_g 的覆铜板，要比一般低 T_g（T_g 较低，热膨胀系数就大，特别是在 Z 方向——板的厚度方向，膨胀更为明显，容易使镀覆孔损坏）的基板材料具有更好的尺寸稳定性、较高的机械强度保持率、较低的热膨胀系数、较高的耐化学性。高 T_g 基板材料的优良性能，应在更大温度范围的环境下得到保持。但是 T_g 过高的材料，硬度高，机械加工性变脆。选择基材时，应兼顾两者。这一特性，对于制造高精度、高密度、高可靠性、微细线路等的印制板，特别是多层印制板极为重要。

5.6.6 热膨胀系数（CTE）对电装的影响

覆铜箔板的热膨胀系数（CTE）是衡量基材耐热性能的又一重要指标。在进行印制板设计时，尤其是表面贴装用印制板设计，首先应考虑材料的 CTE 匹配问题。IC 封装的基板有 3 类，即刚性有机封装基板、挠性有机封装基板、陶瓷封装基板。基板用的材料主要有高温环氧树脂、双马来酰亚胺三嗪（Bismaleimide Triazine，BT）树脂、聚酰亚胺、陶瓷和难熔玻璃等。基板用的这些材料耐温较高，X、Y 方向的热膨胀系数较低，在选择印制板材料时应了解元器件的封装形式和基板的材料，并考虑元器件焊接时工艺过程温度的变化范围，选择热膨胀系数与之匹配的基材，以降低材料的热膨胀系数差异引起的热应力。

热膨胀系数是指材料受热后在单位温度内尺寸变化的比率，基材的热膨胀系数在 X、Y 方向和 Z 方向不同。在印制板厚度方向的热膨胀系数称为 Z 方向热膨胀系数，Z 方向热膨胀系数较大，受热膨胀后由于树脂的热膨胀尺寸大于孔壁的铜层膨胀尺寸，对孔壁铜层产生拉伸应力，会影响金属化孔的质量。从通孔安装的连接可靠性考虑，期望使用在板厚度方向热膨胀系数更小的基板材料。用于无铅化的印制板，在进行元器件焊接时温度较高，会使基材性能降低或劣化而引起焊盘脱落、基板分层、导通孔可靠性下降等质量问题。

X、Y 方向热膨胀系数是覆铜箔板水平方向的热膨胀系数。FR-4 型覆铜箔板在 T_g 以上温度，当它的 X、Y 方向在环境温度升高且树脂发生形变时，覆铜板的 X、Y 方向热膨胀系数变化不太明显。X、Y 方向热膨胀系数应与安装的元器件基体的热膨胀系数匹配，以降低焊点受热应力的影响，否则在焊接或使用时，由于温度变化将会引起焊点的应力变化和可靠性下降甚至失效。

表面贴装印制板焊接连接部位的可靠性以及从导线、导通孔的间距尺寸精确度要求考虑，希望所使用的印制板在平面方向（X、Y 方向）的热膨胀系数更小，以期望获得基板的高尺寸稳定性。水平方向的热膨胀系数对于安装高密度的封装至关重要。

5.7　航天特殊要求及禁忌

为了保证印制板生产的可靠性，在印制板加工过程中应禁止使用严重影响产品质量的工艺项目，以及影响环境保护和职业健康安全的工艺项目。其中主要包括易造成印制板质量常见病、多发病的工艺，导致印制板合格率低的工艺，导致产品质量不稳定又难以控制、难以检测的工艺等。

在印制板生产中，板厚度与镀覆孔直径比值简称厚径比，厚径比是制约印制板制造工艺水平的重要参数，也是影响产品质量的关键设计指标。航天型号产品印制板厚径比一般要求不小于 6∶1，厚径比小于 6∶1，印制板可靠性差，金属化孔易断裂。应根据产品不同、复杂性水平和印制板制造企业的极限工艺要求，选择适合的厚径比。印制板板材越厚、孔径越小，越难于加工，生产成本趋于增大，可靠性越低。

印制板各对称层导电面积和同一层的导电图形分布应均匀，避免导电图形分布严重失衡，引起板的翘曲，进而影响印制板装配焊接。外层元件面和焊接面的线路图形面积应尽量接近。若元件面为大面积铜面，而焊接面仅走几根线，这种印制板在刻蚀后就很容易产生翘曲。如果两面的线路面积相差太大，可在稀的一面加一些独立网格，以作平衡。

印制板图形转移工序干膜曝光显影后如有余胶，会使得图形镀铜与基体铜结合不牢或图像有缺陷，最终造成镀层脱落或图形不完整。原因包括干膜质量差，干膜暴露在白光下造成部分聚合，曝光时间长，曝光时生产底版与基板接触不良造成虚光，生产底版最大光密度不够造成紫外光透过，部分聚合、显影液温度太低，显影时间太短，喷淋压力不够或部分喷嘴堵塞，显影液中产生大量气泡降低了喷淋压力，显影液失效等。应对措施包括更换干膜，在黄光下进行干膜操作，缩短曝光时间，检查抽真空系统及曝光框架，曝光前检查底版质量，调整显影液温度和显影时传送速度，检查显影设备，在显影液中加入消泡剂消除气泡，更换显影液等。

印制板印阻焊工序显影后若孔内显影不干净，或者说有余胶，那么经热风整平后金属化孔显影不干净部位会有漏铜现象，俗称"红孔"。这对印制板的质量会有致命影响，严重时会引起印制板报废。导致这种现象发生的主要原因是印阻焊后烘烤过度，如烘烤温度过高或烘烤时间过长。

在印制板生产中，图形电镀锡铅合金镀层，是作为金属抗蚀层和可焊性镀层，一般采用高分散能力的氟硼酸电镀液，其镀层结晶细致，防护性能和可焊性能都很好。航天用印制板采用高分散能力的不光亮锡铅合金电镀工艺，它能保证板面和金属化孔内镀层均匀一致。但锡铅合金中的铅对人类生活环境和安全带来较大的危害，人体吸收过量的铅会引起铅中毒。随着对环境保护要求越来越高，对有毒元素铅、氟的使用限制越来越严格，特别是环境健康体系的要求，用环保的电镀纯锡及硝酸型退锡工艺代替电镀锡铅合金及氟化氢铵的退锡铅工艺，消除电镀锡铅合金工艺中有毒元素铅、氟污水排放产生的污染，改善工人的生产环境，已成为共识。

侧蚀——发生在抗蚀层图形下面导线侧壁的刻蚀，侧蚀会使印制导线变细。随着电子产品的小型化、数字化、多功能化和电子元件向高集成化发展，印制板中的金属导线，已不仅只是起电流导通作用，还起着信号传输作用。由于目前刻蚀液的固有特点，不仅向下而且对左右方向都产生刻蚀作用，所以侧蚀几乎是不可避免的。提高刻蚀质量，就必须减小侧蚀，通常印制板在刻蚀液中刻蚀的时间越长，侧蚀越严重。侧蚀严重影响印制导线的精度，严重时将使制作精细导线成为不可能。影响侧蚀的因素很多，可概括为以下几点。

1）刻蚀方式：浸泡和鼓泡式刻蚀侧蚀较大，喷淋式刻蚀侧蚀较小，垂直式喷淋刻蚀效果会更好。

2）刻蚀液的种类：不同的刻蚀液刻蚀速率不同，研究表明，以硝酸为基础的刻蚀系统可以做到几乎没有侧蚀，达到刻蚀的线条侧壁接近垂直，这种刻蚀系统正有待开发。

3）刻蚀速率：刻蚀速率与温度有关，其速率随温度升高而加快。刻蚀液温度低于40 ℃，刻蚀速率很慢，而刻蚀速率过慢会增大侧蚀量，影响刻蚀质量。

4）刻蚀液的 pH 值：碱性刻蚀液的 pH 值较高时，侧蚀增大，一般 pH 值控制在 8.5以下。

5）刻蚀液的密度：碱性刻蚀液的密度太低会加重侧蚀，可选高铜浓度的刻蚀液减少侧蚀。

6）铜箔厚度：在满足使用要求的前提下，最好采用薄铜箔，而且线宽越细，铜箔厚度应越薄。因为铜箔越薄，刻蚀时间越短，侧蚀量就越小。

印制板外形尺寸的公差不能像金属加工的公差那么严格，印制板加工一般公差为±0.2 mm，精公差为±0.1 mm。可以根据需要选用合适的公差等级。因为印制板的机械加工是属于复合塑料加工，在满足使用条件的情况下适当放宽一些，既不影响使用又有利于加工，降低成本。否则，过严的公差会产生等级品或废品，增大生产成本，引起不必要的浪费。

5.8 展望

从单层到多层板，从刚性板、挠性板到刚挠结合板，从金属芯到埋阻埋容，从微波到光电结合，印制电路板在不断地向高精度、多用途、高性能、高速传输、轻薄的方向发展。印制板通过不断缩小体积、降低成本、提高性能、拓展领域，不断适应未来电子产品的发展；通过新材料、新技术、特殊功能的不断完善，不断满足特殊要求的发展需要；通过新工艺、新方法，不断提高印制板的稳定性和可靠性。

追求单位面积更高密度是高密度互联（High Density Interconnect，HDI）板未来发展的方向，HDI 电路板发展的方向是轻量化、密集化。为了节省空间，刚挠结合板的应用将越来越广泛，具有广阔的发展空间，刚挠结合板向设计多样化、性能高可靠性、安装立体化等方向发展。微波板埋入电阻和电子设备高频化是将来的发展方向。现代网络高速光互联得到了越来越广泛的应用，目前光电印制板开发还处于初级阶段，未来的芯片将不再有密布的引脚，只有电源引脚和光纤输入/输出接口，所有的数据交换都将通过光接口来完成。嵌入式的电阻和电容已经开始被应用，随生产工艺的相对成熟将必然会广泛应用，设计的电路板能更好地支持更多的功能、更高的时钟速率和更低的电压和噪声。

印制电路板在原有加工方法的基础上又出现了许多新方法。目前印制板制作使用的方法主要是减成法，即在敷铜板上，通过光化学法、网印图形转移或电镀图形抗蚀层工艺，然后刻蚀掉非图形部分的铜箔或采用机械方式去除不需要部分。增层法是采用逐次压合的方法，在板外层逐次增加线路层，因此在成孔技术上也各有不同，大致上可分为机械钻孔、感光成孔、激光钻孔、电浆蚀孔及化学蚀孔等五类。3D 打印技术现在风靡一时，随着材料和打印技术的发展，不久的将来，3D 打印印制板将是一项简单、快捷、环保的成熟技术。

为了满足印制电路板对基材性能的特殊要求，新材料层出不穷。高性能覆铜板，包括低介电常数覆铜板、高频高速印制板用覆铜板、高耐热性覆铜板、积层法多层板用各种基板材料（涂树脂铜箔、构成积层法多层板绝缘层的有机树脂薄膜、玻璃纤维增强或其他有机纤维增强的半固化片等）。常见的特殊功能覆铜板有抗紫外线覆铜板，其他的还有金属基（芯）覆铜板、陶瓷基覆铜板、高介电常数板、埋置无源元件型多层板用覆铜板（或基板材料）、光-电线路基板用覆铜板等。液态聚酰亚胺和聚酰亚胺薄膜材料的成本较高，为了降低成本、完善产品功能，新的技术有待研发。挠性印制电路板基材主要是聚酰亚胺和丙烯酸树脂，但挠性印制电路板材料的 T_g 温度较低，因此在挠性部分不能进行焊接，找到更好的代替材料是进一步发展所必需的。

印制电路板制造是个高污染、高耗能的行业，高污染是指印制电路板在生产过程中会产生大量含 Cu、Ni、Sn 等重金属，NH_3-N、CN^- 等无机物，Cu-EDTA，$[Cu(NH_3)_4]^{2+}$ 等络合物的废水；高耗能是指生产印制电路板单位面积的耗水量惊人。在 21 世纪，印制电路板制造受到了"绿色浪潮"的冲击。随着清洗剂的改良，镀液的氢化物、氟化物的降低，覆铜环保基材去溴、去锑的发展，无铅焊料的使用，印制电路板生产正在清洁化。随着落后产能的淘汰，印制电路板的"小作坊"已经被规模化生产所取代，印制电路板厂拥有了自己的废水处理中心，废水的回收利用能力正在增强，中水已经能够得到重复利用。这些重要变革将引领着印制电路板逐步走向低能耗、低污染的绿色未来。

参 考 文 献

［1］　Khandpur R S. 印制电路板——设计、制造、装配与测试［M］. 曹学军，等，译. 北京：机械工业出版社，2008.

［2］　姜培安，鲁永宝，暴杰. 印制电路板的设计与制造［M］. 北京：电子工业出版社，2012.

第6章 印制电路板组装件互联技术

6.1 概述

印制电路板组装件（Printed Circuit Assembly，PCA）互联技术是航天电子产品互联技术的核心组成部分，它涉及材料学、冶金学、物理学、化学等综合学科技术。印制电路板互联技术就是将元器件与印制电路板通过一系列物理、化学方法使其紧密连接，形成具有一定电气和机械性能的印制电路板组装件的过程，也就是使用焊接材料将元器件与印制电路板通过软钎焊接的方法连接在一起的过程。

根据元器件的安装方式不同，印制电路板互联技术分为通孔插装技术（THT）、表面贴装技术（SMT）和混合安装技术（MMT）三种。通孔插装技术最早是随着印制电路板大批量生产而诞生的，特点是使用的元器件用于连接的部位为引线结构，印制电路板一般有对应金属化孔，将元器件引线从印制板的元器件面插入，然后在焊接面完成焊接操作，焊接方式可以采用手工焊接和自动焊接；表面贴装技术是在 20 世纪 80 年代开始出现，随着电子产品功能越来越复杂，原有的通孔插装元器件从 I/O 数量、体积和质量等方面均无法满足需求，表面贴装元器件应运而生。与通孔插装元器件相比，表面贴装元器件具有更多的 I/O 数量，在相同面积下可以满足更多的设计功能要求。它将元器件的焊接部位引线（或焊端）直接贴放在对应的焊盘上，然后可以通过手工焊接或自动焊接的方式完成焊接，但是部分无引线元器件，如四边无引线扁平封装（Quad Flat Non – leaded Package，QFN）、BGA 等封装器件，只能采用再流焊自动焊接的方法。上述两种互联技术是目前印制电路板互联的基本技术。第三种——混合安装技术是集上述两种互联方式的互联技术，它是既包含通孔插装，又包含表面贴装的互联技术，只是根据产品特点和需要，对两种互联技术采用的时机进行分配和组合。由于当前印制电路板组装件所使用的元器件大多包含通孔插装和表面贴装两种结构，因此混合安装技术是目前大多数航天印制电路板组装件采用的主要互联技术。通孔插装和表面贴装两种互联技术的主要区别见表 6 – 1。

印制电路板组装件互联技术的目的是使元器件和印制电路板准确可靠的连接，从而实现产品的电气性能和机械性能，为了确保连接可靠，除了安装和焊接两个环节以外，在组装前还需要对元器件、印制电路板进行预处理，互联后还需要进行清洗、防护与加固等操作，总体流程如图 6 – 1 所示。

表 6-1　通孔插装技术与表面贴装技术工艺比较

类型	通孔插装技术	表面贴装技术
元器件	双列直插 DIP 或针阵列 PGA，引线电阻、电容、电感、继电器等	SOIC、SOT、LCC、PLCC、QFP、BGA、CSP、片式电阻、电容、电感等
基板	印制板采用 2.54 mm 网格设计，通孔直径一般比元器件引线直径大 0.2～0.4 mm	印制板采用 1.27 mm 网格或更细的布局设计，导通孔直径为 0.3～0.5 mm，布线密度比 THT 高 2 倍以上
焊接方法	手工焊接、波峰焊接	手工焊接、再流焊接、波峰焊接
面积	大	小，缩小比为（1∶3）～（1∶10）
安装方式	穿孔插入	表面贴装
安装方法	手动或自动插装	手动或自动贴装

图 6-1　印制电路板组装件互联流程

6.2　印制电路板组装件互联的通用要求

　　航天电子产品通常具有长期贮存和使用环境恶劣、服役时间长、可靠性要求高等特点，因此对原材料、互联环境及互联过程中用到的工具和设备等应有严格的控制要求，这些要求通常也作为航天电子产品中印制电路板组装件互联的通用要求。

6.2.1　印制电路板

　　印制电路板的质量和可靠性对电子产品的性能和可靠性有着重要影响。目前，航天电子产品常用的印制板基材为阻燃型覆铜箔环氧玻璃布层压板 CEPGC-32F（基本等效美标 FR-4），以双面和多层印制电路板为主。除刚性印制电路板广泛应用外，挠性和刚挠结合印制电路板也逐渐应用于航天电子产品。在安装元器件前，应首先对印制板进行检查和复验，以确保互联后印制电路板连接的电气性能可靠和机械性能可靠。

　　印制电路板的质量好坏直接决定了后续印制电路板组装件的装联可靠性，通常情况下，由于生产单位无法直接对印制电路板的性能参数进行检测，因此需要由印制电路板生产厂家提供相关检测证明材料。厂家检测证明材料应包含金属化孔质量、镀层、翘曲度和可焊性等指标，具体指标要求和测试方法可参照第 5 章中的相关内容。

　　检测合格后的印制电路板应尽量保持原有的真空包装，如果拆开包装，应按照要求放置在干燥柜中保存，并在使用前进行预烘处理。

6.2.2　元器件要求

　　元器件从早期的电子管发展到晶体管，再发展到如今的集成电路；互联技术从以电子管为主的导线连接技术，发展到以晶体管为主体的通孔插装技术，随着集成电路和多层印制电路板的出现，再发展到以表面贴装元器件为主体的表面贴装技术；元器件、互联工艺都在逐渐朝着小型化、集成化、高性能的方向发展。

与民用和工业电子产品使用的元器件不同，航天电子产品对元器件的要求较高，在元器件结构、镀层、潮湿敏感度等级、静电防护和可焊性等方面，应确保不会对产品的储存和使用造成潜在的质量问题。因此，航天电子产品使用的元器件应在型号选用目录中选用，并按规定进行严格的筛选和复测，合格后方能使用和安装。通常，航天电子产品选用的元器件应符合设计要求的质量等级。

6.2.2.1 结构

航天电子产品中使用的元器件从安装方式上可以分为通孔插装元器件和表面贴装元器件，从密封性上可以分为密封结构元器件和非密封结构元器件。在设计选用元器件时，不但应从产品的结构、性能和指标考虑，也应考虑组装后的试验、验证条件和后期的储存和使用环境。

生产单位还应关注元器件结构尺寸的一致性和引线共面性等指标。如通孔插装元器件的本体、引线直径等尺寸公差，应避免出现公差较大的情况，同时针对扁平封装引线结构的表面贴装元器件，引线的共面性应控制在 0.1 mm 以内。

6.2.2.2 耐温

元器件的耐温性能首先应满足生产过程的焊接温度要求，通常情况下表面贴装元器件应能够经受 10 次再流焊接过程，每个过程 215 ℃、60 s，并能够在 260 ℃的熔融焊料中浸 10 s。

6.2.2.3 标识

随着元器件结构、材料的多元化，选择合适的装联工艺是确保元器件与印制电路板可靠性连接的重要保障措施，因此掌握元器件的相关信息尤为重要，如元器件的镀层材料、潮湿敏感等级、静电敏感等级等，这些都直接决定了装联工艺的选择。上述信息通常应作为元器件的标识提供给生产单位，以便根据相关信息合理选择生产工艺。

对于生产单位，元器件标识通常应包含镀层信息、潮湿敏感等级和静电敏感等级三部分内容。

（1）镀层标识

长期以来，航天电子产品选用的元器件引线或焊端镀层通常采用锡铅合金，但随着全球范围内无铅化制造的推广，越来越多的元器件采用无铅镀层，同时航天电子产品的铅元素豁免权导致了我们目前使用的元器件中，既含有有铅元器件，又含有无铅元器件。由于其镀层不同，工艺参数也有所区别，如果在生产过程中不加以识别，容易造成由于工艺参数设置不当导致的质量问题，这类问题已经随着无铅元器件使用量的不断增多而愈加明显。

目前无铅元器件的镀层种类较多，且无铅镀层元器件标识较混乱，没有统一的标准。当前部分无铅元器件采取在原始包装上标注 Ⓝ 来表示无铅，部分元器件通过在其标识后缀处增加字符来标识其镀层为无铅，进口元器件通过在其本体上印上标记来明确具体镀层信息。Ⓝ 标识通常印在元器件的外包装上，ⓔ 标识一般印在元器件本体上，编号有 e1～

e7，对应的数字代表不同的合金成分，见表 6 - 2。

表 6 - 2　标识对应的合金成分

标识符	合金成分
e1	SnAgCu
e2	其他 Sn 基合金（不包括 Bi 或 Zn）
e3	Sn
e4	稀有金属，如 Ag、Au、NiPd、NiPdAu，不包括 Sn
e5	SnZn，SnZnX（不包含 Bi）
e6	含 Bi
e7	含 In 但不含 Bi 的低温焊锡

注：本资料内容引自 IPC - 1066"Marking，Symbols and Labels for Identification of Lead - Free and Other Reportable Materials in Lead - Free Assemblies，Components and Devices"。

根据调研统计，航天产品中使用的电子元器件表面无铅镀层材料主要是纯 Sn、Sn/Ni、Sn/Cu、Ni/Pd、Ni/Pd/Au 和 SnAgCu 等无铅镀层。

（2）潮湿敏感标识

当前，潮湿敏感元器件大量应用于航天电子产品中。潮湿敏感元器件大多为塑料封装，由于航天产品的高可靠性要求，对潮湿敏感元器件的处理也非常重要。在实际生产过程中，潮湿敏感元器件吸潮是导致元器件出现分层、开裂、断路等问题的重要原因之一。因此，必须在生产前识别出潮湿敏感元器件的等级，并对其进行相应的处理，以保证安装的可靠性。表 6 - 3 为潮湿敏感元器件的湿敏度等级。

（3）静电敏感标识

当前，集成电路不断朝着高集成化、小型化、高速度和低功耗的方向发展，由此带来的静电损伤风险也在不断增加，近年来由于静电防护不当导致的静电损伤问题时有发生，元器件的静电敏感等级也越来越受到重视。因此，对元器件静电敏感等级的识别尤为重要。表 6 - 4 为静电敏感等级分类。

6.2.2.4　可焊性

针对存放时间较长的元器件或搪锡后上锡情况不符合要求的元器件，建议对元器件引线（或焊端）进行可焊性检查。元器件可焊性检查方法主要有焊槽法、焊球法和润湿称量法等，一般可采用相应的测试设备，依据 GB/T 2423 等相关标准进行可焊性测试，合格后才能装机。由于对元器件的可焊性测试需要一定数量的元器件试验件，一般均由生产商来进行测试并保证后续提供的产品合格，板级生产时不再进行元器件引线的可焊性测试。但是，对于航天电子产品，为了提高元器件的可焊性，在安装前均需要对元器件引线（焊端）进行搪锡处理，通过搪锡提高引线的可焊性，在搪锡质量合格后才能正式装联。

表 6－3　潮湿敏感元器件湿敏度等级

等级	车间寿命①		吸潮要求				
			标准		加速等效值		条件
					电子伏特 0.40~0.48 eV	电子伏特 0.30~0.39 eV	
	时间	条件	时间	条件	时间	时间	
1	不受限	温度不大于 30 ℃ 相对湿度不大于 85%	168^{+5}_{0} h	温度 85 ℃ 相对湿度 85%	—	—	—
2	1 a	温度不大于 30 ℃ 相对湿度不大于 60%	168^{+5}_{0} h	温度 85 ℃ 相对湿度 60%			温度 60 ℃ 相对湿度 60%
2a	28 d		696^{+5}_{0} h②	温度 30 ℃ 相对湿度 60%	120^{+5}_{0} h	168^{+5}_{0} h	
3	168 h		192^{+5}_{0} h②		40^{+5}_{0} h	52^{+5}_{0} h	
4	72 h		96^{+5}_{0} h②		$20^{+0.5}_{0}$ h	$24^{+0.5}_{0}$ h	
5	48 h		72^{+5}_{0} h②		$15^{+0.5}_{0}$ h	$20^{+0.5}_{0}$ h	
5a	24 h		48^{+5}_{0} h②		$10^{+0.5}_{0}$ h	$13^{+0.5}_{0}$ h	
6	标签时间（TOL）		TOL		—	—	—

注:1. 为了使用"加速等效值"吸潮条件,应该建立与"标准"吸潮条件的损伤反应(包括电性能、吸潮和再流焊接后)的关系。或者,如果已封装材料内的潮气扩散的激活能是在 0.40~0.48 eV 或 0.30~0.39 eV 这两个范围内,那么可使用"加速等效值"。加速吸潮时间有可能因为材料特性的不同而有所区别(如模制化合物、灌封材料等);

2. 供应商在自行承担风险的前提下,可以延长吸潮时间;

3. 本资料内容摘自 IPC/JEDEC J－STD－020D.1 CN。

①拆开包装后到焊接前的等待时间;

②标准吸潮时间包括了 24 h 的默认值,这个默认值是指在烘烤与密封包装时半导体制造商的暴露时间(MET),且该值包括在分销商处的最大袋外暴露时间。

表 6－4　静电敏感等级分类

ESDS 等级	电路标志	静电电压
0	△0	<250 V
1A	△A	250~499 V
1B	△B	500~999 V
1C	△C	1 000~1 999 V
2	△△	2 000~3 999 V
3A	△△△A	4 000~7 999 V
3B	△△△B	≥8 000 V

6.2.3　焊接材料

焊接材料是印制电路板互联技术中的关键材料,分为焊料和助焊剂两类。

6.2.3.1　焊料

焊料是一种易熔金属,用于在被焊母材表面形成合金层,从而将两个连接件连接在一起。焊料的熔点一定要比母材的熔点低，并能够与母材材料发生化学冶金反应，生成金属间化合物。在航天电子产品中，利用焊料进行焊接连接依然占主导地位。

锡铅共晶焊料以其良好的机械性能和较低的熔化温度一直以来广泛用于电子产品的焊接，焊料按其成分分为 AA 级（Sn62.5％～63.5％）、A 级（Sn62％～64％）和 B 级（Sn61.5％～64％）。针对部分含银镀层的元器件，为了防止镀层内银元素迁移降低焊点强度，通常使用含银焊料（Sn62Pb36Ag2）。航天电子产品常用的锡铅焊料有 S－Sn60PbAA 和 S－Sn63PbAA 两种。

6.2.3.2　助焊剂

助焊剂是电子产品焊接过程中最重要的材料之一，它直接影响电子产品的焊接质量和焊点可靠性。焊剂按 GB/T 15829 分为树脂类（松香、非松香树脂）、有机物类（水溶性、非水溶性）、无机物类（盐类、酸类、碱类）。其中，国家军用标准和航天行业标准均规定了航天电子产品焊接应使用松香型焊剂，导线、电缆的焊接禁止使用 RA 型焊剂。松香型焊剂类型和相关参数见表 6－5。

表 6－5　助焊剂类型

类型	R 型	RMA 型	RA 型
卤素含量	不应使铬酸银试纸颜色呈白色或淡黄色	＜0.1％	0.1％～0.5％
铜镜腐蚀性	基本无变化	铜箔不应有穿透性腐蚀	—
扩展率/％	≥75	≥80	≥85
绝缘电阻	≥1×10^{12}	≥1×10^{11}	≥1×10^{10}
水萃取液电阻率/(Ω·cm)	≥1×10^5	≥1×10^5	≥5×10^4
干燥度	焊剂残留物表面无黏性，表面白色粉末状残留物容易去除		

6.2.3.3　焊膏

焊膏是一种膏状流体，是软钎焊料合金粉、焊剂和载体形成的均匀、动态稳定的混合物，其中焊料合金占85％～92％。焊膏常温下有一定的黏性，可将电子元器件粘在既定的位置，通过再流焊接将被焊元器件与印制电路焊盘永久地连接在一起，并起到电路导通作用。

焊膏按熔点分为高温焊膏（230 ℃以上）、中温焊膏（200～230 ℃）、常用焊膏（180～200 ℃）和低温焊膏（180 ℃以下）。

焊膏中焊料合金的颗粒度，要根据印制板组装密度和贴装元器件的引线间距选择，航天电子产品常用的颗粒度为 25～45 μm（3 号粉），个别细间距元器件应选择颗粒度更小的 4 号粉或 5 号粉。

焊膏按焊剂活性分类有 R 级（低活性）、RMA 级（中度活性）、RA 级（活性）和 SRA 级（超活性）。活性等级越高，去除氧化的能力越强，相应的腐蚀性也越强，其焊接后的残留物如果无法 100％去除，容易对印制电路板组装件造成腐蚀，影响产品的可靠性，因此航天电子产品一般采用 R 级或 RMA 级焊膏。

生产单位应严格控制和管理焊膏的使用,使用的焊膏必须在有效期内,且焊膏的贮存、回温和搅拌等应严格按焊膏厂商提供的参数指标执行,同时每次印刷后残余的焊膏尽量避免二次使用,如果二次使用,应有相对应的管理要求,明确使用条件限制。

此外,焊膏的选用、更换等需要经过相应的工艺鉴定试验,包括焊膏本身的鉴定,如扩展率、金属成分含量、颗粒度、卤素含量等,同时还应结合自身产品特点,对焊接后产品的焊点进行检验,符合相关标准后方可用于正式产品。

6.2.4　喷涂材料

防护喷涂是保证航天电子产品在各种复杂环境条件下正常工作而采取的措施。喷涂材料应具有良好的电性能(体电阻、介电常数、损耗角等)和物理机械性能(附着力、耐热性等),一般采用聚合型涂料,聚合型涂料不会引起 PCB 镀层、元器件表面变色和溶蚀。涂料应无色透明,喷涂后表面光滑连续,尽量避免产生气泡、针孔、龟裂、起皱、脱皮等现象,此外喷涂材料也应该具有良好的操作性,固化速度快。常用喷涂材料见表 6 - 6。

表 6 - 6　常用喷涂材料

喷涂材料种类	性能
AR 型(丙烯酸树脂)	具有良好的电性能,工艺性好,固化时间短,耐磨,适用于室内应用的电子产品的喷涂
ER 型(环氧树脂)	有良好的电性能和附着力,工艺性好,与大部分化学物品不发生反应,但是由于聚合时产生较大应力,不适合玻璃外壳和细引线元器件的喷涂
SR 型(有机硅树脂)	电性能优良,介电损耗小,防潮性能好,适用于高频电路及高温下工作的电子产品的喷涂
UR 型(聚氨基甲酸树脂)	耐热和耐潮(盐雾)性能良好,不适合高频电路,有微量毒性,工艺要求高
XY 型(聚对二甲苯树脂)	涂膜均匀,无针孔,环保型防护膜,适用于高频电子产品,但是材料成本较高,使用受到一定限制

航天产品目前主要选用双组分聚氨酯类材料作为防护涂覆材料,它的特性是漆膜坚韧、光泽度高、附着力好、耐侵蚀、耐油、耐水,具有良好的绝缘性,介电损耗小,有一定的毒性,固化条件简单。

6.2.5　粘固和灌封材料

灌封材料与喷涂材料一样,首先需要具备稳定的物理性能和良好的附着力,同时灌封、粘固材料应具有一定流动性,且固化应力小,固化后与母材有较匹配的热膨胀系数;在产品规定的环境条件下,灌封和粘固材料不会产生分离和脱落;材料的化学性能稳定,与母材具有较好的相容性,在产品规定的环境条件下,不应发生化学分解而造成分裂、脱落和侵蚀;材料的操作工艺简单,可维修性好;材料使用安全,与人体接触不应造成伤害。常用粘固和灌封材料见表 6 - 7。

航天产品中常用的粘固和灌封材料是有机硅类橡胶,具体的固化机理见 6.7.2.1 小节内容。有机硅材料具有流动性好、绝缘性能好等特点,固化后具有一定的弹性,自身强度不高，容易清除。

表 6-7　常用粘固和灌封材料

材料名称	材料牌号	性能与适用范围
室温硫化硅橡胶	GD401,QD231,NQ803	固化速度较慢,温度适应性好,用于电连接器和 PCA 的灌封
单组分硅酮胶	3140RTV	用于电子产品灌封或粘固
有机硅凝胶	GN512,GN521,GN522	用于电子产品灌封
单组分室温硫化硅橡胶	GD414,GD414C,NQ703/704/705	流动性较差,用于元器件的粘固
双组分环氧胶	E51(环氧 618),E44(环氧 6101)	粘固强度高,不利于返修
厌氧胶	乐泰 243	用于不可拆卸螺纹紧固
厌氧胶	乐泰 252	用于可拆卸螺纹紧固

6.2.6　环境要求

　　航天电子产品安装的工作场地应保持整洁干净，工作场地的洁净度按安装要求和产品精密程度不同有所区别，精密安装场地的洁净度不低于 100 000 级，工作场地内温度一般保持（23±5）℃，相对湿度应保持 30%～70%；同时工作场地应具有良好的静电防护系统，并符合相关标准要求，通常情况下，静电防护接地电阻不大于 10 Ω，越小越好，工作台应使用良好的静电消散材料和抗静电材料；对于元器件的保存，尽可能使用原有包装，并放置在恒温恒湿柜中；在安装和焊接等过程中，周围最好配备离子发生器，用于中和操作过程中产生的静电荷；此外对于环境的光照强度一般不低于 1 000 lx，操作台面至少应有 90% 无阴影区域，且无强烈反射。

6.2.7　工具和设备要求

　　印制电路板互联过程中使用的工具和设备应满足使用要求，且便于操作和维修。工具（工装）和设备的选择和维护应不降低或不损害元器件、组装件的结构和使用功能。应保证对温度控制、电气过载（Electrical Overstress，EOS）或静电放电（ESD）的隔离保护，各种工具（工装）和设备应具有合格证明文件，并按规定进行定期校验；对于测试、试验设备，计量器具和仪表应具有合格证明文件，按规定进行定期检定/校准，并在检定/校准有效期内使用。自制的工具（工装）和设备，也应经严格的技术鉴定和确认。

6.3　PCA 组装前的预处理

　　PCA 组装前的预处理是保证印制电路板互联可靠性的重要环节，包含元器件的搪锡、成形，印制板的预处理，导线端头处理等工序。近年来，由于互联前准备工作不当导致的质量问题时有发生，如镀金引线元器件未进行除金处理导致金脆问题的发生、印制板未进行预烘导致分层、元器件成形尺寸不当无法有效释放应力导致焊点出现开裂等，这些质量问题都是由于未能很好地开展组装前的预处理工作所导致。

6.3.1　镀金引线（焊端）除金

元器件引线（焊端）镀金层凭借其良好的导电性、耐磨性、耐腐蚀性和抗氧化性，越来越多地应用于型号产品中，从早期以电连接器为代表的通孔插装结构元器件，到目前大量使用的 QFP、无引线陶瓷芯片载体（Leadless Ceramic Chip Carrier，LCCC）、FP 等封装形式的表面贴装大规模集成电路、光耦和晶振等，大都采用引线（焊端）最外层镀金的工艺以保证元器件的长期贮存性和良好的导电性能。

在焊接前需要进行除金处理的原因是电子产品的焊接工艺是以锡系焊料为主的软钎焊接，焊接时金元素更易与锡元素发生反应，结合生成金-锡化合物（$AuSn_2$、$AuSn$、$AuSn_4$），且反应速度较快（$1.27~\mu m$ 的镀金层，在 2 s 的时间内，就能完全溶于锡铅焊料中），同时在产品后续的高温老化过程中，焊点中未发生反应的游离金原子也会逐渐与锡原子结合，且生长速度迅速，最厚时形成的界面可达几十微米。金-锡化合物呈枝晶状，在机械应力和热应力作用下，易发生断裂，出现脆化现象（俗称"金脆"），且裂纹会沿着界面迅速扩展，最终造成焊点内部出现大面积的开裂现象，如图 6-2 所示，导致产品电气性能和机械性能下降，影响了产品的可靠性。因此，在国内外的相关标准中，针对有高可靠性要求的电子产品，为了避免在焊接过程中由于生成金-锡化合物导致焊点机械性能和电气性能下降的隐患，均明确规定了元器件镀金层在焊接前的除金处理要求。其规定如下：

1) 对于具有 $2.5~\mu m$ 或更厚金层的通孔元件引线，在焊接前应去除至少 95% 被焊表面的金层；

2) 对于表面贴装元器件，不管金层厚度为多少，在焊接前应去除至少 95% 被焊表面的金层；

3) 针对镀金层厚度大于或等于 $2.5~\mu m$ 的元器件，可采用二次搪锡工艺或波峰焊接工艺去除焊接端头表面的金层；

4) 针对采用化学化学镀镍/浸金（Electroless Nickle/Immersion Gold，ENIG）工艺的印制板，印制板表面镀金层可免除金要求。

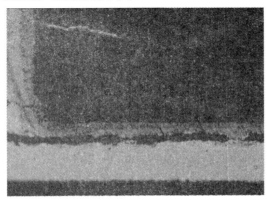

图 6-2　金脆

表面贴装元器件的焊点结构决定了其焊点机械强度弱于通孔插装元器件，金脆对焊点的影响风险更大，同时由于目前具有镀金引线（或焊端）的表面贴装元器件大多为进口集成电路，其镀金层厚度无法掌握，为了避免由于引线（或焊端）镀层中金元素含量过多带来的风险，通常情况下，表面贴装元器件都应该进行除金处理。

6.3.2　元器件搪锡

航天电子产品使用的元器件在安装前应进行搪锡处理，搪锡的目的是为了增强元器件焊接部位的可焊性。航天电子产品使用的元器件由于其用途的特殊性，在使用前需要经过复验、筛选、试验等环节，免不了长期暴露于空气中，因此元器件的焊接部位通常会受到不同程度的氧化，尤其针对国外进口的元器件，由于经多次转运，周期较长，部分元器件氧化更为严重。因此，元器件的搪锡可以在前期有效预防不良焊接的发生，减少后续不必要的修复与改装。

搪锡方式、温度和时间见表 6 - 8，如有特殊要求，应按电子元器件承制方提供的产品说明书操作。

表 6 - 8　电子元器件引线电烙铁和锡锅搪锡温度和位置

电子元器件名称	电烙铁温度/℃	锡锅温度/℃	距引线根部距离/mm
普通（精密）电阻	300	280	2
线绕电阻	300	280	2
热敏电阻	270	250	3
无极性电容	280	260	2
钽电容	270	250	3.5
二极管（玻璃封装）	280	260	5
三极管	300	280	3
继电器	270	250	2（直插式）；3（焊线式）
熔断器	280	260	2（径向）；3（轴向）
电感、变压器线圈	300	280	焊接部位
圆管形封装器件	270	250	3
双列直插器件	270	250	到器件引线肩平行

注：电烙铁和锡锅搪锡温度可根据被搪电子元器件引线直径粗细、散热情况、结构形式等进行适当调整。

根据电子元器件结构形式、安装特点及印制电路板安装要求，电子元器件引线根部不搪锡长度一般应大于 2 mm。搪锡温度应不影响电子元器件的性能。

6.3.3　元器件引线成形

电子产品在工作过程中，根据使用条件及环境的不同，会受到各种应力的作用，如外部振动导致的机械应力、内部温度变化产生的热应力等，这些应力集中或分散作用于连接部位。元器件引线成形是针对引线结构元器件的二次成形，使其与印制板安装孔或焊盘相匹配，同时起到应力释放的作用，成形后引线的形状及尺寸是确保元器件在后续使用过程中连接可靠性的重要保障。如果成形尺寸不当，可能就会造成局部应力过大，当应力大于材料的屈服强度引起不可逆的塑性变形后，极易导致连接部位出现开裂等失效现象。

　　引线成形一般应由专用工具或设备完成。表面贴装元器件的引线成形必须由专用工装完成，同时弯曲部位要距离本体（或熔接点）一定距离，如图 6 - 3 所示，引线弯曲半径 r 应符合表 6 - 9 要求。

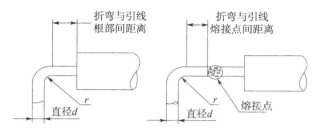

图 6 - 3　通孔插装元器件引线成形

表 6 - 9　引线弯曲半径

引线直径 d 或厚度 t/mm	最小弯曲半径 r
≤0.6	1 倍引线直径 d 或厚度 t
0.6～1.2	1.5 倍引线直径 d 或厚度 t
≥1.2	2 倍引线直径 d 或厚度 t

　　通孔插装元器件的成形工艺相对较为成熟，由于印制电路板通孔的存在，元器件与印制板的有效连接部位较长，其可靠性也相对较高。而表面贴装元器件由于其安装结构特点，与通孔插装元器件相比，元器件与印制板的有效连接面积较少，导致焊点需要承受更大的应力，因此成形尺寸的好坏直接影响焊点的应力释放。由于表面贴装元器件引线成形尺寸不当所导致的焊点开裂问题也是时有发生。因此引线类表面贴装元器件成形后，首先要满足各项成形指标，如搭接长度、肩宽、距离板面高度等满足设计和工艺要求，其次成形后引线的共面性需要控制在 0.1 mm 范围内，成形后的引线会有不同程度的回弹，但回弹范围需要控制在 3°～7°，为了控制回弹，成形时肩部的弯曲半径保证至少 1.5 倍引线的厚度或直径，因为在后续的使用过程中，肩部弯曲部位的折弯半径大小是器件承受外界应力强度的一个重要指标，通常弯曲半径越大，承受外应力的强度越强，但是弯曲半径越大带来的回弹值也会越大，因此在成形过程中，需要同时考虑弯曲半径和回弹值。

　　三极管正向、反向安装引线成形如图 6 - 4 和图 6 - 5 所示。

　　扁平封装元器件成形如图 6 - 6 所示。

6.3.4　印制板预处理

　　印制板预处理主要指印制板在安装元器件前需要进行清洗和预烘处理。印制电路板由于需要经受入厂复验、二次配套等过程，需要拆开原有的真空包装，在检验、转运等过程中容易受到污染，尤其是焊接部位的污染，容易导致虚焊现象的发生，因此在使用前应进

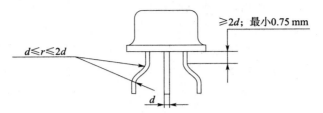

图 6-4　轴向引线成形示意图

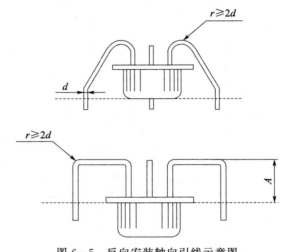

图 6-5　反向安装轴向引线示意图

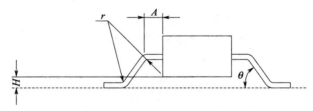

图 6-6　扁平封装器件成形示意图

行清洗，去除焊盘表面的油污或污染物。同时由于印制电路板基材——环氧玻璃布材料容易吸潮，在印制板层压过程中部分水汽容易残留在印制电路板内部，后续焊接过程中水汽蒸发容易导致印制电路板膨胀或变形，影响焊接的连接可靠性。因此，航天电子产品使用的印制电路板，在安装元器件前，还需要进行烘干处理。在执行清洗和烘干操作时，必须掌握好相互衔接的时机，例如一般在安装前 8 h 内进行清洗和烘干处理。针对未安装元器件的印制电路板，清洗方法种类较多，可以采用手工清洗、超声波清洗、汽相清洗和半水清洗等方法；预烘处理一般采用烘箱完成，通常情况下，单、双面印制电路板预烘温度为 80～85 ℃，多层印制电路板预烘温度为 110～120 ℃，时间均为 2～4 h。这样可以大大降低后续产品出现虚焊的风险。

6.3.5　元器件预烘

　　元器件的预烘主要是针对塑料封装表面贴装结构的集成电路，如 FPGA、数字信号处理器（Digital Signal Processor，DSP）、专用集成电路（Application Specific Integrated Circuit，ASIC）等处理器，大多采用 BGA、QFP、LCC 等封装，一般在安装前需要进行预烘处理。由于塑料固有的有机大分子结构，普遍存在较高的吸湿性，而不具有气密性封装结构。因吸潮会降低器件的寿命，为防止焊接过程中元器件出现分层、爆米花和键合点损伤等现象，元器件应进行预烘处理，预烘可以参照元器件对应的湿敏度等级来调整预烘的温度和时间。如采用高温预烘，其预烘温度为 125 ℃，相对湿度＜50％，预烘时间为 24 h；低温预烘，其预烘温度为 40～45 ℃，烘箱内相对湿度为＜5％，预烘时间为 196 h。对于潮湿敏感元器件，预烘条件见表 6-10。

表 6-10　潮湿敏感元器件预烘条件

封装本体	等级	在温度 125 ℃条件下烘烤		在温度 90 ℃，相对湿度不大于 5％条件下烘烤		在温度 40 ℃，相对湿度不大于 5％条件下烘烤	
		超出车间寿命①大于 72 h	超出车间寿命不大于 72 h	超出车间寿命大于 72 h	超出车间寿命不大于 72 h	超出车间寿命大于 72 h	超出车间寿命不大于 72 h
厚度不大于 1.4 mm	2	5 h	3 h	17 h	11 h	8 d	5 d
	2a	7 h	5 h	23 h	13 h	9 d	7 d
	3	9 h	7 h	33 h	23 h	13 d	9 d
	4	11 h	7 h	37 h	23 h	15 d	9 d
	5	12 h	7 h	41 h	24 h	17 d	10 d
	5a	16 h	10 h	54 h	24 h	22 d	10 d
厚度大于 1.4 mm，但不大于 2.0 mm	2	18 h	15 h	63 h	2 d	25 d	20 d
	2a	21 h	16 h	3 d	2 d	29 d	22 d
	3	27 h	17 h	4 d	2 d	37 d	23 d
	4	34 h	20 h	4 d	3 d	47 d	28 d
	5	40 h	25 h	6 d	4 d	57 d	35 d
	5a	48 h	40 h	8 d	6 d	79 d	56 d
厚度大于 2.0 mm，但不大于 4.5 mm	2	48 h	48 h	10 d	7 d	79 d	67 d
	2a	48 h	48 h	10 d	7 d	79 d	67 d
	3	48 h	48 h	10 d	8 d	79 d	67 d
	4	48 h	48 h	10 d	10 d	79 d	67 d
	5	48 h	48 h	10 d	10 d	79 d	67 d
	5a	48 h	48 h	10 d	10 d	79 d	67 d
BGA 封装大于 17 mm×17 mm 或任何堆叠晶片封装②	2～6	96 h	根据封装厚度和潮湿等级，参考以上要求	不适用	根据封装厚度和潮湿等级，参考以上要求	不适用	根据封装厚度和潮湿等级，参考以上要求

注：1. 本表针对最严苛条件的模制引线框架 SMD 封装。如果技术上有据可查（例如吸潮/去湿数据等），用户可以减少实际的烘烤时间。大多数的案例可以应用于其他非气密表面贴装 SMD 封装。

　　2. 本资料内容摘至 IPC/JEDEC J-STD-033B.1 CN。

　　①拆开包装后到焊接前的等待时间。

　　②对于大于 17 mm×17 mm 的 BGA 封装，基材内没有阻挡湿气扩散的内层，可以根据表格中厚度/潮湿等级部分，选择烘烤时间。

6.4　元器件安装

元器件在印制电路板上安装，应符合航天电子产品的质量和可靠性要求，满足产品技术条件的要求。元器件安装后能经受产品在储存和使用过程中的环境条件，安装高度和位置能符合产品防震、绝缘、散热等技术要求。因此，元器件布局做到疏密均匀、排列整齐，不允许立体交叉或重叠，元器件之间要保持合理的安全间隙。同时，选用的元器件形状和尺寸具有良好的互换性，符合手工焊接和自动焊接（波峰焊接、再流焊接）的耐高温焊接条件，以及承受有机溶剂的清洗和防护加固过程的影响。

6.4.1　通孔插装技术（THT）

通孔插装无论从设计还是工艺方面，经过几十年的发展，已经积累了丰富的经验。通孔插装元器件具有较长的引出线，用于插入印制电路板的金属化孔，只是引出线的引出部位有所不同，分为元器件轴向引出引线、径向引出引线和底部引出引线三种。通孔插装元器件的安装原则一般遵循先低后高、先轻后重、先一般后特殊等原则。通孔插装元器件引线插入印制电路板的金属化孔后应保证具有 0.2～0.4 mm 的间隙，这是为了确保焊料能顺利从焊接面流入元件面，形成良好的焊点，同时还不至于使引线由于间隙过大发生倾斜等现象。此外，引线露出焊接面的长度应控制在（1.5±0.8）mm，以保证形成良好的焊点形貌。

6.4.1.1　轴向引出线元器件安装

轴向引出线元器件大多为无源元器件，最常见的就是电阻器，如金属膜电阻、线绕电阻等，其引出线在元器件本体的两端，为对称结构。轴向引出线元器件安装时应充分考虑安装后的抗震性能、散热性能以及绝缘性能。通常通过控制元器件的离板高度来达到这些效果，如安装面底部没有裸露的印制导线条，元器件功率也较小时，为了保证抗震性能良好，可以将元器件进行贴板安装，但是如果底部有印制导线条，为了确保绝缘性能，应抬高 0.5～1 mm；针对功率较大的元器件，如 2 W 以上的电阻，此类元器件往往具有较大的质量，因此从散热性和抗震性能考虑，一般将其抬高 1～3 mm 安装。此外，轴向引出线结构的玻璃二极管，如果后续喷涂防护材料的话，需要在安装时抬高 1 mm，以防止在热循环过程中，玻璃本体受力出现开裂的现象。轴向引线安装示意图如图 6-7 所示。

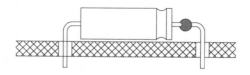

图 6-7　轴向引线元器件安装示意图

6.4.1.2　径向引出线元器件安装

径向引出线元器件以电容、运算放大器、二极管、三极管等元器件为主，其引线均在本体一侧，元器件安装时一般采用直立和卧式两种方式。针对电容来说，只有 2 根引出线，通常采用两引线成形后侧向一边的卧式安装方法，如常用的体积较小的独石电容，如果安装后周围有空间，尽量采取卧式安装的方法，并在外露引线部位采取绝缘措施，针对体积较大的电解质电容，一般采用抬高的方式进行安装，抬高高度在 2～3 mm 范围内。

　　针对多引线的径向引出线元器件，如三极管（3 根引线）、运算放大器（8 根引线）等，安装时需要进行成形，如图 6-8 所示。

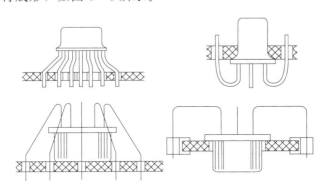

图 6-8　径向引出线元器件安装示意图

6.4.1.3　底部引出线元器件安装

　　与径向引出线元器件相同的是，底部引出线元器件的引线也是从元器件本体的一侧引出；与径向引出线不同的是，底部引出线通常是从本体的底部界面引出，且此类器件一般体积、质量较大。常见的底部引出线结构有电源模块、滤波器、大功率的集成电路，还有大功率的二极管、三极管（C 型、F 型）等。与上述两种器件不同，底部引出线元器件通常情况下由于引线直径较粗，一般不进行剪切操作，避免损伤本体或玻璃封釉，而是安装后直接进行焊接或采用导线连接引线和对应的焊盘。

　　底部引出线元器件如果采用直接焊接的方式时，在安装过程中需要避免发生气密安装。图 6-9 为典型的气密安装结构，气密安装通常具有两个要素，一个是贴板安装，另一个是印制板金属化孔只有一侧与外界空气连通。图 6-9 中，金属化孔中存在空气，阻碍了焊料的流动，造成透锡不良现象，尤其是多层印制电路板组装件，后续使用过程中存在较大的风险。

　　此外，如果遇到需要采用螺纹紧固的元器件，或需要加装散热器的元器件时，一定要先安装紧固后，再进行后续的焊接操作，避免螺纹紧固过程中焊点受到损伤。

6.4.2　表面贴装技术（SMT）

　　表面贴装技术（SMT）是当前印制电路板组装技术的核心部分，体现了印制电路板组装制造的综合能力。当前，航天电子产品中表面贴装元器件所占的比重逐渐增加，超过 50% 的元器件均采用表面贴装方式，普遍采用的最小尺寸元件为 0603 封装的片式电阻、电容元器件，最小间距器件为 0.5 mm 的 QFP 封装、0.8 mm 的 BGA 封装。

　　SMT 是一系列工艺过程的总称，主要包含印刷、贴片和再流三部分，针对不同的表

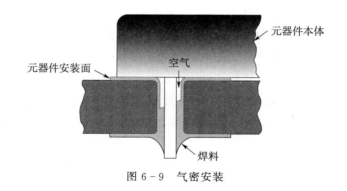

图 6-9　气密安装

面贴装器件，各自对应的参数也有所不同。

　　表面贴装的方法分为手工贴装和自动贴装两种，但是无论手工还是自动，都应当保证贴装焊接部位至少 85％ 覆盖对应焊盘。针对鸥翼型和阵列器件，当其间距大于 0.635 mm 时，引线埋入焊膏的深度应不小于引线厚度 50％；引线间距不大于 0.635 mm 时，埋入深度应为引线厚度 25％～50％。

　　引线间距大于 0.635 mm 的器件，一般要求焊膏被挤出量（长度）不大于 0.2 mm；引线间距小于 0.635 mm 的器件，焊膏挤出量（长度）应不大于 0.1 mm；并且，应保证挤出的焊膏不与相邻的焊盘或焊膏产生桥连。

　　片式、圆柱形元件安装要求应符合图 6-10 要求。

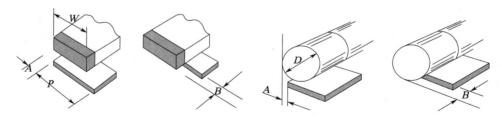

图 6-10　片式、圆柱形元件安装示意图

A—片式元件焊端横向偏移出焊盘的距离，最大为 15％W 或 25％D；

B—片式元件焊端纵向不允许偏移；D—圆柱形焊端直径；W—焊端宽度

　　扁平、带状、L 型和翼形引线器件的安装应符合图 6-11 要求。

　　圆形、扁圆形引线器件安装应符合图 6-12 要求。

　　J 型引线器件安装应符合图 6-13 要求。

　　球栅阵列封装器件（BGA）安装时，BGA 焊球不应偏离焊盘，且 BGA 焊球应未与相邻焊盘的焊膏粘连。

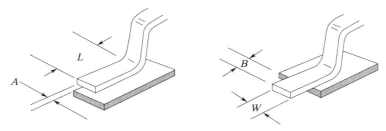

图 6-11　扁平、带状、L 型和翼形引线器件的安装示意图

A—引线横向偏移出焊盘的距离，最大为 15%W；B—引线纵向不允许偏移；

L—引线搭接在焊盘的长度，应不小于 1.5W；W—引线宽度

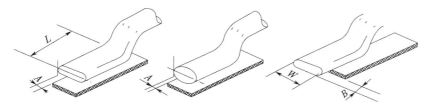

图 6-12　圆形、扁圆形引线器件安装示意图

A—引线横向偏移出焊盘的距离，最大为 15%引线宽度或直径；B—引线纵向不允许偏移；

L—引线搭接在焊盘的长度，应不小于 1.5W；W—引线宽度

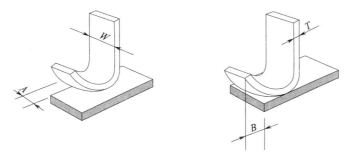

图 6-13　J 型引线器件安装示意图

A—引线横向偏移出焊盘的距离，最大为 15%W；B—引线纵向不允许偏移；T—引线厚度；W—引线宽度

城堡型引线器件安装应符合图 6-14 要求。

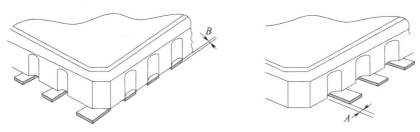

图 6-14　城堡型引线器件安装示意图

A—焊端横向偏移出焊盘的距离，最大为 15%W；B—焊端纵向不允许偏移

6.4.3　混合安装技术 (MMT)

混合安装技术是融合通孔插装和表面贴装的一种元器件混合安装的方式，即在同一块印制板上兼有通孔插装元器件和表面贴装元器件。混合安装的关键是根据产品结构特点、设备配套情况和操作工艺规范，安排合理可行的工艺流程。元器件混合安装是目前大多数航天电子产品采用的主要组装工艺。混合安装元器件的布局要保证各元器件之间的最小电气间隙，尽量将表面贴装元器件放在印制电路板的同一侧，如果必须布在两面，应将质量较大的集成电路，如 BGA、QFP 等，尤其是陶瓷封装的扁平或阵列封装元器件布在印制电路板的一侧，以防止再流焊接过程中由于元器件质量太大造成脱落。

6.5　焊接

焊接是使焊料合金和与之结合的金属表面之间形成合金层的一种连接技术。印制电路板组装件的焊接是实现元器件与印制电路板之间电气互联和机械互联的关键技术，焊接质量将直接影响产品的质量和可靠性。

印制电路板组装件的焊接属于软钎焊，一直以来都是以锡铅合金作为焊料，实现印制电路板与元器件的连接，其连接部位的母材通常以铜、镍、金、铁等为主，焊接方法分为手工焊接和自动焊接两种。

6.5.1　软钎焊机理

焊接过程是一系列物理、化学、冶金反应的复杂过程，大到外观形态变化，小到原子之间相互扩散、溶解的变化。对于印制电路板组装件的焊接过程而言，首先是将焊料施加在基板或元器件的连接部位，通过加热使焊料中的助焊剂先发挥作用，与被焊接部位表面的氧化层发生反应，将氧化物或杂质去除，从而使焊接部位的表面清洁，理想状态是被焊件的母材完全暴露在表面，然后持续对焊件进行加热，当温度达到焊料液相线时，焊料开始由固态转变为液态，此时液态焊料开始铺展在焊接面上，即我们通常所说的焊料润湿母材表面，此时焊料中的原子开始扩散到母材当中，母材中的少量原子也开始溶解到焊料当中，由于加热过程为母材和焊料原子提供了热能，当获得两者发生化学反应所需要的能量后，大量焊料原子与母材原子在焊料与母材界面上发生化学反应，生成新的合金，加热温度越高，加热时间越长，参与发生反应的原子越多，生成的金属间化合物也越多，停止加热后，新生成的合金在母材与焊料界面上形成合金层，通常也称为金属间化合物 (Intermetallic Compound，IMC) 层，温度持续降低，当下降到焊料液相线温度以下时，焊料由液态变为固态，形成最终的焊点。其大致过程如图 6-15 所示。

下面以航天电子产品印制电路板组装件常用的基板、元器件、焊料和松香助焊剂为例，具体描述焊接的全过程。

6.5.1.1　加热 (预热)

预热过程主要是为了使助焊剂达到活化温度，以航天电子产品常用的松香助焊剂为

图 6-15 焊接过程

例，其熔点为 74 ℃，在 175 ℃左右呈活性反应，可以去除母材表面的氧化物，同时液态的焊剂有助于热量在焊接部位的传递。针对波峰焊接或再流焊接工艺，预热过程也能有效防止基板或元器件受到热冲击，防止焊膏中的溶剂快速挥发造成锡珠等多余物问题。

预热过程只发生物理反应，尚未发生化学反应。

6.5.1.2 助焊剂去除氧化物

助焊剂清洁过程主要发生在焊料合金熔化以前，确保熔融状态下的焊料能够直接与母材接触，并铺展在母材表面，以常用的基板和元器件母材 Cu 为例，Cu 暴露在空气中时容易氧化生成氧化膜，低温时生成暗红色的 Cu_2O，高温下生成黑色的 CuO。助焊剂去除氧化膜的过程主要依靠松香中的松香酸来完成，其反应式如下

$$4C_{19}H_{29}COOH + Cu_2O \xrightarrow{\triangle} 2Cu(C_{19}H_{29}\overset{\overset{\text{O}}{\|}}{\underset{\underset{\text{O}}{\|}}{C}})_2 + H_2O\uparrow$$

$$2C_{19}H_{29}COOH + CuO \xrightarrow{\triangle} Cu(C_{19}H_{29}\overset{\overset{\text{O}}{\|}}{\underset{\underset{\text{O}}{\|}}{C}})_2 + H_2O\uparrow$$

助焊剂清洁过程既包含物理反应，也包含化学反应，是确保后续焊料润湿、溶解和扩散等过程顺利开展的前提。

6.5.1.3 母材与焊料原子扩散溶解

在完成母材表面清洁后，持续加热使焊料达到液相线温度，以锡铅共晶焊料为例，其液相线温度为 183 ℃，在 183 ℃时，开始由固态变为液态，此时需要熔融的液态焊料润湿母材表面，这样才能保证母材与焊料原子顺利发生扩散和溶解，过程如图 6-16 所示。

图 6-16 母材与焊料原子发生扩散溶解过程

（1）焊料润湿表面

润湿是液体在固体表面漫流的物理现象。在焊接过程中，把熔融焊料在被焊金属表面上形成均匀、平滑、连续并且附着牢固的合金的过程称为润湿。焊料是否润湿可以通过定性地观察润湿角来衡量，润湿角（θ）是焊料和母材之间的界面与焊料表面切线之间的夹角，当 $\theta = 0°$ 时，完全润湿，当 $\theta = 180°$ 时，完全不润湿，$\theta \leqslant 90°$ 时可认为润湿，$\theta > 90°$ 时视为不润湿，如图 6-17 所示。

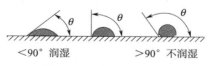

<90° 润湿　　　　　　　>90° 不润湿

图 6-17　润湿角示意图

润湿需具备以下 2 个条件：1）液态焊料与母材之间应能互相熔融，即两种原子之间有良好的亲和力；2）焊料和母材表面必须"清洁"，这里的"清洁"指焊料与母材两者的表面都没有氧化层，更不能被污染。当焊料与被焊金属之间有氧化层和其他污染物时，会妨碍金属原子自由接近，不能产生润湿作用，是形成虚焊的原因之一。以母材铜和锡铅焊料为例，Cu 原子与 Sn 原子之间具有良好的亲和力，因此熔融状态的锡铅共晶焊料可以完全润湿母材铜的表面。

（2）焊料原子扩散到母材中

金属原子以结晶排列，原子间作用力平衡的情况下，能保持晶格的形状和稳定。当金属与金属接触时，由于界面上晶格紊乱导致部分原子从一个晶格点阵移动到另一个晶格点阵，此现象称为扩散现象。以锡铅焊料和母材 Cu 为例，图 6-18 所示为锡铅焊料向母材 Cu 中的扩散，其中主要发生以下 4 种扩散：1）表面扩散，即熔融焊料 Sn 原子沿母材 Cu 表面的扩散；2）晶内扩散，即熔融焊料 Sn 扩散到母材 Cu 的晶粒中；3）晶界扩散，即熔融焊料 Sn 分割母材 Cu 晶粒，向母材 Cu 晶界扩散；4）选择扩散，即在两种以上金属元素组成的焊料焊接时，只有某一种金属元素扩散，其他元素不扩散。如 Sn-Pb 焊料与某一金属表面焊接时，Sn 扩散，而 Pb 在 300 ℃以下不扩散。

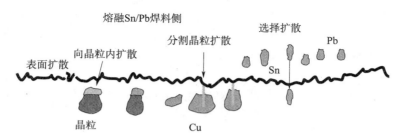

熔融Sn/Pb焊料侧

表面扩散　向晶粒内扩散　分割晶粒扩散　选择扩散　Pb　Sn

晶粒　　　　　　　Cu

图 6-18　锡铅焊料向母材 Cu 中扩散

扩散发生的条件首先需要金属表面清洁、无氧化层和其他杂质，同时两种金属要紧密接触，这样原子才会发生引力，引起扩散现象，其次需要一定的温度，使原子获得足够的动能，扩散的速度与温度成正比关系，温度越高，扩散速度越快；扩散的量与峰值温度的持续时间、液相时间也成正比关系，峰值温度的持续时间越长，扩散的量越多。

（3）溶解

溶解指母材表面的 Cu 原子被熔融的液态焊料溶解或溶蚀的现象。溶解过程是在钎料组分向母材的扩散达到饱和溶解度后发生的，以锡铅焊料和母材 Cu 为例，通常只有很少量的 Cu 原子在局部扩散达到饱和后，溶解到焊料当中。

6.5.1.4　母材与焊料原子发生化学反应

母材与焊料原子发生化学反应是伴随着扩散和溶解过程发生的，以锡铅焊料和母材铜为例，在锡原子扩散到母材铜中以后，锡原子即与铜原子发生化学反应，生成金属间化合物 Cu_6Sn_5，随着扩散的原子数不断增多，生成的 Cu_6Sn_5 也逐渐增多，如果温度持续升高或加热时间过长，初期形成的 Cu_6Sn_5 会与溶解到焊料中的 Cu 原子进一步发生反应，形成 Cu_3Sn。

6.5.1.5　冷却形成焊点

以锡铅焊料和母材铜为例，当锡原子与铜原子发生化学反应生成 Cu_6Sn_5 后，证明已经顺利发生了焊接反应，由于金属间化合物过多或者过少都会影响最后合金层的厚度，对于合金层的厚度，一致认为控制在 $0.5\sim5~\mu m$ 之间为较为理想的厚度，需要严格控制加热的时间和温度，防止合金层出现过厚或者过薄的现象，要适时停止加热并进行冷却。冷却过程中，当温度下降到焊料液相线温度以下时，焊料由液态变为固态，最终形成焊点。图 6-19 为锡铅焊料与母材铜的典型焊点微观结构图。

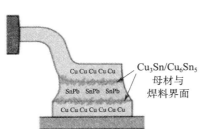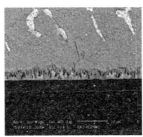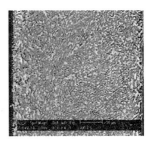

图 6-19　锡铅焊料与母材铜的焊点微观结构图

以上以锡铅焊料和母材铜为例介绍了软钎焊接的机理，对于航天电子产品，印制电路板组装件的焊接大部分是锡系焊料与母材铜的反应，此外还有部分镀金印制电路板和元器件，母材以镍为主；还有部分元器件的焊接部位母材为铁，其焊接过程发生的物理、化学反应与上述过程基本类似，只是最终形成的合金层有所差异。

6.5.2　焊接方法

焊接方法按照操作方式不同可分为手工焊接和自动焊接两类。手工焊接方法的操作较为简单，成本也较低，焊接过程中，控制好焊接温度和时间就可以，但是对人员技能要求较高，人工成本较大，随着电子产品的大批量生产，手工焊接已经无法适用于正常的生产，只适用于部分返修和改装等操作；同时随着元器件种类的多元化，尤其是表面贴装元器件的大量使用，如 BGA 等封装结构的元器件，已经无法依靠手工焊接来完成。

自动焊接方式主要分为波峰焊接和再流焊接两种，波峰焊接主要适用于通孔插装元器件的焊接和部分无源表面贴装元器件的焊接，再流焊接是随着表面贴装元器件的出现而诞生的，主要用于表面贴装元器件的焊接。近年来，部分通孔插装元器件也有采用通孔再流焊接方法的，但是在航天电子产品制造领域，还主要限于表面贴装元器件的焊接。与手工焊接相比，自动焊接的设备投入成本较大，人员相对较少，但是在产能上有了大幅度的提高。

除了手工焊接和自动焊接外，当前印制电路板组装件大量采用混合焊接的方法，混合焊接就是生产过程中需要同时用到波峰焊接、再流焊接，有些时候还会用到手工焊接的方法，其重点主要是各种焊接方法安排的合理性问题，这也是目前航天电子产品采用最多的焊接工艺方法。

6.5.2.1　手工焊接

当前，虽然整个电子制造行业的焊接方法已经进入以波峰焊接、再流焊接为主的自动化时代，但是无论在哪个制造厂，手工焊接依然存在，在航天电子产品制造领域，手工焊接仍然是一种重要的焊接手段。尤其在产品研制或修复与改装等阶段，手工焊接以其灵活性和便捷性具有明显的优势。

手工焊接使用的重要工具就是电烙铁，随着当前对电子产品可靠性要求的不断提高，以及产品的小型化和集成化，电烙铁也从原有简单的加热方法发展到如今具有温控调节、高效热补偿等优点的智能烙铁，保证了手工焊接的可靠性和可控性。手工焊接的质量取决于电烙铁的选择和操作者的经验，如何针对元器件焊接部位和焊盘尺寸及形状选择适宜的烙铁头形状、焊接温度和焊接时间，都需要操作者具有一定的经验，尤其是元器件种类的多元化，如对温度敏感元器件等大量的使用，对手工焊接的工具和操作也都提出了更高的要求。

手工焊接方式的缺点是过程不易控制，如焊接温度和焊接时间，如果操作者不经过长时间的培训和操作，很容易造成元器件或印制板受到热损伤，虽然一些显性的问题可以通过检验发现，关键是造成的一些隐性损伤，如焊接温度过高或时间过长导致焊点的金属间化合物过厚，在后续的使用过程中，容易出现早期失效现象，这些潜在的风险均是手工焊接无法避免的问题。因此，手工焊接在今后电子产品制造过程中，尤其是对高可靠电子产品，不应当作为主要的焊接方法，同时需要对工具进行严格控制，操作人员也应严格执行培训上岗制度。

以下重点介绍影响手工焊接质量的一些关键要素。

（1）电烙铁的选择

电烙铁的选择首先应根据基板、元器件焊接部位的热容量考虑究竟需要多大的热量，然后由焊接的温度大致估算所需要的热量，最后选择能够满足焊接热量要求的电烙铁。电烙铁在焊接过程中，其发热量与消耗功率成正比，因此还需要考虑到热功率、热损耗等因素，从而确定合适功率。当前印制电路板组装件常用的电烙铁根据加热方式不同主要有以下 3 种。

1）外热式电烙铁：一般由烙铁头、烙铁芯、外壳、手柄、插头等部分所组成。其中，烙铁头由热传导性较好的铜基合金制成，安装在烙铁芯内，有凿式、尖锥形、圆面形、圆、尖锥形和半圆沟形等形状，且长短可以调整（烙铁头越短，烙铁头的温度就越高）。

2）内热式电烙铁：由连接杆、手柄、弹簧夹、烙铁芯、烙铁头五个部分组成。其中，烙铁芯采用镍铬电阻丝绕在瓷管上制成，安装在烙铁头的里面。由于镍铬电阻丝发热快，且热量转换效率可达 85％～90％，一般用于印制电路板组装件的焊接。

3）温控电烙铁：恒温电烙铁的烙铁头内，装有特殊材料的温度控制器，来控制通电时间，实现恒温的目的，恒温电烙铁可以有效避免误操作所带来的热损伤，同时与内热式电烙铁相比，恒温电烙铁的热补偿速率更为快捷，热量转换效率更高。目前，恒温电烙铁已经在航天电子产品制造领域广泛使用。

电烙铁的选择应从输出功率、热补偿速度、温控精度三个方面进行综合考虑，如果产品可靠性要求较高，焊接过程需要严格按照规定的焊接温度来完成，建议选择数显温控烙铁，控温精度应控制在 ±5 ℃ 以内，且在每次焊接前应进行测温。如果有大面积的接地点，建议选择功率较大、热补偿速度较快的电烙铁，可以缓解加热过程中散热较快的问题。目前常用的电烙铁输出功率一般在 45～80 W 之间，适用于常用通孔插装和表面贴装元器件的焊接，同时也有部分电烙铁功率可以达到 200 W，适用于一些特殊场合（如汇流条、大面积接地点等）的焊接。总之，电烙铁的选择应根据实际产品特点出发，对于印制电路板组装件来说，应尽量选择有数字显示、温控精度较高的电烙铁。

（2）烙铁头的选择

烙铁头的选择是直接影响焊接质量的关键要素，选择正确的烙铁头尺寸和形状非常重要。烙铁头的大小与热容量有直接关系，烙铁头越大，在相同时间内能够提供的热容量也相对较大。一般来说，烙铁头尺寸以不影响邻近元件为标准。选择能够与焊点充分接触的几何尺寸能提高焊接效率。

航天电子产品印制电路板组装件的焊接由于对可靠性要求较高，因此应严格控制烙铁头的选用，通常情况下，手工焊接工位应同时配备 3～4 种不同规格尺寸的烙铁头，以适应多种不同密度、形状和尺寸的基板和元器件焊接。在选择烙铁头时，应从以下 2 个方面综合考虑。

①烙铁头尺寸

烙铁头的尺寸可以根据基板焊盘的尺寸来确定，如图 6 - 20 所示，图中左侧的烙铁头尺寸与基板焊盘相比过小，在焊接过程中需要更高的温度和时间来提供焊接所需的热量，同时由于加热部位的局限性，容易造成焊盘起翘等热损伤；右侧的烙铁头尺寸与基板焊盘相比较大，在相同的时间内，输出的热量较大，容易造成热损伤；中间的烙铁头尺寸与焊盘直径尺寸大致为 1∶1，属于较为理想的尺寸。在实际生产过程中，应尽量选择与焊盘直径或宽度比为 1∶1 尺寸的烙铁头，这样可以更有效地将烙铁头热量传递到焊接部位。

图 6-20　烙铁头尺寸

②烙铁头形状

当前，由于烙铁厂商众多，配套的烙铁头形状也多种多样，较为常见的有凿形、马蹄形和锥形几种。凿形烙铁头一般用于通孔插装元器件的焊接，马蹄形烙铁头一般用于表面贴装元器件的脱焊，锥形烙铁头一般用于较小的片式元件的焊接。烙铁头形状的选择主要根据周围元器件的布局结构、元器件引线（焊端）尺寸和密度等确定，此外也需要根据个人操作习惯来确定，如部分操作者习惯用凿形烙铁头焊接片式元件。因此，烙铁头的形状与烙铁头尺寸相比，只要在操作过程中不会触碰到周围焊盘或引线，可以根据个人习惯进行选择。

（3）焊接温度和时间

焊接作业最适合的温度是所用焊料熔点温度加上 30～50 ℃。烙铁头的设定温度，由于焊接部分的大小、电烙铁的功率和性能、焊料的种类和线型的不同，在上述温度的基础上还要考虑热补偿 X ℃（通常为 80～110 ℃）为宜，即烙铁头温度约为焊料熔点温度加（30～50）℃再加 X ℃（损耗）。因为不同产品焊点大小、不同焊锡、不同环境及操作习惯等影响，此处 X 值变化很大，所以焊接温度需要同时兼顾电烙铁的热补偿速度、烙铁头的热传递效率等因素进行综合设置。为了满足热补偿速度及烙铁头的热传递效率，通常情况下焊接的时间确定为 2～3 s。

（4）易损元器件的焊接

易损元器件是指在安装焊接过程中，受热或接触电烙铁时容易造成损坏的元器件。例如有机注塑元器件（发光二极管等）、金属氧化物半导体（Metal Oxide Semiconductor，MOS）集成电路等。易损元器件在焊接前要认真作好表面清洁、镀锡等准备工作，焊接时切忌长时间反复烫焊，烙铁头及烙铁温度要选择适当，确保一次焊接成功。此外，要少用焊剂，防止焊剂侵入元器件的电接触点（例如继电器的触点）。由于集成电路引线间距很小，要选择合适的烙铁头及温度，防止引线间连锡。焊接集成电路最好先焊接地端、输出端、电源端，再焊输入端。对于那些对温度特别敏感的元器件，可以用镊子夹上蘸有无水乙醇（酒精）的棉球保护元器件根部，使热量尽量少传到元器件上。

（5）手工修复与改装

当前，虽然手工焊接方式在正式生产阶段所占的比重逐渐下降，但是在后续元器件的修复与改装阶段，手工焊接依然是主要的焊接方式，用于元器件的拆装和重新焊接，尤其是针对部分未配备返修工作系统的生产单位，可以通过采用专门的烙铁头对部分元器件，如 LCC、QFP 等表面贴装元器件进行更换。图 6-21 为几种表面贴装元器件的专用解焊烙铁头。

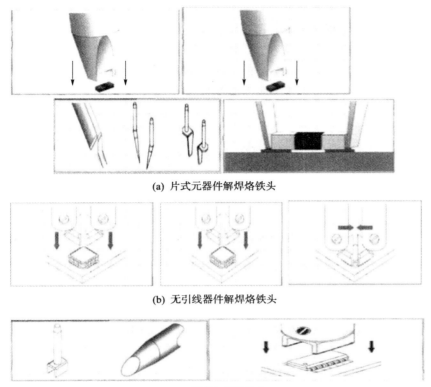

(a) 片式元器件解焊烙铁头

(b) 无引线器件解焊烙铁头

(c) SOP 器件解焊烙铁头

图 6-21　解焊烙铁头

6.5.2.2　波峰焊接

波峰焊接技术是由早期的浸焊技术发展而来的，是利用焊料槽内的机械式或电磁式离心泵，在焊料槽液面形成特定形状的焊料波，将插装了元器件的印制板组装件置于传送链上，以某一特定的角度和速度及一定的浸入深度通过焊料波峰而实现焊点焊接的过程。其典型的工艺流程如图 6-22 所示。

图 6-22　波峰焊接流程

波峰焊接工艺是较为成熟的自动化焊接工艺，主要适用于通孔插装元器件的焊接。但是，随着表面贴装元器件的大量使用，原有传统的单波峰焊接工艺已经无法满足表贴元器件焊接的需要，出现了双波峰、三波峰焊机，近年来选择性波峰焊接设备也受到了广泛的关注。

（1）预热

波峰焊接的预热过程是确保焊接过程顺利完成的关键环节，其主要作用有 3 个：1）确保助焊剂中的溶剂成分充分挥发，从而避免助焊剂中的溶剂在经过液面时高温汽化，导致出现锡珠等多余物的现象；2）防止元器件由于温度急剧上升而出现热损伤的现象；3）确保元器件在经过波峰时，不会因温差较大而大幅降低焊接温度，保证焊接在规定的时间内达到温度要求。表 6-11 的预热温度可供参考。

表 6-11　波峰焊接预热温度

PCB 类型	元器件种类	预热温度/℃
单面板	通孔插装＋表面贴装	90～100
双面板	通孔插装	90～110
双面板	通孔插装＋表面贴装	100～110
多层板	通孔插装	110～125
多层板	通孔插装＋表面贴装	110～130

在实际设置过程中，还应综合考虑助焊剂的成分、元器件耐温性能以及焊料液相线温度等因素。

（2）常见波峰焊接波形

波峰焊接的波形通常根据元器件类型进行选择，常见的波形有以下几种。

①湍流波

湍流波的波峰口是 2～3 排交错排列的小孔或狭长缝，锡流从孔/缝中喷出，形成快速流动的、形如涌泉的波峰，如图 6-23 所示。

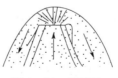

图 6-23　湍流波

②δ喷射空心波

δ喷射空心波是从倾斜 45°的单向峰口喷出，锡流与表面贴装组件（Surface Mount Assembly，SMA）行走同向或逆向喷出，如图 6-24 所示。

图 6-24　δ喷射空心波

湍流波与空心波都具窜动现象，在焊接过程中具有更多的动能，有利于在紧密间距的片状元器件之间注入焊料，但是形成的焊点存在不均匀现象，有可能同时出现桥接和拉尖等问题。通常情况下，湍流波与空心波都与层流波配合使用，形成双波峰，层流波放在后面用于对焊点进行修整。

③层流波

层流波具有波峰稳定平稳的特点，可对焊点进行修整，以消除各种不良现象，所以该波又称为平滑修整补充波，如图 6 - 25 所示。

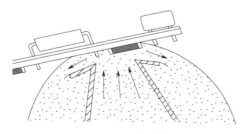

图 6 - 25　层流波

除上述三种常见波形以外，还有 Ω 波、充气（超声）波以及 O 形波等波形。波形的选择首先根据自身设备输出波形的特点，其次要考虑元器件类型、基板布局密度、器件引线间距等因素。

（3）波峰焊接温度曲线

由于印制电路板厚度、层数、尺寸、布线方式、铜箔面积以及负载元器件的不同，焊接过程中需要的热容量也不尽相同，因此需要结合设备的加热效率，针对不同类型结构的印制电路板组装件设置相应的程序，使实测温度曲线满足相关标准或规范要求。

对于波峰焊接设备来说，通常情况下，印制电路板基材材质和厚度的变化会对温度曲线造成较大的影响，在生产前需要开展工艺试验，设置相关程序，使其满足焊接要求。

波峰焊接温度曲线可参考图 6 - 26。

在实际生产过程中，应根据焊料类型，模拟实际生产情况，使用热电偶采集温度曲线，采集后参照图 6 - 26 进行比对，如果实际采集的曲线满足上述曲线要求，则证明程序设置合理，必要时，还可以开展工艺鉴定试验，通过金相剖切等手段观察波峰焊接后焊点的内部微观结构，进一步确认焊接质量。

采集温度曲线时，需要使用专用的热电偶进行测量，通常选择 K 型热电偶，热电偶的固定应采取粘接或使用高温焊料焊接的方法，确保在采集过程中热电偶不会脱离，此外热电偶的固定位置应确保包含核心、关键元器件的位置，另外根据设备自身特点，还应在温度最低点和温度最高点处固定相应的热电偶。

（4）影响波峰焊接质量的主要因素

波峰焊接质量受多方面因素影响，图 6 - 27 从多个方面总结了影响波峰焊接效果的因素。在实际生产过程中，针对其中的各项因素，应有对应的控制和监测方法，同时也应当制定相关的管理制度，以确保波峰焊接的质量。

（5）选择性波峰焊接工艺

选择性波峰焊接工艺是为了满足日益复杂的印制电路板组装件焊接要求而发明的一种

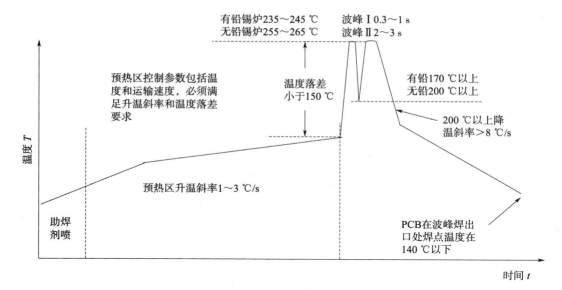

有铅锡炉235~245 ℃　　波峰Ⅰ0.3~1 s
无铅锡炉255~265 ℃　　波峰Ⅱ2~3 s

预热区控制参数包括温度和运输速度，必须满足升温斜率和温度落差要求

温度落差小于150 ℃

有铅170 ℃以上
无铅200 ℃以上

200 ℃以上降温斜率>8 ℃/s

预热区升温斜率1~3 ℃/s

助焊剂喷

PCB在波峰焊出口处焊点温度在140 ℃以下

时间 t

图 6-26　双波峰焊接温度曲线

元器件引线	PCB	温度条件	助焊剂	钎料 (锡)
洁净度→	洁净度→	预热条件→	涂覆法→	成分→
成形方法→	预涂助焊剂→	冷却方式→	成分→	温度→
表面状态→	表面状态→	冷却速度→	温度→	杂质→
线径→	镀层组织→	基板材料→	黏度→	钎料量→
伸出长度→	镀层厚度→	基板厚度→	涂布量→	
引线种类→	镀层密合度→	元器件热容量→	洁净度→	
镀层组织→	镀层表面状态→			
镀层厚度→	钻孔状态→			波峰焊接效果

引线和孔径→	传送速度→	灰尘→	保管状态→	技术水平→
引线和焊盘直径→	喷流速度→	室温→	保管时间→	责任心→
图形密度→	喷流波形→	照明→	包装状态→	工作态度→
图形形状→	夹送倾角→	噪声→	搬运状态→	家庭状态→
图形大小→	浸入状态→	湿度→		人际关系→
图形间隔→	退出状态→	振动→		社会状态→
图形方向→	浸入时间→	存放→		技术水平→
安装方式→	压波深度→			心情→
	波峰平稳度→			
设计	波峰焊接	环境	储存和搬运	操作者

图 6-27　影响波峰焊接质量的主要因素

特殊形式的波峰焊。选择性波峰焊接设备一般由助焊剂喷涂、预热和焊接三个模块构成。通过设备编程装置，助焊剂喷涂模块可对焊点或设定的焊接部位依次完成助焊剂选择性喷

涂，经预热模块预热后，再由焊接模块对焊点或设定的焊接部位逐点完成焊接。

选择性波峰焊接工艺最大的特点是焊点或设定的焊接部位的焊接参数都可以"量身定制"，使工艺人员有足够的工艺调整空间，可把焊点或设定的焊接部位的焊接参数（助焊剂的喷涂量、焊接时间、焊接波峰高度等）调至最佳，确保焊接的可靠性。因此，选择性波峰焊接工艺也逐渐在高可靠性电子产品制造领域中得到应用。与传统的全波峰焊接工艺相比，选择性波峰焊接工艺由于其灵活性较高，对焊接工艺提出了更高的要求。

以下是选择性波峰焊接工艺应重点关注的几个环节。

① 喷嘴选择

选择性波峰焊接工艺的喷嘴选择与前面手工焊接章节的烙铁选择相同，应充分考虑对应焊接部位的引线尺寸、密度及周围元器件的布局结构，同时还应根据所选择的焊接方式来选择喷嘴，如选择单向结构的喷嘴，适合采用拖焊的方式进行焊接，一般针对间距较大的多引线结构元器件；选择 360°全方向的喷嘴，一般采用点焊的方式，适合间距较小、焊接质量要求较高的元器件。在实际生产中，应根据产品特点和需要选择合适的喷嘴，以降低桥连、拉尖等焊接缺陷的风险。

② "高度" 设置

选择性波峰焊接工艺由于可以针对每个焊点设置对应的焊接参数，因此在设置波峰高度、喷嘴距离焊点高度、喷嘴移动过程距离板面高度时，应考虑到是否会对周围元器件造成影响。在针对每种元器件设置高度前，应开展相关的工艺试验，确保每个高度设置的合理性。

③ 焊接温度

与全波峰焊接不同，选择性波峰焊接由于是局部加热，提供的热容量小于全波峰焊接工艺，因此焊接温度的设置一般比全波峰高，需要根据选择设备自身的功率、焊接时间、喷嘴尺寸以及预热温度等综合考虑设置，一般情况下应比全波峰的温度高出 20～30 ℃，具体温度设置应视实际焊接过程选择的焊接方法来进一步确定。

④ 惰性气体保护

选择性波峰焊接工艺最重要的一个环节就是对焊接部位进行惰性气体保护，由于选择性焊接工艺的温度较高，焊接面积较小，且处于开放环境，焊料波极易受到氧化，造成焊料波不稳定，导致焊接过程中出现桥连、拉尖、润湿不良的现象，因此在焊接过程中必须对焊接部位进行保护以防止由于氧化造成的焊接不良现象。

⑤ 选择性波峰焊接常见缺陷分析及解决方法

以下列举了典型的选择性波峰焊接工艺的缺陷及对应的解决办法，以供参考：

1）桥接。桥接是选择性波峰焊接过程中一个比较常见的缺陷，元件引脚间距过近或者波峰不稳都有可能导致桥接，可能原因是焊接温度设置过低、焊接时间过短、焊接完成后冷却速度过快、助焊剂喷涂量过少以及未采取惰性气体保护等。一般这种情况下要检查波峰和确认焊接坐标是否正确，可以通过提高焊接温度或预热温度、提高焊接时间、增加下降时间、提高助焊剂喷涂量以及焊接过程采取惰性气体保护等方法来改善。

2）溢锡。溢锡现象是指焊料从焊接面流到元器件面对应焊盘以外的地方，发生这种情况首先要检查通孔元件是否缺失，观察印制电路板是否有明显变形，其次要检查元件引脚直径和通孔直径之间的间隙是否满足要求，如果通孔过大而元件引脚过细就会导致溢锡的发生。可以通过降低溢锡部位的波峰高度或焊接高度、降低助焊剂喷涂量解决。

3）焊料无法100％填充焊盘孔。此类现象一般发生在一些金属材质的大体积元器件上，如电源模块等的焊接过程，由于大多与接地脚相接散热较快，通常容易导致焊料无法实现100％填充，除此之外焊接温度低、助焊剂喷涂量少、波峰高度低都会导致上锡高度不够。出现此类现象时，应采取提高预热和焊接温度、增加助焊剂喷涂量等措施以确保实现焊料100％填充。

4）焊接后元器件离板高度发生变化。采用选择性波峰焊接工艺后，有时会出现元器件被抬高的现象，通常是由于元器件本身质量过轻或插装时未插到位，此外轨道速度过快或不稳也会导致此类现象。可以采取制作夹具将对应的元器件压住以防止抬高，但同时由于夹具的吸热可能需要提高预热或焊接温度。

5）拉尖。与桥接现象一样，拉尖也是选择性波峰焊接过程中发生频率较高的一类缺陷，通常是由于预热和焊接温度过低、焊接时间太短以及未采取惰性气体保护等原因引起。

6）锡珠。存在锡珠通常情况是由于预热温度或时间不足、助焊剂未完全挥发干净、在焊接过程中溶剂挥发造成炸裂导致。

7）焊点焊料量偏少。波峰温度过低、波峰不稳、波峰高度或焊接高度太低、焊接坐标设置错误都会导致焊点焊料量偏少的现象，可以通过修正坐标、清洁锡嘴、提高焊接温度、提高波峰或焊接高度等方法来解决。

在实际生产中，由于每种元器件的引线露出长度、间距等都有差异，因此需要针对每一类器件设置对应的焊接工艺参数；且由于选择性波峰焊接工艺受设备自身性能影响较大，因此需要针对对应的元器件开展相关工艺试验，以确定相关参数设置。

6.5.2.3　再流焊接

再流焊接又被称为回流焊，是表面组装技术的关键核心技术，是适应表面贴装元器件的自动化焊接而研制的一种焊接方法，主要应用于各类表面组装元器件的焊接。再流焊接是通过提供一种加热环境，使预先分配到印制板焊盘上的膏状焊料重新熔化，从而让表面贴装的元器件和PCB焊盘通过膏状焊料可靠地连接在一起的焊接技术，已成为SMT电路板组装的主流技术。其特点是元器件不直接浸渍在熔融的焊料中，受到的热冲击小，且能在前道工序控制焊料的施加量，减少虚焊、桥接等焊接缺陷，同时焊接过程中当焊料润湿焊盘后，由于熔融焊料表面张力的作用，元器件会产生自定位效应，具有自动校正偏差等优点。再流焊根据采用的热源不同，主要有红外再流焊、热风再流焊和汽相再流焊三种，红外再流焊是依靠红外发生器对焊件进行加热完成再流，优点是具有较快的升温速率，缺点是加热均匀性较差，升温速率不宜控制，不适用于较为复杂的印制电路板组装件的焊接；热风再流焊是目前主流的再流焊接方式，优点是加热效率高、升温和降温速率均可通过不同的温区进行设定，同时具有相当高的产能；汽相再流焊是通过可控制沸点的汽相液液化放热实现加热，与热风再流焊工艺相比，汽相再流焊工艺在热传递效率、加热均匀性、峰值温度控制和防止二次氧化方面都具有一定的优势。

再流焊接质量与前期的模板印刷和贴片质量密不可分，它们共同决定了再流焊接后焊点的可靠性。

（1）网板印刷

网板印刷是再流焊接前的重要环节，据统计在 SMT 环节中，50％以上的焊接缺陷是由于模板印刷质量所导致，其中模板制造、焊膏预处理和印刷参数设置是决定模板印刷质量的关键因素。

①模板制造

常见的模板（Stencil）制造方法有 3 种，即化学腐蚀、激光切割及电铸成形。表 6 - 12 是 3 种模板制造方法的对比分析。航天产品一般采用不锈钢激光网板。

表 6 - 12　模板制造方法对比分析

方法	基材	优点	缺点	适用对象
化学腐蚀	锡磷青铜 不锈钢	价格便宜 锡磷青铜易加工	窗口图形不够好 孔壁不光滑 模板尺寸不宜过大	0.65 mmQFP 以上的器件
激光切割	不锈钢 高分子聚酯	尺寸精度高 窗口形状好 孔壁较光洁	价格较高 孔壁有时会有毛刺，需要电抛光或化学抛光	0.5 mmQFP、BGA、CSP 等器件
电铸成形	镍	尺寸精度高 窗口形状好 孔壁光滑	价格昂贵 制作周期长	0201、0.3 mmQFP、CSP 等器件

模板厚度是保证再流焊接后焊点连接可靠性的重要指标，在不会由于焊料过厚导致桥连的情况下，通常焊料厚度越厚，形成焊点的机械强度越好。表 6 - 13 为常见元器件的网板厚度。

表 6 - 13　常见元器件的网板厚度

类型	PITCH	焊盘宽度	焊盘长度	开口宽度	开口长度	模板厚度	面积比
PLCC	1.27 mm	0.65 mm	2.0 mm	0.60 mm	1.95 mm	0.15～0.25 mm	0.88～1.48
QFP	0.635 mm	0.35 mm	1.5 mm	0.3 mm	1.45 mm	0.15～0.175 mm	0.71～2.0
QFP	0.50 mm	0.254～0.33 mm	1.25 mm	0.22～0.25 mm	1.2 mm	0.125～0.15 mm	0.69～0.83
QFP	0.40 mm	0.25 mm	1.25 mm	0.2 mm	1.2 mm	0.10～0.125 mm	0.68～0.86
QFP	0.30 mm	0.20 mm	1.00 mm	0.15 mm	0.95 mm	0.075～0.125 mm	0.65～0.86
0402	/	0.50 mm	0.65 mm	0.45 mm	0.6 mm	0.125～0.15 mm	0.84～1.00
0201	/	0.25 mm	0.40 mm	0.23 mm	0.35 mm	0.075～0.125 mm	0.66～0.89
BGA	1.27 mm	ϕ0.80 mm	/	ϕ0.75 mm	ϕ0.75 mm	0.15～0.20 mm	0.93～1.25
μBGA	1.00 mm	ϕ0.38 mm	/	ϕ0.35 mm	ϕ0.35 mm	0.115～0.135 mm	0.67～0.78
μBGA	0.50 mm	ϕ0.30 mm	/	ϕ0.28 mm	ϕ0.28 mm	0.075～0.125 mm	0.69～0.92

模板开口设计会直接影响到焊点内部空洞和锡珠的产生。焊点内部空洞的主要成因是焊膏中的挥发性物质汽化后产生气泡，并被包围在焊点中无法及时逸出，冷却后形成空洞。空洞面积过大不但对机械连接强度造成影响，还会导致电路中的电阻变大，影响产品的电气性能，因此，在大焊盘模板开口图形设计时，将图形设计成网格或光栅形，可以为挥发性物质汽化后提供排气通道，从而缓解气泡的形成。

实际生产中，在同一块印制板上往往有各种不同的元器件，对焊膏量的要求也不同。因此，在模板厚度确定以后，针对不同印制板布局和选用元器件的具体情况，对焊盘开口形状和尺寸应提出不同的修改要求，具体设计尺寸可参照以下 5 点建议：1）在没有窄间距器件（小于 0.635 mm 间距）情况下，模板的开口形状和尺寸与相对应的焊盘相同即可；2）当在同一块印制板上，元器件要求焊膏量悬殊比较大时，例如在同一块印制板上既有 1.27 mm 以上一般间距的元器件，也有细间距元器件，首先根据印制板上多数元器件的情况决定模板厚度，然后根据印制板上元器件的具体情况应说明哪些元件 1∶1 开口，哪些元件需要扩大或缩小开口，并给出扩大或缩小百分比；3）常规焊盘在保证内距时，可视焊盘大小（与标准大小元件相比较而言）做适当的内切、内加或移动处理；4）当焊盘内距小于标准内距时，如焊盘大于标准焊盘则采用内切方式，如焊盘小于等于标准焊盘则采用外移方式；5）当焊盘内距大于标准内距时，如焊盘大于标准焊盘则采用内移方式，如焊盘小于等于标准焊盘则采用内加方式，如图 6-28 所示。

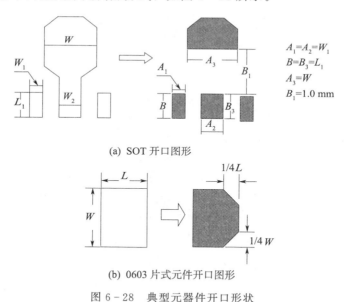

(a) SOT 开口图形

(b) 0603 片式元件开口图形

图 6-28 典型元器件开口形状

②焊膏预处理

焊膏在常温下只能短时间保存，长期常温存储会导致焊剂与合金粉末分离，改变焊膏的流动性，造成性能不良，一般储存环境为（5±3）℃。使用前应在室温下回温 4～6 h，使焊膏温度回到室温，不可加热升温，否则会造成焊剂等成分析出。如未完全回到室温，焊膏会冷凝空气中的水汽，焊接时造成塌陷、锡珠飞溅等问题。同时，吸收的水分在再流焊的高温下会与某些活性剂起反应，导致焊接不良。

焊膏回温后需要对其进行搅拌，搅拌的目的是使合金粉末和助焊剂混合均匀，使焊膏的印刷性能达到最佳状态。在搅拌的过程中时间太长、力量太大，合金粉末很可能被粉碎，造成锡膏中的金属粉末被氧化，金属粉末的氧化会使再流焊接时空洞和锡珠产生的几率增大。因此，焊膏的搅拌建议通过焊膏搅拌机完成，并依据焊膏厂商推荐的搅拌时间进行搅拌，一般设置为 $3\sim5$ min。

③印刷参数设置

焊膏印刷工艺以模板印刷为主，可分为手工印刷、半自动印刷和自动印刷三种，其中手工印刷目前只针对部分返修或需要局部印刷而无法使用设备的印制板组装件，印刷参数主要依靠操作者的经验。半自动印刷和自动印刷是目前主流的印刷工艺，印刷时通过控制流体运动，刮刀把浆料压入网孔，在刮刀及钢网的作用下，膏状焊料受到切应力而黏度迅速下降，并滚动运动，在滚动压力的作用下流过网孔，与 PCB 焊盘接触，从而实现将焊膏漏印到 PCB 焊盘上。影响焊膏印刷质量的主要参数有刮刀类型与夹角、刮刀压力、刮刀速度、脱模速度等。

印刷压力是在印刷时提供给刮刀的垂直力，一般为 $0.3\sim0.5$ N/mm。印刷间距是网板下表面与 PCB 之间的距离，其主要作用是保证在印刷后网板的回弹。印刷速度决定了整线的产量，但也不能过快，因为膏状焊料在印刷时会滚动运动并产生两种力，即一个反作用力和一个朝向网板或朝向刮刀的上下力。速度越快，力越大，刮到 PCB 上的焊膏量也会加大，印刷速度一般为 $10\sim25$ mm/s。

焊膏印刷后，应保证均匀一致，焊膏图形清晰，相邻图形之间不粘连，并与焊盘图形基本一致。引脚间距大于 0.635 mm 的器件，印刷的焊膏量一般为 0.8 mg/mm^2；引脚间距小于 0.635 mm 的器件，印刷焊膏量一般为 0.5 mg/mm^2。焊膏覆盖每个焊盘的面积应在 75% 以上，无明显塌落，错位不大于 0.2 mm，细间距不大于 0.1 mm。

此外，焊膏印刷后应尽量快速完成再流焊接，不易暴露时间过长，焊膏印刷后暴露在空气中的时间过长，焊膏氧化和吸潮的概率将大大增加，在焊接过程中，易造成焊点空洞和锡珠等问题。有铅/无铅元器件混合装焊时，由于无铅元器件焊接部位的无铅镀层润湿性较差，更容易出现上述现象。因此，为了避免由于焊膏印刷后在空气中暴露时间过长导致的氧化和吸潮等问题，在生产前，根据任务量和设备产能合理组织安排生产，以减少焊膏印刷后的等待时间；研制适合散料贴装的工艺装备，尽量避免手工贴装元器件，缩短元器件贴装时间；印刷后应及时进行贴片工作，应尽量在 4 h 内完成贴片及炉前检验工作，最多不超过 8 h 内完成焊接，以保证良好的焊接质量。

（2）贴装

贴片质量的好坏直接影响焊接质量，尤其在无铅焊接工艺中，由于无铅焊料（指 SAC 焊料）表面张力较大，其自修正能力与锡铅共晶焊料相比具有较大差距，因此对贴装精度的要求尤为严格。贴装的具体要求在本章 6.4.2 小节已经详细介绍。

（3）再流焊接

由于在前道工序完成了焊料的印刷添加和元器件的安装，因此再流焊接过程的关键环节就是温度曲线的设置。焊接温度曲线是指印制电路板组装件上测试点处温度随时间变化的曲线，按照焊接过程各区段的作用，一般将其分为预热区、再流区和冷却区三段。当前，再流焊接温度曲线主要有 2 种，一种是 RTS（Ramp‐to‐Spike）曲线，即升温—再流—降温曲线，另一种 RSS（Ramp‐Soak‐Spike），即升温—保温—再流—降温曲线。二者主要区别在于预热区的差异，RTS 曲线也称为李氏曲线，通常也称为三角曲线，与传统的 RSS 曲线不同，RTS 曲线不存在传统意义上的保温区，且目前普遍认为 RTS 曲线在防止立碑、锡珠、桥连等方面具有明显的优势，如图 6‐29 所示。RSS 曲线重视温度与时间的结合，曲线的区间划分详细，生产效率高；RTS 曲线重视升温速率，曲线的区间划分模糊，生产效率较低，但适应能力强，主要应用在印制电路板尺寸较大、板上元器件体积较大的产品中。

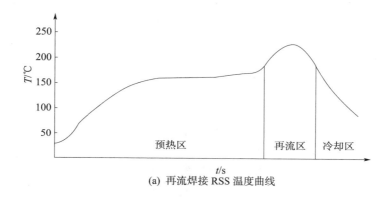

(a) 再流焊接 RSS 温度曲线

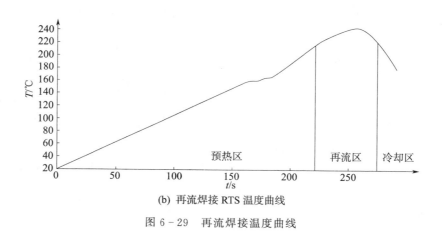

(b) 再流焊接 RTS 温度曲线

图 6‐29 再流焊接温度曲线

RSS 温度曲线的各区域划分为预热区、再流区、冷却区。

①预热区

在预热区，根据所用焊膏特性以及印制电路板组装件上所使用元器件的不同，预热阶段加热过程可采用逐步升温方式或升温＋保温方式。对于 63Sn/37Pb 和 Sn62/Pb36/Ag 焊膏，如果采用逐步升温方式，预热结束时温度应在 140～160 ℃之间；如果采用升温＋保温方式，升温段结束时，温度应在 110～130 ℃之间，保温段结束温度应在 140～160 ℃之间。预热时间视印制板组件上热容量最大元器件（如 BGA 器件、大尺寸的陶瓷封装器件等）而定，同时还需要兼顾焊膏厂商提供的预热时间参数，预热区升温速率最好控制在 1～2 ℃/s 之间。

②再流区

在再流区，焊接峰值温度视所用焊膏以及元器件的耐温性能而定，一般推荐为焊膏的熔点温度加 20～40 ℃；对于液相线温度为 183 ℃的 63Sn/37Pb 焊膏和熔点为 179 ℃的 Sn62/Pb36/Ag2 焊膏，峰值温度一般为 210～235 ℃之间，液相线温度以上的时间（再流时间）最长不要超过 120 s。

再流焊接过程最好通过观察焊点内部微观结构来评估再流焊接曲线是否合理。某些焊点外观虽然光亮，但实际上它或许经历了过高的峰值温度或高温下停留过久，其焊点机械性、导电性和可靠性已经严重下降。同样再流温度或时间不够也会导致相同的后果，会产生冷焊、虚焊或假焊等缺陷。再流过程中形成的金属间化合物（IMC）的厚度对焊点可靠性影响最为显著，在钎焊机理的章节中已经讲到，焊点连接不是简单的机械连接，而是一种冶金结合过程，它要通过熔化的合金在焊接界面上相互扩散形成 IMC 来保证连接的可靠性。对于 SnPb 共晶合金焊料和采用 Au/Ni 的焊盘，焊接界面 IMC 的形成过程是焊盘上的 Ni 原子向 SnPb 合金扩散的过程。Ni 的能量水平和扩散时间直接影响 IMC 的形成厚度，Ni 的能量高，扩散时间长，IMC 就厚，反之则薄；另一方面，当 SnPb 合金处于熔化状态时，将使 Ni 原子的扩散变得更容易，更易形成 IMC。IMC 太薄，金属原子扩散不充分，焊点结合力就不足；IMC 本身又表现出脆相性，太厚会降低焊点的抗疲劳性能。IMC 是一个微观量，但是它的厚度强烈依赖于回流温度曲线，特别是曲线的峰值温度和液相温度时间。

③冷却区

冷却区降温速率视设备冷却能力而定，一般应控制在 4～6 ℃/s 之间，过慢的冷却速率容易造成焊点内部晶粒粗大，过快冷却则不宜消除由于材料热膨胀系数不匹配所带来的热应力，都会对焊点长期可靠性造成影响。

再流焊接曲线的采集也是再流焊接工艺的重要环节，是确保掌握再流焊接曲线的重要途径。再流焊温度曲线的采集，一般采用能与印制电路板组装件一同进入炉腔内的温度采集器进行采集，采用 K 型热电偶，偶丝直径一般为 0.1～0.3 mm 为宜，采集后将温度数据输入计算机或专用温度曲线数据处理机，并显示生成的温度曲线。采集过程中需要关注采集点的选择和热电偶的固定。

④采集点的选择

采集点应选取能代表印制电路板组装件上温度变化的测试点，一般应至少选取 3 点，这三点应反映出表面组装件上温度最高、最低、中间部位上的温度变化。再流焊机所用传送方式的不同有时会影响温度最高、最低部位的分布情况，这点应根据具体设备情况考虑。对于网带式传送的再流焊机表面组装件，最高温度部位一般在印制电路板组装件与传送方向相垂直的无元件的边缘中心处，最低温度部位一般在印制电路板组装件靠近中心部位的大型元器件处，如 BGA、陶瓷封装大规模集成电路等。

⑤热电偶的固定

一般用高温焊料、贴片胶或高温胶带纸将温度采集器上的热电偶测量头分别固定到印制电路板组装件上已选定的测试点部位，以免因热电偶丝的移动影响测量数据，其中采用焊接方法固定热电偶采集点时，应注意焊料量尽量少而均匀，这样可以较准确地反映实际温度曲线。

通过大量的生产实践表明，为降低成本，采用负载核心元器件的方法可有效地反映实际焊接过程中的温度曲线变化情况。同时，采集点的选择应综合考虑元器件的热容量和热敏感要求，应尽量选取热容量大的元器件和容易发生热损伤的元器件。

6.5.3　典型元器件焊接

6.5.3.1　通孔插装元器件焊接

通孔插装元器件焊接应采用先剪切后焊接的方法。如采用先焊接后剪切，焊点应重熔。焊接时，焊料只能从印制电路板的焊接面通过金属化孔流向元件面，焊料应100%润湿金属化孔，并覆盖焊接面的整个焊盘。

通孔插装元器件引线直插和打弯引线的焊接点应符合图 6-30 要求。

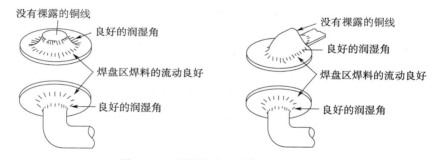

图 6-30　通孔插装元器件焊点示意图

6.5.3.2　表面贴装元器件焊接

矩形片式元件的焊接应符合图 6-31 要求。

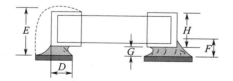

图 6-31　焊接示意图

D—元器件底部焊端与印制板焊盘的最小搭接长度，应不小于 0.13 mm；

E—侧面焊锡爬升最大高度，不应超过 H；

F—侧面焊锡爬升最小高度，应为 $G+0.3H$ 和 $G+0.5$ mm 中较小者；

G—印制板与元器件底部之间的焊料高度，应润湿良好；H—侧面焊端高度圆柱形元件的焊接应符合图 6－32 要求。

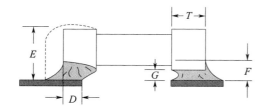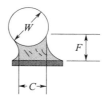

图 6－32　焊接示意图

C—元器件底部焊端与印制板焊盘侧面的最小搭接长度，应不小于 0.5W；

D—元器件底部焊端与印制板焊盘的最小搭接长度，应不小于 0.5T；

E—侧面焊锡爬升最大高度，应不超过元件端头顶部；

F—侧面焊锡爬升最小高度，应为 G＋0.3W 和 G＋0.5 mm 中较小者；

G—印制板与元器件底部之间的焊料高度，应润湿良好；T—圆柱形焊端长度；W—圆柱形焊端直径

扁平、带状、L 型、翼形、圆形、扁圆形引线器件的焊接应符合图 6－33 要求。

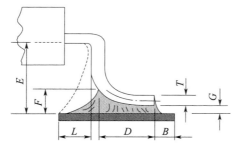

图 6－33　焊接示意图

D—引脚搭焊在焊盘上的长度，不应小于 1.5 倍引线宽度（或直径）；E—焊料最大爬升高度，应不到引线弯曲处；

F—引脚根部（脚跟）焊料最小爬升高度，应为 G＋T；G—引脚水平部分焊料填充高度，焊料应明显润湿；

L—引线根部（脚跟）距内侧焊盘边缘最小距离，应为 0.5 倍引线宽度（或直径）；

B—引线根部（脚趾）距外侧焊盘边缘最小距离，应为 0.2 mm；T—引线厚度

J 型引线器件焊接应符合图 6－34 要求。

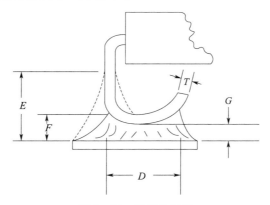

图 6－34　焊接示意图

D—引线搭焊在焊盘上的长度，应不小于 1.5W；E—焊料最大爬升高度，应不到引线弯曲处；

F—引线根部焊料最小爬升高度，应为 G＋T；G—引线底部焊料填充高度，应不大于 0.75 mm；T—引线厚度

城堡型器件焊接应符合图 6 - 35 要求。

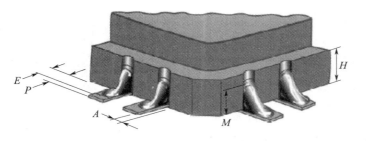 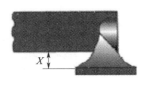

图 6 - 35　焊接示意图

A—焊端侧面偏移量，应为 0；*M*—侧面焊料填充高度，最小应为 0.25 *H*；

X—底部焊料填充厚度，应为 0.1～0.4 mm；*E*—底部焊点可见部分延伸至焊盘的最大长度，应为 *P*；

H—器件侧面焊端高度；*P*—印制板外露焊盘长度

球栅阵列封装器件（BGA）的焊接应符合 GJB 4907 的要求。焊点经 X 射线检测，空洞面积应小于 25%。焊接后焊球间距应大于最小电气间隙（如图 6 - 36 所示）。

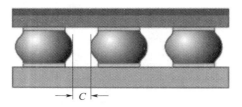

图 6 - 36　焊接示意图

C—焊接后焊球直径距离，应不小于最小电气间隙

6.5.4　有铅无铅元器件混合焊接

锡铅焊接作为电子产品互联的重要手段之一，伴随着电子产品的发展已有 100 多年的历史。锡铅焊接具有焊接温度低、操作简单、生产效率高等特点，因此作为实现电气互联的技术之一被广泛使用。锡铅焊接工艺泛指利用锡铅共晶焊料的焊接，即元器件镀层、印制电路板镀层和焊料采用熔化温度为 183 ℃ 的 Sn63Pb37 合金进行焊接。无铅焊接是基于无铅焊料的焊接技术，如元器件的镀层、印制板镀层、焊接过程中使用的焊料等均采用铅含量低于 0.1% 的焊料合金，目前广泛应用于电子产品制造领域。无铅焊料可分为两大类，一类是以 SnAgCu 为代表的焊料合金，焊料合金的液相线温度高于 183 ℃，此类焊料由于液相线温度较高，在焊接过程中元器件或印制板均存在热损伤的风险，同时工艺窗口与锡铅焊接相比较窄，对焊接工艺和焊接设备均提出了更高的要求，但是在焊点的热疲劳和机械强度等方面与传统的有铅焊点相比差异较小；另一类是以 SnBi 和 SnIn 为代表的低温焊料，焊料合金的液相线温度低于 183 ℃，此类焊料由于液相线温度较低，其焊接过程相对易于控制，但是焊点的热疲劳寿命和机械强度等方面与有铅焊点相比差距较大，不适宜使用在可靠性要求较高或工作环境较为恶劣的电子产品领域。

　　无铅元器件、印制板、焊膏等虽然在电子产品制造领域中广泛使用，但是由于无铅焊点在热疲劳寿命和机械强度等方面与传统的锡铅焊点相比存在一定差距，因此在军工、航天等特殊领域的电子产品，为了保证产品的可靠性，仍然采用传统的锡铅焊接工艺。在欧美发达国家，由于元器件基本可以自主研制生产，因此既可以为军工、航天电子产品提供有铅原材料，也可以为民用、工业电子产品提供无铅原材料，如美国国家航空航天局（NASA）和欧洲航天局（ESA）的电子产品目前仍以锡铅焊接作为印制电路板组装件的主要互联方式。

　　当前，电子产品越发朝着小型化和集成化方向发展，表面贴装元器件大量应用于电子产品中，与通孔插装元器件相比，表面贴装元器件的加工较为复杂，尤其是当前电子产品中大量使用的 DSP、FPGA 等大规模集成电路，通常采用 BGA 或 QFP 等封装。我国目前在此类元器件的研制和生产等环节基础较为薄弱，航天电子产品中使用的此类元器件部分依靠进口。由于国外元器件的出口限制，进口元器件均以工业级元器件为主，而且大多数为无铅镀层，从而导致了目前我国航天电子产品中有铅和无铅元器件并存的局面。

　　根据生产实践及研究成果，实现有铅和无铅元器件混合焊接有 3 种途径，如下：

　　1）先使用无铅工艺装焊无铅元器件，再使用有铅工艺装焊有铅元器件，如图 6-37 所示。

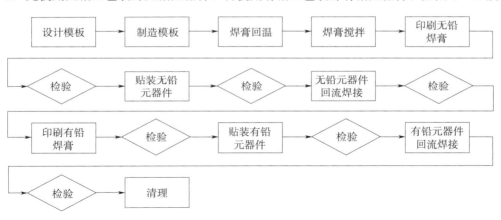

图 6-37　无铅和有铅元器件分两次进行焊接

　　2）无铅元器件先进行有铅化处理后，再采用有铅工艺进行所有元器件的装焊，如图 6-38所示。

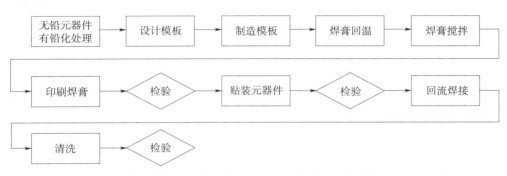

图 6-38　无铅元器件经有铅化处理后，一次完成有铅和无铅元器件的焊接

3）无铅元器件不做有铅化处理，使用有铅焊料，一次完成有铅和无铅元器件的装焊，如图 6 - 39 所示。

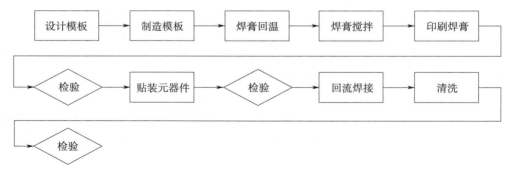

图 6 - 39　无铅元器件不做处理，与有铅元器件一起通过一次再流完成焊接

上述 3 种途径是目前实现有铅和无铅元器件混合焊接的 3 种工艺，结合实际生产经验，对 3 种工艺特点进行对比分析（见表 6 - 14）。

表 6 - 14　三种混装工艺对比分析

工艺方法	印制板受热次数	元器件受热次数	生产周期	工序数量	关键控制点	相关标准
有铅和无铅元器件分两次焊接	2	无铅元器件：2 次 有铅元器件：1 次	$2t$	17	10	有
无铅元器件有铅化处理后一次焊接	1	无铅元器件：3 次 有铅元器件：1 次	$\geqslant 2t$	$\geqslant 12$	$\geqslant 7$	有
有铅和无铅元器件一次焊接	1	无铅元器件：1 次 有铅元器件：1 次	t	11	6	无

从表中可以看出，前两种途径从某种意义上讲不存在混合焊接的概念，焊接工艺均为单纯的无铅焊接和锡铅焊接工艺，在工艺参数和工艺方法上相对独立，只是在流程上较为复杂，此外第 2 种途径中的无铅元器件有铅化处理环节，目前针对 BGA 的有铅化处理以重新置锡铅焊球为主，由于器件多次受热，对电性能方面造成的损伤无法预估，因此在实际应用时存在一定局限性。第 3 种途径是采用有铅焊膏通过一次再流来完成全部元器件（既包含有铅元器件，也包含无铅元器件）的焊接，通过理论分析和生产实践，以无铅 BGA 器件为例，发现当再流焊接的峰值温度达到 230～235 ℃时，可以保证有铅焊料在焊点中充分扩散，并形成均匀连续的金属间化合物界面。与传统的有铅焊料焊接有铅 BGA 相比，在一定程度上焊点的机械强度和电气性能不存在明显差异（这里指经受 1 000 次温度循环后焊点的可靠性对比），证明了该方法的可行性，目前已经在航天型号产品的生产中得到了广泛应用。

6.6　清洗技术

航天电子产品用印制电路板组装件，必须具备高可靠性、长工作寿命、稳定的电气指标等特点，所以需要在印制电路板组装件组装后 100% 进行清洗，清除掉印制电路板表面及元器件引脚间的污染物。通常，这些污染物包括助焊剂残留物、高温胶带的残留胶、手迹、灰尘等。其中，有一定腐蚀性的助焊剂残留物能够腐蚀焊盘、焊点及印制导线，造成短路或断路故障；手迹、灰尘等多余物将影响后续防护涂覆效果，使得防护涂覆层附着力下降，最终影响电子产品的可靠性。

6.6.1　印制电路板组装件污染物

印制电路板组装件表面存在的污染物较为复杂，通常分为三大类，即离子性污染物（极性）、非离子性污染物（非极性）和颗粒状污染物。

6.6.1.1　离子性污染物

离子性污染物是指在一定条件下可以电离为离子的一类物质。印制电路板上存在的典型离子性污染物是助焊剂中的活性物质，如卤化物、酸及其盐等。在印制电路板上存在的阴离子主要有氯、溴、硫酸根、硝酸根、有机酸根等；存在的阳离子主要是钠、钾、铵等。离子污染物对印制电路板的影响极大，会使电路板出现电迁移、腐蚀以及涂敷层的附着力下降等问题。其中氯离子等污染物有很强的吸湿性和腐蚀性，它们在水解过程中能产生盐酸等酸性物质，接触到印制电路板上的焊点（或引脚、导线）中的锡、铅、铜、银等金属成分时就会与它们发生化学反应，生成 $SnCl$、$CuCl$、$AgCl$ 等，这些物质还会进一步发生氧化、水解等反应而生成 $Sn(OH)$、$Pb(OH)$ 等物质，并再次释放出氯离子，这些氯离子又引发新一轮的上述化学反应，不断加剧腐蚀过程，最终在焊点周围聚积出白色或绿色的粉末状腐蚀物，破坏了焊点结构并使导线、引脚发生腐蚀断裂，从而造成电路断路。随着电子产品小型化和高密度组装，离子性污染物造成的影响变得更加突出。这些极性污染物需要在清洗液中加入适当的添加剂并辅助以加热、机械搅拌等物理方法清除。

6.6.1.2　非离子性污染物

非离子性污染物是不会被电离为离子的一类物质。最典型的是松香残留物、焊接过程中使用的胶带残留物以及操作人员身上的油脂、护肤品、合成树脂、低残留/免清洗助焊剂中采用的某些有机物、电子元器件上的脱膜剂等。这些残留物的存在对印制电路板的表面润湿特性、粘接性能、组装涂覆层均有不利的影响，而且对印制电路板组装件抗环境应力有较大的不利影响。电子产品在使用过程中很难做到与环境完全隔离，因此电子产品的工作环境如温度、湿度、盐雾、霉菌等，对焊点的可靠性影响较大。在这种环境中，电子产品经反复使用之后，在焊点附近的非离子性污染物凝露吸湿，易感染霉菌而发霉，直接造成短路或加速化学腐蚀。非离子性污染物比较难清洗，通常应在焊接后立即清洗，且一般遵循相似相溶的原理，采用非离子性溶剂来溶解此类污染物并辅以加热、喷淋等物理方法清除。

6.6.1.3 颗粒状污染物

颗粒状污染物通常是指工作环境中的尘埃、烟雾、粒子、硅质脂/油、PCB 中的玻璃纤维、阻焊材料等，以及在焊接过程中产生的一些极细小的锡珠等杂质粒子。这类污染物留存在印制电路板表面，能够造成印制电路板电气性能下降。尤其是锡珠等杂质粒子在相互粘连后能够形成较大的锡珠多余物，易造成印制电路板组装件短路故障。颗粒状污染物一般采用机械方法，如强力喷射、刷洗等方法即可清除。

6.6.2 清洗方法

从物理学可知，物质与物质之间的结合主要是依靠原子与原子或者分子与分子之间形成的键连接在一起，其中原子与原子之间的键叫化学键；分子与分子之间的键叫分子键或物理键，同时还有一种是纯吸附形成的结合。化学键结合主要是指两种物质之间发生了化学反应，使物质的原子之间形成共价键合，此种键合的键能较大，在清洗过程中，需要通过化学反应来破坏这个共价键。物理键结合主要是指分子间存在相互作用力，又叫范德华力，按来源分为色散、诱导力和取向力，它的键能较弱，一般比化学键小 1～2 个数量级，这种结合力很容易通过物理方法将其破坏。纯吸附结合力就更小了，通过物理方法即可破坏。印制板组装件焊接后的污染物是同时具有上述三种结合方式的，是一种相互共存的状态。要想将污染物从印制电路板上清洗下来，需要将上述化学键、物理键和吸附结合力全部破坏。

根据污染物与印制板组装件之间的结合机理确定清洗方法，有针对性地破坏污染物与印制板组装件之间的化学键、物理键以及吸附结合力，从而达到将污染物清洗干净的目的。航天电子产品的清洗方法可以分为手工清洗和设备清洗两大类。

6.6.2.1 手工清洗

手工清洗是较为常用的一种清洗方式，通常情况下选用无水乙醇或异丙醇作为清洗液来进行清洗。对于整板的清洗一般选用"刷洗"的方法进行，即将印制板组装件放入盛有无水乙醇或异丙醇的容器中，使用防静电毛刷对印制板组装件的两面分别刷洗，刷洗过程中要注意毛刷的力度应适中。对于印制板组装件上个别部位的清洗一般选用擦洗的方法进行，即用无纺布或医用棉花球蘸无水乙醇或异丙醇对被清洗部位进行反复擦拭，将多余物清理干净。

手工清洗简单易行，但是对于大型表面贴装器件，尤其是底部焊端的器件，如 BGA 封装器件、引脚间距在 0.5 mm 及以下且引脚较多的 QFP 封装器件，采取手工清洗时，不易清洗干净。

6.6.2.2 设备清洗

设备清洗根据不同的清洗机理又分为汽相清洗、半水清洗、水清洗、等离子清洗、超声波清洗等方法。

（1）汽相清洗工艺

汽相清洗是将低沸点有机溶剂加热至沸点，产生溶剂汽相，将印制板组装件放入有机溶剂高温蒸汽中，其蒸汽遇到温度较低的印制板组装件表面形成凝露并释放出汽相潜热，形成的液态溶剂与表面污染物发生作用，溶解掉污染物，而溶剂在重力作用下离开印制板组装件表面。早期的溶剂主要是三氯三氟乙烷（CFC-113），俗称氟利昂，具有极好的清洗效果，但是由于其对臭氧层有破坏作用，已经不允许使用。随着氟利昂替代品的出现，汽相清洗又应用在印制板组装件的清洗中。现在使用的清洗剂主要是 HCFC、HFC、HFE 等含氟溶剂，另外也可用碳氢溶剂、醇类溶剂等。为了提高氟系溶剂的清洗效果，在其中还加入了碳氢溶剂、醇类溶剂等形成混合溶剂，有些混合溶剂还是具有恒沸点的共沸混合物（如用 HCFC-141b 与甲醇、HCFC-225 与乙醇配成的共沸混合物溶剂清洗剂）。由于这些含氟溶剂具有不可燃的优点，而且性能与 CFC-113 很相近，所以清洗工艺及清洗设备基本不需要改变或只需略加调整。

汽相清洗的优点是汽相清洗工艺相对比较简单，只需用同一种清洗剂进行清洗和漂洗，由于清洗剂的挥发性较好，不需要专门的干燥工艺。溶剂在使用后可以通过蒸馏的方法与污垢分离并循环使用，不仅使成本降低，废液处理也相对简单。汽相清洗特别适合对水敏感、元器件密封性差的印制电路板的清洗。缺点是清洗剂的沸点低，容易挥发，消耗较大，需要进行环保评估，同时对个别器件的清洗效果一般。

（2）半水清洗

半水清洗是利用全自动清洗机，先进行溶剂清洗，然后使用去离子水进行漂洗的过程。半水清洗有机溶剂主要有萜烯类和石油类碳氢溶剂、乙二醇醚、N-甲基吡咯烷西酮等，选择溶剂类型时应根据印制电路板、电子元器件等原材料的污染情况以及焊接时使用的焊剂类型等进行选择。半水清洗剂与汽相清洗剂不同的是半水清洗剂使用的有机溶剂的沸点比较高，挥发性低，所以不必像汽相清洗剂那样在封闭环境下进行清洗，而且在清洗过程中不需经常更换清洗剂，只需根据清洗情况适当补充清洗剂量即可。

半水基清洗工艺流程包括清洗、漂洗、干燥三个工序。清洗工序往往配合使用高压喷淋方式，以提高清洗效果减少清洗时间，为了提高清洗剂的清洗效果，一般需对其加热处理，但要严格控制清洗温度，不得超过清洗液的闪点（一般清洗温度控制在 70 ℃以下）；再用去离子水漂洗多次即可把污垢去除干净，漂洗过程中，需要对漂洗液进行绝缘电阻检测，当监测到绝缘电阻达到设定值，即代表清洗周期结束。由于半水基清洗是用水作漂洗剂，所以存在与水基清洗相同的干燥难问题，需要采用热风烘箱进行烘干处理。

半水基清洗工艺的优点是对各种焊接工艺适应性强，清洗能力比较强，能同时去除水溶性污垢和油污；与大多数金属和塑料材料相容性好，不易挥发，使用过程中蒸发损失小；缺点是存在与水清洗一样的需要使用去离子水漂洗、干燥难、废水处理量大的问题。半水基清洗剂含有较多的有机溶剂，需要采取防火防爆以及环境保护措施，而且半水基清洗剂不能像汽相清洗剂那样通过蒸馏回收再利用，所以成本较高。

（3）水清洗

水清洗是利用全自动清洗机并以去离子水为清洗介质，对印制板组装件进行清洗的过程。该方法主要针对水基型助焊剂进行清洗。为了提高清洗效果可在水中添加少量的表面活性剂、洗涤助剂、缓蚀剂等化学物质（一般含量在2%～10%），并可针对印制电路板上不同性质污染的具体情况，在水基清洗剂中增加添加剂，使其清洗的适用范围更宽。水基清洗剂对水溶性污垢有很好的溶解作用，再配合加热、刷洗、喷淋喷射、超声波清洗等物理清洗手段，能取得更好的清洗效果。在水基清洗剂中加入表面活性剂可使水的表面张力大大降低，使水基清洗剂的渗透、铺展能力加强，能更好地深入到紧密排列的电子元器件之间的缝隙之中清除污垢。

水清洗工艺流程也包括清洗、漂洗、干燥三个工序。首先用浓度为2%～10%的水基清洗剂配合加热、刷洗、喷淋喷射、超声波清洗等物理清洗手段对印制电路板组装件进行清洗，然后再用去离子水进行多次漂洗，最后进行热风干燥。典型的水清洗工艺过程为在55℃的温度下用水基清洗剂对电子线路板进行批量清洗，并配合强力喷射清洗 5 min，然后用 55℃的去离子水漂洗 15 min，最后在 60℃温度下热风吹干 20 min。

水清洗工艺主要是针对水溶性助焊剂清洗的一种方法，操作简单，使用设备简单，成本低，操作维修方便。但是，由于水溶性助焊剂或者含水溶性助焊剂的焊膏质量尚不太稳定，工艺难以控制，水清洗的工艺方法在航天产品中较少应用。

（4）等离子清洗

等离子清洗就是利用等离子体内的各种具有高能量的物质以及其活化作用，将附着在物体表面的污垢彻底剥离去除的过程。等离子体中存在处于高速运动状态的电子，处于激活状态的中性原子、分子、原子团（自由基），离子化的原子、分子，分子解离反应过程中生成的紫外线，未反应的分子、原子等，这些物质在总体上仍保持电中性状态，但是它们均存在着较高的能量。等离子清洗机基本结构大致由真空室、真空泵、高频电源、电极、气体导入系统、工件传送系统和控制系统等部分组成。通常使用的真空泵是旋转油泵，高频电源通常用 13.56 MHz 的无线电波。设备的运行过程如下：

1）被清洗的工件送入真空室并加以固定，启动运行装置，开始排气，使真空室内的真空程度达到 10 Pa 左右的标准真空度；

2）向真空室引入等离子清洗用的气体，并使其压力保持在 100 Pa。根据清洗材质的不同，可分别选用氧气、氢气、氩气或氮气等气体；

3）在真空室内的电极与接地装置之间施加高频电压，使气体被击穿，并通过辉光放电而发生离子化并产生等离子体。当在真空室产生的等离子体完全笼罩住被处理工件，开始清洗作业；

4）清洗完毕后切断高频电压，并将气体及汽化的污垢排出，同时向真空室内放入空气，并使气压升至一个大气压。

与湿法清洗相比，等离子清洗的优势明显，主要表现在：

1）在经过等离子清洗以后，被清洗物体已经很干燥，不必再经干燥处理即可送往下道工序；

2）不使用有害溶剂，清洗后也不会产生有害污染物，属于有利于环保的绿色清洗方法；

3）等离子体无方向性，可以深入物体的微细孔眼和凹陷的内部并完成清洗任务；

4）整个清洗工艺流程在几分钟内即可完成，具有较高的生产效率；

5）等离子清洗需要控制的真空度约为 100 Pa，易于实现，运行成本低；

6）在完成清洗去污的过程中，还能改变材料本身的表面性能，如提高表面的润湿性能，改善膜的附着力等。

（5）超声波清洗

超声波清洗通过超声波的空化作用，对物体表面上的污物进行撞击、剥离，以达到清洗的目的。超声波清洗的原理是通过换能器，将功率超声频源的声能转换成机械振动，通过清洗槽壁将超声波辐射到槽中的清洗液。由于受到超声波的辐射，使槽内液体中的微气泡能够在声波的作用下保持振动。当声压到达一定程度时，气泡就会迅速膨胀，然后又突然闭合。在这个过程中，气泡闭合的瞬间产生冲击波，使气泡周围产生 $10^{12} \sim 10^{13}$ Pa 的压力，这种巨大压力能够破坏不溶性污物而使它们分化于溶液中。超声波清洗需要形成高频振荡信号，而板级电子产品中含有的电子元器件在高频信号下会出现干扰，存在将器件损坏的可能，所以超声波清洗不适用板级电子产品的清洗，但是可以应用于印制电路板裸板以及印刷网板的清洗，由于采用机械振荡原理，可以将印制电路板小焊盘内以及网板孔中的多余物清除。

6.6.3　清洗的质量控制

航天电子产品用印制板组装件的清洗，不管选用何种工艺方法，都应该达到一定的清洗质量标准。目前对印制电路板组装件的清洗效果，主要依据国家军用标准中的规定进行检测和判定。

6.6.3.1　清洗质量判定

为了判定印制电路板组装件清洗质量，需要对印制电路板组装件的清洗效果进行检测，目前主要通过表面离子污染物含量、助焊剂残留量以及平均表面绝缘电阻等来检测清洗效果。

根据国家军用标准以及美军标、IPC 等相关标准中的规定，对于三级电子产品（军用或航天用）的清洁度指标为：

1）离子污染物含量一般应<1.56 μg （NaCl）/cm^2；

2）助焊剂残留物一般应<40 $\mu g/cm^2$；

3）表面绝缘电阻一般应≥1×10^8 Ω。

通过清洁度检测，实现对清洗质量有效性的监控，清洁度检测通常每半年至少进行一次。当改变焊剂材料、工艺参数及其他影响清洁度因素的操作时，应随时进行清洁度检测。清洁度检测过程中，若发现一块组件的清洁度不符合要求，则整批组件的清洁度应重新评估。

6.6.3.2　清洗效果的评价方法

清洗质量判定方法主要有目视检测法、离子污染物测试法、表面绝缘电阻测试法以及助焊剂残留物测试法四种。

（1）目测法

目测法就是利用放大镜等辅助工具，直接通过目视观测印制电路板组装件表面是否有焊剂残留物以及其他污染物，并根据观测结果判定清洗质量。该方法投入少，操作简单，但不能定量地给出污染物含量，不能给出具体清洁度指标。

（2）离子污染物测试法

离子污染物测试法又称萃取溶液电阻率测试法，是以 75% 的异丙醇溶液与 25% 的去离子水（体积比）混合形成测试溶液，将该溶液用于冲刷已经清洗并干燥后的印制电路板组装件，并使印制板组装件表面的残留污染物溶解至测试液中。这些污染物中的离子使测试液的电阻率降低，并具有反比函数关系

$$测试液中的离子当量＝常数/测试液的电阻率$$

根据测试液中离子当量与测试液的电阻率函数关系，通过测定测试液前后的电阻值及使用测试液的体积，就可以计算出印制电路板组装件表面离子残留物的含量，并以每平方厘米 NaCl 当量来表示，即 μg（NaCl）$/cm^2$。

离子污染度测试有 2 种方法，一种是手工测试，即按每平方厘米 1.5 mL 萃取液的用量细流冲刷印制电路板组装件，直到溶液全部收集完，再通过函数计算得出具体含量；另一种方法是使用离子污染度测试仪直接测试，测试仪采用电导电桥仪器测量测试溶液的电阻率，并同时收集溶液体积，通过函数自动计算出表面离子污染物等效 NaCl 的含量。

（3）表面绝缘电阻（Surface Insulation Resistance，SIR）测试法

表面绝缘电阻能够测出印制电路板组装件上的污染物电阻值，是在一定的外部环境条件下，对印制电路板组装件表面使用高阻计进行绝缘电阻测定。这种方法具有直观性和量化性，可靠性最高，但是需要设计附加电路才能有效测量。

（4）助焊剂残留物测试法

助焊剂残留物是采用高效液相色谱法进行测试，利用高效液相色谱仪测量被测试件溶液的峰值面积，通过对比已知浓度的助焊剂标准样品的峰值面积，计算出测试件助焊剂残留物浓度，通过换算计算出助焊剂残留物总量。

6.7　防护与加固

印制板组装件的防护是通过涂敷防护材料，保护印制板组装件免除或降低外界气候环境应力作用的一种方法。印制板组装件的加固是采取一定的固定措施，提高印制板组装件抗击外界力学环境应力的一种方法。印制板组装件的防护与加固是保证航天电子产品环境适应性、设计可靠性的一道重要防线，是保证电子产品在各种环境条件下（高低温、高

湿、振动冲击等）正常工作而采取的措施。

6.7.1　印制电路板组装件的防护涂覆

对印制电路板组装件的防护是提高其环境适应性、降低使用故障率的一项关键技术。当前，航天产品向着全天候、多功能的方向发展，印制板组装件在储存和工作期间需要抵抗恶劣环境，通过涂覆防护能够起到长期防潮、防霉和防盐雾侵蚀的作用。

6.7.1.1　涂覆方法

防护喷涂工艺方法主要有手工喷涂、刷涂、自动涂覆等，目前国内外进行防护保护涂覆较为先进的工艺方法是采用选择性涂覆设备进行自动化涂覆以及使用真空沉降设备进行真空沉降等。

（1）手工喷涂

手工喷涂流程如图 6 - 40 所示。

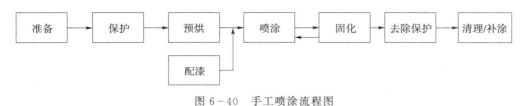

图 6 - 40　手工喷涂流程图

手工喷涂是使用最多的一种方式，适用于元器件排列不十分稠密的情况，但当印制板组装件上含有不需喷涂的元器件时，需要采用人工方式增加专用屏蔽材料，对印制板组装件进行保护，因此增加了工作量。而且手工喷涂并没有摆脱人工操作，涂覆材料的厚度不易控制，产品的一致性较差，影响产品的质量，也不适应当前电子产品小型化、高密度的需求。同时，由于需要在涂层固化后去除保护膜，所以容易将涂层破坏，降低产品的可靠性。

（2）刷涂

刷涂是最初的一种方法，投资低，适用性较广泛，主要应用于对大型元器件底部的预涂以及涂层的修补。使用防静电毛刷蘸防护材料后，手工刷涂在被保护印制电路板组装件上。由于采用人工方式完成，若进行大批量生产，则生产效率较低，而且产品的一致性较差。同时，防护涂覆对涂覆层的厚度有一定的规定，采取手工刷涂的方式很难满足标准要求。

（3）自动涂覆

随着电子产品小型化的发展，尤其是表面贴装技术的应用，印制板组装件向高密度组装发展，传统的涂覆方法已经难以满足防护涂覆工艺的要求，自动化选择性喷涂方法成为了当前先进的涂覆工艺。通过计算机自动化控制，达到精确定位，可以做到对印制板组装件的选择性喷涂，省去了对不需喷涂部位的保护工艺，也降低了破坏涂层一次成膜的风险。与传统的涂覆方法相比较，自动化涂覆能够保证产品涂层的均匀性、喷涂的一致性及涂层厚度的可控等,适用于组装密度高、需要保护部位较多、涂覆精度要求高的印制板组装件。目前的自动化涂覆设备主要分为选择性涂覆设备和真空沉降设备。

选择性涂覆主要流程如图6-41所示。

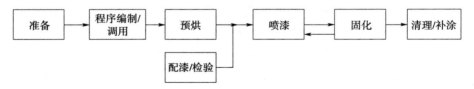

图6-41　选择性涂覆流程图

选择性防护涂覆设备构成基本相同,分别由编程用计算机、喷嘴、传动机构、传送装置、溶剂储存罐、过滤装置、空气压缩装置等组成。在使用前需要对印制板组装件进行编程,可以依据印制板组装件的特点进行调节,使喷嘴与元器件保持一定高度,并躲开不需喷涂部位,喷嘴可以选择点喷、线喷或扇面状喷涂三种方式。

影响选择性涂覆质量的因素主要有涂层厚度、涂层宽度、涂层均匀性以及喷涂图形等。传统的手工操作方式无法进行完全有效的控制,而采用选择性自动涂覆设备可以通过控制其工艺参数,达到对涂覆质量的控制。

首先需要控制的是压力,包括用于控制原料漆液的供料压力、喷涂压力以及用于雾化漆液的雾化压力。供料压力主要是将配置好的漆液从储存罐中压入设备的管道中,使漆液经过过滤装置后流到喷嘴处。喷涂压力主要是在喷雾阀内顶起内部弹簧、抬高喷雾阀撞针,从而打开喷雾阀出口,使漆液从中流出,压力越大,漆液流出越多,反之则漆液流出较少直至停止。雾化压力是在喷雾阀出料口周围增加气压,使流体在喷雾阀出口处形成雾状,而不是直线流体,达到喷涂的目的,其原理示意如图6-42所示。

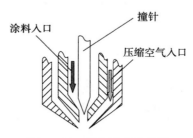

图6-42　雾化压力示意图

雾化压力不均匀会导致喷出的流体不是均匀的锥形,影响喷涂效果。喷涂高度是涂覆的一个重要参数,不同的高度导致涂料与印制板组装件接触面不同,喷涂后的厚度也不同。所以在进行编程时,需要根据印制板组装件上元器件的高度调整设备喷嘴的高度,使整块印制板组装件上的元器件喷涂高度一致。喷涂高度和漆液雾化程度配合进行调整,使喷到印制板上的漆液形成直径不大于5 mm的圆形为最佳。喷涂速度主要对单次喷涂厚度有影响,喷头运行速度快,每次涂层厚度薄,反之则相反。在其他参数固定的情况下,通过调整喷涂速度就可以调整涂层的厚度,从而做到对印制板组装件喷涂厚度的可控。

（4）真空沉积

真空沉积的工艺方法主要适用于聚对二甲苯高聚物的涂覆过程。该方法是将固态的聚对二甲苯材料在 150 ℃下进行蒸发，通过加热后将聚合物形成气相并在沉积腔中对被涂敷产品表面进行沉积聚合形成一层较薄的膜的过程。配套的真空沉降设备也是基于此原理设计的。该设备由进料口、物料蒸发室、物料裂解室、真空沉降室、冷却压缩机等组成。工艺流程如图 6-43 所示。

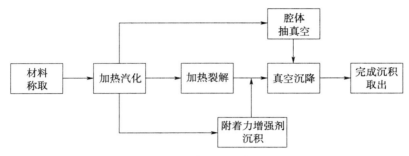

图 6-43　真空沉积流程图

6.7.1.2　防护涂覆质量要求

对于防护涂覆的质量判定，一般通过对涂覆层的附着力及涂层厚度来确认。

（1）附着力

对于防护材料来说，附着力是体现其涂覆效果的重要技术指标之一。一般情况下，两种不同物质接触部分的相互吸引力是分子力的一种表现，只有当两种物质的分子十分接近才能够有所体现，即只有液体与固体密切接触，才能使它们之间的附着力发生作用。这种结合力是由漆膜中聚合物的极性基团（如羟基或羧基）与被涂物表面的极性基相互作用而形成的。当出现被涂表面被污染、漆膜自身收缩率较大、聚合物固化过程中极性基减少等情况，会造成涂覆层结合力下降，为此需要对防护涂覆材料定期进行附着力检查。漆层附着力检查为破坏性试验，只能以对同批次试验件进行测试的方法进行鉴定。航天电子产品涂覆层附着力的检查主要以划格法综合测定的方式进行。

（2）涂层厚度

涂层厚度是涂覆效果的另一个重要技术指标，产品涂层厚度应根据涂覆材料、涂覆的方式方法、涂覆的次数以及使用要求来确定。相同的材料采用不同的方式涂覆，其厚度也存在差异。对于航天电子产品印制板组装件的防护，主要以喷涂聚氨酯漆为主，一般涂覆两遍，涂层厚度控制在 30～50 μm 范围内。若采用真空沉积工艺方法使用 parylene 材料时，涂层相对较薄一些，可以控制在 10 μm 以下。

6.7.1.3　防护涂覆常见问题及解决措施

在实际生产过程中常见问题及解决措施：

1）喷涂过程中出现涂料凝固现象。此时应减小供料压力或喷涂压力，减少出口处单位体积内涂料量，使涂料雾化后能够迅速喷涂到印制板组装件上，防止出口处由于涂料堆积凝固。

2）喷涂过程中出现涂料飞絮现象。此现象主要是由于涂料黏度过低，在雾化过程中，涂料迅速固化造成的。通过调整涂料的稀释液比例，增加涂料的黏度即可以进行有效的控制。

3）涂层太厚或太薄现象。当涂层太厚时，可以通过增加喷涂速度或减小供料压力来控制。当涂层太薄时，可以采取降低喷涂速度或是增加供料压力，亦或是增加喷涂次数来控制（无法增加供料压力的情况下）。

4）喷涂后印制板板面涂层上有较多的气泡现象。出现这种现象多数是由于涂料量少，可以采取增加供料压力、增加喷涂压力的方法改进。另外，当涂覆宽度较小时，后一次涂覆涂层会与前一次涂层叠加，在叠加的同时，会将气体带入，从而导致气泡的产生，这种情况下可以通过调整喷涂宽度或增加涂覆速度进行控制。

5）涂层表面形成明显的喷涂轨迹现象。此种现象一般是由于涂料量较少导致，通过加大喷涂压力或下降喷涂高度可以使图层表面喷涂轨迹消除，提高喷涂的均匀性。

6）光滑表面喷涂固化后，在后续温度循环试验过程中出现起皮现象。此种现象是漆层与被防护材料附着力低造成的，可以采取将光滑表面打磨的物理方法增加附着力处理。

7）玻璃二极管等易碎元器件喷涂后易损坏。通孔插装元器件在安装时将本体抬高，保证喷涂防护材料不将元器件本体与印制电路板粘连即可；对于表面贴装玻璃二极管，在喷涂防护过程中应使用保护材料对元器件本体进行保护或不喷涂。

8）氟塑料材质的导线起皮现象。由于氟塑料不能与聚氨酯漆结合，在使用聚氨酯材料作为防护材料时，喷涂防护过程中对氟塑料材料的导线等部位进行保护或不喷涂。

6.7.2　印制电路板组装件的加固

对印制板组装件的加固主要采取粘固与灌封工艺，它是提高印制电路板组装件力学环境适应性，提高产品抗冲击性能的重要工艺技术。同时灌封工艺还是产品工作在高湿、高温等环境下抑制高电压放电的一项工艺技术。

6.7.2.1　粘固

印制电路板组装件上的元器件粘固主要针对体积较大、质量较大的元器件，为提高其机械性能采取的措施。粘固材料的品种繁多，目前常用的粘接剂有单组分硫化硅橡胶、环氧树脂胶、厌氧胶等。

（1）粘固一般要求

元器件粘固应满足下述要求：

1）航天电子产品印制电路板组装件上元器件粘固应在完成表面敷形涂覆并固化后24 h内进行，如果相隔时间太长，应在粘固前进行烘干处理。

2）导热胶、导电胶不能作为元器件加固的粘固材料使用。设计对产品中因电气性能要求而不能使用某些胶粘剂材料进行粘固的元器件，应提出具体要求。

3）粘固胶的选用应与被粘固对象的表面封装材料兼容，以便达到最佳的黏附强度。

硫化硅橡胶对聚四氟乙烯类型的材料无黏附作用。

　　4）元器件粘固应遵循设计文件要求，一般情况下轴向引线元器件每根引线承重大于 7 g，径向引线元器件每根引线承重大于 3.5 g 时，就需要进行粘固，而表面贴装器件，一般均采取粘固的方式来提高产品的抗振性能。

　　5）凡使用单组分硫化硅橡胶进行粘固，一般应在 48 h 后才能进行测试和温度环境试验，力学环境试验一般应在 96 h 后进行。

　　6）粘固前，元器件的安装形式、导线的排列位置等需要保持合格状态，并对粘固部位进行清洁处理。粘固的产品在固化过程中不允许移动、倾斜和振动。需加热或加湿固化的材料，应严格控制加热（湿）温度和时间并在固化过程中保持一定的湿度。

　　（2）粘固方法

　　印制电路板组装件上元器件的粘固材料，主要包括有机硅橡胶粘固、环氧树脂胶粘固两类。

　　① 有机硅橡胶粘固

　　室温硫化硅橡胶固化是以黏度较低的聚硅氧烷为聚合物，在室温下通过与湿气和交联剂混合形成弹性体。按照硫化机理可分为缩合型和加成形两种。常用的粘固型单组分有机硅橡胶为缩合型室温硫化硅橡胶，它是以端羟基聚硅氧烷为基础聚合物，多官能硅烷或硅氧烷为交联剂，混以催化剂、填料及其他添加剂而成。在催化剂作用下，室温遇到湿气发生缩合反应，形成三维网状弹性体。脱醇缩合型硅橡胶的硫化机理如图 6 - 44 所示。

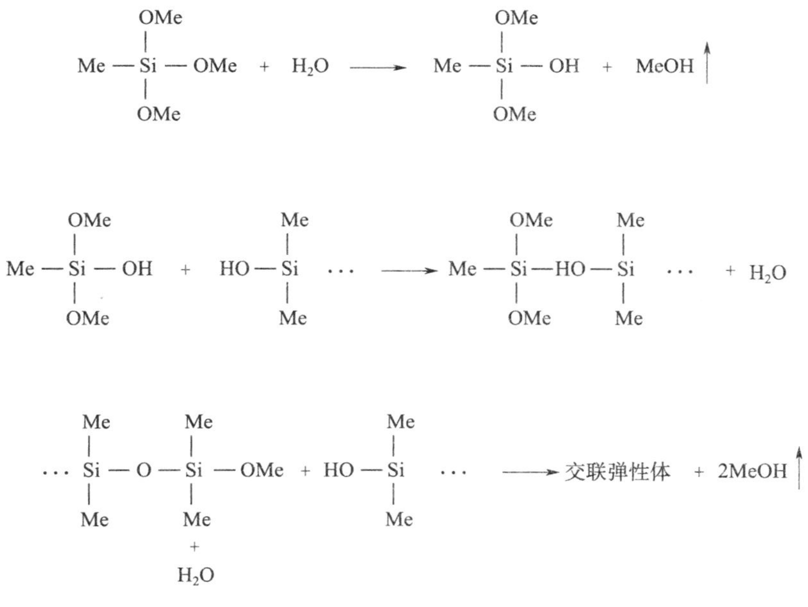

图 6 - 44　脱醇缩合型硅橡胶的硫化机理

　　硅橡胶硫化时必须有水参与才有足够的反应速度。单组分硅橡胶的固化反应既与交联剂有关，又与环境的湿度和温度有关，其硫化速度很大程度上取决于水分子在胶层内的扩散速度。虽然硫化过程本身不吸收热量，但是温度的提高可以加快水分子的扩散速度，有利于反应过程的进行，从而加快硫化速度。因此从硫化机理来看，环境中的湿度和温度越高越能提高硅橡胶的硫化速度。

航天电子产品用印制板组装件中的有机硅橡胶粘固一般应用在局部元器件的加固。其中大功耗元器件粘固时，在其两端封帽处进行固封。有减振安装的元器件粘固时，其粘固方式不应影响减振垫的弹性和硬度。高密度引线 IC、双列直插器件粘固时，多引线双列直插器件在两端粘固，双侧引出线的高密度 IC 在无引线的两侧粘固，四侧引出线的高密度 IC 在四角对称粘固。

由于航天电子产品用印制板组装件防护涂覆时，选用的材料多为聚氨酯类清漆，其与有机硅类橡胶不属于同一类材料，相互结合力相对较小。为了提高粘固的结合力，一般在粘固前先对被粘固位置进行底涂操作，用于提高印制板组装件与硅橡胶的结合力。在粘固过程中，将被粘固产品平置后使用适合的工具将硅橡胶涂抹至被粘固位置，注意应使用工具对硅橡胶进行捣实，排除内部空气，粘固后应对硅橡胶进行外观修整。使用有机硅橡胶粘固的高度要求是卧式安装元器件为安装面至元器件本体高度的 2/3；立式安装元器件为超过元器件中部高度。对于立式元器件的粘固应从元器件根部起向上螺旋缠绕直到规定高度，如图 6 - 45 所示。

图 6 - 45　立式元器件粘固方法

具体粘固部位应视各类元器件的封装、引线部位、安装方式、隔离等设计技术要求而定。一般可参考以下粘固图例进行：

1）轴向引线元器件粘固，如图 6 - 46 所示。

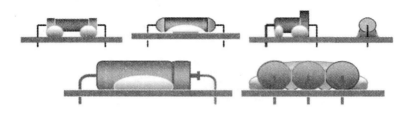

图 6 - 46　轴向引线元器件的粘固

2）径向引线元器件粘固，如图 6 - 47 所示。

3）表面贴装电容粘固，如图 6 - 48 所示。

4）多引线表面贴装器件的粘固，如图 6 - 49 所示。其中 QFP 器件应增加底部填充材

图 6 - 47　径向引线元器件的粘固

图 6 - 48　表面贴装电容粘固

料，且应使用有机硅类橡胶进行加固操作。底部点涂可以在器件焊接前进行，也可在印制板上预留灌注孔，在器件焊接后从另一面通过灌注孔灌注。

图 6 - 49　多引线表面贴装器件粘固

5）立式安装元器件粘固（应采用硅橡胶），如图 6 - 50 所示。

6）环形、罐形变压器、电感线圈的粘固，如图 6 - 51 所示。

7）晶振、继电器等灵敏元器件的粘固，如图 6 - 52 所示。

图 6-50 立式安装元器件粘固

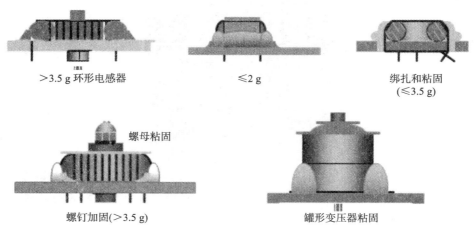

>3.5 g 环形电感器　　　　≤2 g　　　　绑扎和粘固
　　　　　　　　　　　　　　　　　　　　（≤3.5 g）

螺母粘固

螺钉加固(>3.5 g)　　　　　　　罐形变压器粘固

图 6-51 环形、罐形变压器、电感线圈的粘固

图 6-52 晶振、继电器等灵敏元器件粘固

8）导线和导线束的粘固，如图 6-53 所示。

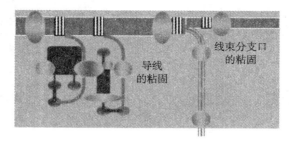

线束分支口
的粘固

导线
的粘固

图 6-53 导线和导线束的粘固

②环氧树脂胶粘固

环氧树脂胶一般是指以环氧树脂为主体所制得的胶粘剂，此外还包括环氧树脂固化

剂，且通常分为软胶和硬胶两种。环氧树脂是泛指含有 2 个或 2 个以上环氧基，以脂肪族、脂环族或芳香族等有机化合物为骨架，并能通过环氧基团反应形成有用的热固性产物的高分子低聚体。环氧树脂通常情况下热膨胀系数较大，伸缩变化大，受外界因素（周期性温差大）影响时易出现开裂现象。所以，在航天电子产品印制板组装件元器件粘固中，是限制使用的粘固材料。

使用环氧树脂胶对印制板组装件及元器件进行粘固时，不能粘固或沾污的部位为元器件引线、引线根部、导线根部、连接盘及焊点、中继孔（特别是多层 PCB 中继孔）、1/4 W 及 1/8 W 插装电阻器、瓷片电容器、表面贴装电阻器及表面贴装电容器、易碎裂元器件、热敏感元器件及大功率元器件、元器件安装面的减振材料等。

6.7.2.2　灌封

灌封的目的是提高印制板组装件的整体抗振性能，或提高印制板组装件耐高电压性能。航天电子产品印制板组装件采用灌封工艺进行加固，除了增加元器件的抗振性能外，还是工作在高湿、高温、高盐雾等环境下存在高电压的印制电路板组装件必须进行的一项操作，同时也是对元器件与印制电路板热失配进行匹配的一种方式。灌封材料主要有聚氨酯类、有机硅类、环氧树脂类。对于航天电子产品元器件或印制板组装件的灌封，通常选用有机硅类橡胶；但是对于 BGA 器件的底部填充，则主要选用改性的环氧树脂胶来完成。

（1）有机硅类橡胶灌封

印制板组装件根据设计要求确定采取灌封的方式进行加固时，一般是针对整块印制板组装件的灌封或针对印制板组装件中一个区域的局部灌封。灌封前应对印制板进行整板清理，将被灌封部位清洗干净后进行底涂，用于增加有机硅橡胶与印制板组装件的结合力。

对印制板组装件整体灌封时，使用工装对整板进行围挡并将不需灌注的位置进行围挡。当进行局部灌封时，需要制作灌封工装，确保被灌封部位能够全部灌注胶液。由于灌封用胶料黏度较小，主要以液态为主，其流动性较好，灌封围挡工装不能与印制板存在缝隙，否则胶液会漫流至工装外，污染印制板组装件。故工装围挡对印制板组装件的整体及局部灌封至关重要。

灌封用胶料一般由双组分组成，一组分为主要胶料，另一组分以固化剂为主。通过在主体胶料中添加一定份量的固化剂后并经过搅拌，使二者充分混合。混合后的胶料通过吸收空气中的水分进行化学反应并交联形成固化胶料。为了保证灌注的可靠性，灌封胶在配制后应进行真空排泡处理，将胶料中混合的空气排除掉，防止胶料固化后形成空洞、气泡等缺陷。

灌封过程要求被灌封件水平放置并不再移动，将胶料沿印制板组装件一边缓慢注入要灌封部位。灌注完毕用无水乙醇棉球将灌封部位以外的多余胶液擦净。灌封厚度一般超过最高安装元器件的重心，印制板组装件焊接面灌封时，其灌封高度应超过焊点高度 1～2 mm，如图 6 - 54 所示。为了保证胶料能够充分固化，一次灌注的厚度不宜过大，一般不超过 5 mm，若超过应采取分层多次灌注的方式进行。为了保证在灌封过程中能够将印制板组装件上的空气全部挤出，防止出现"镜面效应"，灌注过程一般采取真空灌注的方式，或在灌封后采取抽真空的方法排除气泡。

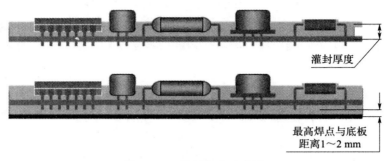

图 6-54　灌封高度示意图

　　印制板组装件上有些特殊器件需要局部灌封时，应制作工装进行灌封操作。对陶瓷基体的 QFP 封装器件，建议采取灌封加固方式，灌封前要求首先在器件四角点 GD-414 胶，待 GD-414 胶液固化后方可灌封，灌封高度为超出元器件上表面 1～1.5 mm，灌封后去除散热部位的胶液，确保散热部位裸露（如图 6-55 所示）。灌封后的印制板组装件应放在室温且湿度不低于 45% 的房间内固化不少于 24 h，待 7 天后才允许进行振动应力试验。

图 6-55　QFP 灌封

（2）BGA 的底部填充

　　BGA 封装器件的引脚采取球形阵列分布在本体下方。焊接时，焊球溶解形成焊点，BGA 安装高度低，本体与印制电路板之间距离较小。当前的民用电子产品为了提高 BGA 封装器件的装联可靠性，均采用底部填充工艺，从而提高印制板组装件的抗振性能、抗跌落性能，提高 BGA 器件装联后的抗弯曲性能以及提高产品在温度变化过程中的性能稳定性。

　　目前用于 BGA 底部填充的胶料主要是改性环氧树脂胶，该型胶料通过毛细作用使得胶液迅速流过 BGA 器件底部，通过加热固化后达到加固 BGA 的目的，增强 BGA 器件焊接后的力学性能。但是，在航天系统内，环氧树脂的器件粘固是限用工艺，存在一定的局限性，所以在 BGA 底部填充尤其是以环氧树脂胶为主要材料的底部填充工艺并没有在航天型号产品中得到应用，现阶段停留在试验验证阶段。

6.8　检测

检测技术是产品实现设计目的的保证措施，在电子产品加工生产的各个环节都离不开检测技术。本节主要通过静态检测技术介绍在印制板组装件制造过程中的主要检测工序，包括元器件引线镀层无损检测、焊膏印刷质量检查、焊点缺陷检查、印制板组装件清洁度检测等。其中印制板组装件清洁度检测在 6.6 节已经介绍，本节不再重复。

6.8.1　元器件引线镀层检测

元器件引线镀层无损检测主要采取人工目检和 X 射线荧光光谱分析方法。其中人工目检只能检查元器件引线的外观质量，包括是否存在裂纹、镀层脱落等缺陷；而 X 射线荧光光谱分析方法主要是检查元器件引线镀层材料。

X 射线荧光光谱分析方法是对元器件引线（焊端）镀层的无损检测，主要通过 X 射线荧光光谱分析的基本原理来实现。基本原理为当能量高于原子内层电子结合能的高能 X 射线与原子发生碰撞时，驱逐一个内层电子而出现一个空穴，使整个原子体系处于不稳定的激发态，激发态原子寿命为 $10^{-14} \sim 10^{-12}$ s，然后自发地由高能量的状态跃迁到低能量的状态，这个过程称为驰豫过程。驰豫过程既可以是非辐射跃迁，也可以是辐射跃迁。当较外层的电子跃迁到空穴时，所释放的能量随即在原子内部被吸收而逐出较外层的另一个次级光电子，此称为俄歇效应，亦称次级光电效应或无辐射效应，所逐出的次级光电子称为俄歇电子。它的能量是特征性的，与入射辐射的能量无关。当较外层的电子跃入内层空穴所释放的能量不在原子内被吸收，而是以辐射形式放出时，便产生 X 射线荧光，其能量等于两能级之间的能量差。因此，X 射线荧光的能量或波长是特征性的，与元素有一一对应的关系。图 6-56 给出了 X 射线荧光和俄歇电子产生过程示意图。

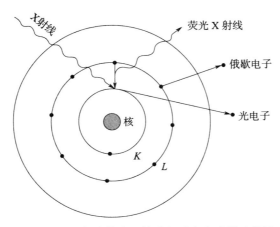

图 6-56　X 射线荧光和俄歇电子产生过程示意图

如果入射的 X 射线使某元素的 K 层电子激发成光电子后，L 层电子跃迁到 K 层，此

时就有能量 ΔE 释放出来，且 $\Delta E = E_K - E_L$，这个能量是以 X 射线形式释放，而 X 射线的强度与相应元素的含量有一定的关系，据此可以进行元素定量分析。

X 射线荧光光谱分析方法，就是在试验件上照射 X 射线并利用专用设备收集反射的 X 射线能量并进行转化，从而确定试验件表面的元素，该设备就是能量色散型 X 射线荧光光谱仪。能量色散型 X 射线荧光光谱仪是利用荧光 X 射线具有不同能量的特点，将其分开并检测，依靠半导体探测器里的锂漂移硅探测器、锂漂移锗探测器、高能锗探测器、Si-PIN 光电二极管探测器等进行检测，再经计算机进行校正，然后显示出来。其形状与波谱类似，只是横坐标是光子的能量，可以同时测定样品中几乎所有的元素，从而判定元器件引线的镀层，并通过定量分析确定不同元素的含量。

6.8.2　焊膏印刷质量检查

在 SMT 生产中，焊膏印刷质量是体现焊接质量的一项重要指标。良好的焊膏印刷质量能够保证焊点润湿良好，焊点饱满。但是由于种种原因，焊膏印刷会出现一定的缺陷，主要有焊盘上焊膏量不足、焊膏量过多，大焊盘中间部分焊膏刮擦、小焊盘边缘拉尖，印刷位置偏移或桥接以及焊膏污染或出现其他污染物等。造成这些缺陷的原因主要是焊膏的流变性不良，网板的宽厚比不合格，网板加工缺陷以及印刷机参数设定不合理或精度不当。这些缺陷必须在正式焊接前检查出并剔除，否则会给焊接操作带来不可逆的影响。

针对焊膏印刷质量的检查主要通过光学设备进行焊膏厚度测量，目前较为成熟的技术是焊膏检测（Solder Paste Inspection，SPI，焊膏测厚仪的应用技术），是通过计算机辅助检查，替代人工目检，提高生产效率和产品质量。焊膏测厚仪是使用可见光源及电荷耦合器件（Charge Coupled Device，CCD）摄像系统进行检查的设备，主要由摄像机与光纤、$X-Y$ 工作台系统组成。其原理是将摄像头在 PCB 上做 $X-Y$ 方向移动，采集整个 PCB 上的图像，从而测出焊膏的边缘部分并通过计算机系统计算出焊膏的高度。这种检测方法是利用焊膏边缘部分反射回来的光线的宽度来进行焊膏桥接与焊膏形貌的判定。

6.8.3　焊点缺陷检查

印制板组装件焊点检测属于静态检测范畴，采用的检测技术主要包括人工目检、自动光学检测（AOI）、自动 X 射线检测（Automatic X-ray Inspection，AXI）以及在线电路检测（In Circuit Test，ICT）。

6.8.3.1　人工目检

人工目检就是利用人的眼睛或借助光学放大镜或显微镜等，对印制电路板组装件上的焊点缺陷等进行人工检查的方法。在检查中可以借助金属探针，以适合的力度对焊点进行划动，并配合目检来综合判定焊点的优良。特别是当前航天电子产品高密度组装及细间距元器件的应用，采用目检时需要配备较高放大倍数的显微镜进行查看，并通过对焊点一定的划动，来检查焊点是否存在虚焊或桥连等缺陷。

人工目检是焊点检查的最基本的检测手段，是投资最少、工艺简单的检测方法，适用于多品种、小批量的加工生产。但是，随着细间距元器件使用越来越普遍，人工目检要求使用的放大倍率越来越高，对检测人员的视力伤害越来越大。同时对于批量较大的产品，检测人员需要重复检查时，判定标准不能精确反映焊点质量，而且劳动强度过大。

6.8.3.2　自动光学检测

自动光学检测技术，简称 AOI 技术，是采用计算机技术、高速图像处理和识别技术、自动控制技术、精密机械技术和光学技术整合形成的一种检测技术。AOI 系统是一台精密的设备，主要由 CCD 摄像系统及电气控制、软件控制等组成。其检测主要是采用光学成像的方法，利用 CCD 摄像系统采集被检测板的图像信息，根据获得的反射光建立起来的图像信息，再与标准板的图像进行比较，找出印制电路板组装件上的漏焊、偏移、短路、立碑、侧立、锡量不足等缺陷。用于检测焊点的 AOI 工作原理是利用黑白光对被测部位进行直接照射，另外使用彩色光源对被测件侧面 45° 照射，通过 CCD 摄像系统对反射光进行收集形成图像信息。良好的焊点会按 45° 角反射，而不良焊点会漫反射入射光，CCD 接收的反射光就会出现偏差，通过计算机成像系统能够形成图像，并自动与标准板进行比对作出判断。

自动光学检测具有自动化程度高、检测速度快和高分辨率的特点，能够减轻劳动者强度，具有良好的通用性。但是，由于利用计算机辅助图像识别和分析处理，在实际使用过程中，AOI 会出现一些误判。如焊点的锡量控制为一个范围值，而计算机只会与标准板上的焊点进行比较，从而对于焊点的锡量多少、轻微偏移等进行误判，需要人工再次进行判读。而且 AOI 系统对虚焊的判别易出现歧义，需要人工进行判读。

6.8.3.3　自动 X 射线检测

自动 X 射线检测是利用 X 射线能穿透物体表面的特性，透视被检焊点内部，从而达到检测和分析各种常见焊点的目的。X 射线是波长为 $10^{-8} \sim 10^{-11}$ m 的电磁波，属于不可见光，由于波长小于物质原子间的距离（约 1 nm），故可以穿透物质的原子，实现透视功能。利用这种透视功能，发明了无损检测的自动 X 射线检测技术。利用该技术可以检查 BGA、FC 等封装器件的焊点和不可见的焊点缺陷，能够检测到桥连、开路、位移、空洞、焊料不足等。

在电子产品检测中，X 射线无损检测技术最初是基于 2D 图像的 X 射线检测分析，现阶段已经发展到三维 X 射线检测分析。二维 X 射线检测是 X 射线以扇形光束投射在印制电路板组装件上，放大并投射到 CCD 成像系统上并转化为可见光影像。由于不同材质投影的可见光影像亮度存在差异，通过成像的光亮差异就可以判断焊点的缺陷。采用此种方法最大的不足是当印制板组装件两面都有元器件时会出现重叠现象，无法判断焊点的优良。

三维 X 射线检测是在二维的基础上发展起来的，焊点的三维 X 射线检测技术主要采取聚焦和共焦的方法。其主要原理是通过一个 X 射线光源，以某一个角度照射被测焊点，并且在高速旋转的同时有一个检波器与其保持同步，X 射线在光源与检波器间的某一位置聚焦，出现一个聚焦平面，聚焦平面上的物体就清楚可见并被记录，而不在聚焦平面上的

物体只有一个阴影。在同一焊点不同高度处取记录，可以直观检测焊点成形情况及焊料量。三维 X 射线检测分析原理如图 6-57 所示。三维 X 射线检测配合三维立体图像软件可以制作出三维图像，如图 6-58 所示。

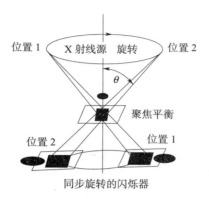

图 6-57　三维 X 射线分析原理

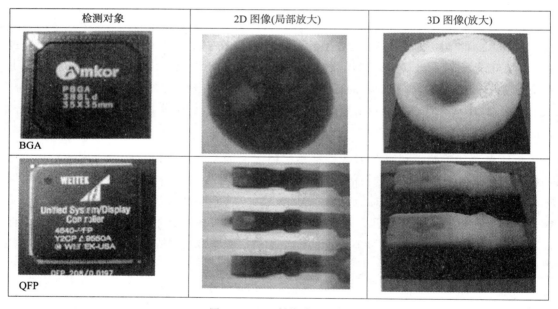

图 6-58　X 射线检测实例

6.8.3.4　在线电路检测

电路测试是针对电路的一种测试，通过一种在线测试的方法，测出印制电路板组装件上元器件的漏装、错装、焊点桥接等缺陷。目前，对于电性能测试主要依据飞针测试技术。飞针测试技术在国外已经应用多年，可以用于组装前印制电路板的检查和组装后印制电路板通路绝缘测试。单板测试单元集成化是今后一段时间内的重点开发项目，随着当前单板测试项目逐渐增多，原有的分散型测试手段极大地制约了测试效率，因此需要将原有的测试手段进行整合，将测试单元集成化，建立测试平台，实现今后单板的快速自动化测试。

6.9　典型故障

　　航天电子产品印制板组装件在后续试验过程中，经常发现由于制造过程中的不规范或操作不到位造成的故障。典型的故障包括焊点开裂、虚焊、焊点桥连、阻焊膜脱落、焊盘脱落、元器件引线断裂、BGA 器件焊球开裂等。下面以案例形式进行逐一介绍。

6.9.1　案例 1：焊点开裂

6.9.1.1　问题概述

　　某产品在进行冲击试验测试时，发现信号异常现象。经过对故障的排查，确认产品中的一个外引线焊点开裂，导致信号传输异常，如图 6 - 59 所示。

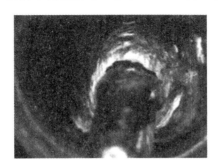

图 6 - 59　焊点开裂

6.9.1.2　原因分析

　　经过对焊点开裂现象及生产全过程进行故障树分析，确认造成该焊点开裂的主要原因是：

　　1）此处设计选用的导线线芯较细，而外绝缘层为双层绝缘，绝缘层较厚，引线端头处理较困难；

　　2）在焊接过程中，操作者对引线焊点预留应力弯不足；

　　3）振动试验及冲击试验时，该处振动量级过大，焊点承受了较大的应力。

6.9.1.3　改进措施

　　导线更换为 AFR - 250 氟塑料导线，减小了绝缘层厚度并提高了绝缘层的柔韧性；在焊接过程中严格按照标准操作，对导线焊接前进行应力弯曲成形；同时确定输入谱型，避免因应力过大造成焊点开裂的现象再次发生。

6.9.2　案例 2：引线成形不足造成引线从本体处开裂

6.9.2.1　问题概述

　　某产品在进行高低温循环试验过程中，当进行到第 4 个循环测试时，发现输出信号异常。经过故障排查，发现印制板组装件上一个 QFP 器件（底部引出线）的一个引线（靠近边角处）从器件本体处开裂，造成信号输出异常，如图 6 - 60 所示。

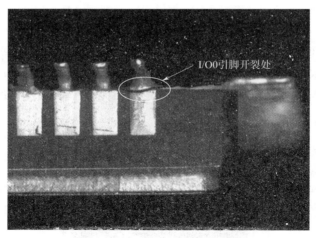

图 6 - 60　元器件引线变形

6.9.2.2　原因分析

经过故障模式分析、有限元分析以及后续验证试验确认，造成器件引线从器件本体连接处开裂的原因是该型号 QFP 封装器件为陶瓷基体，采用再流焊接后基体本身吸收了较高的热量，在冷却过程中，由于陶瓷基材与印制板基材（FR - 4 环氧树脂）存在较大的热膨胀系数差异，使得焊点在冷却过程中存在一定的内应力。由于该产品为底部引出线器件，元器件在制造过程中未考虑热匹配失配情况，器件成形预留的引线较短，不足以将内应力通过引线释放掉，在后续温度循环试验过程中，内应力不断累加最终导致器件引线在器件本体处开裂。

6.9.2.3　改进措施

将器件成形预留的引线加长并进行后续的温度循环试验及振动冲击试验能够确认，在器件引线增长后，可以解决热匹配问题。

6.9.3　案例 3：焊点虚焊

6.9.3.1　问题概述

某产品在进行单板调试过程中，发现某输入信号输入后，无输出信号。经过对该印制板组装件上该路信号的检查及测试，发现印制板组装件上一表面贴装器件（QFP 器件）的一端引线焊点出现虚焊，器件引线与焊盘虚接，当对器件本体施加一点应力时，测试信号正常。可以确认是由于 QFP 封装器件的一焊点虚焊造成单板信号输出异常的故障，如图 6 - 61 所示。

6.9.3.2　原因分析

经过对故障树排查及生产全过程排查，确认该 QFP 封装器件在焊接前检查共面性时，

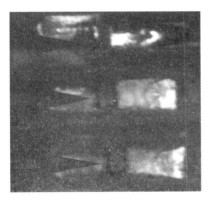

图 6－61　焊点虚焊

发现其共面性较差，对器件的引线进行了一定的修整，但在正式焊接前，未对 QFP 器件的共面性是否小于 0.1 mm 进行再确认。在焊接过程中，采取手工焊接中的拖焊工艺，造成该处焊点焊接时焊料使用量不够，焊点润湿不足，未形成合格焊点。

6.9.3.3　改进措施

在正式焊接表面贴装器件前，需要对器件的引线共面性进行确认，要求其平面偏差应不大于 0.1 mm；对于经过修整的表面贴装器件在进行手工焊接过程中，应采取逐点焊接的方式完成，避免一排焊点拖焊过程中出现个别焊点焊料不足的缺陷。

6.9.4　案例 4：焊点桥连

6.9.4.1　问题概述

某电子产品的印制板组装件在生产加工完成后，交付检验员进行最终检验过程中，发现其中的一个 QFP 封装器件的第 78 点与第 79 点出现桥连现象，如图 6－62 所示。

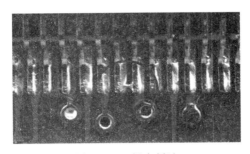

图 6－62　焊点桥连

6.9.4.2　原因分析

操作者对 QFP 采取拖焊的方式焊接，在焊接完成后，只是对产品进行了目检，没有用放大设备对表贴芯片的引线逐一检查，没有发现连锡现象就将产品交验，发生了质量问题。

6.9.4.3　改进措施

对以下类型的焊点缺陷，可以对焊点重熔，必要时可添加焊剂和焊料：

1）焊料不足或过量；

2）冷焊点；

3）焊点裂纹或焊点位移；

4）焊料润湿不良；

5）焊点表面有麻点、孔或空洞；

6）连接处母材金属暴露；

7）焊点拉尖、桥接。

6.9.5　案例 5：印制板阻焊膜脱落

6.9.5.1　问题概述

某产品的印制板组装件在焊接完成后进行清洗操作结束时，发现接插件部位阻焊膜有脱落现象，如图 6-63 所示。

图 6-63　阻焊膜脱落

6.9.5.2　原因分析

经过故障树分析，造成焊点处阻焊膜脱落的原因是：

1）操作者未按工艺要求，在焊接中遇到大面积覆铜层的部位，未使用预热台先进行局部预热后再焊接，而是直接使用电烙铁持续加热焊接，由于用力过大且加热量较大，造成印制板阻焊膜受到较大热应力损伤；

2）由于此处加热量较大，助焊剂焦化严重，操作者在清洗印制板组装件时，使用较大的力进行刷洗，造成阻焊膜二次损伤，最终出现阻焊膜脱落现象。

6.9.5.3　改进措施

操作者要严格遵守工艺文件要求，遇到大面积覆铜的印制板在焊接过程中，先使用预热台局部预热后再焊接。

在印制板组装件手工清洗过程中，注意刷洗的力度，可重复多次操作，但每次刷洗的力度应控制，避免用力过猛导致缺陷的发生。

6.9.6　案例 6：焊盘脱落

6.9.6.1　问题概述

　　某产品中印制板组装件在进行设计性修改过程中，发现一 QFP 封装器件的焊盘在返修过程中有印制板焊盘脱落现象，如图 6-64 所示。

图 6-64　焊盘脱落

6.9.6.2　原因分析

　　经过对生产过程控制的复查，确认造成该焊点印制板焊盘脱落的原因是：

　　1）该产品已经进行了喷涂防护操作，在返修过程中操作者由于对返工、返修标准不熟悉、不掌握，导致漆层处理不干净；

　　2）在对焊点解焊过程中，由于漆层去除不到位，焊点解焊较困难，操作者就对焊点持续加热，最终导致表面贴装焊盘出现热应力脱落现象。

6.9.6.3　改进措施

　　表面贴装元器件在返修过程中，操作人员应了解返修相关标准并熟练掌握返修的相关技能才能操作执行，在返修过程中要严格执行工艺文件要求，先去除表面涂覆层，再对焊点进行解焊操作。

6.9.7　案例 7：器件粘固不到位造成器件引线断裂

6.9.7.1　问题概述

　　某电子产品在进行系统级冲击试验后测试时，发现信号无输出现象。经过对故障件的排查，发现其中的一个印制板组装件上 QFP 封装（陶瓷基体）上的引线从中间第一个和第二个弯曲位置中间发生断裂，如图 6-65 所示。

6.9.7.2　原因分析

　　通过建立故障树并进行系统分析，确认造成器件引线开裂的原因是：

　　1）产品进行的系统级冲击试验未监测印制板处冲击量级，且冲击量级超出设计标准的 50%，导致印制板组装件冲击应力不可控，应力严重超标；

　　2）QFP 封装器件在承受较大应力时应在本体下部通过灌封孔进行底部填充加固，但

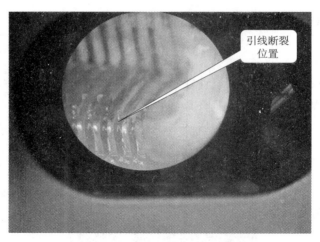

图 6 - 65　QFP 器件引线断裂

是本产品在印制板上未预留灌封孔，导致器件本体下部未填充，只通过四角加固的方式不足以抗住较大的冲击应力。

6.9.7.3　改进措施

在进行试验过程中应对量级进行确认，同时应对较大量级的器件增加底部填充加固的措施。

6.9.8　案例 8：CBGA 封装器件焊球与本体开裂

6.9.8.1　问题概述

某电子产品在进行温度循环试验后，测试时发现某信号输出异常。经过对故障件的排查，发现印制板组装件中的一个 CBGA 器件信号异常。使用 X 射线检查 CBGA 未发现焊球存在较大空洞现象，为了彻底检查出故障原因，通过电路排查，确定了 CBGA 器件几个可疑焊点，将印制板组装件进行金相剖切试验检查，经过检查，发现 CBGA 器件可疑焊球从器件本体端开裂，如图 6 - 66 所示。

图 6 - 66　CBGA 器件焊球开裂

6.9.8.2　原因分析

通过建立故障树并进行系统分析确认，造成器件焊球开裂的原因是 CBGA 器件为陶瓷封装 BGA 器件，使用的焊球为 Sn63Pb37 焊球，在焊接后焊球熔化形成良好焊点。但是，由于 CBGA 器件本体为陶瓷材料，与印制板 FR-4 材料热膨胀系数存在失配性，在后续温度循环试验过程中，由于热失配性，造成焊点受到持续的应力拉扯，最终导致焊球从器件本体处开裂的现象。

6.9.8.3　改进措施

当前 CBGA 器件多数已经采取高铅焊球，增加焊球的韧性及焊接塌落的高度，从而提高焊点抗拉扯能力。同时，采取 CBGA 底部填充或局部加固的措施，提高其在温度变化过程中的性能稳定性。

6.10　航天特殊要求及禁忌

航天产品的研制生产必须要有稳定可靠的工艺技术和装备作为重要的基本保证条件，为加快航天制造技术的进步，提高竞争能力，且为适应提高印制板组装件互联质量和可靠性的要求，在互联过程中应杜绝使用影响产品质量的工艺要求和加工方法，以及影响环境保护和职业健康安全的工艺项目，淘汰落后的工艺装备。其主要包括易造成产品质量常见病、多发病的工艺，导致产品合格率低的工艺，导致产品质量不稳定又难以控制、难以检测的工艺等。

在航天电子产品的生产制造过程中，需要从设计阶段选取先进实用的工艺技术和装备。长期以来，我们要求工艺对产品的整个制造过程既有技术指导的责任和可操作性，同时又要求工艺应实现设计的意图，这无疑是正确的，但忽略了设计工艺性这一重要环节。只有设计人员了解和掌握航天电子产品中印制板组装件生产加工的特殊要求及禁忌，在电路和结构设计时避免出现禁忌要求，才能更好地实现产品的可制造性及优良的产品质量。

航天电子产品印制电路板组装件加工生产中的特殊要求及禁忌主要包括以下几个方面。

6.10.1　焊接材料选用

航天电子产品印制板组装件的加工生产过程中，应尽量使用松香基助焊剂，不宜使用免清洗助焊剂。虽然免清洗助焊剂也为 R 型弱性助焊剂，但是助焊剂在焊接后采取常规清洗的方法，不能完全将残留物清除干净，残留的多余物在后续使用环境下能够造成焊点的腐蚀，清洗后的印制板组装件不能满足清洁度指标要求。

在对印制板组装件进行焊接过程中应尽量使用锡铅共晶焊料，因为锡铅共晶焊料作为软钎焊焊接材料已经在电子制造业存在了几十年，通过了各种环境试验的考验，证明其可靠性及焊点连接强度均为最优。为了航天产品的可靠性要求，应尽量选用经过大量飞行试验的材料，以避免出现新的风险。但是，随着技术的发展及元器件镀层的更新，选用其他焊接材料时，必须进行有效的可靠性验证试验，才能最终应用于航天电子产品。

6. 10. 2　端头处理工艺

由于元器件在生产后需要较长时间才能用于正式安装焊接，元器件引线存在氧化的风险，航天电子产品要求元器件焊接前均需要进行搪锡处理，但是个别元器件由于氧化严重需要对氧化层进行特殊处理。在对氧化层处理过程中严禁使用刮刀等尖锐工具对引线表面氧化层进行去除操作，正确的做法是使用绘图橡皮轻轻擦拭引线，特别严重时允许使用W14～W28 的金相砂纸单方向轻轻打磨引线表面，避免较重的擦拭造成元器件本体或引线损伤。

为了防止元器件引线氧化，现在的集成电路等重要器件的引脚均采用镀金的方式防护。金元素极易与锡元素形成金锡合金，此合金在焊点内以片状形貌生成在合金层中，由于其结合力较低，使焊点整体结合力下降，形成金脆现象。为了杜绝金脆现象的发生，在印制电路板组装件互联过程中的镀金元器件引线（焊端），严禁未经除金直接进行焊接，必须通过二次搪锡的方法进行除金操作后，才能进行正式焊接。

在电子装联过程中，为了防止多余物的产生，在对元器件多余引线的去除操作中，不宜使用普通剪线钳去除，应使用留屑钳对元器件引线操作。

6. 10. 3　引线成形工艺

元器件引线在安装前应根据产品技术要求和安装位置，预先弯曲成一定的形状。成形后的元器件既便于安装，有利于应力消除，提高安装质量和效率，又能加强元器件安装后的抗振能力。在对引线成形前需要先对元器件的引线进行校直操作，此操作过程中，严禁使用尖头钳或医用镊子等带齿的工具，应使用无齿的平口钳进行校直操作，避免损伤元器件引线。

在成形过程中，为保证成形质量，一般应使用成形工具或设备，禁止使用镊子等普通工具操作，以避免对元器件本体造成破裂、密封损坏或开裂等伤害。对于表面贴装器件，由于其引脚较软且密度较大，必须使用成形工装进行成形操作，避免造成器件的报废。

对于 TO 封装的器件，为了提高其安装的可靠性，要求必须进行预成形操作，以释放可能产生的应力，以免焊点受到冲击出现微裂纹。元器件引线成形时，对引线的直径作了限制性规定，即引线直径大于 1.3 mm 或线径小于 1.3 mm 的硬引线（回火引线），限制弯曲成形。

6. 10. 4　元器件安装工艺

在印制板组装件的加工制造过程中，为了防止玻璃二极管等易损元器件在防护过程中出现损伤，不宜采取贴板安装，需要将本体抬高 0.25～1.0 mm 的距离，并确保元器件与印制电路板之间不被防护漆粘连。

印制电路板中的金属化孔质量是印制电路板连接可靠性的关键性能，也是影响印制电路板组装件质量的主要因素。为保证印制电路板组装件电气连接的可靠性，印制电路板的界面和层间连接只能通过金属化孔实现，禁止利用接线端子、铆钉等方法实现界面和层间连接。印制电路板上的导通孔是实现印制电路板层间连接的金属化孔，它不能用于安装元器件。元器件安装孔设计时除考虑金属化孔孔径比元器件引线直径大 0.2～0.4 mm 的要求外，还应符合一孔一线的设计原则，即插入任何一个印制电路板元件孔的引线或导线不应超过一根。

为了防止在试验阶段焊点受到应力损伤，在印制板组装件上安装的 F 型功率器件禁止采取硬引线直接与接点以硬连接的方式安装。应该尽量使用软导线焊接的方法，或者在器件与印制电路板之间增加弹性支撑安装，即在器件本体与印制电路板之间垫上弹性绝缘材料。

6.10.5　印制板组装件焊接工艺

焊接是电子产品实现电气连接的主要途径，具体方法有手工焊接、波峰焊接和回流焊接等。不管采用何种方法，在操作中都必须严格按照航天标准要求执行。印制电路板金属化孔的焊接禁止使用两面焊接的方法，焊接时应使焊料从金属化孔的一侧流到另一侧，以保证金属化孔的焊接质量。两面焊往往会掩盖金属化孔本身质量问题，造成孔内夹渣、气泡、虚焊等缺陷，对多层印制电路板影响尤为严重。

手工焊接时，焊点应做到在室温下自然冷却，严禁采用任何强制冷却（如用嘴吹）的方法，以利用焊点合金层的生成，保证焊接质量。对于有缺陷的焊点，允许返工，但每个焊点返工的次数不得超过 3 次。

通孔插装元器件在焊接时不宜使用先焊后剪工艺，若采取先焊后剪应对焊点采取重熔措施。因为先焊后剪操作会对焊点产生一定的冲击应力，存在焊点合金层受应力出现微裂纹的风险，为了规避风险，对焊点采取重熔操作，能够保证焊点重新形成合金层。

6.10.6　清洗工艺

航天电子产品组装完成后应 100% 进行清洗，清洗方法有汽相清洗、手工清洗、超声波清洗和水清洗等。汽相清洗应采用符合环境保护要求的清洗液，严禁使用三氯三氟乙烷（CFC-113）作为清洗剂。超声波清洗是利用超声波能量在清洗液中产生的空化作用，使沾污物破裂净化，达到清洗目的，但由于超声波能量有一定的破坏作用，在电子产品清洗时，禁止用于内部有电气接点的电子部件、元器件或装有该类电子元器件的印制板组装件的清洗，一般可用于电连接器、印制板（光板）、印刷网板等的清洗。

6.10.7　粘固工艺

在印制板组装件的加固过程中，不宜使用环氧树脂胶粘固元器件，当采用环氧树脂胶时，胶液不应遮盖焊盘，不得流向元器件的引线，防止环氧树脂自身固化过程中拉断元器件引线或焊盘。

在印制板组装件中的变压器、阻流圈、继电器等大质量元器件不宜仅依靠硅橡胶粘固来进行加固固定，应该使用紧固件加固的方式进行固定，防止元器件在较大的机械应力作用下出现脱开的故障。

6.10.8　印制板组装件修复与改装工艺

修复与改装是印制电路板组装件组装、调试和试验过程中难以避免的一项工艺技术。但为了保证修复和改装的质量和可靠性，修复和改装必须是有限制地进行。修复和改装前应按有关规定经审批后方可进行。修复和改装必须以技术文件为依据，并编制相应的修复和改装工艺规程。对任何一块印制电路板组装件修复（包括焊接和粘接）的数量应限制在6处，所谓一处是指一个元器件的修复。但在任意 25 cm² 面积内，涉及焊接操作的修复不得超过 3 处，涉及粘接的修复不得超过 2 处。对任何一块印制电路板组装件，在任意 25 cm² 面积内，改装数量不得超过 2 处；改装一处是指增添一个元器件或一个元器件多个连接点的改变。在修复和改装过程中，每个印制电路板的焊盘原则上只能解焊操作一次，即只允许更换一次元器件，以防止焊盘过热受损。同时，一般不能仅用电烙铁清除焊点的焊料，还应使用吸锡器等专用工具或设备。

6.10.9　静电防护工艺

防静电工艺是在航天电子产品组装、调试和试验过程中必不可少的环节。各单位都采取了必要的防护措施，但在产品组装过程中，由于操作者的不小心，静电敏感器件的损伤还是时有发生。在设计文件中，应标识静电敏感器件及等级，以便采取防静电措施。产品在电子装联全过程应严格按照防静电要求操作，禁止不带防静电腕带等器具直接接触、装焊 CMOS 等易受静电损伤的元器件，禁止裸手直接拾取静电敏感元器件。

6.11　展望

我国航天电子产品的印制电路板组装工艺主要是 THT 与 SMT 相结合的组装技术，产品结构也以二维结构为主，生产模式上以手工作业和自动化作业相结合，数字化程度较低。在电子产品组装技术逐渐朝着高密度、微小型化、数字化和智能化等方向发展的影响下，航天电子产品今后在印制电路板组装领域的发展主要有以下几个方向。

6.11.1　导电胶互联技术

随着电子产品向小型化、便携化方向发展，器件集成度不断提高，传统的 Pb/Sn 焊料存在一系列材料及工艺问题，已经不能满足工艺要求，迫切需要开发新型连接材料。目前，各国都在抓紧研究锡铅合金焊料的替代品。其中，在微电子组装领域，导电胶是代替传统的锡铅焊料的选择之一。与传统的锡铅焊料相比，导电胶可以制成浆料，实现很高的线分辨率，而且导电胶工艺简单，易于操作，可提高生产效率，同时也避免了锡铅焊料中重金属铅引起的环境污染。

　　导电胶按照固化体系一般分为室温固化导电胶、中温固化导电胶、高温固化导电胶以及紫外光固化导电胶。其中，室温固化导电胶比较不稳定，室温储存时体积电阻率容易发生变化；高温导电胶高温固化时金属粒子易氧化，固化时间要求必须较短才能满足导电胶的要求。

　　目前国内外应用较多的是中温固化导电胶（低于 150 ℃），其固化温度适中，与电子元器件的耐温能力和使用温度相匹配，力学性能也较优异，所以应用较广泛。而紫外光固化导电胶将紫外光固化技术和导电胶结合起来，赋予了导电胶新的性能并扩大了导电胶的应用范围，可用于液晶显示电致发光等电子显示技术上。

　　在填充型导电胶中添加的导电性填料通常均为金属粉末。由于采用的金属粉末的种类、粒度、结构、用量不同，以及所采用的胶粘剂基体种类的不同，导电胶的种类及其性能也有很大区别。按导电粒子的不同，导电胶可分为金、银、铜、碳系导电胶。金价格昂贵，一般只用在高精端领域，例如航天产业；银系导电胶中的银离子会产生迁移，容易造成导电胶不稳定；铜系导电胶是目前为止运用最广泛、最稳定的一种，铜的价格低廉，导电性能仅仅略低于银粉；碳黑、石墨等由于存在性能或使用上的问题而不宜使用。

　　导电胶按导电方向来分，可分为各向同性导电胶（Isotropic Conductive Adhesives，ICA）和各向异性导电胶（Anisotropic Conductive Adhesives，ACA）。ICA 中电流传导没有固定的方向；而 ACA 粘接时只能在较薄的 Z 轴方向实现电传导，在 X - Y 平面中由于填料颗粒之间无法相互接触而不能实现电传导。目前，导电胶的应用还存在局限性，用于微电子封装时，由于其本身力学性能和电学性能的差异，所以只能选择性地进行应用。ICA 因具有较高的导电颗粒填充量，故主要用于裸片或芯片的贴装技术中，倒装芯片（Flip Chip，FC）封装技术中所用的导电胶既有 ICA 又有 ACA，其中 ACA 的优势非常明显，特别是在平板显示器（Flat Panel Display，FPD）和液晶显示器（Liquid Crystal Display，LCD）的封装过程中更是如此。另外，各向异性导电胶膜（Anisotropic Conductive Adhesive Film，ACAF）在 LCD 平板、印制线路板（Printed Wiring Board，PWB）、玻璃衬底芯片（Chip On Glass，COG）和柔性芯片（Chip On Film，COF）的载带封装（Tape Carrier Package，TCP）中具有重要作用，并已用于微细间距器件的生产。

6.11.2　光电互联技术

　　随着电子装备集成度和工作频率迅速提高，传统基于铜导体的电信号互联的寄生效应如寄生电容、延迟时间、信号串扰等问题变得十分显著，在许多场合无法高效地传输信号，无法有效解决电磁干扰，这种传统的电互联方法已经开始成为限制电子产品快速发展的瓶颈，采用新技术改进互联方式是扩展超大规模集成电路的功能、改善现有电互联缺陷的必然。

　　与电互联相比，光互联可以较好地弥补电互联的不足，具有卓越的潜在优势。在电路中引入光路的光电互联技术能有效地解决电子瓶颈效应，因此成为新互联方式的首选。光电互联技术作为电子行业新的技术发展趋势，是 21 世纪电气互联技术的重要发展方向之一。光电子技术是在综合了激光、非线性光学及电子学的基础上发展起来并涵盖了众多学科与技术的一门前沿科学。它的兴起和发展使得原有的电子学技术，包括通信技术、计算机技术、测量技术、微电子技术的许多领域得到革新。光电互联技术是实现光电子技术的核心技术，属于先进制造技术领域的新发展方向。光电互联技术是电气互联技术的新发展方向，是解决高频率、高速度、高集成度电子设备互联问题的关键技术，是当代电子先进制造技术的高水平标志性技术。其应用包含侦察监视、警戒告警、跟踪火控（包括制导系统）、光电对抗系统、光电导航、光电通信等军事领域的各类星载/机载/舰载/车载/单兵光电系统，空基/海基/岸基光电系统，以及民用通信、计算机领域的各类光电系统与设备。

6.11.3　微焊接技术

微焊接技术是指元器件与基板的结合部位，即焊点的细微化。随着印制电路板组装件的高密度和细间距化，芯片尺寸封装器件，如 CSP、FC 将逐渐应用于电子产品中，这些间距都在 0.4 mm 以下，通常焊球直径在 0.15 mm 的阵列封装器件只能依靠设备完成焊接，且由于其检查困难和不宜返修等特点，对焊接工艺提出了更高的要求。

微焊接技术作为继传统 THT 技术和当前的 SMT 技术之后，又进一步朝着微小型化方向发展的组装技术，也将成为今后电子产品装联领域的一项重要工艺技术。因此，微组装技术必将成为今后航天电子产品装联领域发展的重要方向之一，同时也将成为衡量电子装联综合实力的重要指标之一。

6.11.4　3D 立体组装技术

随着电子产品的小型化和集成化，原有的 2D 组装将无法满足产品设计要求，印制电路板组装工艺将立体化实现 3D 组装。印制板 3D 立体组装是将印制电路板上元器件采用垂直、堆垛等多种方式实现基板上元器件的立体组装，即叠层封装（Package On Package，POP）元器件堆叠工艺。它主要分为两种形式，一种是 BGA 封装芯片的堆叠，另一种是利用 QFP 封装器件在其下面空间位置贴装阻容元件，目前新出现的封装是在 QFP 器件底部焊接 QFN 封装器件的结构。采用这种方式大幅度缩小了印制电路板的面积，同时由于减少了引线使用，降低了能量损耗，提高了电性能可靠性，然而对装配工艺提出了更高的技术要求，在焊接过程中需要多次焊膏印刷及贴装操作，而且需要更高的贴装精度，才能满足需求。这些都需要未来不断地摸索并确定实际装焊工艺参数。

参 考 文 献

[1] 查理斯·A·哈珀. 电子封装与互联手册（第四版）[M]. 贾松良，蔡坚，沈卓身，杨士勇，等，译. 北京：电子工业出版社，2009.
[2] 周德俭，等. 电子制造中的电气互联技术 [M]. 北京：电子工业出版社，2010.
[3] 李晓麟，等. 印制电路 [M]. 北京：电子工业出版社，2011.
[4] QJ 165 航天电子电气产品安装通用技术要求 [S].
[5] QJ 3117 航天电子电气产品手工焊接工艺技术要求 [S].
[6] IPC-A-610E 电子产品的可接受性 [S].
[7] IPC J-STD-001E 焊接的电气和电子组件要求 [S].
[8] IPC J-STD-005 焊膏要求 [S].
[9] IPC J-STD-004 助焊剂要求 [S].
[10] IPC J-STD-020D.1 非气密固态表面贴装器件潮湿/回流焊敏感度分级 [S].
[11] IPC J-STD-033B.1 潮湿/回流焊敏感表面贴装器件的操作、包装、运输及使用 [S].
[12] IPC-9701A 表面贴装焊接连接的性能测试方法及鉴定要求 [S].
[13] 高华，赵海敏. 灌封技术在电子产品中的应用 [J]. 电子工艺技术，2003，24（6）：174-175.
[14] 毛书勤，张伟，李静秋. 印制电路板固封工艺技术 [J]. 电子工艺技术，2009，30（2）：79-81.
[15] 李峰，等. 航天电子产品设计工艺性 [M]. 北京：中国宇航出版社，2008.
[16] 宋长发. 电子组装技术 [M]. 北京：国防工业出版社，2010.
[17] 张文典. 实用表面组装技术 [M]. 北京：电子工业出版社，2005.

第7章 整机装联技术

7.1 概述

整机是由若干相互联系而具有一定功能的单元（或组合）、材料及零、部、组件有机地结合在一起，形成具有独立功能和单独安装结构的电子设备单元体，是航天系统重要的组成部分。整机装联技术主要包含整机电气互联和整机装配两方面内容，它涉及结构件的组合与安装、印制板组装件的安装、导线走线与连接、导线束敷设与安装、整机的防护与加固、检测与试验等多个生产加工环节。

航天型号产品中，控制、测试都离不开电子设备，电子设备占据了系统质量和容量的相当大一部分。储存使用环境一般都在环境恶劣的戈壁、海边等偏远地区，产品内部电子电气整机不仅必须经受当地环境的考验，而且还要经受发射时的强烈震动。此外航天产品还具有"长期贮存，一次使用"的特点，所以航天产品的防护、密封与加固措施也比普通产品更加严格。一般星载产品整机结构的外表几乎都要覆盖上具有特殊性能的涂层，以保证电子电气整机在空间真空、微重力、太阳辐射、行星热辐射、原子氧的剥蚀及骤变的高低温等严酷的环境中保持稳定。另外，由于质量限制和工作环境要求，航天器上的整机壳体除了使用铝材之外，还会使用高强度和高弹性模量的铝合金、铝镁合金等金属材料及各种复合材料。

鉴于航天电子产品在机械强度、环境应用等方面的特殊要求，此类产品的整机装配工序与普通产品有较大区别，这些工序的设计和完成顺序是否合理，会直接影响到设备的装配质量、生产效率和操作者的劳动强度。在产品实际的生产过程中，由整机互联过程不合格而造成的产品质量问题一直以来都是航天电子产品生产制造中的常见问题。因此，为了避免或减少故障的产生，从事航天生产制造的工作者通过不断研究、总结，形成了一套可以有效控制电子电气整机产品制造质量的整机装联技术。

7.2 整机电气互联

航天电子产品具有结构紧凑、体积小、质量小、装配密度高等特点，通常在印制板级和子系统级中多以导线进行互联，整机级和整机间以电缆进行互联。整机电气互联技术是在电、磁、光、静电、温度、湿度、振动等已知和未知环境中任何两点（或多点）之间电气联通的设计制造技术。在整机电气互联过程中，不同级别的功能模块通过相互联接、承上启下承载着整机功能的实现。整机按照功能级别不同可分为星、箭电子单机与地面电子机箱（柜）两大类。在整机产品电气互联过程中主要采用焊接、压接、绕接、热熔接、电连接器尾部及屏蔽层处理、热控包扎和电连接器灌封、电缆敷设等技术手段，如图7-1所示。

图 7-1　电气互联典型产品

7.2.1　星、箭载整机典型结构

星、箭电子单机作为整机系统中的功能单元，按照结构形式特点不同，电子单机的互联可分为板卡式连接、腔体式连接、层叠式连接等 3 种结构形式。

7.2.1.1　板卡式结构

随着电子设备的小型化发展以及产业化发展中对效率提出了更高要求，产品内部的各种元器件以及用于传输信号的板间连接器必然要求向着小型化、微型化的方向发展。当前较多航天电子产品企业已将传统的线缆组件转化成为板间硬连接组件，将产品结构形式设计成板卡式连接方式，如 RM222/RM322/RM422 型连接器，该类连接器具有体积小、接点密度高、质量轻、焊接用时短等优点，该类连接方式在当前的航天产品中使用日益广泛。

板卡式连接是一块印制电路板组装件上安装的接插件与另一块印制电路板组装件上的接插件通过插接方式实现的印制电路板组装件间信号的互联。该种结构的生产过程包含板间连接器的焊前预处理、板间连接器的焊接、板间连接器的压接、板间连接器间的互联等。

7.2.1.2　腔体式结构

腔体式连接方式是指一台电子单机中的各种印制电路板组装件安装在结构型腔内，通过硬连接的互联形式实现网络的互联。由于该类结构形式在信号传输方面具有较好的屏蔽效果，因此现阶段航天电子产品中应用腔体式连接方式的产品主要是微波类产品。微波电路，又称作微波集成电路（Microwave Integrated Circuit，MIC），是卫星电子设备有效载荷重要的组成部分，承担着对高频信号的传输、放大、滤波、耦合、隔离等作用。在微波频段，电气互联不仅要考虑点与点、件与件之间有形的连接，更应关注频段的组装延迟、热设计、电磁兼容、阻抗匹配等无形的连接。微波电路的设计难度较大，制作工序复杂，加工、装配、调试过程中影响电路性能的因素比较多，对可焊性、耐焊性和装配精度要求高，如图 7-2 所示。

图 7-2　常见腔体式连接形式

在腔体式连接中所应用的主要互联介质是同轴子、铜箔、微波模块、射频插座等，各种互联介质引线通过搭焊形式与印制电路板组装件上印制焊盘连接。在航天电子产品中使用最广泛的印制电路板是三氧化二铝陶瓷基板，它具有较高的化学稳定性、适中的损耗和热导率、较好的机械性能和相对较低的价格，但板材柔韧性较差，具有较强的脆性，因此在实现互联时，基板在腔体内的尺寸匹配以及基板的热膨胀系数成为关注的重点。

7.2.1.3　层叠式结构

层叠式连接方式是指由多个功能印制电路板组装件叠加，并以侧（盖）板及连接螺杆组合成整体。模块化组合结构如图 7-3 所示，所叠加的各个功能模块之间一般采用内部线缆连接，再由各模块接口电连接器对外连接。层叠式连接方式的制造工艺主要包括导线端头处理、导线与接线端子的焊接、导线与接线端子的压接、小型单机内导线束的绑扎与固定等，应保证印制电路板组装件安装、拆卸的方便，避免出现安装、清洗和检验的盲区。

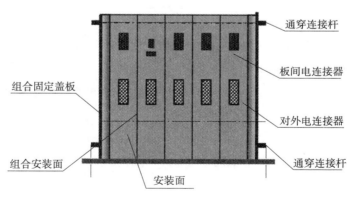

图 7-3　叠加式连接形式示意图

7.2.2　地面整机结构

航天电子产品中常用地面整机结构为六面体，由支架结构的支撑底板、侧板、前后面板组成，整机内部电子单机和 PCA 与面板接口之间用导线和电缆单向连接。地面整机结构一般配置的电连接器数量较多，间隔距离较小，连接导线密集，导线布线及导线束的走线、分叉、甩线、加线状况比较复杂。一般情况下，先将导线和电连接器通过焊接、压接等手段制作电缆组装件，再将电缆连接器接插在对应的接插件上实现电气互联；整机布线是将导线直接固定（焊接、压接）在两端的电连接器或功能模块上，实现电气互联，如图7-4所示。

(a) 含多个机箱的机柜　　　　　　　　(b) 机箱

图 7 - 4　地面整机结构

7.2.3　连接工艺

7.2.3.1　板间连接器连接工艺

（1）板间连接器的预处理

板间连接器按照安装工艺分为2种，分别为焊接式和压接式，其中采用焊接式的连接器在安装前应进行搪锡处理，以增强其焊接部位的可焊性。航天电子产品中使用的板间连接器的连接端子均采用了镀金工艺，该类工艺凭借其良好的导电性、耐磨性、耐腐蚀性和抗氧化性得到越来越多的应用。

镀金引线的搪锡、除金是板间连接器焊接过程的重要环节，因此严格执行搪锡规范是航天产品质量得以保障的关键。

然而由于板间连接器与普通插孔式接插件在应用时存在典型区别，即板间连接器的焊接引线一段长度用于焊接，另一段用于和其他连接器插接，如图7-5所示。这一应用形式使得连接器的搪锡、除金成为电子装联领域又一新的难题，以下几种方式较为有效：

1）将板间连接器引线上不需要搪锡的部位涂保护胶液，待胶液固化后在锡锅中对板间连接器的引线进行2次搪锡；

2）按照板间连接器引线数量及间距设计制作保护隔离块，将带有保护隔离块的板间连接器在锡锅中进行2次搪锡；

3）小批量生产时，可以在板间连接器引线上不需要搪锡的部位粘贴高温不转移胶带，使用烙铁对板间连接器的引线进行2次搪锡。

图 7 - 5　常见板卡式的板间连接器

（2）板间连接器的焊接

焊接技术机理已在本书第 6 章进行了详细介绍，本节主要介绍基于板间连接器的通孔焊接质量的保障。板卡式连接的产品中所使用的板间连接器，由于其应用结构的特点在现阶段的加工技术水平下必须采用手工焊接方式。

现阶段板间连接器在焊接过程中的常见问题有：

1）散热面积大导致在规定时间内焊点透锡不良；

2）多排焊接时内排焊点浸润困难；

3）焊接过程中一排安装多只连接器时共面性保障困难；

4）焊接时焊针无法居中；

5）焊接后透锡结果无法直观检测。

面对板间连接器焊接过程中所遇到的种种困难，结合板间连接器的结构特点进行分析，梳理形成可用于当前该类连接器焊接工艺的保障手段：

1）造成焊接透锡不良的原因是板间连接器的焊接位置处于引线的中部或中上部位，引线两端成为散热区，导致焊点热量不足而形成透锡不良等缺陷，使用大功率烙铁基本可以解决该类问题；

2）针对多只连接器的共面性保障问题，采取加工专用定位工装的方式解决；

3）板间连接器焊点属于隐藏式焊点，同样可以采用 X 射线进行焊点质量检测。

（3）板间连接器的压接

除焊接的板间连接器外，还有另一大类是通过压接连接器进入插孔而实现板间互联，该类板间连接器在航天地面测控产品中应用较为广泛，较多应用于板卡式单机中子板与母板间的互联。

板间连接器的压接互联主要是利用了连接器上弹性接触端子在金属材料允许范围内的弹性形变这一特性，板间连接器由压接设备给予同一水平方向上的垂直向下压力，通过挤压板间连接器的引线出现收缩进入印制板电路组装件的过孔内，在引线的回弹力作用下实现与过孔的互联。

该类互联方法需要由专用压接设备以及匹配的压接工装辅助实现，由于该项技术操作简单，占用周期较短，与焊接工艺相比较在加工效率方面的优势较为明显。但由于其互联过程所利用的金属材质回弹性，会随着时间的增长而逐渐减弱，导致引线接触不良、信号间断，因此在该类连接器使用过程中应考虑印制板孔的匹配性、压接过程工装制作及平面度保障等因素。按照航天产品的使用特性，一些设备需要长期运行且实现直接维护困难，因此还需综合考虑环境、年限等因素。

7.2.3.2　腔体连接工艺

航天电子产品中针对腔体式结构形式的产品连接时，外接引带隔离器、连接器、滤波器等与机壳内基板或微带隔离器搭焊，其搭焊焊盘尺寸长度要求应大于 2.5 mm，宽度应大于外接器件引线宽度的 1.2 倍，外接器件引线必须紧贴在焊盘上。在整机腔体安装基板时，如果基板与机壳安装腔尺寸一致时，要求基板上的输入、输出等非接地微带线不能直接安装到基板边缘，应距基板边缘一定距离，防止短路，如图 7-6 和图 7-7 所示。

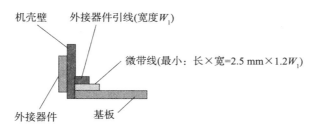

图 7-6　外接器件与基板焊接要求

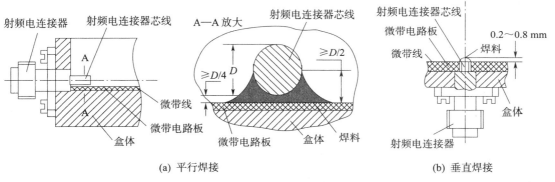

(a) 平行焊接　　　　　　　　　　　　(b) 垂直焊接

图 7-7　射频电连接器与微带电路板焊接示意图

7.2.3.3　线缆连接工艺

（1）整机互联通用要求

1）电连接器型号、规格、标志、使用和布局，应注意防电连接器误插；

2）导线、电缆线的芯线应与电连接器接触件焊槽（杯）、压线端子相互匹配，电缆束外径（截面积）应与电连接器尾部出线口内径（截面积）相互匹配；

3）电连接器布局的间隔和距离应保证型号电缆网电连接器插、拔与安装的可操作性、可靠性及安全性，相邻电连接器法兰盘边沿之间的距离应大于 15 mm。各 PCA 之间及与面板元器件之间，不应有导线的相互穿插与跨接。应确保每一块 PCA 可独立插、拔（母背板式结构），或可翻转且可翻转角度应大于 90°（非母板式结构）。所有面板元器件、部组件之间的导线连接设计，必须保证导线连接的可操作性、导线根部应力消除，以及沿机箱结构合理走线、绑扎、固定及粘固，不允许导线和导线束悬空；

4）接口—PCA，PCA—PCA，PCA—面板元器件之间的导线连接，应按照导线束敷设单向性、分支引伸的层次性以及导线走线的顺序性，进行分支、甩（并）线、绑扎、安装和焊接；

5）电连接器尾部出线口的空间必须保证导线根部有消除应力的长度余量，一般从尾部出线口到导线束的第一个绑扣的距离至少应为 25～30 mm（即到导线束弯曲部位的距离）；

6）机箱内部和面板背面（即电连接器尾部）的布局空间，应保证电连接器与导线的焊接、导线的分（加）线、导线束的绑扎、导线束的走线与弯曲、导线束甩线及与 PCB 焊点焊接的可操作性；

7）导线束与金属支架、底板之间应有二次绝缘处理的间隙。

（2）板间连接器间的互联

板间连接器间的互联包含 2 种连接形式，一种是子板与子板间的互联，另一种是各路子板与母板间的互联，两种互联形式的连接机理相同，均是将一块印制电路板组装件上安装的接插件与另一块印制电路板组装件上的接插件通过插接方式而实现的印制电路板组装件间信号的互联。实现该类互联主要关注各个印制电路板组装件在组装过程中的装配技术，如何能够保障板间连接器间的可靠互联，避免存在安装应力、引线变形等缺陷，在板卡式单机的装配环节中将进行详细介绍。

（3）面板安装元器件的布局与要求

面板安装元器件和部（组）件在机箱壳体上特别是在底板上的布局，应确保下述安装工艺性要求：

1）应确保面板安装元器件和部（组）件不处于盲区位置，其螺钉、螺母的安装应不处于盲操作位置。

2）元器件的安装高度及距离布局，应保证其与毗邻元器件之间有效的安装操作空间及电气安全距离。安装高度应为最高元器件的高度（mm）加上与毗邻 PCA 中对应元器件或焊点的距离，与毗邻 PCA 中对应元器件或焊点的距离不小于 5 mm。安装距离应考虑安装工具尺寸（如直径）、工具操作所需范围和电气安全距离。电气安全距离是各元器件和部组件最突出部位之间、各元器件引线之间、引线与相邻 PCA 对应突出部位之间或与机箱结构件之间的距离，应不小于 5 mm。对于有回火引线封装元器件的安装距离，应为引线的长度加上与毗邻元器件的电气安全距离（如图 7-8 所示）。与毗邻元器件的电气安全距离不小于 5 mm。或引线根部到连接导线弯曲部位的长度加上电气安全距离，对于有熔焊点引线的元器件（如钽电容器）安装距离，应为熔焊点外部弯曲部位到引线根部之间的长度加上电气安全距离。

3）对于有屏蔽、散热、防振动等加固要求的元器件的布局位置及尺寸，应考虑其加固件安装的可操作性，其外形结构不应造成毗邻元器件安装的盲操作或紧固工具的不可达。

4）面板安装元器件和部（组）件的布局应保证其安装的独立性。不应受 PCA 安装、

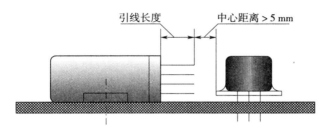

图 7 - 8　硬引线封装元器件的安装距离

导线束敷设或机箱结构件及其他加固件的影响，如受拥挤、受阻挡或被遮盖。元器件安装不受部（组）件的影响。

5）应保证其安装的可达性、紧固工具的可操作性及安装质量的可检测性。

6）面板安装元器件和部（组）件的布局应有其顺序性。面板安装元器件和部（组）件一般应按照与其关联的 PCA 及在该 PCA 中的连接顺序进行安排，就近安装。元器件一般不应安排在体积大、尺寸高的部（组）件中间，或紧靠其旁边。其布局位置应保证导线焊接或导线束敷设的顺延性及可操作性。

7）面板安装元器件和部（组）件的布局，应保证在不影响其他毗邻安装件的条件下的可拆卸、可恢复。

（4）面板安装元器件的安装要求

面板安装元器件和部（组）件在机箱上的安装，有间接安装（借助绝缘材料隔离安装）和直接安装（壳体接地）两种安装设计及安装工艺方式：

1）面板元器件的安装，一般应设计在其与面板安装前，可首先在机箱外面组装成部件，再进行面板安装，以保证元器件组合安装的单一性和可操作性。

2）凡有平面度、接触电阻值、导电性能要求的安装基板表面，在其基板设计与加工中，"设计技术要求"应给出合理的加工平面度要求、表面涂层处理的局部保护要求。一般不宜在安装过程中由操作者进行临时表面涂层刮除工艺处理，以避免对平面度、接触电阻值、导电性能造成不良影响或表面破坏。部组件安装面及其对应底（侧）板安装面的平面度应根据其安装接触面积大小予以合理要求，其平面度应保证部组件安装无变形、且接触良好。安装面的表面粗糙度 R_a 一般为 $3.2\ \mu m$，要求严格的可为 $1.6\ \mu m$。安装面之间接触电阻值一般应不大于 $5\ m\Omega$。螺钉安装的接触电阻一般应不大于 $2.5\ m\Omega$。

3）凡有绝缘、导热要求的元器件安装，应考虑其安装部位绝缘材料的可操作性、绝缘和耐电压参数的可检测性。要求绝缘垫层材料的外形尺寸应超出元器件安装面外形边缘 $2\sim3\ mm$。

4）凡安装螺孔、沉孔及螺钉安装面有导电性能、接触电阻值要求的，在其基板设计与加工中，在基板表面涂层处理的"设计技术要求"中应有对螺孔、沉孔及螺钉安装表面作局部保护的要求。一般不宜在安装过程中对它们作表面涂层的工艺处理，以避免对螺纹、沉孔及螺钉安装表面造成不良影响或对螺纹、沉孔表面造成损伤。

5）对于玻璃封装等易碎裂且尺寸较大的元器件或部（组）件的安装，必须配套设计合理的防碎裂保护装置，必要时设计应提出专用工装要求。

6）对于在安装且导线装联完成后不方便进行清洗操作、存在清洗死角、清洗不可操作及不可检验的局部安装部位的元器件（如继电器、电连接器等），其安装工艺性设计应考虑先移出焊接、清洗、检验，然后进行面板安装。

（5）导线端头处理

导线端头处理是导线与接线端子连接的前期准备阶段，端头的处理根据不同接线端子的要求、连接的方式及导线型号的不同而处理的方式不同。一般工艺流程包含剥线、脱头、搪锡等几道工序。常用工具和量具有钢尺、钢卷尺、斜口钳、留屑钳、精密机械剥线器、镊子、屏蔽线挑头器、温控电烙铁和导线热剥器等。常用设备有温控锡锅、激光刻字机、印字机和导线下料机等。

①剥线

剥线是使用专用工具剥开电缆的绝缘层和屏蔽层，露出内部芯线。通常分为冷剥和热剥两种方法。脱头操作与剥线较为相似，是指用热剥法将电缆芯线的绝缘外皮脱去，露出芯线内部的金属丝，为后面的焊接工作做准备。航天产品的导线剥线应使用热控型剥线工具，限制使用机械（冷）剥线工具，防止损伤芯线。剥线的要求为：

1）根据接线端子使用要求预留出相应的剥线尺寸；

2）剥线过程中不得损伤电缆线芯及后面的屏蔽层，不得破坏内部的双绞关系；

3）对于内部绝缘层为聚四氟乙烯薄膜绕包形式的电缆，剥线后应以绝缘层边缘为起点涂 Q98-1 胶，长度为 4~8 mm。

②搪锡

脱头后的导线根据与接线端子的连接方式决定是否进行搪锡处理。若与接线端子的连接方式为焊接，则需进行搪锡处理，若与接线端子的连接方式为压接，则导线端头不需搪锡。

目前常用的搪锡方式为锡锅搪锡和烙铁搪锡。用锡锅搪锡时，锡锅温度设置为（280±10）℃，搪锡时间为 1~2 s；用电烙铁搪锡时，应根据芯线截面积的大小选用不同功率的电烙铁，一般搪锡温度为（300±10）℃，搪锡时间为 1~2 s。

导线的搪锡一般要求：

1）多股绞合芯线的搪锡，应使焊料浸透到绞合芯线之间。为了保护导线外皮的绝缘层，并减少焊接过程中芯线根部的应力，芯线根部应留 0.5~1 mm 的不搪锡长度，如图 7-9 所示。

2）表面为金镀层的接线端子若表面镀金层大于 2.5 μm 的，需进行两次搪锡以达到除金的目的，两次搪锡应在不同的锡锅中完成，第一次搪锡应在专用除金锡锅中进行。

搪锡后的芯线表面应光洁、平滑、无拉尖，焊料润湿良好，分布均匀，略显芯线轮廓，搪锡后的芯线用无水乙醇擦洗干净，表面不应黏附焊料、焊剂的残渣等多余物。

（6）导线与接线端子的焊接

航天电子产品中的电子单机常用接插件如图 7-10 所示，导线与接线端子的焊接应遵

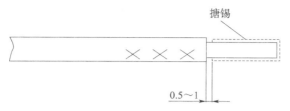

图 7 - 9　芯线根部不搪锡长度

循下面各项原则：

1）电连接器、导线、电缆线及相关材料的选用，应符合相关航天型号的环境条件要求，应符合相关设计标准和工艺技术标准的要求；

2）导线、电缆的芯线线径应与电连接器接触件焊槽（杯）、压线端子尺寸相互匹配。

在目前的整机电气互联中的接线端子多采用手工焊接的方式实现其电气性能，但不同形态的接线端子焊接的方式也有区别，电子单机中常用的接线端子有焊杯的焊接、塔型/圆柱型接线柱的焊接、叉型接线柱的焊接、通孔接线柱的焊接、钩型接线柱的焊接等焊接方式。

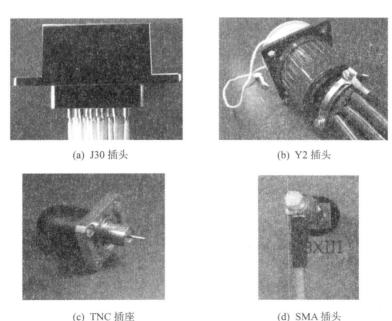

(a) J30 插头　　　　　　　　　　　　(b) Y2 插头

(c) TNC 插座　　　　　　　　　　　(d) SMA 插头

图 7 - 10　典型接线端子

①焊杯的焊接

把导线垂直插入焊杯，并与焊杯底部接触，如图 7 - 11 所示。焊杯的焊接要求如下：

1）每个焊杯内，导线芯线的数量应限制在每根芯线都能与焊杯内壁的整个高度都相接触为宜，一般不超过 3 根。导线芯线总的截面积，不应超过每个焊杯内径截面积。当焊杯内安装一根导线时，导线芯线的直径与焊杯的内径之比一般为 0.6～0.9；

图 7-11 焊杯的焊接示意图

2）焊接时焊料应浸润焊杯中所有的内表面，焊料的填充量为 100%。焊杯经过焊接后，外表面不应有焊料积聚；

3）在焊接过程中，导线与焊杯之间不应出现相对移动。在焊料凝固时，导线不应因受回弹力的作用而在焊接部位产生残余应力；

4）焊接时不因烙铁头温度过高或焊接时间过长而使焊杯连接点周围或插针、插孔周围的芯体，发生基材烫伤、变形及隆起。

②塔型/圆柱型接线柱的焊接

塔型/圆柱型接线柱的连接一般为绕焊，如图 7-12 所示。塔型接线柱的焊接要求如下：

(a) 直径不小于0.3 mm
导线的缠绕

(b) 直径不小于0.3 mm
导线的缠绕

图 7-12 塔型/圆柱型接线柱的焊接示意图

1）塔型接线柱上连接线的弯曲部分，应与塔型接线柱的基座保持平行，导线不应超出塔型接线柱的基座尺寸；

2）塔型接线柱的顶部接线应离开塔型接线柱顶端至少 1 倍导线直径的距离；

3）导线在塔型接线柱上缠绕最少 1/2 圈，但不应超过 1 圈。对于直径小于 0.3 mm 的导线，最多可缠绕 3 圈；

4）当 1 根以上的导线连接到塔型接线柱上时，应由粗到细、依次向上连接；

5）在焊接过程中，导线与塔型接线柱之间不应出现相对移动。在焊料凝固时，导线不应因受回弹力的作用而在焊接部位产生残余应力；

6）焊接后焊料应覆盖所有的连接端头与塔型接线柱的连接处，100% 润湿，焊料薄而均匀，轮廓可辨。

③叉型接线柱的焊接

导线应穿过叉型接线柱的开槽，与叉型接线柱一个柱杆的两个平行平面相接触，如图 7 - 13 所示。叉型接线柱的焊接一般要求如下：

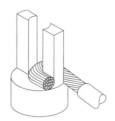

图 7 - 13　叉型接线柱的焊接示意图

1）当一根以上的导线焊接到叉型接线端子上时，应由粗到细、依次向上，后一根导线的弯曲方向应与前一根导线弯曲方向呈交替方向；

2）在焊接过程中，导线与叉型接线柱之间不应出现相对移动。在焊料凝固时，导线不应因受回弹力的作用而在焊接部位产生残余应力；

3）焊接后焊料应覆盖所有的连接端头与叉型接线柱的连接处，100%润湿，焊料薄而均匀，轮廓可辨。

④通孔接线柱的焊接

通孔接线柱的形式如图 7 - 14 所示，其焊接要求如下：

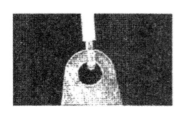

图 7 - 14　通孔接线柱的焊接示意图

1）通孔接线柱上导线的截面积不应超过接线孔的截面积。导线应穿过接线孔，并接触通孔接线柱的两个面；

2）在焊接过程中，导线与通孔接线柱之间不应出现相对移动。在焊料凝固时，导线不应因受回弹力的作用而在焊接部位产生残余应力；

3）焊接后焊料应覆盖所有的连接端头与通孔接线柱的连接处，100%润湿，焊料薄而均匀，轮廓可辨。

⑤钩型接线柱的焊接

钩型接线柱的形式如图 7 - 15 所示，其焊接的要求如下：

1）导线在钩型接线柱上缠绕最少 1/2 圈，但直径大于 0.3 mm 的不应超过 1 圈。对于直径小于0.3 mm的导线，最多可缠绕 3 圈。连接线不应互相重叠；

图 7 - 15　钩型接线柱的焊接示意图

2）导线宜连接在钩型接线柱的弧段内。钩型接线柱的末端接线应离开钩型接线柱末端至少 1 倍导线直径的距离；

3）在焊接过程中，导线与钩型接线柱之间不应出现相对移动。在焊料凝固时，导线不应因受回弹力的作用而在焊接部位产生残余应力；

4）焊接后焊料应覆盖所有的连接端头与钩型接线柱的连接处，100％润湿，焊料薄而均匀，轮廓可辨。

（7）导线与接线端子的压接

压接是接线端的金属压线端子包住裸导线，用手动或自动的专用压接工具对接线端子进行机械压紧而产生连接，是让金属在规定的限度内发生弹性变形将导线连接到接触件上的一种技术。好的压接连接会使金属互溶流动，使绞合导线和接触件材料对称变形。压接连接类似于一种冷焊连接，从而得到好的机械强度和连续性，压接连接具有接触面积大、耐环境性能好、使用寿命长、连接可靠性高、操作工艺简单等优点，因其不需热源、电源，质量稳定和检查直观方便，特别适用于航天电子产品在低温或火工品等不宜使用电热锡焊的场合，压接在航天电子设备中已得到广泛的应用，电子单机中常用压接连接器如图 7 - 16 所示。

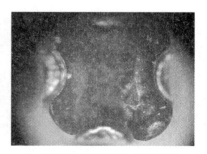

(a) 压接件插装后的合格电缆　　　　(b) 导线与端子匹配的合格压接件
　　　　　　　　　　　　　　　　　　　（压接截面金相剖视图）

图 7 - 16　导线与压接端子良好匹配

目前常用的压接方式有坑压式和模压式两种，如图 7 - 17 和图 7 - 18 所示，两种压接方式的压接工艺基本相同。其中，压接工具、导线和压接端子是决定压接质量的三要素。

①压接工具

压接工具是直接实现压接的最关键的机械装置，一般应选用压接件生产厂家提供的标准配套工具。若采用自制、非标准压接工具时，应经过试验、校准，确保工具性能符合使用要求，并经鉴定批准后方可使用。

压接工具的精度、调节、操作与维护直接影响压接端子电气连接和机械连接的可靠性、压接形变的大小和压接损伤的程度等。因此，对压接工具提出以下具体要求：

1）压接工具的结构应具有压接全周期控制机构，工具的可更换部件，如压模、定位器等在工具上应有唯一正确的安装位置，以保证在压接全周期内，导线与压接端子在工具内的正确定位；

2）压接工具的压模型腔形状应符合压接端子结构特点，以保证压接部位正确且不损伤压接端子和导线；

3）压接工具必须按产品说明书和相应标准规定进行复检，在用于任何一种压接端子与导线压接前，应对工具进行校准，并做好标志。校准合格投入使用的压接工具，应定期进行工具的验证试验；

4）长期投入使用的压接工具，除进行验证试验外，还应按规定期限（不超过一年）进行定期校准，从而保证压接工具可靠运行。

②压接方式

根据接线端子形态的不同，对压接的具体要求也不相同。目前常用的压接方式为坑压式和模压式两种。

1）坑压。坑压的压线端子为圆筒型闭式压线端子，压线端子结构应保证在压头压力作用下，压线端子能沿着被压接导线线芯四周产生机械压缩和变形，并形成可靠电连接。坑压使用专用压接工具进行压接，压接要求一般有：

a. 不应采用折叠导线线芯的方法来增加导体截面，以适应尺寸较大的压线端子。不应采用将一些线芯留在压线端子外或用修剪线芯的方法来减小导体截面，以适应尺寸较小的压线端子；

b. 压接件的变形只允许有由压接工具压头压出的压痕，不应有不足压接（压接部位导线松动）和过分压接（压接部位导线有因压接形成的断头或有畸形）的情况；

c. 当有检查孔时，从检查孔应能看到导线线芯；

d. 压接后的导线应符合标准规定的耐拉力值；

e. 在导线绝缘层末端至压线端子口之间，导线线芯裸露的长度应大于 0 mm 小于 1 mm，且不应呈鸟笼状向外突弯。合格的压接件如图 7 - 17 所示。

2）模压。模压的压线端子有闭式压线端子和开式压线端子，压线端子结构应保证在压模压力作用下，压线端子能沿着被压接导线线芯四周产生机械压缩和变形，并形成可靠电连接，如图 7 - 18 所示。

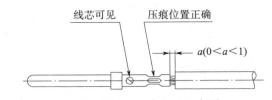

图 7-17　坑压合格品示意图

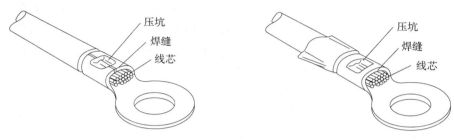

图 7-18　模压方式示意图

　　根据压线端子的不同，压接要求也有区别。常用压线端子有两端贯通的普通裸闭式压线端子、带抗振绝缘支撑的开式压线端子、一端封闭带有检查孔的普通裸闭式压线端子、一端不带检查孔的普通裸闭式压线端子等。

　　③导线

　　用于压接连接的导线应为多股绞合线，导线线芯材料的硬度应和压线端子的材料硬度相近。具体要求有：

　　1）用于坑压式压接连接的导线线芯应为镀银铜线。使用镀锡或镀镍导线必须经过批准，但镀镍导线不适用于低电压。用于模压式连接的导线线芯应为镀锡、镀锡铅、镀银、镀镍或不涂覆的铜线；

　　2）导线端头处理与焊接不同处在于用于压接的导线端头不应搪锡；

　　3）导线脱头长度应符合相应压接件的要求；

　　4）应保护好已脱头的线芯以免线芯散乱，当导线线芯层次散乱时，应重新按原方向轻轻捻紧（不应过紧或过松），使其恢复原状，并保持清洁；

　　5）1个压线端子内应压接1根导线，坑压式最多允许2根，模压式最多允许3根，且导线的线芯镀层种类相同，两根导线截面积不同时，较小截面的导线线芯应不小于较大截面的60%。

　　压接端子经压接后应对压接外观、电压降和耐拉力进行检验。具体检验要求为：

　　1）压接成形应正确，不应有弯曲、扭曲等影响使用性能的变形；

　　2）压接后的压线端子不应有裂纹、裂口，有钎焊的压线端子钎焊部位不允许有脱焊、开裂等缺陷；

　　3）压线端子上的压模标记应正确、清晰可辨，压线端子表面应清洁、无污染；

　　4）压接后的耐拉力应符合工艺文件及相应产品标准的规定。

坑压式压接连接的电压降和耐拉力要求应符合表 7 - 1 要求。模压式压接连接的电压降和耐拉力要求应符合表 7 - 2 的规定。

表 7 - 1　坑压式压接连接的电压降和耐拉力

被压接导线尺寸范围		英制规格压线端子号	试验电流/A	电压降(max)/mV		耐拉力(min)/N	
导线截面积/mm²	AWG			镀银或镀锡铜线	镀镍铜线	镀银或镀锡铜线	镀镍铜线
0.1	—	—	1.5	4	16	16	10
0.2	—	—	3.0	4	16	34	22
0.3	—	—	4.5	4	18	51	33
0.35	—	—	5.2	4	18	60	39
0.4	—	—	6.0	4	18	68	44
0.5	—	—	7.0	4	16	85	56
0.75	—	—	9.5	4	16	129	88
0.8	—	—	10	4	16	138	95
1.0	—	—	11	3.5	16	172	122
1.2	—	—	12	3.5	15.5	206	150
1.5	—	—	14	3.5	15	248	185
2.0	—	—	16	3.5	13.5	300	260
2.5	—	—	18	3	13	375	325
3.0	—	—	20	3	13	450	399
4.0	—	—	23	2.5	13	600	532
3.31	12	12	23	3.0	14.0	490	445
2.08	14		17	3.5	13.5	312	267
1.31	16	16	13	3.5	16.0	223	165
0.52	20		7.5	4.0	15.5	89	58
0.52	20	20	7.5	4.0	15.5	89	58
0.2	24		3.0	4.0	15.5	36	27
0.32	22	22	5.0	4.0	22.5	54	36
0.13	26		2.0	4.0	17.0	23	14
0.20	24	24	3.0	4.0	15.5	36	23
0.08	28		1.5	5.0	18.5	14	9
0.13	26	26	2.0	4.0	17.0	20	13
0.05	30		1.0	6.0	21.0	7	7
0.08	28	28	1.5	5.0	18.5	12	8
0.03	32		0.5	8.0	19.0	4.5	4.5

表 7-2　模压式压接连接的电压降和耐拉力

导线截面积/mm²	电压降试验试验电流/A	电压降增量 ΔU(max)/mV	耐拉力(min)/N	导线截面积/mm²	电压降试验试验电流/A	电压降增量 ΔU(max)/mV	耐拉力(min)/N
0.1	2.5	3	25	25	150		1 980
0.2	4.4	2	44	30	170		2 250
0.35	9.4		70	35	185	1	2 500
0.5	11		85	40	200		2 800
0.75	15		150	45	220		2 900
1.0	18		190	50	240		3 000
1.5	25		240	55	260		3 100
2.0	31		300	60	270		3 200
2.5	35		370	65	280		3 300
3.0	39	1	450	70	290		3 350
4.0	46		560	75	300	2	3 400
5	54		650	80	315		3 500
6	59		750	85	330		3 650
8	71		950	90	340		3 700
10	88		1 120	100	360		3 800
16	118		1 500	110	390		3 850
20	130		1 700	120	400		3 900

（8）线扎的设计与制作

线缆连接是将整机中的导线及电缆合理排布，实现整机内单机间电气互联的一项重要工序，布线的合理性是实现各项电气指标的重要保证，对稳定整机的工作性能具有一定的保障，同时应在美学上达到合理、整齐、美观的效果。

在整机的有限空间及有限面积内，导线及导线束的布线、走线设计工艺性，应满足整件装联的可操作、可检测、可维修及导线装联的可靠性。整机内线扎的设计与制作重点要考虑的因素有导线及导线束安装的空间、信号线束之间的距离要求、导线及导线束的二次绝缘和固定。

① 导线及导线束安装的空间要求

整机接口内侧导线束到 PCA、到母（背）板、到面板元器件及部组件的布线和走线，应保证导线束的焊接、绑扎、走线、弯曲、固定所要求的空间、距离与间隙，如图 7-19 所示。

距离 A 表征机箱接口电连接器的布局，一般应保证相邻电连接器法兰盘边沿之间的距离大于 15 mm。

距离 B 为接口内侧即各电连接器尾部导线焊接及导线束走线、并线、分线、绑扎、弯曲等所需操作与安装空间。距离 B 的尺寸应不小于 30～35 mm（由导线束的粗细而定，线束越粗，则 B 尺寸越大）。

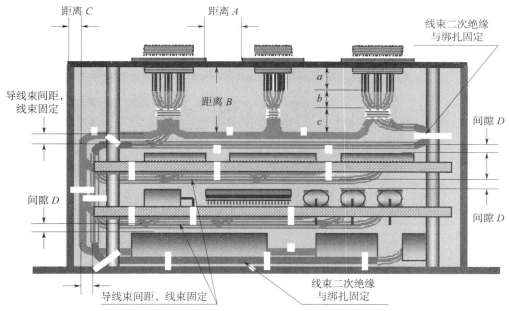

图 7 - 19　整机导线及导线束安装的空间尺寸要求示意图

注：图中的白色标记均表示导线束应该采取固定措施的部位

$$B = a + b + c \tag{7-1}$$

式中　a——热缩套管顶端至面板距离（8～10 mm）；

　　　b——第一个绑扣前面导线根部应力消除长度（10～15 mm）；

　　　c——第一个绑扣宽度与导线束弯曲半径之和（2～4 倍导线束直径）。

距离 C 为导线束与机箱壁的距离，一般应不小于 10 mm。

间隙 D 为两 PCA 之间的导线束距离相邻 PCA 的元件面最高元器件顶面（或焊接面引线）的距离，一般应不小于 5 mm。

②信号线线束之间的距离要求

对于含信号线束分类多的整机，在接口空间尺寸、线束敷设与固定等设计时应考虑各信号线束走线及隔离所需空间尺寸，以保证其工艺实施满足设计要求：

1）电源线束与各种信号线束的距离应不小于 10 mm；

2）低电平信号线束与高电平信号线束的距离一般应不小于 10 mm；

3）敏感信号线束与带干扰信号线束的距离应不小于 10 mm；

4）高频信号线束与小信号模拟电路引线束的距离一般应不小于 10 mm；

5）射频同轴电缆应远离其他信号线束或单独隔离走线；

6）非敏感信号线束无需隔离尺寸，且可作为位于敏感信号线束之间的隔离带。

③导线及导线束的二次绝缘及固定要求

导线束应无悬空或无较大长度的固定走线，导线束的走线路线中应设计线束的固定措施（卡压、绑扎）与固定位置（固定孔和面积）。

图 7-19 中标注线束固定和白色标志的部位，其导线束均应设计卡压、绑扎固定的固定孔和位置。

导线束中的分（甩）线的焊接点不能作为该导线束的固定措施，如图 7-20 所示。

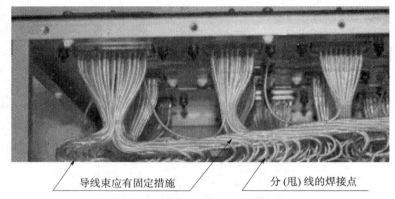

导线束应有固定措施　　　　　分(甩)线的焊接点

图 7-20　分（甩）线的焊接点不能作为导线束的固定措施

机箱内的导线或导线束的走线长度不小于 60 mm 的，应予以卡压、绑扎或粘固形式的固定。

在不影响电性能和电磁兼容性的条件下，导线束应沿空间尺寸较大且方便固定的地方走线。

④线扎的制作要求

一般电缆的导线束制作要求外层套保护套，以保证电缆保持正常的工作状态且结实耐用。导线束外层护套内径的选择应松紧适宜，穿套时可用滑石粉或无水乙醇作为润滑剂。保护套材质的选择应根据设计文件要求及电缆用途进行选择，例如：

1）低频电缆内部有多股导线，为了确保电缆导线不受损伤，在导线束外部套锦纶丝套进行保护；

2）对一些敏感信号电缆，需要在电缆外部套防波套以保证其信号不受外界干扰；

3）对有防雨要求的电缆，需要在电缆外部套防雨橡胶套，并对内灌封硅橡胶等填充物；

4）对高温环境工作的电缆，应根据耐高温的要求选用石棉、玻璃纤维绳、玻璃纤维线、高温绳、高温绝热管、高温绝热布、高温绝热带等材料，采用穿高温绝热管或包、缠、缝高温绝热布（带）等方法进行高温绝热防护，如图 7-21 所示。

线扎绑扎是按图示尺寸或工艺要求，将线扎用绝缘线（一般用绵丝绳或线扎带）绑扎，使之定型的工艺过程。导线束穿护套前，一般要预先绑扎（护套内也可不做绑扎，将线箍绑扎在护套外），导线束直径与线箍宽度的关系见表 7-3。

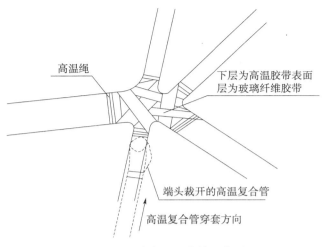

图 7 - 21　穿高温绝热管示意图

表 7 - 3　线扎直径与绑扎间距的关系表

线扎直径/mm	绑扎间距/mm
<8	10~15
8~15	15~25
15~25	25~40
>25	40~60

　　导线束绑扎材料一般使用锦丝绳、棉麻线、苎麻线等。对聚酰亚胺、聚四氟乙烯等外层绝缘超薄型导线，绑扎时应注意防止勒伤导线。为防止锦丝绳绑扎时打滑，可采取浸蜡处理或涂 Q98 - 1 胶加固，浸蜡温度为（85±5）℃；涂 Q98 - 1 胶的线箍，不应使用浸蜡锦丝绳，如图 7 - 22 所示。

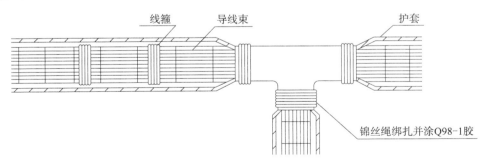

图 7 - 22　导线束毛坯示意图

　　在整机内的导线束绑扎一般有样板布线法、按图续绑法、机上绑线法等。

　　1）样板布线法。样板布线法是将线扎图按 1∶1 比例绘制样板，并在样板上直接布线的工艺方法，如图 7 - 23 所示。样板布线法的原则与要求有 4 条：

　　a. 样板的材料为木质板料，大小应符合线扎要求。表面应清洁、平整、不变形，当线扎的形状复杂、尺寸有公差要求时，样板应制成立体形状；

b. 以线扎图样尺寸为准，按 1∶1 的方式绘制，并标注尺寸，将导线编号，当图样为 1∶1 比例时，可直接把图样粘贴在样板上，并覆盖透明塑料薄膜保护；

c. 将圆钢钉钉在样板图的拐弯和分支处，并给钉身套以长于钉杆 3～5 mm 的塑料套；

d. 按设计或工艺布线表给样板布放导线，按屏蔽导线、短导线、长导线顺序进行布线。

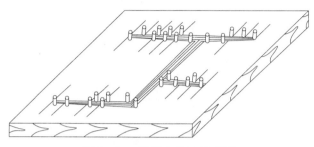

图 7 - 23　样板布线法示意图

2）按图续绑法。按图续绑法就是按照工艺规定的扎线方向、续线、甩线顺序，按图样扎线的工艺方法。按图续绑法有 4 条原则与要求：

a. 标注扎线方向，视线扎的形状、分支具体情况而定，以线多的连接器一端标注"起点"，如图 7 - 24 所示；

b. 编制续线表，标注主干（或分支）甩线和续线的导线号；

c. 续线表从扎线"起点"编排至"终点"结束，顺序为主干、主分支、次分支。分支内的加线，续线表的备注栏应予以说明；

d. 按工艺规定的扎线方向、续线、甩线导线号的顺序和续线前留出的导线长度，进行屏蔽处理与绑扎。

3）机上绑线法。机上绑线法就是导线连接一端或两端后，在机器上进行绑扎的工艺方法。机上绑线法的原则与要求如下：

a. 确定线扎的走线位置和准备绑线材料；

c. 按接线图（或电路图）先焊接导线的一端；

d. 将方向相同、距离相近的连线，按预先确定的走线位置用扎线带绑为一束，如果用绵丝绳绑扎，线扣允许在线扎的正面，间距可适当增大。

（9）电缆的设计与制作

电子机箱（柜）内除面板与 PCA、电子单机间的机内连接线束外，还存在大量可以通过独立生产完成后再装入机箱（柜）的独立电缆组装件，电缆组装件（下面简称电缆）在航天型号上的应用主要有低频电缆、柔性高频电缆、半刚性高频电缆及数据总线电缆等，是航天型号系统中各仪器设备之间、地面设备之间的主要连接线路。涉及电连接器、导线、电缆线、线接器、耦合器和相关加固与防护材料的选择，电连接器接口与接点分配，电缆与单机产品的电性能匹配、电磁兼容性，电缆的可生产性、敷设与安装、防护与

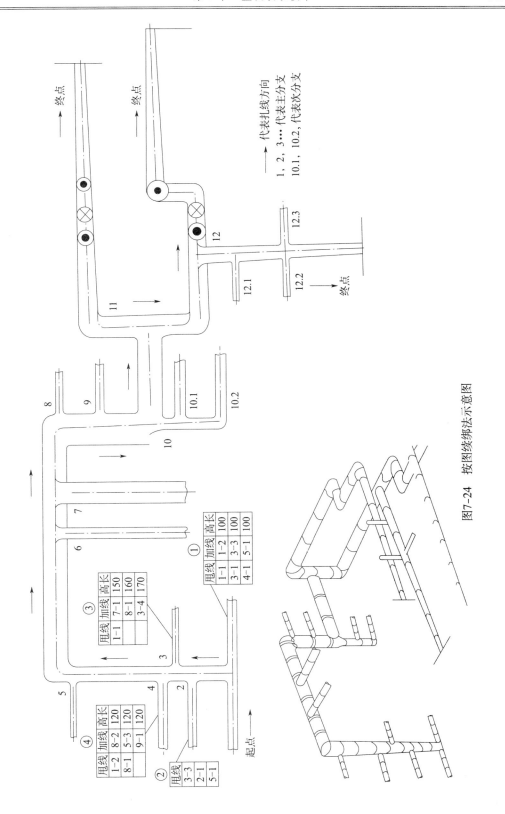

图7-24　按图续绑法示意图

加固和可靠性、安全性等多方面工艺技术。

电缆制作用料主要有 3 种类型，即导线、同轴（射频）电缆线、多股电缆线。影响电缆可靠性的主要因素是导线间的绝缘和电流所引起的温升。按照电缆所满足的频段不同又分为低频电缆和高频电缆，其中低频电缆多使用导线、多股电缆线进行制作，而高频电缆主要使用同轴（射频）电缆线制作，本小节主要对低频电缆的设计与制作、高频电缆中较为典型的半刚电缆的设计与制作进行详细阐述。

①低频电缆组装件设计与制作要求

应该依据低频电缆的工作特性与环境条件，综合各分系统单机产品或地面设备接口电连接器和导线的选择、电缆布线及接点分配的要求、型号平台结构与仪器设备的布局，进行系统级低频电缆的布线、生产、敷设与安装的可实施性、可靠性和安全性设计。

低频电缆组装件（下面简称低频电缆）设计工艺性的合理性、可实施性、可靠性和安全性主要考虑下述各方面的要求：

1）航天型号系统在低频电缆设计中，应充分掌握各分系统设备的性能与功能、接点分配及电连接器使用与分配情况，包括接点的性质、负载电流、接口电压（含供电电压、信号电压的有效幅度）、电缆屏蔽与接地等各方面要求；

2）航天型号平台结构布局、仪器设备在平台上的布局，应该充分考虑低频电缆的布线、敷设、安装与加固的设计工艺性，实现机、电一体的合理布局与安装；

3）各分系统在仪器设备的接口设计时，应充分考虑系统对低频电缆的电连接器和导线选用及接点分配的工艺性要求，包括电连接器和导线的品种规格、焊接或压接装联等要求以及信号传输衰减、导线电压降、电缆的热应力及机械应力、导线与电连接器匹配性、并点并线接点的冗余数量、屏蔽端口及接地等要求；

4）低频电缆所包括的电缆、电缆束、导线束及其他整件和部件的线路，均应有布线图、接线图、接点表。

从工艺性的角度考虑，低频电连接器接点的分配应确保接点装联的可实施性、可维修性和连接的可靠性，涉及下述各项原则与要求：

1）应根据电磁兼容性（Electromagnetic Compatibility，EMC）的要求进行电连接器接点的分配及电连接器使用的分配。原则上供电线、信号线应分别由独立的电连接器引出，设备之间的电缆接点应尽量按其接点序号一一对应设计。

2）如果电源线和其他信号线混合使用同一个电连接器，应合理分配其接点，使电源、低电平信号、脉冲信号接点相互间隔离至少一个隔离点，必要时将这些隔离点就近与接地点连接。关键接点（如供电、指令等）应采用双点双线或多点多线并联使用。并联使用的接点数量应充分考虑满足电缆供电回路或信号回路的损耗最小（热耗、功耗、电压降）的要求。

3）5 A 以上负载，应选择电连接器内的大接点，选用截面积大于 0.5 mm² 的导线，并应有散热措施。应确保电连接器接点内径与导线规格的匹配性。

4）屏蔽线接点附近应留有空点，以备屏蔽网转接。

5）双绞导线（双绞屏蔽线）的两根导线的连接点一般应分配在邻近接点，不应距离太远而造成绞合线的交叉穿插焊接。

6）电连接器空余芯点与导线连接点的相互位置应合理分配和利用。在空余芯点数（多）与接点数（少）相差悬殊的情况下，连接点应尽可能分配在电连接器芯点的中央部位。

7）电连接器内任何接线端子的焊接导线不得超过 3 根，原则上电缆电连接器上不焊接短接线，短接线应由设备内部解决。

②高频半刚电缆的设计与制作要求

电缆组装件按照制作工艺分为柔性电缆和半刚电缆两种，半刚电缆是区别于柔性电缆以及线束的一种硬材质电缆。半刚电缆有 4 个特点：即可传输较宽的频带；对外界干扰的防卫度高；天线效应小，辐射损耗小；结构简单，安装便利，比较经济。半刚电缆是电子设备在组件间、组件与机壳之间、系统之间采用的可拆卸式电气连接方式，确保信号精确、低损、高效、高质的传输。半刚电缆组件由同轴电缆和连接器构成，连接器组装到一定长度的相配电缆上，电缆的两端可根据需要组装相同或不同类型的连接器。半刚电缆在无线电通信与广播、电视、雷达、导航、计算机及仪表等方面有广泛应用，航天领域一般采用高频半刚电缆组件，如图 7 - 25 所示。

半刚电缆的本体材质对加工工艺而言存在一定的加工难度，该类电缆由内导体、内绝缘体、外导体三部分组成，电缆弯曲后即已定形，不再发生弯曲，在成形过程中内部绝缘介质在压缩和拉伸力作用下产生形变，由于变形产生内应力，在电缆制作后几周内，初始不均匀的应力倾向于冷塑变形均匀化，这种变化会导致电缆芯部绝缘介质缩进和突出电缆内，此内应力长期作用于焊接处，最终导致焊点开裂。因此，航天领域在使用该电缆的过程中开展了大量攻关试验工作，通过试验验证制作了一套专用成形工装，同时确定了一套严格的应力剔除试验条件，保障了此类电缆的加工质量。

图 7 - 25　常用半刚电缆

半刚电缆设计要求如下：

1）高频同轴电缆组件的设计技术涵盖了高频同轴电缆线材的选材和连接器仿真设计。高频同轴电缆组件在选材阶段就需要使用微波仿真软件进行模型仿真，从模型仿真中可以得出电缆线材和连接器的匹配程度、电缆线材端头处理的尺寸要求、相位调整的方式方法等，在组件装配和调试阶段，仿真结果也是后续组装试验开展的有效指导。

2）随着频率的升高，电缆组件对电缆线材的要求也越来越高。电缆线材由于制作工艺的限制，本身的电气性能在长度上差异较大，同一段电缆线材在不同频率点的电气性能也各有差异，线材因素制约着高频同轴电缆组件的研制。使用精密的测试测量仪器，选取合适的工艺方法，针对使用频段，对电缆线材进行筛选，在下料之前将大段电缆线材中的失配点予以剔除，是高频同轴电缆组件制作的必备前提。

半刚性高频电缆组件的组装技术主要包括半刚性线材成形、端头处理和连接器装配。半刚电缆制作要求如下：

1）线材成形。半刚性电缆线材由于其材料的特殊性只允许一次成形，故在成形前须严格计算成形尺寸，包括每一段的直线长度、每个角度的折弯半径和弧长，并将计算结果结合设备的误差尺寸进行编程，由全自动成形设备完成成形操作过程。图 7-26（a）为半刚性电缆线材的成形过程。

2）端头处理。半刚性电缆线材的剥线尺寸应在连接器设计时进行确定。若连接器为外购，其剥线尺寸应由连接器厂家提供。电缆线材端头处理的效果直接影响电缆组件的电气性能。为保证线材端头处理的精度和一次合格率，建议采用精密的电缆剥线设备。通过编程设定，一次切割可以同时完成去除外导体和绝缘介质，并将端面修整平齐，如图 7-26（b）所示。

(a) 线材成形　　　　　　　　　　　　　(b) 端头处理

图 7-26　半刚性电缆组装

3）连接器装配。连接器的组装质量关系到电缆性能的好坏。在焊接前，使用诸如 NXMAYA 软件对焊接连接器外导体时绝缘介质的受热膨胀情况进行仿真，得出具体的数据，对焊接工艺参数的确定具有指导作用。其次，半刚性电缆组件的焊接采用专用的阻抗焊接设备，根据确定的工艺参数在极短的焊接时间内完成连接器内、外导体的焊接，如图 7-27所示。

(a) 导线焊接部位温度场分布　　　　(b) 连接器内导体焊接　　　　(c) 连接器外导体焊接

图 7-27　连接器焊接

7.3　机械装配

机械装配就是使用物理的手段将机械零件、部件组合成具有一定空间结构的整体，从而实现机械零件或部件的连接。

7.3.1　星、箭载整机机械装配

航天星、箭载整机产品布局紧密、结构紧凑等特点，使其具有较高的安装紧固要求，以达到密封性、环境适应性以及质量稳定性的效果，也对航天电子单机产品的机械装配提出了较高的要求。航天电子单机的机械装配主要涉及装配前的准备、PCA 的安装、接插件的安装以及整机的安装四大关键要素。典型的航天电子单机如图7－28所示。

图 7 - 28　典型的航天电子单机

7.3.1.1　装配准备

整机装配前准备一般包含检查合格证与配套、外观检验、工具工装的准备、清洁处理以及场地准备等方面。根据航天电子产品小批量、高返修成本的特性，航天产品还采取试装的方式，试装能够在正式装配之前剔除部分有缺陷的待装配零部件，从而消除装配后产生的质量隐患。

7.3.1.2　PCA 的安装

航天电子产品大多设计成整体框架式的结构，这种结构中 PCA 与框架采用螺钉连接的方式安装固定。在安装过程中，主要注意螺钉旋紧的顺序以及对 PCA 的保护。

螺钉旋紧的顺序对装配精度和产品质量、使用寿命有很大的关系。在使用成组螺钉安

装紧固 PCA 时，必须按照一定的顺序，交叉、对称地逐个拧紧。若随意调整螺钉拧紧的顺序，就容易使得被紧固的 PCA 因受力不均匀而产生较大的应力，甚至发生翘曲或形变，对印制板上的元器件也会造成不良影响。

　　由于印制板的厚度很薄，其材料在局部受力的情况下容易发生形变。而电动工具产生的力较难准确控制，为了保护 PCA，在航天电子单机的 PCA 安装过程中采用具有全程力矩控制功能的智能自动拧紧系统。

7.3.1.3　电连接器的安装

　　电连接器的基本功能是实现电接触，完成电信号的连接，实现电子单机与其外部电路之间永久性地连接在一起。而电连接器安装质量的好坏也一定程度上影响着电子单机的使用性能。所以，电连接器的安装是整机机械装配的重点，在实际操作中需要着重注意电连接器与壳体的接触电阻以及电连接器与 PCA 的配合。

　　接触电阻就是两个接触导体在接触部分产生的电阻。传递不同电信号的电连接器，其正常工作要求的接触电阻的范围也不一样，但不论是高频连接器，还是低频连接器，接触电阻都是保证电连接器能正常可靠地工作的最基本的电气参数。电连接器与壳体间的接触电阻主要受触件材料、压力、表面状态、使用电压和电流等因素影响。航天电子单机往往都是在动态振动环境下使用，试验证明静态接触电阻合格，并不能保证动态环境下使用接触可靠。在航天电子单机电连接器的装配中，主要是通过控制受触件材料、压力、表面状态来保证其接触电阻的可靠有效。

　　在一些场合中，要求电连接器与壳体之间有很高绝缘性。为了实现这一目的，在设计和安装过程中一般会采取在电连接器与壳体之间加装绝缘垫片的方式。在另一些场合中，要求接触电阻能够控制在一个比较小的合理范围之内，在这种情况下，一般会通过控制安装时螺钉拧紧力矩的大小来对接触件之间的正压力进行控制，从而达到控制接触电阻的目的。此外，在安装之前通过对接触件的表面状态的控制来实现对接触电阻的控制在航天电子单机的生产中也是十分必要的，例如对安装环境洁净度的控制，采取完善的清洗清洁工艺以及设计结构密封措施等。

　　电连接器与 PCA 的配合也是在安装中需要注意的方面，特别是在微波射频电路中，电连接器的接头与微波板之间的相对位置有着十分严格的要求，在安装过程中稍有偏差就会严重影响信号传输的质量。在这种情况下，一般会采取安装与调试同时进行的方法，待调试出来的电信号满足要求后再将电连接器安装固定。

7.3.1.4　阻尼系统的安装

　　阻尼系统能够起到使自由振动衰减的作用。航天电子产品整机上安装的阻尼系统主要由固定支架、阻尼器、固定螺钉（栓）组成。其中阻尼器是结构系统上耗减运动能量的装置。整个阻尼系统共同作用形成抗振系统，确保工作过程的振动在电子产品上进行衰减，从而起到保护电子产品整机的作用。

　　阻尼系统中的阻尼器以橡胶类制品为主，通过计算确定阻尼器的阻尼指标，并根据指标及阻尼器外形尺寸进行一次注塑成形。部分阻尼器采用了金属与橡胶混合使用的方式。

航天星、箭载整机产品选用的阻尼系统，按其安装方式可分成 3 类。

图 7 - 29 所示是阻尼系统的第一类典型的安装方式，由固定支架、2 个阻尼器、2 个垫块、2 个垫圈及 1 个固定螺钉组成。固定方式是螺钉穿过阻尼器并使用垫块及垫片隔离，再穿过固定支架，将剩余的阻尼器、垫块及垫片固定在机壳上。螺钉紧固后采取胶封形式止动。整机通过固定支架上的螺钉安装孔与弹体刚性连接。在弹体飞行过程中，电子产品整机通过阻尼系统与弹体形成非刚性连接，从而衰减振动量级。

图 7 - 29　阻尼系统典型安装方式 1

图 7 - 30 所示是第二类安装方式，由固定支架、2 个阻尼器、1 个固定空心螺钉及空心螺母组成。固定方式是空心螺钉穿过阻尼器、固定支架，再穿过阻尼器，然后使用空心螺母固定，其中螺钉紧固后不应高出螺母平面，且需在螺母处三点冲铆进行止动。电子产品整机通过在阻尼系统上空心螺钉处安装螺栓与弹体形成刚性连接。在弹体飞行过程中，直接通过阻尼器进行振动量级的衰减。

图 7 - 30　阻尼系统典型安装方式 2

第三类安装方式与第一类方式类似，如图 7 - 31 所示，不同点是只有 1 个阻尼器，螺钉分别从机壳及减振支架拧入阻尼器中，螺钉采用胶封形式止动。整机通过减振支架与弹体刚性连接。在弹体飞行过程中，直接通过阻尼器进行振动量级的衰减。

图 7 - 31　阻尼系统典型安装方式 3

需要注意的是，阻尼系统中的阻尼器主要为橡胶类产品，橡胶类产品在热环境下易发生加速老化现象。为了防止阻尼器加速老化，电子产品整机进行气候环境试验（例行试验除外）过程中应先不安装阻尼系统。电子产品整机筛选试验过程中的振动一般采取刚性振动，也不应安装阻尼系统。

7.3.1.5　整机的组装

航天电子单机产品在结构形式上一般采用板卡式、腔体式以及层叠式三种。在电子单机整机装配过程中，不同的结构形式对应的操作重点也不尽相同。

在板卡式结构中，如图 7 - 32 所示，同样存在着插针式电连接器的插针由于对准时的偏差导致安装受力而变形的问题。这种结构中，一般子板的安装路径会被结构限制而相对固定，无法有效地进行位置的调整。这时，可采用母板活动的形式，通过调整母板的位置，在所有的子板对正配合安装后，再对母板进行安装固定，如图 7 - 33～图 7 - 34 所示。

图 7 - 32　板卡式结构

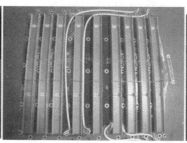
图 7 - 33　母板

图 7 - 34　子板

在腔体式结构中，特别是在微波电路中，各印制板之间的位置关系一般都会有较为严格的要求，印制板与印制板之间的共面度在很大程度上影响着单机产品在电气连接后的工作性能。通常情况下，会采取增设定位孔、使用压块等工装来保证印制板安装后的位置精度，如图 7-35 所示。

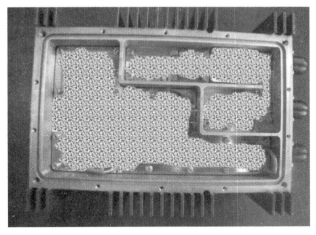

图 7-35　腔体式结构

在层叠式结构中，层与层之间通常采用插针式电连接器实现电连接。在安装过程中，层与层之间的相对位置稍稍出现偏差，就容易发生电连接器的插针与插孔无法对准的情况。此时若是强行安装，极易发生插针受力弯针损坏的现象。为了在安装时确保层间的相对位置关系，必要时可设计使用引导工装防止接插件损坏。由于航天电子单机产品有着结构紧凑的特点，在较小的空间内会存在着大量的电连接，这些电连接有时会以大量导线的形式出现于电连接器与 PCA 之间。在层叠式结构中，过于密集的导线会在层与层之间安装时产生不可忽视的影响，可以采取使用固定夹的措施来消除由于导线过密而产生的不良影响，如图 7-36 所示。

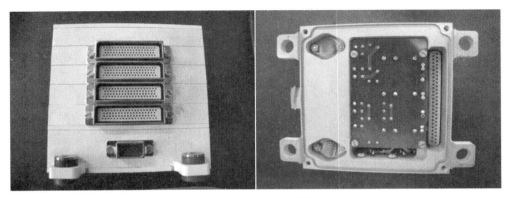

图 7-36　层叠式结构

7.3.2　地面机箱（柜）的机械装配

机箱（柜）式结构可以为电源、主机板、各种扩展板卡、驱动器等设备提供安装空间，并通过内部的支撑、支架、螺纹连接或卡子、夹子、导轨等连接件将电子单机以及零部件牢牢固定在机箱内部，形成一个集约型的整体。机箱（柜）的外壳对内部的设备能起到很好的保护作用，不仅可以防压、防冲击、防尘，并且还能起到防电磁干扰、防辐射的作用。这类结构还能够提供很多便于使用的面板开关、液晶屏幕、指示灯部件等，让操作者更便利地进行观察或操作。机箱（柜）一般由面板、安装板、弯角件、固定夹、减振器、把手等零件构成。

面板作为人机交互的平台，经常暴露在外，它的质量比其他结构件要求更高一些。面板除保证相应的结构强度外，在表面质量、元器件布局、人性化设计等方面另有要求。

安装板是机箱（柜）内部元器件的载体。其外形应尽量简单平整，便于元器件的布局。因此，在产品处于静载荷状态下工作，不受较大冲击的情况下，安装板在设计过程中通常采用一些薄板材料通过钣金成形来制造。设计中还可采用板类的零件附加一些加强结构（弯曲边、筋等）来提高板类零件的刚度、防止变形。如果利用上述方法设计，仍无法满足零件的强度、刚度需要，则采用其他结构形式。

弯角件是板类机箱（柜）结构件中常见零件。为提高零件强度和刚度，弯角件各弯边间接缝必要时可采用焊接方式连接。另外，为保证零件的加工工艺性，弯角件类零件的外形不宜太复杂，一般应设计成可展开结构，否则可将零件拆分成两个或多个零件的组合。

机箱（柜）内部布线时，通常选用一些固定夹或卡箍之类的零件，这样既可以满足线束加固的要求，又不过多地增加机箱（柜）的质量和零件所占空间。

减振器作为机箱（柜）附件中的受力件，它的设计、加工与制造已成标准、成规模。然而，在减振器的安装设计过程中，为保证电子机箱（柜）的稳定性、减振器的均匀受力及安装可靠性，仍需精确计算减振器合理安装位置。

把手作为机箱（柜）附件中的受力件，同减振器一样，在设计、加工与制造上已成标准、成规模。同样，在设计把手的安装位置过程中应注意合理安排把手的受力点，充分考虑面板元件布局和把手之间的空间及操作者操作是否方便等因素。

7.3.2.1　面板的安装

面板安装一般涉及面板元器件、仪表盘、液晶显示屏幕、按键板、开关等。面板零部件在面板上的安装，有间接安装（借助绝缘材料隔离安装）和直接安装（壳体接地）两种安装设计及安装工艺方式，如图 7 - 37 所示。在安装时需要注意以下几点：

1）面板元器件的组合安装，可首先在机箱外面组装成部件，再进行面板安装，以保证元器件组合安装的单一性和可操作性。

2）凡有平面度、接触电阻值、导电性能要求的安装基板表面，一般不宜在安装过程中由操作者进行临时表面涂层刮除工艺处理，以避免对平面度、接触电阻值、导电性能造成不良影响或表面破坏。

3）凡有绝缘、导热要求的元器件安装，应考虑其安装部位的绝缘材料的可操作性、绝缘和耐电压参数的可检测性。绝缘垫层材料的外形尺寸应超出元器件安装面外形边缘。

4）凡安装螺孔、沉孔及螺钉安装面有导电性能、接触电阻值要求的，一般不宜在安装过程中对它们作表面涂层的工艺处理，以避免对螺纹、沉孔及螺钉安装表面造成不良影响或对螺纹、沉孔表面造成损伤。

5）对于玻璃封装、液晶屏幕等易碎裂且尺寸较大的零部件的安装，可采用合理的防碎裂保护装置。

图 7-37　面板

7.3.2.2　箱体的组装

航天电子产品使用的机箱结构形式按选材与加工方式不同，分为型材螺钉组合机箱、板材弯曲成形后螺钉组合机箱、铝材铸件机箱、非金属材料机箱等，见表 7-4。

表 7-4　几种机箱（柜）结构形式的特点

机箱（柜）结构种类 特点	板材机 加机箱	铝型材 机柜	角钢 机柜	板材弯曲成形机柜 （螺纹连接）	板材弯曲成形机柜 （焊接）
材料成本	高	高	低	适中	适中
加工、装配成本	高	低	高	适中	适中
机柜质量	适中	小	大	适中	适中
设计性	好	好	差	较好	较好
工艺性	较好	好	差	较好	较好
精度	高	适中	适中	差	差
整体外观	好	好	一般	较好	较好
刚度、强度（综合）	好	差	好	一般	较好
运输性（综合）	差	差	较好	好	较好
标准化程度	差	较好	差	好	好
应用范围（军、民两用）	小	较大	小	较大	大

　　机箱结构形状复杂，箱壁薄而不均匀，内部呈腔型，有若干精度要求较高的平面和孔系，还有较多的紧固点等。在设计选用上不论机箱采用何种箱体，使用何种连接方式，其组装关键都在于保证组装后箱体的外形和尺寸。一般来说，影响机箱装配精度的主要因素有两点，零件的机械加工精度和装配时的受力变形情况。为了解决机械加工精度产生的问题，在试装时一般会使用工具工装对零件进行配修和校形，使零件在安装时通过适当调整能达到较高的配合精度；为了防止装配时零件受力变形，在安装过程中一般注意要设计合理的紧固顺序，控制紧固力，并防止野蛮装配。

7.3.2.3　柜体的组装

　　航天电子产品使用的机柜与机箱在结构形式与加工方式上类似。电子机柜通常由机箱和机架装配而成，其中机架主要通过铸造成形或型材铆接或焊接而成，机箱通过导轨插入机架，并利用定位销定位，如图 7-38 所示。

图 7-38　地面机柜柜体

　　早期使用的机柜大都是用铸件或螺钉、铆钉连接或焊接而成机柜框架，再加由薄钢板制成的盖板（门）而成。这种机柜的体积大、笨重、外形简陋。随着电子产品技术发展，机柜的结构也向小型化、模块化方向发展。机柜已由过去的整面板结构发展成为具有一定尺寸系列的插箱、插件结构。插箱、插件的组装排列方式分水平排列和垂直排列两类。机柜材料普遍采用薄钢板，各种断面形状的钢型材、铝型材及各种工程塑料等。机柜的框架除用焊接、螺钉连接外，有时还会采用粘接工艺。一个安装质量好的电子机柜可以保证内部设备良好的运行。机柜装配质量的关键在于导轨、定位销、螺钉以及安装孔相互间的位置精度。导轨的作用主要是将插件正确地引导到其相应的插槽，使其顺利地插到插件连接器中。

　　装配后的机箱在机架中应间隙均匀、插拔自如。柜体的结合部分、活动部分和可拆卸部分，装配后应能自由结合、活动、拆卸和再装配。所有固定连接应保证在产品技术条件规定的振动和其他机械作用下，各部分能牢固地结合，不发生转动和移动。导向件和其他可移动件，应平稳地移动，不得卡紧和倾斜。弹簧在装配时不允许产生永久变形。止动件（棘轮、固定件）等应可靠工作，且能精确地把与其连接的构件止动在需要位置上。非金属衬垫物应紧密、准确、规整地安装在产品的沟、槽或其他专放衬垫物的部位上。安装好的衬垫物，不应有裂纹、折叠和毛边等现象。

在机柜的装配过程中，由于机架及机箱的加工误差，装配中产生的变形和手工装配误差，容易产生一些问题，例如两定位销中心线平面与导轨工作平面存在尺寸以及位置偏差，两定位销中心线平面与机架平面存在垂直度误差；两定位销与机箱上定位销孔存在尺寸及位置偏差；导轨的工作面与螺钉安装孔中心存在尺寸及位置偏差等。由于上述问题的存在，导致机柜装配时，机箱插拔不自如甚至无法安装，在使用过程中螺钉由于安装倾斜也容易发生剪断事故。解决这些问题的关键在于必须减小机架及机箱加工误差的影响，保证机架和机箱尺寸的一致性，保证装配精度，在加工方面，可以考虑提高机架和机箱的加工精度；在装配方面，可以利用工装装配代替手工修整装配。

7.3.3　常用的安装紧固方式

航天电子整机机械装配中通常使用的连接紧固方式有螺纹连接、铆接、销钉连接以及胶接等。

7.3.3.1　螺纹连接

电子产品整机装配中螺纹连接是最主要的连接手段，必须保证连接可靠，拆卸方便，并且达到规定的机械强度，保持较高精度。螺纹连接具有螺纹拧紧时能产生很大的轴向力、能方便地实现自锁、外形尺寸小、制造简单、能保持较高精度的特点。螺纹连接的质量除受加工精度的影响之外，还与装配技术有很大的关系。如拧紧螺母的次序不对、施力不均匀，将使部件变形而降低装配精度；对于运动部件上的螺纹连接，若紧固力不足，会使连接件的寿命大大缩短，甚至造成事故。

航天电子整机螺纹连接分为螺钉连接和螺栓连接两种方式。采用螺栓连接时，无须在被连接件上切制螺纹，被连接件上的通孔和螺栓杆间留有间隙，通孔的加工精度要求低，结构简单，装拆方便，使用时不受连接件材料的限制，因此应用极广，但一般情况下，需要在螺栓头部和螺母两边进行装配（如图 7 - 39 所示）。螺钉连接多用于受结构限制不能用螺栓的场合，螺钉连接是螺钉直接拧入被连接件的螺纹孔中，不用螺母，在结构上比双头螺柱连接简单、紧凑，且有光整的外露表面，但不宜用于受力大或时常装拆的场合，以免损坏被连接件的螺纹孔（如图 7 - 40 所示）。在绝大多数情况下，螺纹连接都是可拆的。

（1）螺纹连接的工艺要求

航天电子产品在整机机械装配中，对螺纹连接工艺有严格的要求。

1）沉头螺钉紧固后，其头部应与安装面保持平整。允许稍低于安装面，但不能超过0.2 mm。使用弹簧垫圈时，拧紧程度以弹簧垫圈切口压平为准。软、脆材料表面不能直

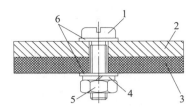

图 7 - 39 螺栓连接的安装方式

1—螺钉；2—部件；3—被紧固件；4—弹簧垫圈；5—螺母；6—平垫圈

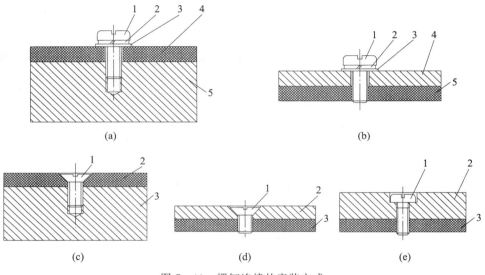

图 7 - 40 螺钉连接的安装方式

（a）—（b）：1—螺钉；2—弹簧垫圈；3—平垫圈；4—被紧固件；5—部件

（c）—（d）—（e）：1—螺钉；2—被紧固件；3—部件

接用弹簧垫圈，且拧紧时拧力要均匀，压力不能过大。弹簧垫圈应装在螺母与平垫圈之间。

2）不允许采用不完全拧紧螺母的方法来调整轴的松动，须应用固定装置固牢。螺纹紧固件应拧到极限位置（开口的弹簧垫圈须完全压平）。螺钉、螺栓和螺母的支承面必须与被紧固的零件表面贴紧。除非设计文件中另有规定，螺钉或螺栓的拧入长度应与被拧入螺纹的材料的机械性能对应，表 7 - 5 中给出了推荐的最小值。拧出长度一般最小为 1.5 mm，最大不超过 3.2 mm 加 1.5 倍螺距。沉头螺钉的头部不应突出零件的表面。

表 7 - 5　螺钉或螺栓的拧入长度

材料	拧入长度的最小值
钢或带钢丝螺套的铝	螺纹直径值
铝、镁	两倍螺纹直径值

3）螺钉的选用方面，十字槽螺钉外形美观，紧固强度高，有利于采用自动化装配。面板上尽量少用螺钉，必要时可采用半沉头或沉头螺钉，以保持平面整齐。当要求结构紧凑、连接强度高、外形平滑时，应尽量采用内六角螺钉或螺栓。如果安装部位是易碎零件（如瓷件、胶木件等）或是较软材料（如铝件、塑料件等）时应使用大平垫圈。螺纹圈数小于和等于 5 的紧固件螺纹表面，不允许有凹痕和缺口；螺纹圈数大于 5 时，在保证拧合的情况下，允许有深度不大于螺牙高度 1/3、每圈长度不大于 1/4 圈和总长度不大于 1/2 圈的凹痕和缺口存在。断扣（凹痕、缺口）等缺陷超过以上规定的螺母、螺钉和螺栓（包括在装配时断扣的），不允许使用。

4）在拧紧方法的选用上，装配螺钉组时，应按顺序分步逐渐拧紧，以免发生结构件变形。拧紧长方形工件的螺钉组时，应从中央开始逐渐向两边对称扩展。拧紧方形工件和圆形工件的螺钉组时，应按交叉顺序进行，以免产生变形和接触不良的现象。所选择的旋具规格要合适，不应使用尖嘴钳松紧螺母，拧紧时旋具应保持垂直于安装孔表面。

5）装配螺纹紧固件时，不允许使通孔的周围产生裂纹。螺钉周围的解锥槽不允许损坏，螺钉、螺栓和螺母断头的棱边不允许产生裂纹和压伤等现象。螺柱和螺栓若不采用机械止动时，在螺纹的连接处应完整地胶封。安装好的衬垫物不应有裂纹、折叠和毛边现象。插头旋钮应保证其正常、灵活的功能性转动，不允许有卡紧、停滞、跳动现象。所有紧固件安装牢固、可靠，弹垫压平，无漏装、松动现象。

6）弹簧垫圈只能一次性使用，使用不锈钢弹簧垫圈应采用粘固措施防松。紧固件不应作为电气导通及回路使用。

紧固件安装检验内容、要求及检验方法见表 7-6。

表 7-6　紧固件安装检验内容、要求和检验方法

序号	检验内容与要求	检验方法
1	螺钉、螺母无松动现象	目视或用 3～5 倍放大镜检查
2	螺钉、螺母的棱角完整	
3	平垫圈、弹簧垫圈与螺钉同轴，无歪斜现象	
4	弹簧垫圈已压平	
5	拧紧力矩达到规定的力矩值	定力矩旋具

被紧固零部件的检验按专用文件的要求进行。一般情况下，检验内容、要求及检验方法见表 7-7。

表 7-7　被紧固零部件的检验内容、要求和检验方法

序号	检验内容与要求	检验方法
1	被紧固表面及周围无损伤	目视或用 3～5 倍放大镜检查
2	被紧固表面及周围涂层未被破坏	
3	被紧固零部件未被压坏	
4	被紧固零部件满足图样的电气绝缘要求	毫欧表

（2）螺纹连接的预紧与安装

螺纹连接以其简单、可靠、便于调节的优点在弹上产品装配过程中占有很大的比重，星、箭、弹产品均需承受较为恶劣的力学环境条件，因而对螺纹连接的可靠性要求较高。

在实际装配中，绝大多数螺纹连接在装配时都必须拧紧，使连接在承受工作载荷之前预先受到力的作用，这个预加作用力称为预紧力。预紧的目的在于增强连接的可靠性和紧密性，以防止受载后被连接件间出现缝隙或发生相对位移。经验证明，适当选用较大的预紧力对螺纹连接的可靠性及连接件的疲劳强度都是有利的。但过大的预紧力会导致整个连接的结构尺寸增大，也会使连接件在装配或偶然过载时被拉断。因此，为了保证连接所需的预紧力，又不使螺纹连接件过载，对重要的螺纹连接，在装配时要控制预紧力。

在装配过程中，对螺纹连接件预紧力的控制主要是借助可控扭矩的旋具。可控扭矩的旋具在使用过程中必须注意以下两点：

1）扭矩值的选取为中值再加 $10\%\sim15\%$；

2）可控扭矩的旋具必须每周进行一次自校准，并且在使用过后需将扭力调整至最小值。

紧固件的拧紧力矩与紧固件材料和表面状态、被紧固材料和状态有关，应根据试验确定拧紧力矩。在拧紧力矩的制定上，一般通过工程方法计算确定不同规格螺钉的理论拧紧力矩值，然后通过对常用紧固件及基材材质进行拧紧试验获取经验值。将经验值与理论值进行对比，确定试验值，对试验产品进行振动试验验证螺钉拧紧力矩值是否正确、合理。最后，对螺钉拧紧力矩进行归纳总结，以便工艺设计人员根据不同的使用环境选择螺钉拧紧力矩。航天电子产品常用螺钉的拧紧力矩参考值见表 7-8。

表 7-8　航天电子产品常用螺钉的拧紧力矩参考值

性能等级 （材料牌号）	碳素钢（镀锌表面）	不锈钢（1Cr18Ne9Ti）	钛合金（镀锌表面）
	5.8 级	A2(70)	8.8 级
螺纹规格	拧紧力矩/（N·m）	拧紧力矩/（N·m）	拧紧力矩/（N·m）
M1.6	0.12	0.19	0.16
M2	0.24	0.38	0.32
M2.5	0.49	0.77	0.66
M3	0.86	1.37	1.17
M4	2.01	3.20	2.72
M5	4.06	6.45	5.49
M6	6.91	10.99	9.35
M8	16.75	26.65	22.68
M10	33.20	52.77	44.91

（3）螺纹连接的防松

螺纹连接件一般采用单线普通螺纹，由于其自身特点，连接螺纹都能满足自锁条件；同时，拧紧以后螺母和螺栓头部等支承面上的摩擦力也有防松作用，所以在静载荷和工作温度变化不大时，螺纹连接不会自动松脱。但在冲击、振动或变载荷的作用下，螺旋副间的摩擦力可能减小或瞬时消失。这种现象多次重复后，就会使连接松脱。在高温或温度变化较大的情况下，由于螺纹连接件和被连接件的材料发生蠕变和应力松弛，也会使连接中的预紧力和摩擦力逐渐减小，最终导致连接失效。螺纹连接一旦出现松脱，都会造成一定的事故。因此，为防止连接松脱，保证连接安全可靠，设计时必须采取有效的防松措施。

①松动机理

螺纹连接在工作状态下可能会经受所有类别的变动载荷，包括极为激烈的振动和冲击载荷。在变动载荷的作用下，螺纹连接的失效通常是由其自身的松动和疲劳破坏所引起的。在一般情况下，螺纹连接抗振松的寿命比其材料和结构的疲劳寿命短得多，远在疲劳破坏之前，就已经出现了因松动而造成的螺纹连接松脱失效，或者出现了因松动而导致的连接件和被连接件的过早疲劳破坏。螺纹连接的失效会影响产品和设备的正常运转，甚至会造成严重的后果。如何防止螺纹连接的松动是研制和设计螺纹紧固件的重要任务之一。

在通常的螺纹连接中，摩擦力产生于内外螺纹接触面或螺纹紧固件支承面与被连接件的接触面上。当螺纹连接开始松转时，克服螺纹接触面上的摩擦所需的力矩 M_1 为

$$M_1 = \frac{Qd_2}{2} \tan(\rho - \alpha) \qquad (7-2)$$

式中　Q——作用于螺栓或螺钉上的预紧力，又称轴力或紧固系统的夹紧力；

　　　d_2——螺纹中径；

　　　ρ——摩擦角，对于三角形螺纹，$\tan\rho = \dfrac{\mu_1}{\cos\beta}$，$\mu_1$ 是螺纹接触面之间的摩擦系数，β 是牙型半角；

　　　α——螺纹螺旋线的升角，又称导角。

螺纹紧固件被拧紧后，由于螺母或螺钉头支承面上的摩擦而产生的附加力矩 M_2 为

$$M_2 = \frac{Q\mu_2 D_2}{2} \qquad (7-3)$$

式中　μ_2——螺母或螺钉头支承面与被连接件接触面之间的摩擦系数；

　　　D_2——螺母或螺钉头支承面的平均直径，在接触压力均匀的情况下，D_2 的精确值为 $D_2 = \dfrac{2}{3}\left(\dfrac{R_\mathrm{w}^3 - R_\mathrm{n}^3}{R_\mathrm{w}^2 - R_\mathrm{n}^2}\right)$，$R_\mathrm{w}$ 和 R_n 分别是支承面的外半径和内半径，如果支承面不平或接触压力不均匀，D_2 的值将介于 R_w 和 R_n 之间。

综上所述，决定螺纹连接开始松转时的总力矩 M 为

$$M = M_1 + M_2 = Q\left[\frac{d_2}{2}\tan(\rho - \alpha) + \frac{\mu_2 D_2}{2}\right] \qquad (7-4)$$

分析式（7-4）可知，仅在总力矩 M 等于或小于零的情况下，螺纹紧固件才开始自

行松动。对于连接用螺纹，在受静载荷作用时，即使润滑条件很理想，其摩擦角也始终大于升角（$\rho > \alpha$），即满足螺纹的自锁条件，使式（7-4）括号内的总值不会等于或小于零，螺纹紧固件也就不会自行松转。但是在经受动载荷时，例如在振动和冲击的作用下，螺纹紧固件在螺纹和支承面上产生了微观的滑移，这种相对的微观运动使摩擦系数由相对高的静态值变为很低的动态值，螺纹连接在各个方向上处于自由摩擦状态。此时作用在螺纹上的轴向力在圆周方向上形成一个导致螺母松转的内松出力矩，使螺母开始松转，就像一个在斜面上的重物，由于摩擦力的变小或消失而往下滑动一样，这种松转称为螺纹连接的自松。千万次的振动循环耗尽了螺纹连接的防松摩擦阻力，使其从细微的松转直到完全的松脱。

对于承受轴向动载荷的螺纹件，轴向外力使螺母在靠近支承面的部位产生径向弹性膨胀，引起螺纹面和支承面上的微观滑移；对于承受横向动载荷的螺纹件，横向外力使螺栓在螺母内摇摆而产生微观滑移，或者使螺母在螺栓上摇摆而产生微观滑移。试验证明，横向外力比轴向外力能引起更大的微观滑移。因此横向外力是更危险的因素，而且垂直于螺纹轴线的纯横向外力比起与螺纹轴线成各种角度的其他横向外力，对螺纹连接的松动能产生更苛刻的条件。实际的使用经验也说明，横向冲击、振动更易引起螺纹连接的松动。试验表明，与横向外力相比，经受轴向外力的螺纹连接不容易松动。

②防松方法

螺纹紧固件连接的防松方法分为不可拆卸法、机械固定法以及增大摩擦力法三种基本方法。

1）不可拆卸的防松：这是一种采用焊牢、粘接或冲点铆接等方式将可拆卸螺纹连接改变为不可拆卸螺纹连接的防松方法，是一种很可靠的传统防松方法。其缺点是螺纹紧固件不能重复使用，且操作麻烦。常用于某些要求防松高可靠而又不需拆卸的重要场合。

使用锁紧粘合剂的粘接也是一种航天电子产品常用的不可拆卸的防松方法，这种方法是在相配的螺纹表面涂厌氧胶或环氧树脂等粘合剂，粘合剂固化后即可牢固地粘接相配的螺纹，达到锁紧防松的目的。除此之外还有在紧固件端帽涂胶的防松工艺，使用粘接强度较高的胶涂在紧固件端帽，也能起到一定的防松作用，如图7-41所示。

不同的粘合剂往往具有不同的锁紧能力。涂环氧树脂的紧固件，其粘接强度很高，是不可拆卸的。涂厌氧胶的紧固件，虽可拆卸，但拆卸后螺纹表面残留的粘合剂难于清洗干净，且螺纹可能受到损伤，紧固件不宜再用。粘合剂也可作为螺纹的密封材料，但它们无法承受高温，最好的粘合剂可在230 ℃的温度下工作；最差的粘合剂，其工作温度只有94 ℃。

螺栓（或螺钉）头和螺母端面冲点铆接也是一种不可拆卸的防松方法，如图7-42所示，在拧紧后，用冲点铆接的方法使螺栓（或螺钉）和螺母产生局部变形，阻止其相互松转，防松可靠，可用于任何不需拆卸的连接防松。

2）机械固定件的防松：利用机械固定件使螺纹件与被连接件之间或螺纹件与螺纹件之间固定和销紧，以制止松动。这种方法的优点是防松可靠，其防松可靠性一般取决于机

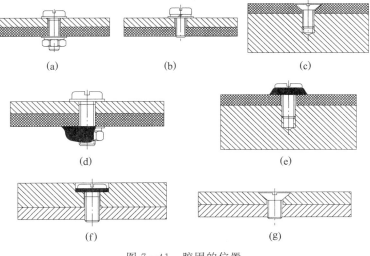

图 7 - 41　胶固的位置

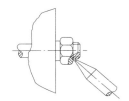

图 7 - 42　冲点铆接防松

械固定件（或紧固件本身，如开槽螺母）的静强度或疲劳强度。它的缺点是增加紧固连接的质量，制造及安装麻烦，不能进行机动安装，所以成本较高。由于其防松可靠性高，在机械产品和航空航天产品中的某些重要部位仍广为采用。

　　开槽螺母加开口销是利用机械固定法进行防松的一种方式。如图 7 - 43 所示，开口销穿过螺母的槽和螺栓末端的销孔，将螺母和螺栓直接锁紧。既可在不拧紧（即不施加预紧力）的松连接状态下，用于重要的活动部位，如航空航天器和车辆座舱内操纵杆活动关节的连接；也可用在长时间严酷振动条件下要求防松高可靠的特别重要部位。后者中，必须以适当的预紧力来拧紧螺母和螺栓，否则在未拧紧的松连接中，开口销或螺母会产生疲劳破坏，造成紧固件的松脱失效。

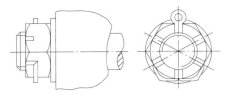

图 7 - 43　开口销防松

　　利用锁紧丝防松也是常见的机械固定防松方法，即用钢丝穿入螺钉头或螺母的小孔内，使几个螺钉或螺母连接在一起而锁紧，如图 7-44 所示。尽管装配比较麻烦，因其防松可靠，故仍用于重要的场合，特别是航空航天产品的重要部位。锁紧丝防松可用于成组螺栓或螺钉的连接防松。

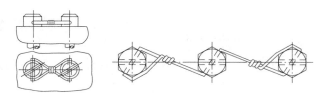

图 7-44　锁紧丝防松

　　3）增大摩擦力的防松：利用增加螺纹间或螺栓（螺钉）头及螺母端面的摩擦力或同时增加两者的摩擦力的方法来达到防松的目的。这种防松方法比上述两类方法的可靠性要差些，但其最大的优点是不受使用空间的限制，可以进行多次的反复装拆，可以机动装配，而且其中某些紧固件（如尼龙圈锁紧螺母、全金属锁紧螺母）的防松可靠性已达到很高的水平。因此，这种防松方法在机械制造部门和航空航天领域应用最广。

　　弹簧垫圈防松是螺纹防松中最常见的一种增大摩擦力的防松方式，使用弹簧垫圈、平垫圈的张力达到螺纹紧固件防松的目的，如图 7-45 所示。为保证航天电子产品的可维修性和可拆卸性，弹上电子产品常用弹垫、平垫防松。其中，平垫圈主要用于改善支承面的接触状态，保证支承面的摩擦因数稳定，对防松有一定的作用；弹簧垫圈利用其弹性产生轴向力使螺纹轴向压紧而产生摩擦力防松，这种防松方法结构简单，使用方便。

　　弹簧垫圈的主要缺点是防松效果差，不适于承受较激烈冲击、振动的使用部位；电镀锌或镉的钢簧垫圈往往会产生滞后的氢脆断裂，造成很难发现的隐患以及随后的失效事故；垫圈开口处的尖棱易损伤被连接表面；使紧固系统受力偏斜，破坏螺栓作用力的中心性，致使螺栓承受附加的弯曲应力，导致螺纹连接的疲劳性能下降，在严酷的外载荷作用下，这种不良影响尤为显著；增加被连接件的柔性，即降低被连接件的刚度，可能会导致螺纹连接的疲劳性能下降；由于弹簧垫圈是开口的圆环结构，在夹紧力的作用下可能会出现因内径涨大而失效的情况。因此，弹簧垫圈不用于重要的使用场合。

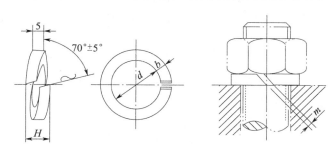

图 7-45　弹簧垫圈防松

使用双螺母防松也是通过采用增大摩擦力的方式来防止螺纹松动的。双螺母的传统装配方法是先拧紧内螺母，接着拧紧外螺母，然后再反拧内螺母，使两个螺母高度之间的螺纹产生微小的弹性变形来获得附加摩擦力而防松。实践证明，这种装配方法的双螺母防松并不可靠。其缺点是反旋内螺母时，造成紧固系统卸载，夹紧力变小，防松能力下降。新的装配方法取消"反拧内螺母"这一程序，即先拧内螺母，再拧外螺母，对两个螺母施加相同的拧紧力矩，这样能使紧固系统的夹紧力保持在较高的水平上。国内外的试验证明，采用新装配方法的双螺母，其防松能力大为提高。在目前各种螺纹紧固件的防松方法中，它是抗振寿命较高的几种防松方法之一。如图 7-46 所示，用两个螺母虽增大了质量，但结构简单、防松效果好，可用于高温环境，所以在某些重要场合仍有采用。

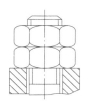

图 7-46　双螺母防松

7.3.3.2　铆接

铆接是采用特定的设备或工具（如图 7-47 所示），利用铆钉材料受力后产生的塑性变形，将两个彼此分离的零件结合在一起的工艺方法。铆钉连接方式较螺栓连接方式成本低、速度快、防松、工艺简单、一致性好，但铆接有不可拆卸的缺点。

航天电子产品中，铆钉连接应用十分广泛，如固定冲制焊片的冲胀铆、小型电子管固定夹与壁板的翻边铆、机箱（柜）中薄壁零件间的成形铆等。电子产品装配用的铆钉是铜或铝制作的，其类型有半圆头铆钉、平锥头铆钉、沉头铆钉和空心铆钉等。在整机装配中常用的铆接方式主要是拉铆和冲铆两种。

拉铆示意如图 7-48 所示。铆钉在拉铆杆拉动的过程中，向外膨胀变形，在拉铆杆穿过后头部/径向尺寸超过被铆接板件孔径，完成铆接。

冲铆示意如图 7-49 所示。铆钉在冲头冲压的过程中，向外膨胀变形，使铆钉头部/径向尺寸超过被铆接板件孔径，完成铆接。

7.3.3.3　销钉连接

销钉连接在航天电子产品装配中应用也较多，因为这种连接安装方便、拆卸容易。通常，按其作用分为紧固销和定位销两种，按其结构形式分为圆柱销、圆锥销及开口销三种。

圆柱销是靠过盈配合固定在孔中的。装配时先将两个零件压紧在一起同时钻孔，再将合适的销钉涂少许润滑油压入孔内，操作时用力要垂直、均匀，不能过猛，以免将销钉头镦粗或变形。

圆锥销通常采用 1/40 的锥度将两个零件或部件连接为一整体。如果能用手将圆锥销塞进孔深的 80%～85%，则说明配合正常，剩下长度用力压入，即完成了圆锥销连接。

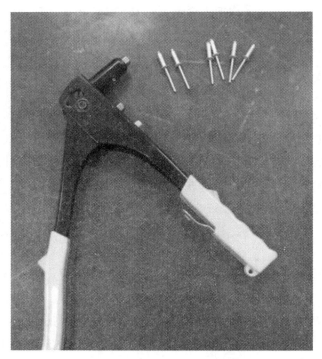

图 7 - 47　铆钉与铆接工具

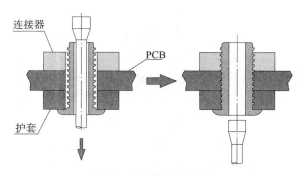

图 7 - 48　拉铆示意图

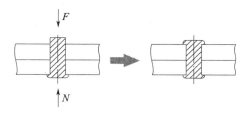

图 7 - 49　冲铆示意图

开口销俗名弹簧销，用于螺纹连接防松。螺母拧紧后，把开口销插入螺母槽与螺栓尾部孔内，并将开口销尾部扳开，防止螺母与螺栓的相对转动。

7.3.3.4　胶接

胶接技术是指在一定条件下使两种零件获得具有足够强度的胶接接头的连接方法。胶接可以连接各种不同的材料，特别适用于连接很薄或很软的材料，胶接面应力分布均匀，有一定剪切强度、抗拉强度和耐疲劳强度。根据不同的用途可以体现密封、绝缘、导热、导电、耐腐蚀等不同特殊性能。胶接技术工艺简单，不要求较高的加工精度，对复杂零件可分别加工、胶粘组装。可采用与焊接、铆接、螺纹连接相结合的方式，扬长避短，从而获得综合的效果。可降低成本，缩短工期，焊接、铆接、键连接都需要多道工序，粘接可一次完成。除用于连接、密封、堵漏、绝缘外，还可广泛用于机械零件的耐磨损、耐腐蚀修复，也可用于修补零部件的各种缺陷，如裂纹、划伤、尺寸超差、铸造缺陷等。

胶接技术在我国航天工业中的应用十分广泛，长征系列运载火箭用 6～7 种胶粘剂，宇宙飞船神州系列采用了 10 余种胶粘剂，嫦娥卫星也采用了多种高温胶粘剂。此外，卫星的舱口、口盖、运载火箭的卫星整流罩等结构件也都采用胶接技术。在航天电子产品中，胶接主要用于部分温度传感器的热敏电阻与壳体的连接。在一些星船电子产品中，为了使得某些器件能够更好地适应太空环境，有时也会设计使用钽片覆盖器件表面，在这种情况下，钽片与器件表面的连接往往也会使用胶接的方式。

在采用胶接工艺时，应注意胶液与被粘接材料的兼容性，并掌握和控制胶液的固化时间和温度。

7.4　整机防护与加固技术

随着航天电子产品的小型化和集成电路的大量采用，电路的组装密度越来越高，众多的单元印制电路汇集在较小的空间内，造成电路间相互干扰的可能性大大增加。同时，航天产品向着全天候、多功能的方向发展，环境因素不再局限在防湿热、防盐雾、防霉菌的传统三防概念上，产品要经受高温、低温、潮湿、盐雾、霉菌等气候因素和振动、冲击、过载、噪声等力学因素以及静电、电磁干扰等影响。因此，在电子设备的设计和装联工艺中必须采取有效的防护措施，以确保电子产品可靠性。

7.4.1　产品的防护技术

为提高整机设备的防护能力，在产品设计及生产过程中应注意以下几项要求：

（1）尽量采取整机防护结构

根据产品结构和使用的环境条件，尽可能采取防护效果好的整机防护结构，例如采用密封式机壳。

（2）金属壳体应进行表面处理

为防止整机产品金属零件被腐蚀，应根据使用场合及环境，选择适当的镀层种类、一定的镀层厚度对产品壳体进行表面处理，也采用喷漆等表面处理防护措施以降低潮湿、盐雾和霉菌的侵害。

（3）非金属材料应尽量采用热固性和低湿性的塑料

为防止产品在使用过程中因为受热变形或受潮导致产品性能下降，在选用非金属材料时应尽量采用热固性和低湿性的塑料。

（4）注意做好接地和屏蔽处理

电子产品的设计和制造过程中，注意做好屏蔽设计，并进行良好的接地，防止静电的积累，也就消除了静电对产品的危害。

（5）保持生产过程中的清洁

在装配焊接时，严禁用裸手触摸元器件、印制电路板，防止手汗腐蚀；对电气接点和印制电路板组装件要进行彻底清洗，产品内的灰尘和多余物应彻底清除。对产品中易吸潮和易受微生物侵蚀的材料，使用前必须进行防霉和杀菌处理。

本小节主要介绍整机敷形涂覆以及灌封这两种常用的整机防护技术。

7.4.1.1　整机敷形涂覆

整机敷形涂覆技术可以提高电子产品的抗湿热、霉菌和盐雾的能力，并起到一定的加固作用，航天电子产品需要经受恶劣的外部环境考验，整机的防护性能十分重要。常用敷形涂覆材料有丙烯酸树脂型、环氧树脂型、硅树脂型、聚氨酯型、聚对二甲苯型，航天产品上较常使用的聚氨酯型涂覆材料有 TS01-3 聚氨酯清漆、S31-11 聚氨酯绝缘漆、7385 聚氨酯等，使用方法及技术规范与印制板组装件相同。

整机涂覆防护的设计工艺性要求如下：

1）整机内部布局设计应便于清洁整理，避免由于污染引起的涂覆层分裂、脱落；

2）整机内的部、组件设计应尽可能独立调试，单独涂覆。若需整机调试后再涂敷时，其设计应保证部、组件之间有足够距离，便于喷涂；

3）使用导线连接的部、组件，导线实际长度应大于理论长度，便于部、组件翻转平放；

4）电连接器焊接导线多、密度大时，在板面上各个电连接器安装位置应尽量分开；

5）应根据整机外部环境，提出相关的表面敷形涂覆材料及主要技术要求。

7.4.1.2　灌封

航天电子整机中的灌封主要针对有抗振要求或有高绝缘要求的 PCA、整件及有密封要求的电连接器。灌封的材料在本书第 6 章已有叙述，本小节主要介绍整机的灌封和电连接器的灌封。

（1）整机的灌封

整机的灌封分为整体灌封和局部灌封两种，其设计工艺性应根据整机的特性和安装特点予以合理设计。局部灌封时，其灌封对象周围应设计足够灌封空间。应按照相关标准的规定，预先涂敷三防保护剂。大功率元器件、控温元件、调试参数范围较窄或重要单元电路的调试元件等不应进行灌封；与元器件电极接触安装或与导电面接触安装的单（双）耳焊接片、O 型端子及其紧固接触件（包括螺钉头、螺母和与焊接片、端子接触的垫片）不应进行灌封，如图 7-50 所示。灌封要求如下：

1）整机的灌封厚度一般应超过所安装元器件的质心，而整机焊接面的灌封，灌封厚度应超过焊点。如果设计有要求时，灌封厚度应按设计要求进行；

2）如果对发热或带有散热器的元器件灌封，发热或散热部位应裸露；

3）对电连接器、延时线盒等产品灌封的厚度，设计应有具体要求；

4）环氧树脂胶一般不作为整机灌封用材料。

图 7 - 50　整机灌封

（2）电连接器的灌封

电连接器的灌封是为了防止连接电连接器的导线或线束相对运动造成的磨损短路或者与电连接器之间焊点的脱开，同时也兼顾了整机的密封要求。灌封的位置一般在电连接器焊点周围等易受应力影响的部位以及安装的接缝处，如图 7 - 51 所示。

图 7 - 51　电连接器的灌封

7.4.2　整机产品的加固

7.4.2.1　PCA 的安装与加固

PCA 在整机装配中采用螺钉固定时，根据 PCA 面积及所装元器件质量，可在印制板中央位置增加固定螺柱（栓），提高 PCA 在整机中的抗振强度，如图 7 - 52 所示。

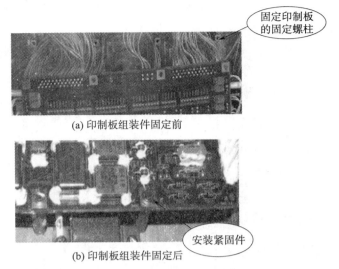

(a) 印制板组装件固定前

(b) 印制板组装件固定后

图 7-52　印制板组装件的固定

当 PCA 采用插座连接方式固定时，应在 PCA 上设计导轨、滑块，侧挡板设计导槽进行加固固定，如图 7-53 所示。

图 7-53　插座的固定

7.4.2.2　继电器安装板、元件安装板的安装加固

继电器安装板应根据产品中继电器的安装方式、数量，在安装板中间增加固定螺钉，如图 7-54 所示。元件安装板一般应根据安装的尺寸及元器件数量来确定增加固定安装孔。

7.4.2.3　模块的安装与固定

模块及其类似的组件安装方式，有固定支耳时直接使用螺钉固定；没有支耳的组件，应设计专用固定夹固定。固定夹应与模块及类似组件的外形相匹配，如图 7-55 所示。

7.4.2.4　导线束的加固

导线及导线束在整机或机箱（柜）内部呈现自由状态时，应采取加固措施对其进行固定。导线及导线束的固定应根据导线束的粗细及安装位置进行选择，应根据产品特点选用

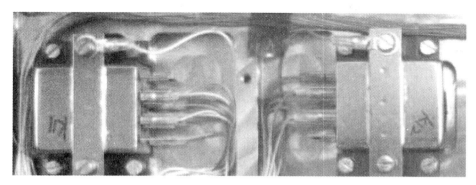

图 7 - 54　继电器的加固

图 7 - 55　模块的固定

固定夹固定、绑扎固定、粘固固定等方式。

1）固定夹固定：航天电子产品整机内部或地面产品机箱（柜）内部的导线束主干，应使用固定夹进行固定。应设计固定夹安装位置和安装孔，或直接选用机箱内部零、部、组件安装螺钉。面板的线束应设计固定夹固定，当面板上有螺装元件（如电连接器等）时，固定夹可以借用元件的安装螺钉固定。没有螺装元件的面板，应在面板上设计沉头螺钉安装孔，作为固定夹专用螺钉孔，如图 7 - 56 所示。

(a) 固定夹固定线束　　　　　　　(b) 固定夹固定电缆

图 7 - 56　固定夹固定

2）绑扎固定：航天电子产品结构紧凑，当无法使用固定夹固定线束时，应根据线束走线的路径与相应位置设计绑扎孔，选用锦丝绳对线束绑扎固定。采取绑扎的导线束一般为分支线束。线束也可绑扎在产品内部预留过孔上，但应注意不允许用螺纹安装孔、印制板上的插装孔、中继孔作为绑扎孔。凡利用金属件通孔或有棱角的金属杆绑扎导线束时，应先对其通孔或棱角部位进行保护后再予以绑扎。

3）粘固固定：机内的细线束或单根导线可以采取粘固方式进行固定。粘固位置应为线束或导线的焊点后部。产品内部线束长度小于 60 mm 时，在线束中间及焊点的位置点胶加固；线束长度大于 60 mm 时，在每隔 30 mm 的位置点加固一次。当线束直径为 8 mm 以上时不允许仅靠胶液加固，应根据导线粘固要求规定粘固材料，由于是局部粘固，应选用单一组分、无腐蚀性、具有优良的电气绝缘性能和化学稳定性、耐高温、抗腐蚀、抗辐射、耐水、耐气候老化等特性，且有一定弹性、易清除、便于返修处理的胶料（常用胶液 GD414、GD401）。

以 GD414 胶为例，导线在粘固后胶液应完全固化，且应无错点、漏点，无松动，胶液表面应光滑无明显拉尖，无杂质，无剥落现象。导线束两端根部（分别包含印制板端及与插座连接端）点胶；高频电缆在焊点处及电缆每隔 20 mm 的位置点胶固定在 PCB 上。线束每隔 30 mm 点胶固定一次，线束与金属壳间、印制板边缘应点胶隔离。胶液室温 24 h 完全固化（如图 7 - 57 所示）。

图 7 - 57　导线的点胶粘固

7.5　检测

为了保证航天电子产品的正确性和可靠性，整机装配后应进行装配检查。检验合格后进行电性能测试，然后进行环境试验，检验产品环境适应性，考核产品环境设计余量。产品检测技术与试验验证过程成为整机互联技术中不可或缺的一项内容。

为了确保产品的质量、降低生产成本，在产品生产的装联过程中就需要采用各类检测技术进行检测，及时发现缺陷和故障并修复。因此，装联检测技术对于装联生产特别重要。在质量风险识别过程中以产品整机互联生产流程为基线，梳理建立生产过程质量流程，如图 7 - 58 所示，按照流程及生产工步对各个生产环节进行分解剖析，形成分析图，如图 7 - 59 所示。

图 7 - 58　生产过程流程图

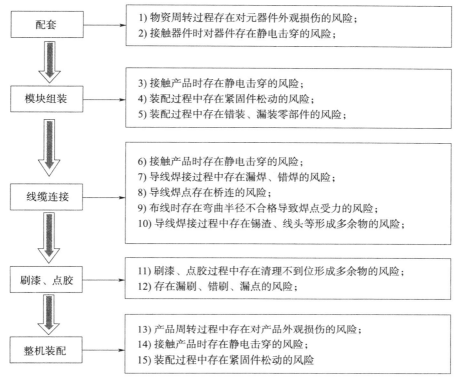

图 7 - 59 风险点识别分析图

7.5.1 检测内容

根据电子产品制造经验,生产过程中需要重点检测的质量风险环节有焊点质量检测、多余物控制与预防、静电防护、人为误操作等。为便于制定有效控制措施,对各风险环节常见问题及产生原因汇总见表 7 - 9。

表 7 - 9 电子产品常见质量问题及产生原因

问题类型	产生原因
多余物控制与预防	导线端头处理过程中形成的多余物,如线丝、线皮等
	焊接过程(焊锡残渣)
	焊接过程中修剪焊点过程
	调试过程,当环境不洁净会出现多余物或由于不断翻动印制板导致出现导线断丝
	刷漆过程中清理不彻底,刷漆环境不洁净,刷漆工具二次带入
	组装过程中工具使用不当对紧固件表面划伤后产生金属渣
	组装过程中紧固件未拧紧,当松动后形成多余物
静电防护	防静电手环已损坏
	工人接触元器件、产品执行操作时漏戴防静电手环
	产品周转过程中引入静电

续表

问题类型	产生原因	
人为误操作	错焊	插头接点焊接错误
		型号规格错焊
	漏焊	插头导线漏焊
		接点漏焊
	错装	接插件方向与图纸不符
		零部件方向错误
	漏装	漏装零部件、紧固件
		点胶环节漏点
	焊接缺陷	焊点桥连
		导线弯曲半径不合格
		焊点透锡量不足
	周转	相同产品外观在周转过程中混淆

7.5.2 检测环节

生产过程中均要求按照设计文件、工艺规程及相关标准要求进行检查及测试，一般主要检测环节包括整机装配前、整机装配后两个环节。

7.5.2.1 整机装配前

按设计文件明细表内容对各类装配件进行外观质量检查，产品的外观不允许有缺漆、破损现象，尤其检查有黑色阳极化镀层的壳体表面应无划痕、擦痕、掉漆等缺陷，并有合格证。

7.5.2.2 整机装配后

1）按照机柜线束接线要求测量导通情况，导线应保证性能良好；

2）导线束的走线应整齐、美观；

3）扎扣绑扎应牢固、可靠，不应对机箱的安装、导轨的滑动造成影响；

4）可见焊点应保证饱满、润湿良好，没有短路现象；

5）机柜整体从内到外应保证清洁，无存留的多余物，无多余焊剂，无脏物，无油渍等；

6）目测产品外观应无破损、掉漆等现象，接插件针（孔）无弯曲或萎缩；

7）检查外观所有紧固件不得有松动现象；

8）装配完毕后晃动或摇动产品时，应无异常响声，检查壳体上应无胶液等污物；

9）依据设计文件对产品外形、质量和整机底面平面度进行测量。

7.5.3 检测方法

现阶段航天产品中用于剔除早期故障的常用检测方法有外观检测及电路网络检测

两种：

1）外观检测主要依靠人工目测及内窥镜检测的方法，剔除产品生产加工过程中虚焊、短连、多余物等缺陷，常用工具是放大镜、显微镜、内窥镜等；

2）电路网络检测主要采取通路检测、抗电检测、绝缘电阻检测等几种检测方法，利用万用表、欧姆表等仪器实现检测。

7.5.4　重点检测项目

针对生产过程中需要重点检测的质量风险环节进行分析，其中焊点质量检测是生产过程中的重点检测环节，但由于该环节所采用的检测技术与 PCA 检测技术基本相同，且已较为成熟，有较多的检测设备，因此在本小节中不再重点介绍。本小节主要针对多余物控制的检测技术进行介绍。

7.5.4.1　多余物的危害

多余物的存在严重时将会引起单机产品的致命失效，在电子产品中发生概率较大，它所引起的短路、放电、绝缘电阻降低等故障现象，已经在型号产品中多次发生。因此，航天电子产品生产制造的各个环节都必须对多余物进行预防和清除。

在进行表面敷形涂覆、粘固与灌封工艺操作之前，必须确保多余物的清洗与清除。

多余物按其状态可分为宏观多余物、微观多余物和随机多余物三种，按其危害性可分为致命多余物、严重多余物和一般多余物三种。

电子电气产品的多余物，应针对下列内容进行控制。

1）微观多余物：粉尘吸附、残留焊剂、汗渍、护肤霜（脂）、唾沫、有害气体、潮湿气体等；

2）宏观多余物：紧固件（螺钉、螺母、弹簧垫圈、垫片）、焊片、工具、导线头、引线头、棉球、纱布、胶布等易见物；

3）随机多余物：屏蔽丝、金属屑、锡珠、锡渣、黏附锡皮、棉丝、残余焊剂、油脂等。

7.5.4.2　整机盲区的多余物控制

多余物的盲区指多余物所附着比较隐蔽、难以清洗或清洗不到的局部区域。例如双列直插器件引线内侧、扁平封装器件引线内侧、BGA 的球栅或柱栅安装面、表面贴装元件电极内侧、TO 型和 F 型封装器件引线根部、底部引线元件的引线根部、电连接器和继电器焊点根部及绝缘体表面等部位。因此，必须加强对整机中元器件引线盲区的多余物清洗与清洗质量控制。

7.6　典型故障

分析近年来型号研制和靶场飞行试验的质量情况，整机互联方面出现的主要问题集中在电气互联过程中的环节，整机装配过程中多余物、焊点短连、紧固件松动等低层次问题。

7.6.1　案例 1：减振器减振垫脱落问题

7.6.1.1　问题概述

某系统在进行随机振动例行试验时，沿 Y 方向振动过程中，（$+X$，$+Z$）方向减振器上连接件减振垫脱落。Y 方向振动结束后，检查其他 3 个减振垫均存在松动现象，经与其他减振器对比发现，发生减振垫脱落问题的减振器上连接件表面镀层乌黑发亮，导致减振垫与上连接件粘贴不牢固而发生脱落。

7.6.1.2　原因分析

减振器上连接件减振垫是在上连接件采取镀锌黑色钝化后采用 502 胶粘接的，粘接质量的好坏取决于零件表面的质量，一般情况下，零件表面粗糙、钝化膜层的孔隙较大有利于粘接，零件表面光滑、钝化膜层的孔隙小不利于粘接。上连接件在加工过程中选择刀具不合适会导致粘接部位本身粗糙度小、表面光亮，电镀设备选择不合适、镀锌参数不合格、钝化参数不合格都可能导致上连接件粘接部位光滑。

零件表面的粗糙度影响黑色钝化膜层的孔隙大小，上连接件粘接减振垫部位机加表面粗糙度要求为 R_a（6.3 μm），按常规机械加工该处表面粗糙度不低于 R_a（6.3 μm），实际生产中机械加工后该部位平整光亮，镀锌黑色钝化后该部位乌黑光亮，形成的镀膜层孔隙较小，不利于粘接。同时，镀锌黑色钝化过程中溶液温度高低对膜层表面质量有很大影响，加上钝化液的自抛光作用使钝化层表面呈现乌黑光亮，不利于表面粘接。

7.6.1.3　改进措施

1）应考虑表面粗糙度对粘接质量的影响，上连接件在机械加工过程中表面粗糙度应不小于 R_a（6.3 μm），使零件表面形成利于粘接的粗糙表面。加强镀锌钝化层的控制，在镀锌黑色钝化过程中应控制各成分比例，控制各参数能满足钝化后形成乌黑无光的钝化层。

2）上连接件机械加工中采用波纹铣刀进行加工，再采取修锉或 120 号砂纸打磨的方法对零件粘接减振垫部位进行粗化处理，提高粘接性能。

3）镀锌黑色钝化溶液中各组分无法进行分析，每批次零件加工前按照 A∶B∶水为 5%∶3%∶92% 的体积比进行配制，溶液配制 1 h 后可以使用，且每 10 L 溶液当批次最多加工 40 件零件后重新配置。

4）镀锌黑色钝化过程中溶液温度控制在 23～27 ℃，零件在溶液中停留时间为 80～85 s，空气中停留时间为 10～15 s。

7.6.2　案例 2：J7A 型插座壳体锈蚀问题

7.6.2.1　问题概述

某型号产品进行测试前的清理工作中，发现 3×1、3×2 插座（型号为 J7A - 50ZJ）

壳体上有绿色附着物，属不正常现象。又检查其余 4 台整机，均有不同程度的绿色附着物，插座周围的紧固件表面也严重发黑。

7.6.2.2　原因分析

经对插座壳体上的绿色附着物和紧固件表面的黑色附着物进行成分分析，确认插座壳体表面发生锈蚀和紧固件表面发生氧化。

根据要求整机内安装的 J7A 型插座和导线束使用 GD405 室温硫化硅橡胶进行粘固。对比检查其他型号同类线束及插座未进行粘固的产品，周围金属件无绿斑或氧化发黑现象。

GD405 属于脱醋酸型硅橡胶，在固化过程中有低分子聚合物产生，释放出醋酸气体。经分析，用 J7A 型插座盒及 GD405 室温硫化硅橡胶进行试验，试验证明硅橡胶固化过程中释放出的醋酸气体与插座铝制壳体的镀镍层和紧固件表面发生化学反应，产生绿色、黑色氧化物。

根据产品粘固工艺流程和试验结论分析，J7A 型插座粘固使用胶量较大，部分区域胶液需要长时间深层固化，在固化时间不充分的情况下盖上机箱盖板，胶液继续释放出的醋酸气体只能聚在胶液周围，达到一定浓度后就会对周围金属件造成腐蚀。

7.6.2.3　改进措施

使用 GD414 脱醇型室温硫化硅橡胶对 J7A 型插座线束进行粘固，而且严格规定粘固后产品固化时间不少于 48 h。针对硫化硅橡胶等具有特殊腐蚀性质的粘接材料制定应用规范，注明材料性质、应用范围和注意事项。

7.6.3　案例 3：某配电器印制板外引线压线导致绝缘下降问题

7.6.3.1　问题概述

某型号配电器在进行整弹测试时，发现该机 82-1 插头 19 点与 61 点（壳）之间绝缘电阻下降。

7.6.3.2　原因分析

经检查元件面发现，与 A31 焊点连接的 7-1 导线破损，它正是与 82XP1 插头 19 点连接的导线，AP1 板安装时此导线被压在 AP1 板与支耳之间造成导线破损，线芯碰壳导致 82XP1 插头 19 点与壳的绝缘电阻下降。

7.6.3.3　改进措施

对导线余量进行控制，在焊接靠近螺钉安装孔的导线时，调整导线远离安装孔，在装配 AP1 板前对导线再次进行调整。检验时对容易压线的部位使用内窥镜进行检查。

7.6.4　案例 4：平台定位螺钉弯曲问题

7.6.4.1　问题概述

某平台型号总装测试工作中，当将平台从减振器支架上拆下时，发现平台的 4 个定位螺钉存在轻微弯曲。平台本体是通过基座由 4 个 M8×30 的连接螺栓安装到 4 个平台减振器上的，此外还有 4 个 M4×24 的螺钉起到定位作用，4 个减振器再固连在平台支架上。

7.6.4.2　原因分析

在平台装配、调试工艺流程中，没有明确规定 4 个 M8×30 的连接螺栓和 4 个 M4×24 的定位螺钉的固紧操作顺序，经过与现场操作人员确认，操作者有时按如下步骤将平台固定在减振支架上：

1）将平台平稳摆放在减振支架上；

2）安装 4 个连接螺栓，并用手轻轻拧几圈，以保证连接螺栓能够连接在减震支架上；

3）安装 4 个定位螺钉，并用一字改锥固紧；

4）用扳手固紧 4 个连接螺栓。

使用工艺平台，按照上述步骤现场操作一遍，发现进行到步骤 3）时，随着定位螺钉的固紧，减振器出现倾斜，定位螺钉一侧的减振器被向上提拉，当进行到步骤 4）时，随着连接螺栓的固紧，减振器被拉正，在这个过程中，定位螺钉受到施加在连接螺栓上的固紧力作用，如果长期受这种外力的作用，就会出现轻微弯曲的问题。

综合以上分析及实际模拟操作，平台定位螺钉弯曲问题来源于在将平台安装到减振支架上时，先固紧定位螺钉，后固紧连接螺栓，这种操作顺序不正确，引起 A1104 平台定位螺钉出现轻微弯曲现象。

7.6.4.3　改进措施

紧固件安装顺序至关重要，应明确将平台安装在减振支架上的操作步骤，生产前识别质量隐患，及时开展风险识别与评估工作。

7.6.5　案例 5：灌胶工艺不细化造成三通接插件胶液不密实问题

7.6.5.1　问题概述

某产品验收时发现 2 批三通接插件 DPA 试验不合格，灌胶部位胶液一致性差，灌封腔内胶液充实率不到 60%（要求＞95%），导致整批产品报废，造成巨大浪费，而且延误生产进度，不能及时供货。通过抽查发现造成三通接插件胶液充实率低的主要问题是空洞和气泡。

7.6.5.2　原因分析

三通接插件原灌胶工艺流程如图 7-60 所示。原工艺要求每一次胶液灌封成形后装上盖板；由于三通接插件的三通接插体排数较多，且自身的软导线按要求的接点进行分布后，在灌胶腔内上下交错，分布密度大，造成灌胶间隙较小，灌胶装置难以进入灌胶腔根部，不仅导线焊点下方灌封腔内的胶液质量无法保证，而且导线焊点上方灌封腔内胶液质量也无法得到保证。且原工艺没有规定胶液灌封标准，同时胶液在没有完全流动的情况下，装上盖板，则易形成大面积空洞和气泡，最终导致灌封腔内胶液覆盖面积小；同时由于 DG-3S 胶液本身流动性比较差，在灌胶过程中胶液得不到充分流动，装上盖板后，则胶液易形成大面积空洞和气泡。

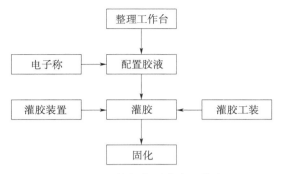

图 7 - 60　三通接插件原灌胶工艺流程图

7.6.5.3　改进措施

细化灌胶步骤，采取多次灌胶，增加辅助装置，即采取振动措施，促使胶液充分流动，振动后在胶液出现凹陷的地方及时补胶。共进行 3 次灌胶：

1）在焊点处进行灌胶，以胶液覆盖所有焊点为准，停止灌胶，用振动台振动 2～3 min；

2）在焊点上方继续灌胶，以高出定位盖板的插针台阶为准，停止灌胶，用振动台振动 1～2 min；

3）在插针台阶面周围胶液出现凹陷的地方进行补胶，以高出定位盖板的插针台阶面为准停止灌胶，盖上盖板并固化。

将上述改进措施完善后，对后续装配的 15 批三通接插件产品灌胶情况进行统计，检验结果完全合格。

7.6.6　案例 6：某压力开关插座常开接触对不导通质量问题

7.6.6.1　问题概述

某厂反馈压力开关插座在试验时，常闭、常开接触对转换后，常开接触对不导通。该问题使数千只产品报废，造成了较大的经济损失。

7.6.6.2　原因分析

该压力开关插座由插座壳体、活塞体、常闭插针组件、常开插针组件、常闭插孔组件、常开插孔组件、绝缘支座、橡胶垫、圆柱销和闭口挡圈等组成。在初始状态时，常闭插孔组件与常闭插针组件电接触，常开插孔组件与常开插针组件处于断开状态。当活塞体受力（大于 4 MPa）运动时，圆柱销被剪断使活塞体组件与插座壳体相对移动，此时常闭插孔组件与常闭插针组件电接触断开，常开插孔组件与常开插针组件电接触，产品实现电接触转换。

若活塞体到位前，常闭插针组件前端已顶死于常闭插孔组件中的绝缘套，常闭接触组件连接片受到绝缘套的轴向推力后传递至常开接触件连接片上，导致常开插孔组件上的连接片与插孔焊接处脱开。若插孔组件连接片与插孔焊接存在焊接强度不足的问题时，在外力作用下，使焊接结合处破坏，即会造成常开插孔组件闭合不导通问题产生。

观测问题插座连接片焊接结合处，焊锡为灰黑色，而正常情况下应为银白色，经专家分析判断为焊接过程中温度过高，焊接完成后在环境温度下骤冷易产生应力变形，在焊缝处出现细小裂纹，降低了焊接强度。由于局部存在无焊锡现象，进一步降低了其焊接强度。当针孔啮合过程中产生的轴向振动冲击力超过该焊点承受极限时，会产生焊点脱开现象。

7.6.6.3　改进措施

在该插座产品装配工艺文件中，优化原焊接要求，细化和完善焊接温度、焊接时间、环境温度等参数，同时根据焊接工况和可检测性，设置检测拉力为原工艺要求的 12 倍，并对生产过程质量控制提高要求，完善检验记录。

针对尺寸干涉问题，对产品结构进行更改，保证常闭插针接触件顶端至常闭插孔接触件绝缘套孔底的距离不会出现尺寸干涉；并完善装配工艺，细化焊接操作过程以及检验要求；同时完善技术评审制度文件，对产品设计、工艺及质量评审进行表格化管理，以进一步提高评审的全面性与有效性。

7.7　航天特殊要求及禁忌

不是所有工艺方法都适用于航天电子整机的装配，在各种装配工艺方法中有会在航天型号产品研制生产中严重污染环境、危害生产安全且不能保证产品质量的情况，应淘汰或采用其他替代工艺，或采取措施后，在一定条件下可以满足产品质量或使用要求的工艺。在生产过程当中，应当尽量避免采用以下的工艺方法：

1）由于在焊接时，RA 型焊剂会渗透到导线、电缆绝缘层内，造成芯线腐蚀，影响焊接可靠性，所以航天电子产品中导线、电缆的焊接禁止使用 RA 型焊剂。建议可以采用符合 GB/T 9491 的 R 型或 RMA 型焊剂作为替代。

2）由于机械冷剥容易损伤芯线，导线绝缘层的剥除不宜使用机械冷剥，而应使用热控型剥线工具。机械剥线应采用不可调钳口的精密剥线钳，并做到钳口与导线规格选择的唯一性。对于带金属屏蔽网层的多股导线，外绝缘层去除可以采用机械冷剥，但应保证不得损伤屏蔽网及芯线。

3）由于焊接部位易产生焊接缺陷，每个接线端子上焊接不宜超过 3 根导线。

4）由于不能保证线束安装牢固，所以禁止直径大于 8 mm 的线束仅用硅橡胶粘固固定，而应采用机械固定工艺，如加装固定夹或绑扎固定。

7.8　展望

设计和工艺手段不断提高，工件的加工精度和配合精度也不断提高。零件加工都能达到设计文件的设计要求，实现完全互换，避免或减少了选配、修配、配焊等耗费时间的工序，加之流水线的应用，使得装配生产效率大大提高。通过自动化，可以大大减少操作者对整机产品的搬运，从而减轻劳动强度，这是操作人性化的一种表现。工人可从笨重体力劳动中解放出来。涂胶机和自动拧紧机的使用不仅能提高效率，也降低了工人的劳动强度。人性化不仅仅使工人更为舒适，还会使生产的产品质量处于更加良好状态，因此自动化、人性化是航天电子装联技术发展的必然。

开发和应用装配技术是大势所趋，也是我国航天航空界的共同目标，在装配技术领域有很强的互补性，在今后的科研、生产中应加强沟通与交流，共同推进国内装配技术的进步与发展。目前国内已经开展了与装配技术相关的一些工作。比如在数字化工装设计技术方面，采用 CAD 技术进行型架设计，开发了型架设计系统，主要建立包括型架标准件库、型架零件库型、型架外形板和骨架的参数化设计等。在测量技术方面，计算机辅助经纬仪和激光跟踪仪等测量设备已经用于外形尺寸和位置测量，局部应用于部件的装配型架安装上。在数字化预装配方面，开展了部件装配顺序、装配路径优化以及装配公差分配等研究。

自动化的整机装配生产线可以提高装配效率，但是不加改变地照搬这一理论是不能适应多种类、小批量的航天电子产品特点的。固定式的整机装配效率低，采用装配生产线可提高效率，但必须具有一定柔性，能实现不同产品或不同批量的整机装配。因此，在设计装配生产线时，必须尽可能多考虑企业生产的不同产品的结构特点，使生产线能够满足多种产品的整机装配，或通过更换支架和工装等来实现不同产品的装配。另外，还需考虑生产线的生产节拍在一定范围内可调，以满足不同产品的整机装配时间。

整机装配产品更新换代速度正在加快。过去开发一款新产品需要一年乃至更长的时间，光装配就需要数月，原因是设计和工艺手段落后，装配过程往往出现干涉和错位等现象，不得不进行现场的返工等，不仅费工费料，而且耗费时间。虚拟装配技术已成为数字化制造技术在制造业中研究和应用的典范。在计算机里利用虚拟装配仿真软件将设计的产品三维数据进行装配工艺设计及仿真，可帮助产品摆脱装配物理样机及所涉及的工艺装配制造难题，有效地提高产品、工装的建模质量，有助于降低产品研发成本、缩短产品的研发周期。

三维可视化设计软件的使用，使产品在设计时就能进行部件及整机的虚拟装配，可以对各关键零件进行校核，可以检查装配时是否会干涉，并进行及时修改。由于原来要等到装配过程才能发现的问题在设计过程就可发现并加以修正，使得实际试制过程出现的问题大大减少，整个新产品开发周期大大缩短。

参 考 文 献

[1] 李峰 . 航天电子产品设计工艺性 [M] . 北京：中国宇航出版社，2008.

[2] 周旭 . 电子设备结构与工艺 [M] . 北京：航空航天大学出版社，2004.

[3] 上海无线电十五厂技术工艺组 . 机箱（柜）制造技术手册 [M] . 上海：上海无线电十五厂，1981.

[4] 导弹与航天丛书编委会 . 控制系统设备制造技术 [M] . 北京：宇航出版社，1992.

[5] 李晓麟 . 实用电子装联技术：低频电缆及机柜的装联 [J] . 电子工艺技术，2003，24（5）：227 - 228.

[6] 李晓麟 . 整机装联工艺与技术 [M] . 北京：电子工业出版社，2011.

[7] 徐伟玲 . 航天电子产品整机的装联布线 [M] . 北京：北京空间机电研究所，2003.

第8章　电子互联可靠性分析与验证

8.1　概述

近几十年电子产品的可靠性得到很大的提高，但为了满足多功能、低功耗和高性能等方面的要求，器件的尺寸和冗余度越来越小，从而导致器件制造过程中的微小缺陷都会给产品的可靠性带来很大的影响。而航天电子产品的功能复杂，服役环境要求严苛，某些产品由于服役环境原因维修困难，某些产品需要长期贮存，因此航天电子产品可靠性要求远远高于一般民用电子产品。

产品可靠性是产品在规定的时间内和规定的条件下，完成规定功能的能力。产品可靠性分析与验证是利用相关试验方法对产品可靠性进行验证、考量的综合分析方法。可靠性分析验证技术最早应用于军工产品，至今已在航空航天、电子、自动化、汽车和计算机等行业得到了广泛应用。它是对产品的可靠性进行调研、分析和评价的一种重要手段，也是提供和保证产品可靠性的一个重要环节。为了评价和验证产品的可靠性，就需要通过试验获得可靠性数据，并进行分析与计算以得出产品是可以接收的还是应该拒收的，是合格的还是不合格的等结论。同时，通过产品在试验中发生的各种故障，找出原因并进行细致的分析和研究，从而采取有效措施以提高产品的可靠性。

电子产品失效分析是电子组装工艺可靠性工作中的一项重要内容，开展电子产品失效分析工作必须具备一定的测试与分析设备。筛选试验可剔除因材料和工艺引起的早期失效产品和减少不合格品数目，使产品出厂时进入偶然失效阶段，提高产品使用可靠性。可靠性验证试验是了解、分析、保证和评价产品可靠性而进行的试验总称，可靠性试验是可靠性工程的一个终端环节。可靠性试验可分为工程试验和统计试验两大类，工程试验又包括环境应力筛选试验与可靠性增长试验，本章主要介绍工程试验中的环境应力筛选试验内容；可靠性统计试验又称为可靠性验证试验，可靠性验证试验的分类方法较多，按试验项目可分为寿命试验、加速试验、环境试验等，本章以试验项目对可靠性验证试验进行介绍，可靠性试验的分类方法如图 8-1 所示。

电子产品失效分析常用的各种分析设备都有其各自的性能特点、应用范围和灵敏度。根据失效分析的需求和要求，需要综合采用各种分析设备和分析手段，以确定失效的位置、失效的程度、失效的原因和机理等。所以，失效分析涉及很多专业的分析理论，也涉及各种各样的分析装置，同时分析经验在失效分析中也起着很重要的作用。电子组装工艺失效分析的技术与方法主要有外观检查、X 射线分析技术、金相切片分析、扫描声学显微镜分析、显微红外分析、扫描电子显微镜分析和 X 射线能谱分析等。

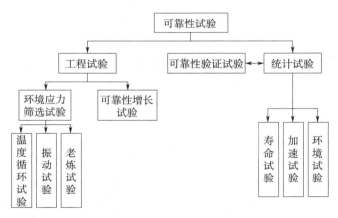

图 8-1　可靠性试验的分类方法

　　筛选试验满足航天电子产品高可靠性的要求，因此可靠性筛选试验在航天电子产品中得到普遍应用。航天电子产品常用的筛选试验主要有振动试验、温度循环试验及老炼试验。振动试验是评定产品在预期的使用环境中抗振能力而对受振动的实物或模型进行的试验，航天电子产品筛选试验中振动试验常用的是正弦振动试验和随机振动试验两种；温度循环试验主要是利用不同材料热膨胀系数的差异，加强其因温度快速变化所产生的热应力对试件所造成的劣化影响，及早发现并剔除失效器件；老炼试验是指在产品寿命周期的早期阶段对产品施加电应力和热应力的一种筛选试验，它对于提高电子产品可靠性具有十分重要的意义。

　　可靠性验证试验对于不同的产品，为了达到不同的目的，需选择不同的验证试验方法。以试验项目划分，可分为环境试验、寿命试验、加速试验和各种特殊试验。寿命试验是研究电子产品寿命特征的方法，这种方法可在实验室模拟各种使用条件来进行，寿命试验是可靠性试验中最重要、最基本的项目之一，通过寿命试验可以对产品的可靠性水平进行评价，并通过质量反馈来提高新产品可靠性水平；加速试验可迅速查明产品的失效原因，快速评定产品的可靠性指标，加速试验可在给定的试验时间内获得比在正常条件下（可能获得的信息）更多的信息；环境试验是保障产品环境适应程度的主要措施，同时它也是对航天电子产品在运输、储存以及环境的适应能力考查的试验，环境试验为产品研制服务，它贯穿于产品的整个研制过程中，通过环境试验来考核产品、暴露产品的设计和制造质量中的问题，从而提高其可靠性，是一种十分有效的措施。

8.2　电子产品工艺失效分析技术

　　随着我国航天电子产品设计和制造技术的发展，特别是电子元器件可靠性技术的完善，由电子元器件导致的质量和可靠性问题已经逐渐减少。然而，随着近年来航天电子产品逐渐向集成化、高密度化和轻量化的方向发展，作为其核心的电子组装密度急剧提高，组装难度明显加大，导致了一系列的质量和可靠性问题。航天电子产品的薄弱环节已经从元器件失效转移到了包括焊点、PCB 通孔等在内的互联失效。众所周知，印制板组装件由器件、焊点和 PCB 等三个主要部分组成，其中任何一个部分出现问题都将直接导致印制板组装件失效，并最终影响整个电子产品的质量和可靠性。目前，大量新型器件、高密度 PCB 的使用，由工艺控制不当导致的 PCB 绝缘性失效和焊点疲劳失效已经成为影响电子组件可靠性的主要原因。就焊接缺陷而言，包括润湿不良、焊点冷焊、通孔爬升不够等众多缺陷。由于导致电子组件失效的因素涉及材料、工艺、设计和使用的众多环节，如何准确判断失效的机理和原因，从而避免失效的重复发生就成为解决问题的关键。

8.2.1　失效分析的基本程序和方法

要获得 PCA 失效或不良的准确原因或者机理，必须遵守基本的原则及分析流程，否则可能会漏掉宝贵的失效信息，造成分析不能继续或可能得到错误的结论。一般的基本流程是：

1）基于失效现象，通过信息收集、功能测试、电性能测试以及简单的外观检查，确定失效部位与失效模式，即失效定位或故障定位。对于简单的 PCB 或 PCA，失效的部位很容易确定，但是对于较为复杂的 BGA 或 MCM 封装的器件或基板，缺陷不易通过显微镜观察，一时不易确定，这个时候就需要借助其他手段来确定。

2）进行失效机理的分析，即使用各种物理、化学手段分析导致 PCB 失效或缺陷产生的机理，如虚焊、污染、机械损伤、潮湿应力、介质腐蚀、疲劳损伤、阳极导电丝（Conductive Anodic Filament，CAF）或离子迁移、应力过载等。

3）进行失效原因分析，即基于失效机理与工艺过程分析，寻找导致失效机理发生的原因，必要时进行试验验证，一般应该尽可能地进行试验验证，通过试验验证可以找到准确诱导失效的原因，为下一步改进提供有的放矢依据。

4）根据分析过程所获得试验数据、事实与结论，编制失效分析报告，要求报告的事实清楚、逻辑推理严密、条理性强，切忌凭空想象。

分析过程中，使用的分析方法应该从简单到复杂，从外到里，从不破坏样品再到使用破坏。只有这样才可以避免丢失关键信息，避免引入新人为失效机理。PCB 或 PCA 的失效分析也一样，如果使用电烙铁对失效的焊点进行补焊处理或用大剪刀进行强力剪裁 PCB，那么再分析就无从下手，失效的现场已经破坏了。特别是在失效样品少的情况下，一旦破坏或损伤了失效现场的环境，真正的失效原因就无法获得了。

失效分析方法是指对各种感性材料和信息进行加工制作，形成概念，做出判断过程中所采用的思维方式与方法。以下介绍 7 种失效分析方法。

8.2.1.1　观察与试验

观察是对所发生的失效事件和过程不做人工干预或控制的前提下，用感官和观察工具对失效事件进行宏观与微观的考察与分析。失效件固有特征的识别、痕迹的鉴别、各种失效现象的区分都有赖于观察。因此，在失效分析的全过程中，敏锐而细微的观察能力在获得各种一手资料过程中起着不可替代的作用。

观察活动中的客观性是正确进行观察所遵循的根本原则。为此，要处理好观察的目的性与客观性、观察的全面性与典型性、观察的受动性以及观察活动中的感官因素与理性因素等之间的辩证关系。

由于失效过程十分复杂，有些现象和特征能够进行直接观察，有些不能或不便进行直接观察，这就要进行试验。试验与观察都是反映、研究、分析与了解失效对象的手段与方法，都可以达到收集失效对象有关信息的目的。而且试验也离不开观察，但是试验不同于观察，试验是按一定目的和计划通过变革对象而进行的一种观察。

失效过程、失效对象有时并不以纯粹的形态表现出来，或遭到损伤与破坏，各种偶然的、次要的现象和相关因素掩盖着失效过程的本质。科学试验则可通过人工的方法，排除那些与本质无关的次要因素、次要过程，让那些本质的、主要的因素和过程以纯粹的形式表现出来，以便于发现过程的规律性。同时在试验中可以对所研究的失效过程进行更加严密、完整、系统的观察和记载，便于人们对复杂的失效现象与过程进行分析与综合、演绎与归纳、推理与判断，实现从感性认识到理性认识的飞跃。

8.2.1.2　类比法

类比是利用已掌握的知识与经验去识别失效对象，是失效分析过程中常用的一种方法。人们在分析未知的失效事件时，常常将它们与已知相似的失效过程及其特征对比，找出它们之间的共同点，再利用这些共同点去推断未知失效过程的属性及其发生的相关因素。

类比推理的客观根据是对象间的同一性和对象属性之间的相关性。同一和相关的程度高，由推理所得结论的可靠度就高；反之，结论的可靠度就低。如果对象间的共有属性是主要的、本质的，属性之间的相关性就是必然的，那么由推理所得结论就是可靠的；反之，所得结论就不一定可靠。因此，类比得到的结论具有偶然性质。要真正确认由类比法推理所得结论正确与否，还必须经过试验验证。

8.2.1.3　分析与综合法

分析与综合也是失效分析过程中常用的一种思维方法。对某一失效件的宏观与微观断裂特征、化学成分与组织结构、力学性能、物理性能及化学性能、受力状态以及所处的环境条件等进行逐一的分析，并揭示出其本质时，就可将这些现象和本质、个别和一般属性统一起来，加以综合性的分析，从而形成整体概念，作出判断。

分析过程是一个不断深入失效事件内部本质的过程。其目的不仅要通过分析认识失效事件的各个方面、各种属性和关系，而且要从诸多方面中分析出主要的方面，要从偶然性中找出必然性，从现象中找出本质，从个别、特殊中找出一般。因此，分析是一种从多样性到单一性，从偶然性到必然性，从个别到一般，从现象到本质的认识方法和思维活动。

综合则是将失效件的各个方面的本质有机地联合成为一个整体。综合法是在分析所取得成果的基础上去深入研究失效事件的各个方面和主要方面、本质和现象、必然性和偶然性等之间的相互关系。

分析法和综合法既相互对立，又互为前提，相互渗透，相互转化。分析的起点是具体失效事件，分析的终点是经过分析研究而得到有关失效事件的各个方面、各种属性以及其本质。综合的起点是分析终点得到的东西，而综合的终点是一般和个别、本质和现象、必然和偶然、多样性和单一性的统一。分析的任务是透过现象看本质，通过个别找出一般；而综合的任务则是将本质和现象、个别和一般统一起来，将现象、个别、偶然加以解释和说明。

8.2.1.4　归纳和演绎法

归纳和演绎法是在失效分析过程中根据原有的知识与经验进行推理的一种思维方法。归纳的实质在于从个别、特殊到一般，从范围不大到范围更大的概括现象的思维方式；而演绎则相反，它是从一般到特殊，从许多现象的一般属性知识到认识个别现象属性的思维方式。

8.2.1.5　系统分析法

系统分析法是从系统的观点出发，着眼于失效事件整体与部分之间，整体与外部环境的相互联系、相互作用、相互制约的关系中，综合地、精确地去分析研究失效对象，以达到准确地判明失效深层次原因的目的。其基本点包括整体观点、联系与制约观点、有序观点、动态观点四种。

以上四种观点彼此之间存在着有机联系，是系统分析法的具体化和表现。将四种观点有机地结合起来去分析研究失效对象，有利于找到引发事故的首先失效件和深入分析失效事件的产生原因，有助于全面接受失效事件的教训，也便于检验失效分析的结论是否正确可靠。

8.2.1.6　数学分析法

众所周知，数学是关于量及其关系的科学，是从量的角度来研究、反映客观世界及其规律性的工具。失效事件一般可分为两大类，一类是必然事件，即失效事件的发生、发展过程服从确定的因果关系，从过程的前一阶段的变化状态就可以推断出以后阶段的变化状态，从量的规律描述这类事件，是确定性数学模型；另一类是或然事件，又称随机事件，它的变化往往有几种不同的可能性，究竟出现哪一种结果完全是偶然的、随机的，随机失效事件服从统计规律，概率论和数理统计就是描述这类失效事件的数学工具，所形成的模型就是随机模型。此外，还有一类失效现象，没有明确的数量界限，人们只能用一些模糊的词句去表述，用模糊的概念去判断，模糊数学就是对十分复杂的模糊系统进行定量描述和处理的数学方法，所形成的模型就是模糊数学模型。

针对不同的失效对象运用不同的数学方法，提出具体的数字模型，为在失效分析中有效地应用数学方法解决失效问题提供了更为精确的分析手段。

8.2.1.7　黑箱分析法

黑箱法是通过研究系统输入端的变化量引起输出端变化量而推断系统行为规律的方法。失效事件，尤其是航天装备失效引发的重大飞行事故，其演变过程的途径与方向，过程中间阶段及细节往往无法分辨。在这种情况下，如果能获得失效事件过程终点的有关特征及参量，就可利用黑箱法，逆向推出过程起始点的相关参量，从而判明该事件的原因。

8.2.2　失效分析检测技术

根据航天 PCA 结构特点与失效的主要模式，重点介绍适用于航天 PCA 失效分析的检测技术，包括外观检查、X 射线透视检查、金相切片分析、扫描声学显微镜分析、显微红外分析、扫描电子显微镜分析以及 X 射线能谱分析等，其中金相切片分析属于破坏性的分析技术。另外由于制样的要求，扫描电镜分析和 X 射线能谱分析有时也需要部分破坏样品。此外，在分析的过程中有时还会需要进行失效定位和失效原因验证，使用如热应力、电性能、可焊性测试与尺寸测量等方面的试验技术。

8.2.2.1　外观检查

外观检查就是目测或利用一些简单仪器，如立体显微镜、放大镜等工具检查 PCA 的外观，寻找失效的部位和相关的物证，主要的作用就是失效定位和初步判断 PCA 的失效模式。外观检查主要检查焊点润湿不良、PCB 板面污染、腐蚀、爆板的位置、电路布线、多余物等。

8.2.2.2　X 射线透视检查（X‐ray Test）

对于某些不能通过外观检查到的部位，如 BGA 焊点以及 PCB 的通孔内部和其他部位的内部缺陷，可以使用 X 射线透视系统来检查。X 射线透视系统就是利用不同材料厚度或是不同材料密度对 X 射线的吸收率或透过率的不同来成像。该技术更多用来检查 PCA 焊点内部的缺陷、通孔内部缺陷和高密度封装的 BGA 或 CSP 器件的缺陷焊点。目前的工业 X 射线透视设备的分辨率可以达到 $1\ \mu m$ 以下，并正由二维成像向三维成像转变，甚至已经有五维成像（5D）的设备用于封装的检查。

8.2.2.3　金相切片分析（Optical Microscopy，OM）

金相切片分析就是通过取样、镶嵌、切片、抛磨、腐蚀、观察等一系列手段和步骤获得焊点、PCB 横截面结构的过程。通过金相切片分析可以得到反映焊点或者 PCB（通孔、镀层等）微观结构的丰富信息，为下一步的质量改进提供良好的依据。但是该方法是破坏性的，同时制样要求高，制样耗时也较长，需要训练有素的技术人员来完成。通过金相切片分析可以发现焊点润湿不良、PCB 通孔断裂、PCB 内部迁移等缺陷，为下阶段的失效机理和原因分析做准备。

8.2.2.4　扫描声学显微镜分析（Scanning Acoustic Microscope Analysis）

目前用于电子封装或组装分析的主要是 C 模式的超声扫描声学显微镜（SAM），它是利用高频超声波在材料不连续界面上反射产生的振幅及相位与极性变化来成像，其扫描方式是沿着 Z 轴扫描 $X-Y$ 平面的信息。因此，扫描声学显微镜可以用来检测元器件、材料以及 PCB 与 PCA 内部的多种缺陷，包括裂纹、分层、夹杂物及空洞等。如果扫描声学的频率宽度足够，还可以直接检测到焊点的内部缺陷。典型扫描声学图像是以红色警示色表示缺陷的存在，由于在 SMT 工艺中使用大量塑料封装的元器件，在有铅转换成无铅工艺的过程中，产生了大量的潮湿回流敏感问题，即吸湿的塑封器件在更高无铅工艺温度下回流时会出现内部或基板分层开裂现象，在无铅工艺的高温下普通的 PCB 也常会出现爆板现象。此时，扫描声学显微镜就凸现出了其在多层高密度 PCB 无损探伤方面的特殊优势。当然，一般的明显爆板现象只需通过目测外观就能检测出来。

8.2.2.5　显微红外分析（FT‐IR Microscope）

显微红外分析是将红外光谱与显微镜结合在一起的分析方法，利用不同材料（主要是有机物）对红外光谱不同吸收率的原理，分析材料的化合物成分，再结合显微镜可使可见光与红外光同光路，只要在可见的视场下，就可以寻找到要分析的微量有机污染物。如果没有显微镜的结合，通常红外光谱只能分析污染物较多的样品。而电子工艺中很多情况是微量污染导致 PCB 焊盘或引线脚的可焊性不良，可以想象，没有显微镜配套的红外光谱是很难解决问题的。显微红外分析的主要用途是分析被焊面或焊点表面的有机污染物，分析腐蚀或可焊性不良的原因。

8.2.2.6　扫描电子显微镜分析（Scanning Electron Microscope Analysis）

扫描电子显微镜（SEM）是进行失效分析的一种最有用的大型电子显微成像系统，其工作原理是利用阴极发射的电子束经阳极加速，由磁透镜聚焦后形成一束直径为几十至几千埃（Å）的电子束流，在扫描线圈的偏转作用下，电子束以一定时间和空间顺序在试样表面作逐点式扫描运动，这束高能电子束轰击到样品表面上会激发出多种信息，经过收集放大就能从显示屏上得到各种相应的图形。激发的二次电子产生于样品表面 5～10 nm 范围内，因而二次电子能够较好地反映样品表面的形貌，所以最常用作形貌观察；而激发的背散射电子则产生于样品表面 100～1 000 nm 范围内，随着物质原子序数的不同而发射不同特征的背散射电子，背散射电子图像具有形貌特征和原子序数判别的能力，因此背散射电子图像可反映化学元素成分的分布。现在的扫描电子显微镜的功能已经很强大，任何精细结构或表面特征均可放大到几十万倍进行观察与分析。在 PCB 或焊点的失效分析方面，SEM 主要用来作失效机理的分析，具体说就是用来观察焊盘的形貌结构、焊点金相组织，测量金属间化合物，分析可焊性镀层以及做锡须分析测量等。与光学显微镜不同，扫描电镜所成的是电子图像，因此只有黑白两色，并且扫描电镜的试样要求导电，对非导体和部分半导体需要喷金或碳处理，否则电荷聚集在样品表面影响样品的观察。此外，扫描电镜图像景深远远大于光学显微镜，是金相结构、显微断口以及锡须等不平整样品的重要分析方法。

8.2.2.7　X 射线能谱分析（X‐ray Energy Spectrum Analysis）

X 射线能谱仪利用高能电子束撞击样品表面，通过外层电子向低能级跃迁激发出不同的特征 X 射线能量进行元素分析。随着电子束的扫描方式不同，能谱仪可以进行样品表面的点分析、线分析和面分析，可得到元素不同分布的信息。点分析得到一点的所有元素；线分析每次对指定的一条线做一种元素分析，多次扫描得到所有元素的线分布；面分析对一个指定面内的所有元素分析，测得元素含量是测量面范围内的平均值。在 PCA 的失效分析上，能谱仪主要用于确定焊点成分，特别是焊点开裂位置的成分，并进行焊盘表面的成分分析，以及可焊性不良的焊盘与引线脚表面污染物的元素分析。能谱仪定量分析的准确度有限，低于 0.1% 的含量一般不易检出。

8.3 电子产品筛选试验

电子产品筛选的目的就是剔除生产批次中有缺陷的产品，在出厂前的电测试虽然能够识别功能失效或电参数漂移的产品，但对于含有潜在缺陷的产品却无能为力。这些产品最终会被装配到系统中去，并在系统运行的早期阶段发生失效。为了追求系统的高可靠性，使产品尽早地从早期失效阶段过渡到偶然失效阶段，就必须通过有效的筛选手段剔除含有潜在缺陷的产品，发现并去除缺陷产品的筛选称为可靠性筛选[1]。

可靠性筛选试验不是抽样的，而是 100% 进行试验；该试验可以提高合格品总的可靠性水平，但不能提高产品的固有可靠性，即不能提高每个产品的寿命；可靠性筛选试验不能简单地以筛选淘汰率的高低来评价筛选效果。淘汰率高，可能是产品本身的设计、元件、工艺等方面存在严重缺陷，但也有可能是筛选应力强度太高；淘汰率低，有可能产品缺陷少，但也可能是筛选应力的强度和试验时间不足造成的。

航天电子产品筛选常用的试验方法有振动试验、温度循环试验及老炼试验三种，以鉴别和剔除产品工艺和元件引起的早期故障。

8.3.1 振动试验

物体或质点相对于平衡位置所做的往复运动叫做振动。航天电子产品筛选试验中，振动试验常用的是正弦振动试验和随机振动试验两种。

8.3.1.1 正弦振动试验

正弦振动试验包括定频和扫描两种试验类型，扫描试验又分为线性和对数两种扫描方式。正弦振动频率不变的试验叫做定频正弦振动试验，正弦振动试验一般是模拟转速固定的机械旋转引起的振动，或结构固有频率处的振动。扫描正弦振动试验中，频率将按一定的规律发生变化，而振动量级是频率的函数，分为线性扫描和对数扫描两种方式，线性扫描频率变化是线性的，单位是 Hz/s 或 Hz/min，这种扫描试验是用以找出共振频率的试验；对数扫描频率变化是对数形式的，单位是 oct/min 或 oct/s，oct 是倍频程。对数扫描是指相同时间扫过的频率和倍频程数是相同的，低频扫得慢而高频扫得快。

（1）正弦振动试验条件和容差

正弦振动试验条件包括试验频率范围、试验量级、扫描速度或扫描持续时间及试验方向，试验量级常以表格形式或幅频曲线形式给出。

严格地讲，试验容差也是试验条件的组成部分，因为制定试验条件时已经考虑了试验容差的因素，试验时能否满足容差要求决定了试验的有效性。根据 GJB 1027A－2005 的规定，正弦振动容差为

- 频率　±0.5%（<25 Hz）；

　　　　　±2%（≥25 Hz）。

- 加速度幅值　±10%（<200 Hz）；

　　　　　　　±15%（≥200 Hz）。

（2）正弦振动试验方法

正弦振动试验条件要求振动控制仪能够保证振动台处在规定的频率上，并以规定的扫描速度对产品施加规定幅值的振动，一般的数字式振动控制系统都具有这种功能。随着计算机技术的发展和普及，数字式振动控制系统逐渐被广泛采用。

模拟式正弦振动控制仪一般有扫描信号器（振荡器）、压缩器、可变增益放大器和振动计四部分组成。

①振动台的选择

选用振动台应满足试验条件规定的频率范围、最大加速度和最大位移等基本要求。

1）频率范围。振动台的使用频率范围应满足试验条件规定的上下限频率要求。

2）推力估计。根据试验产品、试验夹具、振动台动框、台面（或水平滑台台面）总质量和试验最大加速度所估算出来的需用推力，应小于振动台额定推力

$$F_T = ma < F_0 \qquad (8-1)$$

式中　F_T——试验需用推力，单位为 N；

　　　m——试件、夹具、台面、动框组成的运动系统总有效质量，单位为 kg；

　　　a——试验规范给定的最大加速度，单位为 m/s²；

　　　F_0——振动台的额定推力，单位为 N。

3）最大位移估算。试验规范中给定的最大位移幅度或根据最大加速度所计算出来的最大位移，应小于振动台的最大额定位移，其近似值为

$$D = 250a / f^2 < D_{max} \qquad (8-2)$$

式中　D——计算的最大位移，单位为 mm；

　　　f——加速度对应的频率，单位为 Hz；

　　　D_{max}——电动振动台给定的最大位移，单位为 mm。

当频率较低时，虽然其加速度不大，但位移可能较大，因此要特别注意低频时的位移检验。

4）最大速度估算。根据试验条件，计算出的最大速度应小于振动台的最大额定速度。

②试件的安装与固定

试件与夹具或试件与振动台台面的连接应模拟试件的实际安装情况，严格禁止严重影响试验效果的安装方式。试件与夹具或试件与振动台台面的连接要牢靠，其接触面不宜过大，最好将连接孔处加工成凸台形式，或用垫圈垫起，以确保接触良好，减少振动波形失真。

夹具与振动台台面的连接螺栓要有足够的强度和刚度，以保证振动试验时有平坦的传递特性，因此连接螺栓的固有频率 f_r 应不低于上限频率 f_{max}，即

$$f_r = \frac{1}{2\pi}\sqrt{\frac{K}{m}} \geqslant f_{max}$$

将连接螺栓刚度 $K = AE/l$，连接螺栓截面积 A，代入上式，则有

$$n\frac{\pi d^2}{4l} \geqslant (2\pi f_{max})^2 \frac{m}{E} \tag{8-3}$$

式中　n——螺栓个数；

　　　d——螺栓直径，单位为 m；

　　　l——螺栓有效长度，单位为 m；

　　　f_{max}——试验上限频率，单位为 Hz；

　　　m——夹具与试件的总质量，单位为 kg；

　　　E——材料弹性模量，单位为 Pa。

③振动控制点的位置和控制加速度计的安装

1) 振动控制点的位置。振动控制点应该是试件在振动试验中，振级输入能较真实地模拟实际振动环境的位置，控制点选择一般应遵循 2 个原则：

a. 控制点的位置应选在试件与振动夹具连接面上的连接螺孔附近，没有夹具的则选在试件与振动台面的连接螺栓附近；

b. 振动控制点应远离干扰源，如天线、电机及易出现撞击和噪声的部位。

2) 控制加速度计的安装。安装控制加速度计时，应使加速度计与地绝缘，以减少接地回路引起的噪声电平，否则由于噪声电平过大，影响控制质量，降低控制精度。通常选用薄的胶木片和小的胶木块作为绝缘材料。

控制加速度计的安装优先采用螺接方式，因螺接方式最牢靠，即使在很高的量级下振动，加速度计也不致脱落。其次采用胶接方式，通过胶液与绝缘薄片把加速度计直接粘在控制点部位，这种方法简单、方便、灵活，但在高振动量级时，加速度计可能会发生脱落现象。

④振动控制仪压缩速度的选择

正弦扫描振动试验中，在频率缓慢变化下，输给振动台一个合适的驱动信号，以保证控制振动量级不变，但是由于试件、夹具及振动台等的共振及反共振，如要保持试件的输入振动量级不变，则振动控制仪的输出电压响应需改变。例如当试件共振时，台面振动量级增加将引起控制点加速度计输出电压的增加，此时振动控制仪输出电压乃至振动台输入功率会自动减小，直至恢复到变化前的同样振动量级为止。当控制加速度计感觉振动量级增加或减小时，振动台的输入功率不是自动地减小或增加，而是用一定的时间恢复原来的振动量级，这就是所谓调节速度的时间常数，也就是压缩速度，因此压缩速度选择的好坏直接影响到控制精度。

一般振动控制仪上的压缩速度有 2 种方式，一种是与频率无关的常压缩速度，另一种是随频率变化的压缩速度。选择时根据试件固有频率的高低、放大因子值的大小以及扫描速度等因素确定。放大因子高，扫描速度小，固有频率低者选择慢的压缩速度。

上面的压缩速度选择依据仅仅是原则性的，一般情况是凭借经验。对于重要试件可以

在低振级下反复调试压缩速度，以得到满意结果为止，对一般试件通常选取中等压缩速度即可。

（3）正弦振动试验响应数据处理

正弦扫描振动响应数据虽然是确定性的周期数据，但它又是非稳态的，随着频率的线性或对数变化，幅值也在不断地改变。另外，在振动试验中，由于受试品是一个多自由度的复杂系统，常常因为彼此间相互作用而使响应信号成为具有波形失真的准周期信号。

对于正弦扫描振动响应数据，一般要求给出它的幅频特性，因此信号的频率辨识及其相应的幅频分析就成为处理该类数据的主要内容。

①频率跟踪辨识

正弦扫描振动数据是非稳定信号，频率随时间按线性或对数规律变化，振动激励的频率应跟踪辨识。频率辨识可以用锁相电路或跟踪滤波器硬件实现，也可以用数字跟踪滤波或快速傅氏变换软件实现。

②响应幅值

对应激励频率 f_t 的响应幅值估计可有 4 种形式。

1）峰值响应。信号不进行任何滤波，只检测一个周期或几个周期内响应离散时间序列的最大绝对值作为该频率上的相应幅值。

2）平均值。计算一个或几个周期内响应离散时间序列绝对值的平均值，用平均值乘以 $\pi/2$ 作为该激励频率上部分滤去高次谐波分量和随机噪声干扰影响后的响应幅值。

3）均方根值。计算一个或几个周期内响应离散时间序列的均方根值，用均方根值乘以 π 作为激励频率的响应幅值。

4）相关函数。分别计算一个或几个周期内响应离散时间序列与 $\sin(2\pi f_t n\Delta t)$ 和 $\cos(2\pi f_t n\Delta t)$ 的相关函数

$$R_R(0)=\frac{1}{N}\sum_{n=1}^{N}x_n\cos(2\pi f_t n\Delta t)$$

$$R_I(0)=\frac{1}{N}\sum_{n=1}^{N}x_n\sin(2\pi f_t n\Delta t) \qquad (8-4)$$

式中　x_n——响应离散时间序列的第 n 个值；

　　　N——计算周期内离散时间序列的元素个数。

通过相关函数的计算，可滤去高次谐波和随机噪声的影响，于是激励频率 f_t 上响应的幅值和相角分别为

$$A_t=\left[R_R^2(0)+R_I^2(0)^{1/2}\right]$$

$$\theta_t=\mathrm{arctg}\left[\frac{R_I(0)}{R_R(0)}\right]$$

（4）正弦振动试验故障率

扫频正弦振动筛选度可按式（8-5）计算

$$SS=1-\exp\left[-0.007\,27\,(G)^{0.863}\cdot t\right] \qquad (8-5)$$

式中　G——加速度量值（高于交越频率），单位为 g；

t——振动时间，单位为 min。

正弦振动筛选中缺陷的故障率可按式（8-6）计算得出

$$\lambda_D = \frac{-\ln（1-SS）}{t} \tag{8-6}$$

式中　λ_D——平均故障率，单位为次/h；

　　　SS——筛选度；

　　　t——时间，单位为 h。

按式（8-6）计算可知，正弦振动的故障率（λ_D）与时间无关。

8.3.1.2　随机振动试验

随机振动是一种非确定性振动。当物体作随机振动时，我们预先不能确定物体上某监测点在未来某个时刻运动参量的瞬时值，因此随机振动和确定性振动有本质的不同，是不能用时间的确定性函数来描述的一种振动现象，但这种振动现象存在着一定的统计规律性，能用该现象的统计特性进行描述。随机振动又分为平稳随机振动和非平稳随机振动两种，平稳随机振动是指其统计特性不随时间而变化。

例如，航天卫星产品及其组件所经受的随机振动激励是一种声致振动，主要来自飞行器起飞喷气噪声和飞行过程中的气动噪声。过去，模拟随机振动环境大部分都是用正弦扫描试验来代替，随着快速傅里叶变换算法的出现和电子计算机的发展，各种型号数字式随机振动控制系统相继问世，才使随机振动试验得以广泛采用。民用产品中，对于使用环境苛刻、可靠性要求较高的产品也普遍使用该试验方法。

（1）随机振动试验条件及其容差

①试验条件

随机振动试验条件包括试验频率范围、试验谱形及量级、试验持续时间和试验方向。试验谱形及量级常以表格形式或加速度功率谱密度曲线形式给出。

②试验容差

根据国军标 GJB 1027A—2005 的要求，随机振动试验容差为：

· 加速度功率谱密度

20～500 Hz（分析带宽 25 Hz 或更窄）±1.5 dB；

500～2 000 Hz（分析带宽 50 Hz 或更窄）±3 dB。

· 总均方根加速度

与正弦振动试验一样，要满足随机振动试验的容差要求，不是对每个试件都能做到的。控制精度主要与控制系统的动态范围、均衡速度、均衡精度，试验夹具和试件安装的合理性、试件本身的动特性等有关，解决试验超差主要应从上述几方面分析原因，提高控制精度。

（2）随机振动试验方法

随机振动试验方法与正弦振动试验方法有很多共同点，二者的主要区别在于振动控制系统，包括振动台的选用、总均方根加速度的计算、试验参数的设置。

随机振动试验控制中的参数设置直接关系到试验的控制精度。影响控制精度的参数主要有谱线数（或分辨率）和统计自由度（帧数），试验中应合理选择。谱线数决定了频率分析的精度，而统计自由度决定了统计误差，谱线数和统计自由度越多，统计分析精度越高，但不一定达到高的试验控制精度，因为谱线数和统计自由度越多，分析计算时间就越长，均衡速度也就越慢，增加均衡时间，对持续时间短的试验，在绝大部分时间内试验并未真正达到高的控制精度。对卫星的随机振动试验，因试验要求时间短（1～2min），故谱线数和统计自由度不宜太多，一般取 400 条谱线、100 个统计自由度即可。

（3）随机振动试验响应数据处理

随机振动响应数据常常因为结构共振而表现为宽带加窄带随机的特征。因为对结构的振动激励输入为稳态随机信号，因此输出一般也具有稳态特征，对该类数据一般要求给出它的功率谱密度特性，有时也要求进行传递函数分析、相关分析（时域）、概率密度分析（幅域）等。

卫星及其组件在振动试验中所经受的随机振动激励属稳态激励，一般情况下其输出信号也具有稳态特征，满足平稳性假设，因此可以用统计平均的分析方法处理振动试验中的响应数据。

1）随机信号基本特性的描述。随机信号是不确定信号，其幅值随时间的变化不可预知，但从统计分析上却存在着某些特性，可以用一些统计函数，从不同角度描述其基本特性：

a. 幅域，均值、均方值和概率密度函数；

b. 时域，相关函数；

c. 频域，功率谱密度函数。

2）信号特征的辨识。把振动试验的响应数据处理成功率谱密度函数以后，为了对结构进行动特性分析，有时需要辨识信号特征，辨识曲线中的一些尖峰是窄带随机，还是正弦信号（正弦信号可能来自结构本身的振源或 50 Hz 电源的干扰）。

（4）随机振动试验故障率

随机振动筛选度可按式（8-7）计算

$$SS = 1 - \exp\left[-0.004\,6\,(G_{rms})^{1.71} \cdot t\right] \tag{8-7}$$

式中　G_{rms}——振动加速度的总均方根值，单位为 g；

　　　　t——振动时间，单位为 min。

随机振动筛选中缺陷的故障率可按式（8-8）计算得出

$$\lambda_D = \frac{-\ln\,(1-SS)}{t} \tag{8-8}$$

式中　λ_D——平均故障率，单位为次/h；

　　　　SS——筛选度；

　　　　t——时间，单位为 h。

根据式（8-8）计算可知，随机振动试验故障率（λ_D）与时间无关。

8.3.2　温度循环试验

温度循环试验主要是利用不同材料热膨胀系数的差异，加强因温度快速变化所产生的热应力对试件所造成的劣化影响。当电子组件经受温度循环时，内部出现交替膨胀和收缩，使其产生热应力和应变。如果组件内部邻接材料的热膨胀系数不匹配，这些热应力和应变就会加剧，在具有潜在缺陷的部位会起到应力加大的作用，随着温度循环的不断施加，缺陷扩大并最终变为故障（如开裂）而被发现，称为热疲劳。

元器件安装一般采用通孔插装或表面贴装。焊点在温度循环作用下，因为热应力和蠕变的交互作用，导致焊点产生粗大条状组织和空洞，随着循环次数的增加，条状组织持续扩大与空洞慢慢结合成为微裂缝，从而导致焊点失效。这种热疲劳失效属于低周疲劳（Low‑Cycle Fatigue）失效的一种，多发生于电子组件的内部焊点结合处。图 8‑2 是组件内部元器件焊接引脚在进行温度循环试验时脱焊示意图[2]。

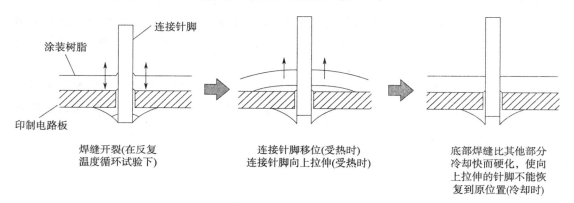

图 8‑2　引脚脱焊机理

温度循环试验温度的升降一般是在单一温循箱内以冷热空气循环加热或冷却的方式来达成。试验所用温循箱效能的优劣对试验结果的准确性有很大影响。温循箱调节温度的方式是利用温度传感器测得箱内空气或试件的温度，经过信号转换后再经控制器与设定值比较，由比较结果决定加热系统或冷却系统是否动作，从而调节至所需温度。温循箱内通常装有风扇，采用强迫对流方式，使箱内各点的温度尽可能达到均一。调节的控制方式有两种，一种是通过试件的温度反馈进行控制，另一种是通过温循箱内的空气温度进行控制。对于这两种情况，试件、箱壁都会与箱内空气交换热量及水汽。其调节情形可归纳为：

1）试件、箱壁与箱内空气间只要仍有热量或湿度的交换，箱内各点的状态将无法达到均一；

2）当温循箱内热量和湿度的交换率一定时，温循箱内各点的状态差异将与空气循环速率成反比。

因此，当温循箱内各点环境必须维持较小差异时，应尽可能提供高的空气循环速率，循环速率越高，对流系数就越大，温循箱内各点的表面温度就更容易达到均一。温度循环试验时，试验箱内温度梯度（靠近试验产品处测得）应小于 1 ℃/min；箱内温度不得超过试验温度±2 ℃的范围。

8.3.2.1　温度循环试验关键参数

对于电子产品而言，周期性温度变化引发的环境应力是由于试件由多种不同材料组成，其机械性能如杨氏系数、屈服强度、热传导系数、热膨胀系数等存在很大差异，所以当受试件温度产生变化时，由于所处温度值、相关几何尺寸、材料系数、结构排列等不同，其所受到的应力应变值也就不同。典型温度循环试验的剖面图如图 8-3 所示[3]。

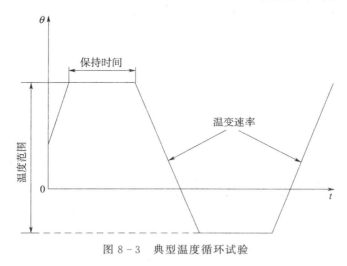

图 8-3　典型温度循环试验

对温度循环试验而言，影响试验效果的参数主要有温度范围、循环次数、保持时间、温变速率和风速，下面分别对这几项关键参数进行分析。

（1）温度范围

温度范围就是高、低温极限值的差，要以电子产品的耐热强度而定，可通过传热特性分析，了解在不同温度范围下产品内部温度的分布及变化情况。传热特性分析可以用理论模型进行分析，也可直接用实际条件进行测量，实际工作中，以测量的方法较为方便。测量时需注意产品是不是需加电工作，因为加电工作时，产品温度会有所改变，特别是对于大功率电子产品。当了解了各种温度循环条件下产品内部温度的分布及变化情况后，就可选择最大且不损伤正常产品的温度范围。对于组件类产品，温度循环试验的温度范围一般是在产品工作温度范围的基础上拓宽 15 ℃[4]，例如组件的工作温度范围为 -40～+70 ℃，则该产品的温度循环试验温度范围选择为 -55～+85 ℃。从实际工程经验看，电子组件温度循环试验较理想的温度范围是 -55～+85 ℃。

（2）循环次数

由于温度交变在试件中引起机械应力，导致随温度交变次数的增加，试件内部应力也增加。理论上循环次数越多，加速性越大，但次数太多可能会影响产品的使用寿命，并且会增加成本，所以一般参考以往的经验或相关的规范，选择一个适当的循环次数，通过试验分析找出最佳的循环次数。

　　Coffin - Manson 方程建立了热应力引起的低周疲劳（Low - Cycle Fatigue）影响模型，其方程为[5]

$$N_f (\Delta\varepsilon_p)^2 = C_\varepsilon \qquad (8-9)$$

式中　N_f——温度循环的次数；

　　　$\Delta\varepsilon_p$——塑性应变；

　　　C_ε——常数。

　　塑性应变 $\Delta\varepsilon_p$ 与温度循环的温度范围 ΔT 成正比。故式（8-9）可改写为

$$N_f (\Delta T)^2 = C_T \qquad (8-10)$$

式中　ΔT——温度范围；

　　　C_T——常数。

　　以加速因子的形式改写式（8-10）为

$$A_{CM} = \frac{N_{fU}}{N_{fA}} = \left(\frac{\Delta T_A}{\Delta T_U}\right)^2 \qquad (8-11)$$

式中　A_{CM}——循环次数的加速因子；

　　　N_{fU}——至失效为止的循环次数（使用）；

　　　N_{fA}——至失效为止的循环次数（加速）；

　　　ΔT_A——温度范围（加速）；

　　　ΔT_U——温度范围（使用）。

　　从式（8-10）和式（8-11）可以看出，循环次数与温度范围之间存在定量关系。在有些情况下，必须用较少的循环次数来完成试验，这时可以通过拓宽温度范围来实现同样的效果；在另外一些情况下，试验的温度范围不能设置太宽，这时可以通过增加循环次数来达到同样的效果。从剔除早期失效的角度看，电子组件温度循环试验的循环次数一般在 5～20 次之间选择较为合适。

　　（3）保持时间

　　保持时间取决于试验样品达到周围空气温度时的热平衡时间，应根据试件的热时间常数来选择试件保持所需要的时间。对于较大的产品，内部和表面的热时间常数可能相差很大，应选择最里面或最易损部分的热时间常数来确定。

　　试验样品的热时间常数取决于周围空气的性质和运动速度。温循箱内试验介质与试件的温度差越小，试验持续的时间越长。试件在某一环境温度下达到温度稳定的时间（t）约为热时间常数 τ 的 3～5 倍，一般取 4 倍

$$t = 4\tau$$

　　热时间常数 τ 为

$$\tau = \frac{mC}{S\lambda} \qquad (8-12)$$

式中　m——质量，单位为 g；

　　　C——比热，单位为 J/（g·℃）；

　　　S——散热面积，单位为 cm²；

λ——散热系数，单位为 W/ (cm^2 • ℃)。

由于散热系数与试件材料、形状、周围介质的性质及运动速度有关，因此通过计算较难确定，一般情况下通过试验来获取。根据工程经验，对于铝制盒体封装且尺寸小于 10 cm×10 cm×2 cm 的电子组件，保持时间选择 30 min 即可；对于一些较大的组件产品，保持时间要达到 1 h，甚至更长，这样才能保证试件温度响应与试验温度之差控制在要求的范围内。

部分军用标准是根据受试样品的质量来确定保持时间，例如 GJB 360B－2009，标准中规定的极限保持时间（t_{dwell}）与受试样品质量（m）之间的关系见表 8-1[3]。

表 8-1　质量与时间的关系

质量 m/kg	时间 t_{dwell}/h
$m<0.028$	0.25
$0.028 \leqslant m < 0.136$	0.5
$0.136 \leqslant m < 1.36$	1
$1.36 \leqslant m < 13.6$	2
$13.6 \leqslant m < 136$	4
$\geqslant 136$	8

（4）温变速率

一般来说，温变速率越大，试验效果越好，但是由于受到温循箱内风速及试件自身热容量的影响，试件的温度响应与温循箱的热输出并不一致。研究表明[6]，温度循环的试验强度并不总是随着温变速率的提高而增大，当温变速率达到某一特定值后，再增大温变速率对环境应力试验的收效甚微，此时试件对温度变化的响应不敏感，试件的温度变化明显滞后于试验箱的温度变化。

当温循箱的冷却设备是以空气循环方式冷却时，其温变速率将被限制在 5～10 ℃/min，若温循箱的冷却设备是以液氮来冷却时，其温变速率可达到 25～40 ℃/min。对于组件产品温变速率一般选择为 5～30 ℃/min 之间。

（5）风速

风速与温度循环试验的各参数密切相关，对于温循箱的升降温曲线有很大的影响，较高的风速可以达到较高的温变速率，并且可以使试件温度的均匀度提高。对于组件产品，要使受试件的温度紧随温循箱中空气温度的变化，风速一般不低于 4.75 m/s（15 f/s）。

8.3.2.2　温度循环试验故障率

温度循环筛选度（SS）可按式（8-13）计算

$$SS = 1 - \exp\{-0.001\,7(R+0.6)^{0.6}[\ln(e+V)]^3 \cdot N\} \qquad (8-13)$$

式中　R——温度变化范围，大小为（T_U-T_L），单位为℃；

V——温度变化速率，单位为℃/min；

N——循环次数；

e——自然对数的底。

温度循环筛选中的故障率（λ_D）可按式（8-14）计算

$$\lambda_D = \frac{\ln{(1-SS)}}{N} \tag{8-14}$$

式中 λ_D——故障率，次/循环；

  SS——筛选度；

  N——循环次数。

按式（8-14）计算可知，对于同一温度变化速率和温度变化范围，不同循环次数的结果是一样的，即 λ_D 不受 N 影响。

8.3.2.3 温度循环试验参数间的影响

温变速率、保持时间、风速这三个参数密切相关，对试验效果也相互影响：

1) 采用较低风速和较短保持时间时，组件的极限温度并未达到试验介质（空气）的极限温度，而且组件的温变速率也未达到试验介质（空气）的温变速率，也就是说，组件的温度响应和试验介质（空气）不一致，达不到试验的目的。

2) 当风速较低、保持时间较短时，单纯提高试验的温变速率，组件的温度响应仍跟不上试验介质（空气）的变化，同样无法达到试验的目的。

3) 提高试验过程中组件极限温度最简单的方式就是延长保持时间，虽然组件温度的响应比试验介质（空气）慢，只要保持时间够长，组件的极限温度总会达到试验介质（空气）的极限温度。

4) 单纯延长保持时间对提升组件的温变速率效果不明显，而温循箱内的风速对组件的温变速率有较大影响，较高的风速可以使组件在更短的时间内达到试验介质（空气）的极限温度，从而提高了组件的温变速率，使其与试验介质（空气）的温变速率接近。

综上所述，在进行温度循环试验时，应根据组件产品特点，结合具体试验设备的能力，综合考虑试验的温变速率、保持时间和风速，只有这样才能获得满意的试验效果，达到预期试验目的。

8.3.2.4 温度循环试验应注意的问题

进行温度循环试验时，除了要考虑上述的几个关键参数外，还应注意：

1) 温循箱内空间容积与受试件体积的比值应不小于 5∶1，使温循箱有足够的热容量。此外，箱内受试件的摆放位置不能阻碍空气的对流，以免使得温循箱的效能降低。

2) 如果从常温先进入高温，然后从高温转入低温，按这一做法，试验结束时产品正处于从低温到常温的过程。此时将样品取出，由于产品本身的温度一般要低于环境温度，往往在其内、外表面产生凝露，造成对受试产品的不良影响，因此一般需放入 50 ℃左右的高温箱中恢复，从而使试验周期加长。因此，在进行试验时，先从低温开始，这样试验结束时，样品正处于从高温到常温的过程，从而避免在表面产生凝露。

3) 温循箱内空气应保持干燥，避免试验过程中发生凝露现象，同时温循箱的测试孔应适当地加以密封，防止外部空气涌入箱内，造成对受试件的不良影响。

此外，针对航天星上产品，由于光照区和阴影区的交替影响，大部分星上单机在轨都会受到温度循环应力的作用。其在轨温度循环频率较低，例如高轨卫星一天一个温度循环，某星内电子产品平均温变速率为 3 ℃/h，而地面试验普通的快速温变试验箱温变速率能达到 10 ℃/min，高加速试验箱温变速率则能达到 60 ℃/min。因此，地面试验可以通过提高温变速率加速温度循环频率。

8.3.3　老炼试验

电子产品的老炼，一般是将产品长时间置于高温环境中并通电，或者在正常实验室条件下通电。它也是一种筛选方法，对于工艺制造过程中可能存在的缺陷，如引线焊接不良等有较好的筛选效果；此外老炼还可促使电性能参数稳定，并对参数不稳定的产品有一定的筛选作用。本小节以集成电路老炼为例加以说明。

老炼试验是一种加速导致早期失效机理发生的可靠性试验，也就是通过加速电路失效的发生使良品尽早地进入其可靠的使用周期，即偶然失效期。热应力和电应力是加速电路失效的两种主要应力模式。老炼试验主要有以下几个特点[7]：

1）老炼试验是一种非破坏性的试验，只是对有潜在缺陷的电路起到诱发作用，而不引起电路整体筛选后的新失效机理或改变失效分布；

2）老炼试验原则上是对电路整体进行 100% 的试验；

3）通过老炼试验只能改变电路的使用可靠性，而不能改变单个电路的固有可靠性；

4）试验条件的选择主要是依据电路的可靠性要求程度及其失效机理的特性；

5）试验应力需要高于通常使用的应力水平以达到缩短试验时间的目的。

8.3.3.1　老炼试验的阶段和分类

老炼通常分为 3 个阶段，即老炼前测试、老炼试验和老炼后测试[8]。

老炼前测试主要是进行基本的电参数和功能测试，用以剔除含有质量缺陷的器件，避免此类器件占用老炼设备和资源。电参数测试主要是直流参数测试，包括保证测试接口与电路正常连接的接触测试、漏电流和驱动电流的测试和转换电平的测试等。

老炼试验时，将电路置于老炼板上，并放入老炼烘箱中施加热应力和电应力，激发电路的早期失效。有时老炼试验中会包含一些简单电测试项目。

老炼后测试是将经过老炼的电路进行全面的电参数测试，包括确定电路稳态时的直流参数测试、不同频率下与时间相关的交流参数测试和满足设计要求的功能性测试。测试环境包括常温、高温和低温。

8.3.3.2　老炼试验应注意的一些问题[11]

（1）布线问题

制作老炼板时，布线既要考虑到电路在工作过程中产生的电流大小，又要考虑到在布线时产生的电阻影响。线宽、线长则电阻大，会阻碍电压及信号的传送，大电流时，还有可能超过了布线所能承受的最大电流，以至烧坏布线。所以设计时要兼顾到既能满足电路工作时的电流要求，又要使电压和信号的传递衰减最小。

（2）噪声问题

在常温调试老炼板时经常会遇到噪声干扰等问题。在数字电路的老炼中，由于很多的开关动作会使电路本身产生噪声，或与印制电路板的有关电路产生共振，所产生的噪声又会以某种形式传递到外部，引起电子设备的变化。因此，在安装、调试老炼板时必须考虑到这点，并且在设计老炼板时就要引起注意。

为了抑制电源线上产生的噪声或外部噪声从电源线上侵入，可在电路的电源引脚与接地引脚之间接一个电容。

（3）环境温度控制问题

对于环境温度，即烘箱温度的控制，一定要严格。温度过高，会使电路遭受过应力；温度偏低，可能会达不到老炼的效果。因此要注意温度准确和稳定。

（4）失效电路的清除问题

在老炼过程中，一定要观察电路的运行情况，主要是通过观察电路的信号、电压、电流及电路的输出。因为有些缺陷明显的电路，在经过一段时间的高温工作后，它们本身的性能或参数会发生变化，从而对输入电压、电流、输入信号或输出信号产生影响，使其不正常。这时，一定要查出有问题的电路并取出，以免影响到其他电路的老炼。否则，因电压或输入信号变化了，老炼需要的条件发生了变化，再接着老炼，电路就不能按实际情况工作，老炼就达不到目的。

（5）老炼结束时的冷却问题

当老炼结束后，不要急于取出电路进行测试，因为如果电路突然失去了电应力和迅速降温会使电路本身的工艺参数发生一些变化，产生非老炼的失效或电路的性能受到影响。一定要先冷却到 35 ℃之后，然后去掉各种偏置，取出电路，在常温下进行电性能和参数测试（必须在规定时间内测试完毕，否则要按规定进行再老炼）。

8.4　可靠性验证试验

可靠性验证试验有多种分类方法，以环境条件来划分，可分为应力条件下的模拟实验和现场试验；以试验性质来划分，可分为破坏性试验和非破坏性试验两大类；以试验项目划分，可分为寿命试验、加速试验、环境试验等。航天领域应用的可靠性验证试验方法通常以试验项目进行划分，主要包括寿命试验、加速寿命试验和环境试验。

8.4.1　寿命试验

寿命试验是研究产品寿命特征的试验，这种试验方法可在实验室模拟各种使用条件来进行。寿命试验是可靠性验证试验中最重要、最基本的项目之一，它是将产品放在特定的试验条件下考察其失效（损坏）随时间的变化规律[12]。通过寿命试验，可以了解产品的寿命特征、失效规律、失效率、平均寿命以及在寿命试验过程中可能出现的各种失效模式。若结合失效分析，可进一步弄清导致产品失效的主要机理，作为可靠性设计、可靠性预测、改进新产品质量和确定合理的筛选以及例行（批量保证）试验条件等的依据。如果为了缩短试验时间，可采用不改变失效机理的条件下加大应力的方法进行试验，这就是加速寿命试验。通过寿命试验，可以对产品的可靠性水平进行评价，通过质量反馈来提高新产品可靠性水平。

8.4.1.1　寿命试验的分类

寿命试验以试验项目来划分，可分为长期寿命试验和加速寿命试验两种，长期寿命试验又分为长期贮存寿命试验和长期工作寿命试验。从数据处理的角度来分，则可分为定时截尾（试验达到规定试验时间就停止）试验和定数截尾（试验达到规定的失效数就停止）试验两种。

（1）长期寿命试验

长期寿命试验可分为以下两种。

①长期贮存寿命试验

贮存寿命试验是指模拟电子产品在规定环境条件下处于非工作状态时，评价产品存放寿命的试验。试验周期在 1 000 h 以上的称为长期贮存寿命试验。环境条件要根据使用情况来定。我国疆域辽阔，环境条件差别很大，所以在确定环境条件时，一定要了解使用方对产品使用环境的要求。由于贮存试验处于非工作状态，一般失效率较低，寿命较长，需要抽出较多的样品进行较长的时间来做试验，周期长达 3～5 年或更长。通过试验所积累的数据，对于提高产品质量、预测产品的可靠性是很有价值的。

②长期工作寿命试验

工作寿命试验是指模拟电子产品在规定环境条件下，当加上负荷使之处于工作状态时，评价其工作寿命的试验。试验周期在 1 000 h 以上的称为长期工作寿命试验。

工作寿命试验又可分为连续工作寿命试验和间断工作寿命试验，前者又可分为静态和动态两种工作寿命试验。静态工作寿命试验用于评价产品在额定应力下工作的可靠性，在规定的室温条件下，对产品施加最大耗散功率，分别在 240 h、480 h、1 000 h、2 000 h、3 000 h、4 000 h、5 000 h 测量产品的电参数；动态工作寿命试验则是模拟产品实际工作状态的试验。

（2）加速寿命试验

加速寿命试验在保证不改变产品失效机理的前提下，通过强化试验条件（如增大应力，提高温度、电压和转速等）使受试产品加速失效，以便在较短的时间内获得必要信息，评估产品在正常条件下的可靠性或寿命指标。加速寿命试验类型通常分为 3 种，即恒定应力加速寿命试验、步进应力加速寿命试验和序进应力加速寿命试验。

（3）截尾试验

截尾试验又称为不完全寿命试验，可以分为以下两种。

①定时截尾试验

试验进行到规定的时间停止，即投试样品数 m 及试验时间 t_0 是定值，而产品失效数 n 是随机变量。规定的 t_0 应保证产品有足够的失效数。

②定数截尾试验

试验进行到规定的失效数 n 时停止，即投试样品数 m 及失效数 n 是常数，而失效时间 t_0 是随机变量。

在截尾试验中，平均寿命及可靠度估计值的精度，是试验截止点 n 的函数而不是投试样品数 m 的函数。例如，投试 n 个产品直至全部失效与投试 m 个产品当第 n 个产品失效时停止，这两种情况将给出相同的估计精度。但是，截尾试验可以节约试验时间，比如 15 个样品投入试验，当第 7 个失效后停止试验，其所需试验时间只是 7 个样品投入试验到全失效为止所需时间的 23.2%。

截尾试验主要用于电子产品，采用截尾试验可以节约大量的试验时间。此外，寿命试验还可以按失效样品的替换与否分为有替换试验与无替换试验两种。

8.4.1.2　寿命试验的设计

（1）试验样品的选取

因为试验的目的是为了了解产品的可靠性指标，所以试验样品必须在筛选试验和例行试验后的合格批中随机地抽取，所选择的产品必须具有代表性。试验样品的数量 m （或称子样大小）要根据产品的价值及试验和测试工作的复杂程度来决定，既要保证统计分析的正确性，同时又要考虑试验费用的经济性，即试验的技术经济效果。一般高级产品生产数量少、价格高而测试工作繁复，因此只能选择小子样。而对于大量生产的、测试子样又不太复杂的产品可以选择大子样。一般来说，投试样品数量多，则可以早些结束试验。通常子样小于 20 时称为小子样，小子样试验结果误差要大一点，所以最合理的样品数量与试验结束时间、产品价值和统计误差大小有关。

在简略地分析样品数量 m 和试验结束时间 t 的关系时，可以从下列近似表达式中引出

$$F(t) = 1 - e^{-t/\theta} \approx \frac{n}{m} \qquad (8-15)$$

式中　　n——试验时间 t 之前出现的失效数。

因此，试验结束时间 t 为

$$t = \theta \cdot \ln \frac{m}{m-n} \qquad (8-16)$$

事先根据以往的经验初步确定 θ 值（平均寿命）。若试验仅做到 0.1θ 就结束，则此时的累积失效概率，即 $F(0.1\theta) = 10\%$ （对应于 $t_i/\theta = 0.10$），故样品的数量可按式 (8-15)求出 $m = 10n$；若试验做到 0.3θ 就结束，则样品数量 $m = n/0.26 = 3.8n$ ［此时 $F(0.3\theta) = 26\%$］。因此，若希望观察到 $n = 10$ 左右就停止试验，那么试验结束时间分别定在 0.1θ 和 0.3θ 的情况下，其样品数量大约分别需要 100 个和 38 个。

当试验样品数量小于 20 时，估计 F 值时可用 $F(f) = n/(m+1)$ 来计算，这样比较精确。

（2）试验中测试周期的确定

在没有自动监测的情况下，只能按一定的周期对在试的样品进行测试确定其是否失

效。测试周期的选择原则是要使每个测试周期内测到的失效数大致相同（如 1 个或 2 个失效样品），并且测试周期的次数要有足够的数量，这样才能正确地反映出产品失效的统计规律。为此，在确定测试周期之前需要对产品的失效规律有所了解。这种了解可以从以往的试验或做少量样品的快速寿命试验中获得。

当产品的寿命为指数分布时，累积失效分布函数为

$$F(t) = 1 - e^{-t/\theta} \tag{8-17}$$

其分布曲线的形状大致如图 8-5 所示，使每个测试周期内测试到的失效数大致相等。例如，在总数 $m=50$ 个样品的试验中，希望每次都测到 5 个失效，即在第一次测试（$t=t_1$）时有 5 个失效，则 $F(t_1) = 10\%$；第二次测试（$t=t_2$）时累积有 10 个失效，则 $F(t_2) = 20\%$；第三次测试（$t=t_3$）时累积有 15 个失效，则 $F(t_3) = 30\%$。所以，测试周期按图 8-4 的方式来确定[12]。

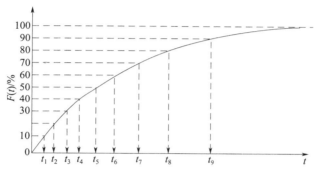

图 8-4　测试时间 t_i 的图解确定法

由式（8-17）可知，若希望累积失效概率达到 $F(t_i)$，则测试时间 t_i（$i=1, 2, \cdots, n$）可按下式估计

$$t_i = \theta \ln \frac{1}{1 - F(t_i)} \tag{8-18}$$

式中　θ——对试验样品粗略估计的平均寿命。

在确定 $F(t_i)$ 时，可按等间隔取值，如 10%、20%、30%…或更密一些。对于那些预计累积失效概率较低时就得停止的试验，$F(t_i)$ 的间隔要取得密一些，以便正确地测到样品的失效时间；而对于那些预计累积失效概率较大才停止的试验，$F(t_i)$ 的间隔可适当稀一些。

（3）试验截止时间的确定

从统计分析的角度来看，并不需要样品全部失效，只要大部分样品失效就可以统计推断出该批产品的各项可靠性指标。因此，可靠性寿命试验大部分是截尾的，即截尾试验。一般累积失效概率达到 60% 以上为宜。

从上述讨论中可看出试验截止时间与样品数量及希望达到的失效数密切相关。当试验所规定的累积失效概率达到某规定值时就结束试验，如 $F(t) = n/m$，则试验的截止时间为

$$t = \theta \ln \frac{m}{m-n} \qquad (8-19)$$

因此，当粗略地估计了产品在该试验条件下的平均寿命后，即可以估计出试验所需的时间（即截止时间）。

8.4.1.3　寿命的评估

（1）数学模型

在讨论产品寿命时，通常指的是产品失效发生前的操作或工作时间 t，通常采用 $f(t)$ 来表示失效概率密度函数。该函数表明的物理意义为单位时间的失效概率，其数学表达式为

$$f(t)\Delta t = p(t) \leqslant T \leqslant t + \Delta t \qquad (8-20)$$

一般而言，物品的失效率函数为时间的函数，除少数的应用情形外，大部分物品的失效率随时间的变化几乎呈现"浴盆曲线"的性质，如图 8-5 所示[13]。

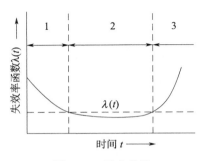

图 8-5　浴盆曲线

图 8-5 中产品寿命由 3 段组成，第 1 段为早期失效期，失效率随时间逐渐递减，这是因为物品由于设计、组装等潜在的不合格因素，设备在早期就逐渐发生了失效的行为；第 2 段为偶然失效期，占据相当长的时间，在这段时间内失效率大致不变，失效也往往是偶然发生的；第 3 段为磨损失效期，由于长时间的使用后，物品的失效率随着时间的变化而增加。由于这三段时间所组合的失效函数的形状很像浴盆，因而被称之为浴盆曲线。

由于寿命评估主要讨论的是物品的失效时间这个随机变数 T，用 $R(t)$ 来表示物品不失效的时间特性

$$R(t) = P(T > t) = 1 - F_T(t) = 1 - \int_0^t f(\xi)\mathrm{d}\xi \qquad (8-21)$$

式中　$R(t)$——失效时间大于 t 的几率，称为可靠度函数。

产品的寿命不尽相同，很难对某一个产品的寿命进行精确的预计，只能对该型号或该类产品的寿命进行大致的评估。产品的寿命一般用可靠寿命、平均任务时间、平均寿命或中位寿命表示。

（2）产品的寿命

①可靠寿命

可靠寿命是给定的可靠度所对应的寿命时间，一般而言，可靠度为随着工作时间 t 的

增加而下降的函数，因此对不同的给定 R 值，则有不同的寿命

$$t(R) = R^{-1}(t) \tag{8-22}$$

可靠寿命的观测值是能完成规定功能的产品的比例，恰好等于给定可靠度时所对应的寿命时间。

②中位寿命

当指定产品的可靠度 $R = 0.5$ 时，此时的寿命被称为中位寿命。

③平均寿命

产品无失效时间的平均值，被称为平均寿命或平均失效时间。对于可维修物品而言，平均寿命为平均失效间隔时间（Mean Time Between Failure，MTBF）；对于不可维修物品而言，则为平均失效发生时间（Mean Time To Failure，MTTF）。平均寿命的定义为

$$\bar{t} = E[T] = \int_0^\infty t f(t) \, \mathrm{d}t \tag{8-23}$$

④平均任务寿命

对于一些有固定任务或预先设定寿命（T_D）的系统而言，则以平均任务时间表示其特征寿命，平均任务时间的定义为

$$\mathrm{MMD} = \int_0^{T_D} t f(t) \, \mathrm{d}t \tag{8-24}$$

8.4.1.4　寿命的预测

寿命测试需要长时间的试验时间和大量的样品，对制造商是一笔不菲的开支，特别是在当前电子产品更新换代速度快的时代，时间成本对制造商来说是极为宝贵的，因此及时地预测后续的试验过程就尤为重要。目前，已经有许多针对寿命试验的预测研究。

（1）基于灰色理论的预测方法

灰色理论的 GM（1，1）模型，有全数据模型、新信息模型和新陈代谢模型三种，而新陈代谢模型的模拟精度最好，它通过现有数据系列基础上的 GM（1，1）模型，对下一个数据进行预测，在得到预测值后将其加入数据系列，同时去掉原建模序列的第一个数据，用同样长的新序列进行再建模，如此循环。相关研究中采用正弦处理建模序列，对背景值进行近似构造，最终建立相应的新陈代谢模型，得到了更高的预测精度。

（2）基于神经网络的预测方法

BP 神经网络具有外推性、记忆性和对非线性函数的逼近能力，可以通过学习训练去逼近可靠性预测模型，预测更多的可靠性数据，以实现对可靠性的统计分析。如果电子设备的可靠性数据样本少，无法确定它的寿命分布，则可采用 BP 神经网络来扩大可靠性数据的样本量，然后再进行统计分析。有效地预测寿命测试的后续过程能极大地减少测试时间及样品，可以帮助制造商减少测试成本，占得市场先机，这也是目前研究的热点之一。

8.4.2　加速试验

可靠性验证试验的方法和试验的规模由试验的对象及要求来决定。对于系统、设备及元器件，各自采用的试验方法是不同的。对于整机，通过试验剔除对系统有影响的不可靠

元器件；对于机械零部件侧重于疲劳寿命试验；而对于电子元器件则主要进行寿命试验。

产品或系统的可靠度，应该按最终使用条件评价。所以，寿命试验应该按实际的使用条件与实际的环境条件（应力）来进行。但由于时间上、经济上的考虑，总希望以较少的试验费用，早一些取得满意的结果。为此，所采用的手段之一是通过提高环境应力（如温度）与工作应力（施加给产品的电压、负荷等）来加快试验进程，缩短产品或系统的寿命试验时间。这种为缩短试验时间而按严苛条件（应力）进行的加速试验与强制老化试验实际上大同小异，都是以严苛的条件，加速产品质量特性的老化，促使产品寿命缩短的试验。例如，开关与继电器之类的产品，是按工作次数来计测寿命的，为加速试验，可用更高速度进行接通与断开试验，以检测产品的可靠性寿命。又如汽车等交通工具，可以模拟各种道路条件，用高速超载条件进行整车行驶试验，以便早期发现可靠性缺陷等[14]。

加速试验与产品例行试验（如一般强度和变形的性能测定）是不同的。例行试验的目的只是保证产品进、出厂验收前，其各种性能参数符合一定的标准，而没有测定产品在规定时间内的失效率，因而不能对产品的可靠性提出任何保证。加速试验是对产品在规定的使用时间内符合一定的可靠性指标提出保证，试验也是产品可靠性预测和检验的基础[12]。

加速试验比产品的例行试验时间要长。因为，时间短促难以取得足以说明可靠度水平的数据。在试验数据的处理上，例行试验由于仅是性能的通过试验，所以数据处理简单，而加速试验因为要对某一批产品的可靠性进行推断，所以采用严格的数据统计方法，以便得出较为可靠的结论。

8.4.2.1　加速试验的目的及分类

（1）加速试验的目的

随着航天电子技术的迅猛发展，航天电子产品面临的竞争环境日益激烈，因此电子产品应在尽可能短的时间内投入市场，满足用户预期的需求。加速试验可在给定的试验时间内获得比在正常条件下（可能获得的信息）更多信息，是通过采用比设备在正常使用中所经受的环境更为严酷的试验环境来实现这一目的。由于使用更高的应力，在进行加速试验时必须注意不能引入在正常使用中不会发生的故障模式。在加速试验中要单独或者综合使用加速因子，主要包括：

1）更高频率的功率循环；

2）更高的振动水平；

3）高湿度；

4）更严酷的温度循环；

5）更高的温度；

6）更高的电应力（电压、电流等）。

（2）加速试验的分类

加速试验主要分为以下两类，每一类都有明确的目的：

1）加速寿命试验——估计寿命；

2）加速应力试验——确定（或证实）和纠正薄弱环节。

这两类加速试验之间的区别尽管细微，但却很重要，它们的区别主要表现在下述几个方面：

1）作为试验基础的基本假设；

2）构建试验时所用的模型；

3）所用的试验设备和场所；

4）试验的实施方法；

5）分析和解释试验数据的方法。

航天电子产品主要使用的加速试验方法为加速寿命试验，因此本小节着重介绍加速寿命试验内容。

8.4.2.2　加速试验的产品层次及模型

（1）加速试验的产品层次

要明确进行加速试验的产品层次（级别）是设备级还是零部件级，这一点很重要。某些加速方法只适用于零件级的试验，而有的方法只能用于较高级别的总成（设备）级，只有少数方法同时适用于零件级和总成级。对零件级非常合适的基本假设和建模方法在对较高级别的设备进行试验时可能完全不成立；反之亦然[12]。表 8 - 2 列出了在两个主要的级别（设备级和零部件级）上进行试验的信息。

表 8 - 2　进行加速试验的产品级别

级别	限制（局限）	注解
设备级	通常非常有限，很少进行。要建立起设备在高应力下与正常使用条件下的失效率之间关系的模型是极端困难的。而且，也很难确定不改变设备失效机理的应力条件	可以有效地用于设备的加速试验的一个例子是增加工作周期。例如，某系统在正常情况下仅在一个班次中运行，航空电子设备在一次飞行前和飞行中只工作几个小时，在这种情况下，在试验中可以增加工作周期，受试系统一天可以连续工作三个班次，可使航空电子设备循环工作，在模拟飞行之间只留出足够使设备的温度稳定在非工作状态的时间。这样，尽管每个工作小时的失效率没有改变，但是每天发生的失效数增加了。这类加速试验通常在可靠性鉴定试验中采用。这实际上是加速试验的一种形式（尽管通常不这样认为）
零部件级	部（零）件的失效模式比设备要少。因此，要确定能有效地加速失效率而又不大改变失效机理的应力就容易得多	通常用一个给定的应力可以对一个或多个支配性失效机理进行加速试验。例如，电容器的介质击穿是电压的函数，腐蚀是湿度的函数。在这种情况下，要找出失效率与使用应力之间的函数关系的加速模型相当容易。因此，加速寿命试验广泛应用于部件，并且被极力推荐大多数类型的零件使用这一方法

（2）加速试验模型

加速试验模型将部件的失效率或者寿命与给定的应力联系起来，这样就可以用在加速试验中得到的度量来推断正常使用条件下的性能。这里隐含的假设是应力不会改变失效分布形式。

最常见的加速试验模型有阿列纽斯加速模型（Arrhenius Acceleration Model）、逆幂率模型（Inverse Power Model）、艾林（Eying）模型和广义艾林模型等，实际使用的模型不止这四种。在选用模型时，最关键的准则是所选用的模型精确地把加速条件下的可靠性或寿命模拟成正常使用的可靠性或寿命。在选择最适用的模型和在具体应用中为所选用的模型选择适当的验证范围时必须十分小心，把上述选择的依据用文件记录下来是很重要的。

加速试验模型根据退化理论，退化模型一般为

$$\frac{\mathrm{d}f(t)}{\mathrm{d}t} = K \tag{8-25}$$

式中　$f(t)$——与退化量相关的物质状态的函数；

　　　　K——退化速度。

式（8-25）也是物理加速模型的最原始、最基本的形式，常用的物理加速模型有如下几种。

①Arrhenius 模型

产品发生特性退化直至失效，是由于构成其物质的原子或分子因化学或物理原因随时间变化而发生了不良的变化（反应）。当这种变化使器件的一些特性发生变化，反应的结果积累到一定的程度时就会发生失效。失效就是产品寿命的终结，所以反应速度越快，失效寿命越短[15]。

1889 年，Arrhenius 在研究温度对酸催化蔗糖水解转化反应的基础上总结出，某产品的性能退化速率与激活能的指数成反比，与温度倒数的指数成反比，表示为

$$\frac{\partial M}{\partial t} = A_0 \exp\left[-\frac{\Delta E}{kT}\right] \tag{8-26}$$

式中　M——产品某特性值的退化量；

　　　$\dfrac{\partial M}{\partial t}$——温度在 T（热力学温度）时的退化速率，是时间 t 的线性函数；

　　　k——玻耳兹曼常数，为 8.617×10^{-5} eV/℃；

　　　T——绝对温度；

　　　A_0——常数；

　　　t——反应时间；

　　　ΔE——失效机理激活能，以 eV 为单位，同一类元器件的同一种失效模式为常数。

令器件初始状态的退化量为 M_1，对应时间为 t_1；另一状态的退化量为 M_2，对应时间为 t_2。那么，当 T 为常数时，从 t_1 到 t_2 的累积退化量为

$$M_2 - M_1 = \int_{t_1}^{t_2} \mathrm{d}m = \int_{t_1}^{t_2} A_0 \exp\left[-\frac{\Delta E}{kT}\right] \mathrm{d}t \tag{8-27}$$

得

$$M_2 - M_1 = A_0 \exp\left[-\frac{\Delta E}{kT}\right](t_2 - t_1)$$

令

$$t = t_2 - t_1$$

得

$$t = \frac{M_2 - M_1}{A_0 \exp\left[-\dfrac{\Delta E}{kT}\right]}$$

当退化量 M_2 达到某个值 M_p 时，则认为该器件失效，由此会影响到由它们所构成的设备的性能参数或工作情况。这时的时间差（$t_2 - t_1$）就是它们从 t_1 开始延续的寿命 L。即

$$\ln L = \ln \frac{M_p - M_1}{A_0} + \frac{\Delta E}{kT} \tag{8-28}$$

令

$$A = \ln \frac{M_p - M_1}{A_0}, \ B = \frac{\Delta E}{k} \tag{8-29}$$

得

$$\ln L = A + B/T \tag{8-30}$$

式中　L——某寿命特征，如中位寿命、平均寿命。

式（8-30）是线性化的寿命与温度的关系模型，符合化学反应器件的 L 与 T 的关系。该模型表明，寿命特征的对数是温度倒数的线性函数。

激活能是晶体中晶格点阵上的原子运动到另一点阵或间隙位置时所需的能量，是反映温度应力对产品寿命影响的一种指标。对产品而言，它从正常的未失效状态向失效状态转换的过程中存在着势垒，这就是激活能，如图 8-6 所示。激活能越小，失效的物理过程越容易进行；激活能越大，加速系数越大，越容易被加速而失效。

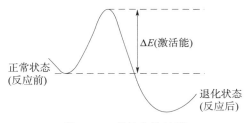

图 8-6　产品失效过程

Arrhenius 认为，对于某一确定反应来说，激活能是不随温度变化的常数。也就是说，对应于某失效机理，激活能是不随温度变化的常数，这就保证了加速寿命试验的可行性。事实上，当温度大于 500 K 时，激活能不再为常数。对于电子产品来说，温度应力一般不会超过 500 K。

目前，美国对电容器、二极管、微电路、运算放大器、印制电路板、半导体器件、晶体管等元器件的加速试验给出了激活能。但这些公布的激活能只是在特殊材料、工艺或失效模式等情况下得出。如何评估一个由不同材料组成的系统的激活能，目前还不能确定。即使是已公布的激活能数值也可能是个误导，这些值在特定的应力或失效模型的情况下是常数，但实际上，激活能会随产品批次的不同和同批不同类的产品而不同。此外，同一产品的不同失效模式也会使激活能发生变化。因此，使用已公布的数值并不一定合适。如果要使用基于先前信息的激活能的数值，那么就必须考虑设计更改所引起的激活能的变化

情况。

参数 B 的意义很容易通过式（8-30）的寿命-温度应力关系看出来，A 为截距，温度应力的倒数是变量，B 为直线斜率。但 B 不是寿命相对于温度应力的斜率，而是寿命相对于温度应力倒数的斜率。

由式（8-29）可知，B 具有和激活能一样的特性，即 B 是温度应力对产品寿命影响程度的一种度量。B 值越大，则产品寿命对温度应力的敏感度就越高。参数 B 也可以取负值，在这种情况下，随着应力的加大，产品寿命也会增大，如图 8-7 所示。

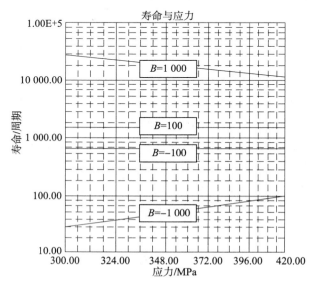

图 8-7　参数 B 的特性

加速因子亦称加速系数，是加速储存寿命试验的一个重要参数，定义为正常应力作用下的寿命 L_0 与加大应力作用下产品的寿命 L_1 之比

$$\tau = \frac{L_0}{L_1} = K_1 / K_2 \tag{8-31}$$

式中　K_1，K_2——性能退化率。

对于式（8-26），当 T 不变时，两边积分得

$$M = K_0 t \exp\left[-\frac{\Delta E}{kT}\right] + M_0 \tag{8-32}$$

当在不同温度 T_1、T_2 下，经过时间 t_1、t_2 后特性值或退化量相同，可推出

$$A_0 t_1 \exp\left[-\frac{\Delta E}{kT_1}\right] + M_0 = A_0 t_2 \exp\left[-\frac{\Delta E}{kT_2}\right] + M_0 \tag{8-33}$$

则 Arrhenius 模型的加速因子为

$$\tau = \frac{t_1}{t_2} = \exp\left\{-\Delta E\left[\frac{1}{kT_2} - 1/(kT_1)\right]\right\} \tag{8-34}$$

$$\tau = \frac{\exp(A) \cdot \exp(\frac{B}{T_0})}{\exp(A) \cdot \exp(\frac{B}{T_1})} = \exp\left[B \cdot \left(\frac{1}{T_0} - \frac{1}{T_1}\right)\right] = \exp\left[\frac{\Delta E}{k} \times \left(\frac{1}{T_0} - \frac{1}{T_1}\right)\right] \tag{8-35}$$

式（8-35）是基于退化量相同而导出的，无论产品是否失效，只要产品功能的退化量相同即可。

目前，国内外比较成熟的加速寿命试验数据处理方法都是基于失效数据的。对于长寿命产品，在很长的时间内也极少出现失效，因此传统的基于失效数据的试验数据处理方法在应用时会遇到很多的困难。通过对 Arrhenius 模型的研究发现：

1）该模型反映的是产品某特性值与激活能和所施加应力的关系；

2）其加速因子也是基于相同的退化量而导出的，无论是否失效，只要产品功能的退化量相同即可。

这就为加速寿命试验提供了另外一种途径，即利用某性能参数或特征量退化数据对产品的可靠性进行评定、推断。

②逆幂率模型

在加速试验中，除了温度应力外，还有机械应力和电应力

$$\eta = AS^{-n} \tag{8-36}$$

式中　η——特征寿命；

　　　A——常数；

　　　n——一个与激活能相关的正常数；

　　　S——应力水平。

逆幂率模型使用于如机械疲劳、机械磨损、电压击穿、绝缘击穿等失效机理场合。表征产品寿命退化特征的逆幂率模型在机械产品和电工产品的加速试验中应用广泛[16]。

③艾林（Eying）模型

$$\eta = A/T\exp(\frac{B}{kT}) \tag{8-37}$$

式中　η——特征寿命；

　　　A，B——常数；

　　　k——玻耳兹曼常数。

艾林模型和 Arrhenius 模型相似，只是前面的系数略有不同而已，两者可以通用，都可以拟合高应力和低应力产品寿命之间的关系。

④广义艾林模型

对于除温度以外还包含其他应力 S 的普通情况，反应速度与应力的关系可以用广义艾林模型描述

$$\eta = A/T\exp(\frac{B}{kT})S^{-n} \tag{8-38}$$

式中　η——特征寿命；

A，B，n——待定常数；

k——玻耳兹曼常数；

S——温度以外的其他应力。

广义艾林模型是针对温度和其他应力共同作用于产品上的加速模型。从模型的表达式来看，广义艾林模型是艾林模型和逆幂率模型的叠加组合，如果是温度和电应力两者共同作用，则广义艾林模型比较合适。

8.4.2.3　加速寿命试验的基本前提

通常而言，产品的失效模式与加速寿命试验的加速性相符时可以进行加速寿命试验。但实际上，即使是相同的失效模式，而失效机理不同时，或者具备相同的失效机理，而失效判据不同或者使用条件不同时，就不能采用加速寿命试验。此外，产品的设计或者制造方法如果发生变化，或者产品使用条件如果发生改变，这都可能使得不能采用加速寿命试验。

为了合理确定加速寿命试验的作用条件和适用范围，需要统筹分析下述内容，如果加载应力大小不同能诱发不同的失效模式，则加速寿命试验无法使用；在多种加速寿命试验方案中，可以选用加速因子较大的方法，使得在较短试验时间内完成试验；如果加速寿命试验的结果分布不均匀，应尽可能指定累积失效率加以推定，避免导致错误的结论[17]。

（1）失效机理的一致性

失效机理的一致性是指在不同的应力条件下，产品的失效机理保持不变。通常，失效机理的一致性是通过试验设计保证的，即要求加速寿命试验中的最高应力等级不能高于产品的破坏极限。

（2）失效过程的规律性

失效过程的规律性是指产品寿命与应力之间存在一个确切的函数关系式，即加速模型。

（3）失效分布的同一性

失效分布的同一性指在不同的应力水平下产品的寿命服从同一分布，这是寿命数据处理的基本前提。

8.4.2.4　电子产品的加速寿命试验

电子产品由于功能和应用领域的不同，它的种类是多样的。有些电子产品拥有简单的结构，功能单一，而有些电子产品组成复杂，功能强大。针对这种情况，应该根据实际情况恰当地选择用于测试的部件或整机。对于组成相对简单的电子产品可以直接用于测试。而对于组成复杂的电子产品，通常无法将所有部分进行加速寿命试验，可行的方法是通过可靠性分析，找出各个组件中可靠性指标偏低的那个"短板"来进行加速寿命试验。由于恒定应力加速寿命试验的理论和方法更加成熟，所以电子产品应采用恒定应力加速寿命试验方案。温度对电子产品的性能影响极大，容易导致产品性能漂移，甚至导致产品失效。所以，在加速寿命试验中选择温度作为加载应力。与此同时，还需要确保加速寿命试验应力水平不能改变电子产品的失效机理，所以温度应力水平要选择恰当，如果应力水平太大，会导致电子产品在试验过程中产生不正常的失效。常规的做法是根据具体电子产品的正常工作温度范围，将温度应力水平分为几个层次，相邻层次间的应力水平差距相同。另外，根据不同的温度应力水平，选择相同数量的电子产品测试，测试样品应尽可能多。理想情况下，加速寿命试验应该能做到每个测试样品都失效。但是，这样难免使加速寿命试验消耗很长的时间，实际操作性较差，所以在实际的操作中可以使用定数截尾或定时截尾寿命试验。

使用统计推理方法来确定数据分布类型，常用的分布类型有指数分布、威布尔分布和对数正态分布等。测试产品根据自身的实际情况选择相应的分布类型，然后根据分布类型计算产品的寿命特征[12]。

对于高可靠、长寿命电子设备的寿命预测，目前常采用加速退化试验方法。它既可体现加速寿命试验能节省试验时间和费用的优点，又可弥补传统方法对无失效数据或极少失效数据寿命评估时精度不高的缺点。相关文献表明，采用该方法对元件级或板极电子设备进行可靠性评估时，均取得了良好的效果，而对系统级的复杂电子设备可靠性评估尚处于研究和探讨阶段，相关研究文献较少。

采用加速退化试验方法对复杂电子设备进行可靠性评估时，主要存在两方面的困难。

1）复杂电子设备性能参数较多，每个参数都有规定的临界值，当某一个或多个参数超出临界值时，意味着设备退化失效。由于复杂电子设备的连接组件是影响其工作性能的关键因素之一，性能参数超出临界值则不能完全反映设备整体的退化状态。相关学者在分析各独立组件退化状态基础上实现了整体电子部件的退化信息提取，但在实际工程应用中，监测复杂电子设备每个独立组件的退化状态，数据处理量大，并且部分组件由于未预留测试点而无法监测。

2）用于复杂电子设备加速退化试验的样本数目有限，尤其是对航空航天飞行器的电子部件进行寿命评估时，大量样本的加速退化试验带来巨大的资源浪费。

过去，大多数加速试验都是使用单一应力和在一定应力谱下进行的，包括周期固定的周期性应力（如温度在规定的上、下限之间循环，温度的上限和下限以及温度的变化率是恒定的）。但是，在加速试验中，应力谱不必是恒定的，也可以使用多种应力的组合。常见的非恒定应力谱和组合应力包括：

1）步进应力谱试验；

2）渐进应力谱试验；

3）加速寿命试验（Highly Accelerated Lift Test，HALT）（设备级）；

4）高加速应力筛选（Highly Accelerated Stress Screen，HASS）（设备级）；

5）高加速温度和湿度应力试验（Highly Accelerated Temperature/Humidity Stress Test，HAST）（零件级）。

高加速试验系统性地使用大大超过产品使用中预期水平的环境激励，因此需要详细理解试验结果。高加速试验用于确认相关故障，用来确保产品对高于所要求的强度有足够的裕度以便能经受正常的使用环境。高加速试验的目的是大大减少暴露缺陷所需要的时间，该方法可用于研制试验，也可用于筛选。

高加速寿命试验（HALT）是一个研制工具，而高加速应力筛选（HASS）是一个筛选工具，它们常常互相联合使用。这是两种相对较新的方法，与传统的加速试验方法不同。HALT 与 HASS 的具体目标是改进产品设计，将制造偏差和环境效应对产品性能和可靠性的影响减至最小。通常，定量的寿命或可靠性预计与高加速试验没有联系。

（1）步进应力谱试验

使用步进应力谱完成，试验样本首先按事先规定的时间以某个给定的应力水平试验一段时间，不断增加应力水平继续上面的过程，直到某个试验样本失效，或者试验进行到最大应力水平时终止。这种方法很难正确建立加速模型，因此很难定量地预计产品在正常使用条件下的寿命。

每一步中应该增加的应力量值与许多变量有关。但是，允许在设计中进行这样试验的一个普遍法则是，假设产品没有缺陷，如果最终能以适当裕量超出预期使用环境中的应力，就能保证总体中的每一个体都能经受住使用环境和筛选环境。

（2）渐进应力谱试验

渐进应力谱或者梯度试验是另一种常见的方法，试验中应力水平随时间持续增加。其优点和缺点与步进试验相同，但有另外一个困难，就是很难精确地控制应力增加的速率。

（3）高加速寿命试验（HALT）

HALT 一词是 Gregg K H 于 1988 年提出的。HALT 有时指应力增益寿命试验（STRIFE），是一种研制试验，是步进应力试验的一种强化形式。它一般用来确认设计的薄弱环节和制造过程中存在的问题，以及用来增加设计强度的富裕量，而不用来进行产品寿命或可靠性的定量预计。

HALT 是一种通过逐级增加环境应力，来加速暴露试验样品的缺陷和薄弱点，进而在产品研发的早期发现其设计缺陷、操作设计边际以及结构强度极限的试验方法。它将原需花费几个月甚至 1 年以上的新产品可靠性试验缩短至 1 周左右。HALT 中找到的产品薄弱环节如果没有改善，会毫无例外地在产品使用环境下出现。在产品设计初期，进行HALT 试验可大大减少产品的设计成本，缩短产品的设计周期，提高企业的生产、设计效率。HALT 试验尤其适用于那些在内部使用 PCB 控制的设备的设计研发。

为了获得更多样品在 HALT 试验中的信息，HALT 试验中各种应力试验一般采用的先后顺序原则为先试验破坏性比较弱的应力类型，然后再试验破坏性比较强的应力。所以，HALT 试验的一般顺序为低温→高温→快速温变循环→振动→温度与振动综合应力。

HALT 试验通过系统地施加工作应力和逐步增大的环境应力来激发故障，可以达到：

1）迅速找出产品的设计及制造缺陷，改善设计缺陷，为开发人员改进产品设计方案提供依据；

2）对产品设计缺陷进行及时修正，提高产品在使用过程中的可靠性；

3）估计产品的操作极限和破坏极限，为 HASS 的应力类型和应力量级的选择提供依据。

HALT 试验中的低温、高温应力试验在试验前不能确定样品的最低、最高试验温度，试验目的是找出样品的低温、高温操作及破坏极限。一般环境的低温、高温试验，在试验前知晓试验的最低、最高温度，试验目的是确认样品在已知的最低、最高温度下是否能正常工作。

HALT 试验中的快速温变循环的温变速率可达到每分钟 60 ℃，需要采用液氮制冷的方式，温变速率比一般环境试验中的高低温循环快很多，对样品考核的严酷程度也高很多。HALT 试验中的振动应力为 6 个自由度的振动试验，采用气动振动台，频率范围为 2～10 000 Hz，试验室常用的电动振动台和液压振动台一般都为单自由度振动，现在虽然也有 3 轴 6 自由度的电动振动台，但是它的频率上限一般只能到 2 000 Hz。HALT 试验的温度与振动综合应力可以为 6 自由度振动和快速温变的综合，这也是用电动和液压振动台做综合试验所达不到的[18]。

（4）高加速应力筛选（HASS）试验

HASS 技术是新兴的试验技术，20 世纪 80 年代末起源于美国，近十年来发展迅速，广泛应用于商业、工业以及国防的设计制造领域，对暴露产品的潜在缺陷、改进产品的强度和可靠性非常有效。

HASS 是加速环境应力筛选的一种形式。它代表了产品所经历的最严酷的环境，但通常持续很有限的一段时间。HASS 是为达到技术的根本极限而设计的，此时应力的微小增加就会导致失效数的大量增加。这种根本极限的一个例子是塑料的软化点。

为了进行高效筛选就必须使用较高的应力值，但如果应力值选取不当，就会对产品造成损害。如何合理地设置应力值就成了高效应力筛选首先需要解决的问题，而这一切都能在 HALT 技术中找到答案。HASS 技术正是应用了这些特征数据，并将其作为筛选应力的选择依据。其应力值的选取一般为 HALT 中破坏极限和工作极限之间的应力值。为避免产品受到破坏，该应力值必须经过仔细分析，并通过 HASS 的试运行来加以验证。同时，为了保证 HASS 的有效性，应人为地引入一些典型和常见的缺陷，并进行 HASS 来验证其效果。经验表明，HASS 是一个无损害性的工艺过程，通过 HASS 能有效地发现制造过程中的缺陷，如元件缺陷、焊接缺陷、装配错误等。一个正常的产品应该能重复多次 HASS 而无故障。美国纽约的 Acem Electronic 公司曾做过 HASS 的验证试验，其用于多路平衡的一个合路器单元在经历 100 次的 HASS 运行后仍然能满足技术指标的要求[19]。

（5）高加速温度和湿度应力试验（HAST）

随着近年来电子技术的高速发展，几年前刚刚出现的加速试验可能不再适应当今的技术，尤其是那些专门针对微电子产品的加速试验。例如，由于塑料集成电路的发展，现在用传统的、普遍被接受的 85 ℃/85％ RH 的温度/湿度进行试验需要花上千小时才能检测出新式集成电路的失效。在大多数情况下，试验样本在整个试验中不发生任何失效，不发生失效的试验是说明不了什么问题的，而产品在使用中必定会偶尔失效。因此，需要进一步改进加速试验，HSAT 就是为代替老的温度/湿度试验而开发的方法。

8.4.2.5　在加速寿命试验中应当注意的问题

采取加速寿命试验的作用在于可以加快试验进程；通过严苛条件试验，可以确定产品和零部件的安全裕度，剔除与筛选可靠度低的零件；在严苛条件下观察到的寿命值（或故障率），该值同正常条件下的寿命值之间有一定的规律性，利用此种规律性，可以预测正常条件下的寿命值。因为加速寿命试验是选择严苛条件下的试验，与系统或设备的正常使用条件有很大的差异，因此在进行加速寿命试验时，应注意如下几个方面的要求，以便对系统或设备做出正确的评价。

1）所选条件与正常条件比，加速试验不应改变故障的基本模式与机理，或者改变它们的相对优势。根据系统和设备的最终用途来确定和选定加速寿命试验的规模、时间和条件，并根据加速寿命试验的目的和要求确定试验参数。如试验时间、故障率 $\lambda(t)$、平均故障间隔时间（MTBF）、时间历程变化和界限值等。但应该特别强调的是，在试验时对于系统或设备的故障模式和故障机理不应改变。

2）加速寿命试验的应力水平应大于设计规定的工作应力，当不同应力载荷同时存在时，应考虑能否同时施加、能否控制、能否稳定地测量。在产品的实际使用环境中，可能遇到的环境应力组合是无限多的。例如，汽车加速寿命试验的道路条件就有平滑路面、粗糙路面、砖石路面、冲击路面、泥路面和砂石路面等。因此，加速寿命试验的应力水平，应大于设计规定的工作应力，有时需要设定特别的试验条件。例如，在电机产品的加速寿命试验中，瞬间发生的配电性电压高峰和电源变换性电压波动，有时可能达到正常电压的几倍，这就是考虑到雷电及静电放电等情况所引起的影响。加速寿命试验的应力水平，应严苛到能剔除系统或设备不可靠结构和潜在的不可靠零件的程度，同时考虑到系统可靠性的要求，试验应力不易太高，以免诱发系统或设备原有故障以外的故障机理。

3）在给定的时间内，所选条件与其他加速条件比较，要能更早地出现故障。在满足试验要求的条件下，加速寿命试验的时间应尽可能短，但时间应充裕，特别是对新产品的加速寿命试验，不能以偶发故障为判断依据，也就是说，加速寿命试验的时间应不短于耗损故障期。

4）对试验设备器材和监视装置等要做到精心管理、可靠、准确。应精心管理试验设备和仪器仪表，以维持其正常的功能，保持试验条件的稳定，确保试验工作的正常进行。为此，应经常监控和校正试验条件，做好试验记录以备查考（在试验中途发生各种变化时，这些备查记录是采取处理对策所必需的）。应控制好试验的环境条件，如温度、湿度、清洁度、振动和电磁干扰等，为试验设备和仪器仪表提供可靠的使用环境条件，提高数据的准确度。

5）做好对记录、手册和数据收集分析等的软件管理与进度控制。试验的数据记录一定要完整，不漏不假，字迹清晰，不得涂改。记录项目应包括故障模式、故障对象、故障现象、故障发生次数、故障前的工作时间、故障的可能原因及其他所见等。

此外，还应特别记载因试验人员或试验设备引起的故障和外部条件干扰引起的故障等。试验技术负责人要及时检查数据记录，发现问题及时处理。

应注意，在试验中途，为判断故障与老化而测量特殊值时，如不能连续监视控制，则应规定测量间隔时间。对试样的保管是一项重要的工作，对每一件试样均要建立档案卡，详细记载其试验时间、故障出现的截止时间和频率数等。

理论上讲，在加速寿命试验中，最好能做到所有试验样品都失效，这样统计分析的精度高。但是对于不少产品，要做到全部失效将会导致试验时间太长，因此应当采用定数截尾或定时截尾寿命试验，要求每一应力水平有 50% 以上样品失效。如果确实有困难，至少也要有 40% 以上失效。对试验的某些航天电子产品，确定为一个应力水平下的 5 个产品至少有 2~3 个失效，否则统计分析的精度就比较差。

随着试验时间的延长，受试产品的失效模式也会不断变化，这种变化过程会反映在某些参数上，因此要及时监测有关主要参数。试验期间最好采用自动检测设备进行检测或采用定周期的测试方法，即预先确定若干个测试时间，开始时测试周期稍长些，以后逐渐缩短。但尽量不要使得在任何一个测试周期内失效数过多，或失效数过于集中在几个测试周期内，否则对失效时间的估计将有较大的误差，影响分析的精度[20]。

作为可靠性试验中的一种特殊试验，加速寿命试验的本身并不能提高系统或设备的可靠性水平，它仅仅是评价系统或设备可靠性水平的一个重要手段。通过这种试验来确定系统或设备的可靠性，考核系统或设备的可靠性是否满足规定的可靠性指标要求，系统或设备是否能维持原有的可靠性水平或有所改进，为系统或设备的可靠性改进提供依据，保证出厂产品符合用户的可靠性要求，为预测系统或设备的可靠度提供数据情报。因此，加速寿命试验是可靠性试验中的一种重要的试验方法[21]。

8.4.3　环境试验

环境试验是考核产品在各种环境（振动、冲击、离心、温度、热冲击、潮热、盐雾和低气压等）条件下的适应能力，是评价产品可靠性的重要试验方法之一。环境试验考察的是产品对环境的适应性，确定产品的环境适应性设计是否符合要求，为接收、拒收提供决策依据。

环境试验的试验场地应具有广泛的代表性，能进行尽可能多的试验项目，并且应与将来可能的工作环境尽可能地接近。在选择模拟试验项目时，应具体地分析对待试验物品的使用要求，应使选择的试验项目既代表了主要的使用环境，又能加快试验速度，节省经费。

目前，国内建立了一系列的环境试验场及实验室，制定了环境试验标准。国军标规定所有武器装备、零部件和材料以及弹药都必须先送到环境实验室进行模拟环境试验，再送到环境试验场进行实地环境试验，只有通过了这些试验才能正式交付部队使用[12]。

环境大致可分为 4 大类，即工业环境、自然环境、人为环境和特殊使用环境。环境条件的分类方法如下：

1）按产品所处的状态分类，有生产、储存、运输和使用等；

2）按自然环境位置分类，有陆地、地下、海洋、高空及宇宙等；

3）按使用环境分类，有在地面上、在地面的固定设备上、在地面移动的车辆上、在舰船舱内外、在飞机座舱内、在轨道上飞行及在导弹发射等。

4）按对产品影响的机理分类，有气候、机械、生物、辐射、电及人为条件等。

8.4.3.1　试验项目

产品在储存、运输和使用过程中，经常受到周围环境有害因素的影响，有的影响产品工作性能，有的影响产品的使用可靠性和寿命。评价和分析环境对产品性能影响的试验称为环境试验，环境试验的目的是为鉴定产品在储存、运输和使用环境中的适应能力，并为制订或改进产品防护措施提供依据。

环境条件是指产品在储存、运输和工作过程中可能遇到的一切外界影响因素。调查和了解环境条件对产品可靠性的影响，以便研究、设计和制造出适应环境的产品。

航天电子产品环境试验项目主要有：高温试验、低温试验、温度循环试验、湿热试验、低气压（高度）试验、盐雾试验、检漏试验、火焰烧烤试验、振动试验、加速度试验、热真空试验、微放电试验、运输模拟试验、冲击碰撞试验、跌落冲击试验、穿透试验、爆炸分离试验、爆炸性大气试验、积冻、冰雨试验、淋雨试验、霉菌试验、酸性大气试验、太阳辐射试验等，产品具体试验项目根据服役环境而定。

8.4.3.2　环境试验方法的分类和一般程序

精密机械、仪器及电子产品在生产过程中或制成后要按照产品设计规范进行环境试验，通过对试验结果的数据进行分析，可以对产品的耐环境性能作出鉴定。环境试验是评价和分析产品的可靠性的一个重要的环节。

（1）环境试验方法的分类

环境试验方法大致可分为现场使用试验、人工模拟试验和自然暴露试验三类。

①现场使用试验

现场使用试验可真实地反映产品在实际使用条件下的可靠性。同时，也是验证人工模拟试验准确性的依据。因此，现场使用试验可以作为设计制造的一个重要环节加以规定，也是产品研制的一个程序。此外，设备或系统在投入使用后，应有履历表及现场失效登记卡片，以便记录失效状态和失效原因，这些资料不仅是统计和分析设备可靠性的信息，而且也是分析失效原因并改进产品的依据。因此，在可靠性工作中，这种现场数据是非常重要的，但这种试验取得数据的周期长，花费人力较大，有一定的局限性。

②自然暴露试验

自然暴露试验是把样品长期置于自然环境条件中的一种试验。样品可分为工作负荷状态和储存状态两种。通过定期测量检查，可以了解样品在自然环境条件影响下的电参数、机械性能及外观变化等情况来考核产品使用的适应性，并为制定人工模拟试验方法和产品考核指标提供依据。

③人工模拟试验

人工模拟试验是在人工控制条件下，在实验室内（或试验箱内）进行的试验。它可以是单项环境因素的模拟试验，也可以是多因素综合模拟试验。人工模拟试验条件的确定，既要求能模拟环境中主要因素影响的真实性，又能在时间上起一定的加速作用（即适当强化环境因素），但加速的程度不应改变产品实际损坏机理的规律。因此，人工模拟试验条件和方法必须与产品环境条件的等级及数值有机地联系起来，并应经常与自然暴露试验或现场使用试验的结果进行对比和核实，以保证和不断提高该试验的正确性和可靠性。

人工模拟试验方法有取几个单因素连续依次（或交替）进行的组合试验和多个因素同时作用于样品的综合试验方法两种。采用单因素组合试验方法（目前广泛采用），相对来说所用的设备比较简单，但从模拟实际使用情况及反映试验的正确性和可靠性来说，就不及多因素综合试验方法。所以，为了提高环境试验质量，发展多因素的综合试验方法就很重要。

（2）环境试验的一般程序

1）样品选择：供试验用样品的基本性能必须符合该产品的技术要求，并应具备所需的有关原始资料（如选用的材料及工艺资料等），以便能正确分析试验结果。环境试验一般只需要 2～3 件。

2）环境条件的确定：不是所有的环境条件都需要模拟试验，因为有的环境条件对某些产品的性能和可靠性的影响可以忽略不计。所以，每种环境试验所选择的考核项目（环境因素和等级）应根据被试样品的使用特点及起主要影响的因素来确定。产品基本环境技术要求等级和试验方法都有标准可遵循。

3）预处理：为消除样品在试验前因运输和储存过程中受到环境因素作用而对试验样品特性参数的影响而进行的处理。一般在进行试验之前，将样品在某一规定的环境条件（一般为正常的大气条件）下放置一定的时间。

4）初始检测：经预处理后，在试验前对样品进行的外观检查及电气和机械性能的测试。

5）试验：把样品放在规定的试验条件下，按有关技术规范提出的试验程序做各项环境试验。

6）中间检测：在试验过程中对样品进行的外观检查及电气和机械性能的测试。

7）恢复处理：为使样品在环境试验后、最后检测前的性能得到稳定而进行的处理。一般在正常大气条件下恢复 1～2 h。

8）最后检测：按有关技术规定，在试验结束后对样品进行外观检查及电气和机械性能的测试。

8.4.3.3　环境试验方法

（1）振动试验

振动试验可验证研制的装备能否承受寿命周期内的振动与其他试验因素叠加的条件并正常工作；同时，振动试验还可验证装备能否承受寿命周期内的振动条件并正常工作。

振动试验是在实验室里模拟各种振动环境，并将样品紧固在振动台的专用夹具上进行的，振动试验可分为 3 种，一种是固定频率的振动试验，称为定频振动试验；一种是按对数方式变频的振动试验，称为变频振动试验或扫描振动试验；另一种是非确定性振动，称为随机振动试验。

定频振动试验：是根据产品技术条件规定的振动试验标准而确定其频率、振动加速度、振动方向（可以是一个、二个或三个方向）及振动时间来进行的。当需要检验零件材料在持续振动应力作用下是否产生疲劳损伤时，振动时间可延长。

变频振动试验：从低频到高频，再由高频到低频（其频率是按对数方式连续改变）为一个周期，称为扫描一次。周期的时间与次数、频率范围与振动方向是根据产品的使用要求而在技术条件中已规定的。在扫描振动试验过程中，要观察试验样品有无共振现象，以及共振对产品结构的破环作用。

随机振动试验：当物体做随机振动时，不可能确定物体上某监测点在未来某个时刻运动参数的瞬时值。因此随机振动和确定性振动有着本质的不同，是不能用时间的确定性函数来描述的一种振动，但总体来看，这种振动现象存在着一定的统计规律，能用该现象的统计特性进行描述。

（2）离心加速度试验

离心加速度试验可以确定产品在离心加速度的作用下的适应能力或评定其结构的牢靠性。一般来说，产品在实际工作环境中所受到的离心力并不大，离心力大小以离心加速度来表示，它也以重力加速度 g 为单位。

在实验室内进行模拟离心加速试验就是将样品紧固在（非工作状态）转动台的专用夹具上，用机械旋转产生的离心加速度来进行的。离心加速度表达为

$$\alpha = \omega^2 R\left(\frac{m}{s^2}\right) = \frac{4\pi^2 n^2 R}{9.8} = 4n^2 R (g) \tag{8-39}$$

式中　　n——转动台转速，单位为 r/s；

　　　　R——样品在转动台上的位置距旋转中心的距离，单位为 m。

离心加速度试验是以有关标准规定的离心加速度（可按上式调节 R 和 n 值来获得）和持续时间来进行的。

（3）冲击试验

冲击试验是：

1）评估产品的结构和功能承受装卸、运输和使用环境中不常发生的非重复冲击能力；

2）确定产品的易损性，用于包装设计，以保护产品结构和功能的完好性；

3）测试产品固定装置的强度，该产品安装在可能发生碰撞的平台上。

当冲击作用时，动能传递到产品上的时间最短。冲击力的大小可以用冲击加速度来表示，它也以重力加速度 g 作为单位。冲击作用时间越短，则冲击加速度越大。在相同的波形和持续时间的情况下，加速度越大，则对产品的破坏影响越大。当波形不同时，对应着不同的频谱，而不同的频谱将给产品不同的影响。持续时间描述了冲击作用时间的长短，在同一条件下，持续时间越长，则给产品影响越大。

在实验室进行模拟冲击试验，是将产品紧固在（非工作状态）冲击试验台的专用夹具上进行的。冲击机械发出的冲击脉冲可以是终端峰值锯齿波、半正弦波或梯形波。试验用的各种冲击脉冲波，其脉冲峰值加速度和脉冲宽度（持续时间）由有关标准规定。

受试产品应承受足够次数的冲击，为满足规定的试验条件，三个正交轴的每一轴的两个方向至少各进行三次冲击。对每个试验轴的每个方向上的经典冲击脉冲或复杂瞬态冲击

脉冲，在规定频率范围内的冲击响应谱应在要求的试验谱允差之内，并且有效持续时间在 20% 的允差之内。

（4）高温试验

高温试验的目的是获取有关数据，以评价高温条件对装备的安全性、完整性和性能的影响，从而确定产品在高温条件下工作和储存的适应性。

根据气象资料记载，我国极端最高气温为 47.6 ℃，海上大气温度不超过 50 ℃。大气温度只提供一个环境温度的基数，更重要的是要考虑产品使用中的微气候条件。考虑到一般电子设备本身有 20 ℃ 左右的温升，所以我国地面使用的电子设备，温度上限为 85 ℃，超高速飞行的飞机舱内设备可达 130~160 ℃，所以机载电子设备温度上限定为 200 ℃。

考虑上述情况，我国高温试验的严格等级分为：当 45 ℃、70 ℃、85 ℃ 和 100 ℃ 时，允许误差为 ±2 ℃；当 125 ℃、155 ℃、200 ℃ 和 250 ℃，允许误差为 ±3 ℃。

高温试验的持续时间等级可分为 0.5 h、1 h、2 h、4 h、6 h、8 h、16 h、24 h、48 h 和 72 h。

（5）低温试验

低温试验主要用于评价在长期贮存、工作和拆装操作期间，低温条件下产品的安全性、完整性和性能，考核低温对产品的影响，确定产品在低温条件下储存和使用的适应性。在实验室内进行模拟低温试验一般都在低温箱（可调节温度）或在低温室内进行。

我国规定的低温试验的严格度等级按地区和使用场所的不同而不同。低温等级分为 −10 ℃、−25 ℃、−40 ℃ 和 −65 ℃；允许误差均为 ±3 ℃。

与高温试验相同，低温试验的持续时间等级也分为 0.5 h、1 h、2 h、4 h、6 h、8 h、16 h、24 h、48 h 和 72 h。

低温试验的程序和方法一般如下所述。

1）初始测量：将样品在正常大气条件下使其温度稳定，然后对样品进行电性能、机械性能及外观检查；

2）试验：在试验过程中是否加负荷，可根据要求而定；

3）中间测量：在样品处于低温时测量；

4）恢复：在正常大气条件下，将冰溶解去除水滴后恢复 1~2 h；

5）最后检测。

（6）温度交变试验

电子产品在实际使用中，遇到温度急剧变化的环境条件是可能的，例如在冬天，电子产品从室内移到室外工作，或从室外移到室内工作，或在室外开机和停机等情况下就会遇到温度的大幅度变化；又如当航天器在空间进行绕月飞行时，航天器绕月一周，航天器上所携带的电子产品将承受巨大的温度交变。

温度交变试验是考核温度交替变化的环境对产品的机械性能和电气性能的影响，以确定产品在储存、运输和使用期间遇到温度变化的适应能力。

温度交变试验根据要求不同有 3 种方法，即温度循环试验、强度冲击试验和热冲击试验，三者的差别在于严酷程度的差异。试验的严格度等级由组成循环的高温及低温值、平衡时间、转换时间及循环次数等来确定。

（7）盐雾试验

盐雾试验的目的是确定材料保护层和装饰层的有效性，以及测定盐的沉积物对装备物理和电气性能的影响。一般仅对在海洋上和沿海地区用的产品进行盐雾试验。

盐雾试验可引起腐蚀效应、电气效应及物理效应。盐雾试验可能导致产品发生下列腐蚀效应：

1）电化学反应导致的腐蚀；

2）加速应力腐蚀；

3）盐在水中电离形成酸性或碱性溶液。

盐雾环境也可能导致产品产生下列电气效应：

1）盐沉积物会导致电气设备的损坏；

2）产生导电的覆盖层；

3）绝缘材料及金属的腐蚀。

另外，盐雾环境也可能导致产品产生下列物理效应：

1）机械部件和组件的活动部分阻塞或长死；

2）由于电解作用而导致涂层起泡。

盐雾浓度以单位体积空气中含有氯化物的质量（mg/m^3）来表示。盐雾的沉积量以一昼夜中物体单位面积上沉积的氯化物质量 $[（mg/m^3）/d]$ 来表示。

在喷雾过程中，要防止试验箱内湿度过高，以免出现凝露而隔绝了盐雾的作用。同时，样品之间的距离应能保证使盐雾自由沉附在全部受试样品表面上，而且应防止一个样品上的盐溶液滴在其他样品上。

试验后，产品应用冷水冲洗，除去盐的沉积物并干燥，然后进行检查。

（8）热真空试验

热真空试验的试验条件包括如下。

1）试验压力：小于等于 6.65×10^{-3} Pa；

2）试验温度：一般电子电气单机，准鉴定级试验温度范围为 $-30 \sim +65$ ℃，验收级试验温度范围为 $-25 \sim +60$ ℃；

3）循环次数：准鉴定级试验至少 4～5 次，验收级试验至少 3～5 次（主设备在同一机壳内不能同时加电进行 4～5 次）；

4）极端高低温保持时间至少为 6 h；

5）测试要求：第一和最后一个循环在高温和低温端应测试所有性能指标，其他每次循环在高温和低温端测试主要性能指标；

6）温度变化的速率应不小于 1 ℃/min（最低不得低于 0.5 ℃/min）；

7）温度控温点：温度控制点应选在试验组件上有代表性的非热源处（一般是安装底板耳片附近或者直接利用单机热敏电阻）。

热真空试验的试验方法和步骤：

1）试验组件装进真空罐前、后进行性能检测；

2）性能检测后，组件不断电，试验组件温度按温变速率要求升温，并对组件性能进行监测；

3）温度达到试验要求值时进行温度保持，不同质量的单机温度保持时间按表 8-3 的规定执行；

表 8-3　不同质量组件热真空试验温度保持时间

试验组件质量/kg	温度保持时间/h
≤2	0.5
2～8	1
8～15	1.5
>15	>1.5（具体按温度稳定判据确定）

4）满足规定的温度保持时间使组件内部的零、部件温度达到稳定后，组件断电，断电时间大于 0.5 h 使内部温度稳定之后进行热启动；

5）组件热启动后开始计时，模拟在轨工作模式进行工作并做性能检测，持续工作时间大于等于 6 h；

6）持续工作时间达到要求后，组件不断电，按规定的温变速率要求进行降温并对组件性能进行监测；

7）组件温度降至与试验要求温度值相差 2 ℃时，组件断电。温度达到试验要求值时进行温度保持，保持时间见表 8-3 的规定；

8）满足规定温度保持时间使组件内部的零、部件温度达到稳定后，组件进行冷启动并开始计时，模拟组件在轨工作模式运行并进行性能检测，持续工作时间大于等于 6 h；

9）持续工作时间达到要求后，组件不断电，按规定的温变速率要求升温并对组件性能进行检测。组件的温度升至室温时即构成了一个完整的热真空循环；

10）后续每个循环重复上述过程；

11）组件由真空罐取出后，必须进行详细性能检测。

（9）低气压放电试验

①试验量级及时间

真空容器内压力由正常压力逐渐降至 1.3 Pa 过程的持续时间应不小于 10 min，在 1.3～10Pa 压力下保持 5 min。验收级 1 次。

②试验要求

试验时，单机在抽真空开始时就应通电工作（额定电流、电压下），并对主要性能参数进行监测。该项试验可结合热真空试验一起进行。主动段工作单机必须进行该项试验，且主备机均需进行该项试验。

8.4.3.4　自然环境试验在航天电子产品装备研制生产过程中的应用

自然环境试验是指在典型或极端自然环境条件下对装备、材料及构件等进行环境适应性试验、评价与验证的过程，具有真实性和不可替代性，是 GJB 4239－2001 中规定的三大环境工程试验类型之一。在装备研制生产过程中，合理、有效地开展自然环境试验，既可以减少过程中由于环境适应性问题而造成的反复设计，保证研制周期，也可有效地降低研制成本，提高装备研制生产的效费比。因此，装备设计过程中合理地进行自然环境试验，对全面提高装备的环境适应能力，确保装备在全寿命周期内全天候多地域使用，具有十分重要的意义[22]。

（1）自然环境试验对装备研制生产过程中的意义

提到电子装备的环境试验，人们一般会想到在实验室进行的各种环境应力筛选试验、环境与可靠性鉴定试验以及各种批生产与例行试验等，但这些实验室试验方法是绝对不能替代电子装备的自然环境试验的。这是因为，对电子装备来说，其具有长期贮存与即时使用的特性，这就要求电子装备的各个部件均具有较高的环境适应性和长期贮存性能。由于航天电子装备自交付使用起，就面临着十分严酷的自然环境因素的考验。特别是在我国东南和南海地区的自然环境中，各种各样的环境应力或单一或综合或交互作用于装备之上，这些作用引起的失效是很难预见的，也是在实验室中无法模拟的。而自然环境试验由于是在针对典型环境类型而建立的试验站中进行，其环境应力完全来自于当地的自然环境应力，因此在考核和研究电子装备在其寿命期内的环境适应性和长贮性能方面有不可比拟的优势。其意义主要体现在如下方面：

1）自然环境试验是装备环境适应性基础数据资源的重要来源，可为型号研制的论证分析、试验评价、改进提高以及制定技术规范提供基础依据；

2）自然环境试验是考核和评价装备环境适应性的重要手段，为装备设计研制等阶段提供有效的验证，保障装备符合环境适应性要求；

3）自然环境试验是实验室环境试验结果及其方法的可追溯性重要数据的来源，可为研究制定合理、可行的实验室环境试验方法、试验结论提供重要的可追溯性基础依据；

4）在装备研制过程中尽早开展自然环境试验，可及时暴露设计中存在的环境适应性问题，以便改进和提高。

（2）自然环境试验在装备研制生产各阶段的应用

自然环境试验在装备研制生产的不同阶段有不同的作用。根据各阶段的目的和要求，利用自然环境试验长期积累的数据和各项技术，可以为其提供技术服务、技术保障和技术支持。

①在装备论证、方案设计阶段的应用

装备论证、方案设计阶段的重点是根据装备预期服役的环境及不同阶段的任务和特点，利用已积累的自然环境试验数据和相似产品的环境适应性数据进行环境分析，确定装备全寿命周期的环境剖面，提出其环境适应性要求。

②在装备研制阶段的应用

在装备研制阶段，首先应利用自然环境试验长期积累的数据来指导选择环境适应性好的货架产品。对没有环境适应性数据的材料、工艺和构件，应首先按照装备的环境适应性要求制定计划，安排开展各种必要的自然环境试验。然后，根据试验结果进行筛选和评价，保证新研装备的环境适应性。

通过对装备（包括材料、工艺、元器件、部件、子系统以及整机）在预计的典型自然环境条件下，进行自然环境试验和自然加速环境试验，寻找设计缺陷和工艺缺陷，及时发现薄弱环节，通过试验→分析→改进过程，不断提高装备的环境适应性。例如，为解决我军某型航空电子装备在海洋大气环境中易被腐蚀的问题，需要在设备研制阶段，就确定合适的防腐蚀技术、工艺和方案，减小高温、高湿和高盐雾环境条件对装备的影响和危害，提高其工作可靠性，降低后期维护成本。因此，可通过利用有关研究院所多年来积累的海洋地区大气环境的研究成果，为设计单位提供包括自然环境腐蚀与防护技术咨询、防护体系涂装技术方案、涂层体系考核筛选以及环境适应性评价在内的大量技术服务和技术支持，为我军重点型号工程建设提供坚实的技术保障。

③在装备定型阶段的应用

目前，装备的定型通常以实验室试验和使用环境试验为主，由于自然环境因素的复杂性和综合作用的影响，一些装备虽然通过定型试验，但仍出现了环境适应性问题。因此，在今后的装备定型过程中，可借鉴国外的经验，经实验室和各试验场试验合格的装备，仍需通过自然环境试验的考核，合格后才能装备部队，尽量把装备定型后因环境问题可能带来的影响减至最小。

④在装备生产、使用阶段的应用

根据装备批生产中的环境验收试验、环境例行试验以及装备在运输、长期贮存、使用过程中发现的环境适应性问题，应开展有针对性的自然环境试验，进行环境适应性评价和长期贮存寿命预测，剖析原因并提出改进措施，为下一代装备研制进行技术贮备。

例如，飞机在服役期间所处的状态基本分为地面停放和空中飞行（包括起飞、空中飞行和降落）。无论是停放还是飞行使用，飞机结构所处的外部环境都是大气环境，自然环境是影响飞机结构腐蚀的主要因素之一。通过对航空用铝合金材料在国外和我国的腐蚀程度进行对比研究结果表明，由于目前我国工业废气与废水等有害介质大量排出，环境污染程度加剧，导致自然环境对飞机的腐蚀呈增长趋势。导致航空用铝合金材料在国内的腐蚀程度远大于美国、日本以及俄罗斯等发达国家。由于我军飞机所处的国内服役大气环境更加严酷，腐蚀速度更快，因此装备设计部门在进行有关型号的设计时，应针对这一特殊情况及时进行改进，避免在装备使用阶段出现重大的安全隐患问题。

在装备研制生产过程中，确定其采用的自然环境试验方法、试验条件以及试验参数量值和持续时间的基本原则如下：

1）考核装备在长期贮存环境下的环境适应性特性时，应根据装备任务书和研制总要求，选择进行大气自然环境试验方法，并对储存试验条件应予以保证。

2）根据装备性质，带包装的整机通常应选择库内储存试验。在征得委托方同意时也可选择进行棚下或户外储存试验。而装备的材料、结构件、部件、元器件以及工艺等，应优先选择户外暴露试验，并根据材料类别、部署确定试验方法。例如，高分子材料一般选择紫外线强的环境进行户外暴露试验；金属类一般应选择恶劣的腐蚀环境（如海洋大气、高温高湿等环境）进行户外暴露试验；非包装装备在工作状态下或有定期通电检测要求时，需考虑动态暴露试验。

3）根据装备环境特性，当户外暴露自然环境试验不能满足试验条件要求时，可选择自然环境加速试验。此时应根据服役环境对产品产生最主要危害的环境应力及量值，选择相关的自然环境加速试验方法。服役期长的样品，应考虑可能遭遇到服役环境的极值条件造成的影响，可根据主要的环境应力及量值来选择相应的自然环境加速试验方法及量值。

4）根据试验目的，考核性试验的试验方法和试验条件等应与装备任务书和研制总要求规定的一致。研究性试验应结合预期服役环境首选环境条件严酷、环境应力强度高的试验。

8.4.3.5 环境试验应注意的几个问题[23-24]

（1）选择合适的试验条件

军工装备的研制单位要根据任务书及各种试验标准等要求来制定环境试验的试验条件，并且编入产品的质量保证大纲或试验大纲。而试验条件的选择拟制并非都是那么简单地照搬照抄，而应充分地了解和考虑国情、所（厂）情等，对试验标准进行适当的裁减，并且合理地选择。因为试验标准一般是通用的，它不会制定某一特定产品的环境试验条件，所以那种不了解自己的国情、所（厂）情而机械地照搬照抄国内外标准制定出的试验条件，即使再好也是无法实施的，而且还会带来时间、人力和物力的消耗、浪费。例如以下几方面。

①振动频率不可选择过低

许多产品（整机及元器件、组件）在编制正弦扫描振动试验条件时，其振动频率的低端往往选为 5 Hz，还有的更低，某些海军的产品质量控制文件还要求其振动的最低频率竟选为 1 Hz 或 3 Hz，这不仅在国内无法实现，就是在国外也很困难。

正弦振动频率低端的合理选择是一个很有普遍性的问题，一般选为 8～10 Hz 较妥。

②正弦扫描振动的等位移选择

进口振动台可以实现等位移 0.15 mm（双振幅），而国产的在等位移 0.15 mm 时，编程无法实现。

③温度冲击与温度循环不应混淆

温度冲击主要用于元器件这一级的试验，其特征是温变速率最大，温度冲击试验的条件规定如下 4 项：

1）最低温度与最高温度；

2）温度冲击循环的次数；

3）最低温度与最高温度的保温时间；

4）温度转换过渡时间。

对过渡时间的理解大有不同，目前对于军标的元器件，往往规定由低温到高温或由高温到低温的转换时间小于 3 min，这是指箱内温度达到高温或低温的实际时间，而不是指机械转换时间。国家标准及航天标准在这方面往往没有严格的规定，比较含混，只规定转换时间或常温停留时间。因为国内许多单位没有进口的温度冲击箱，所以这样规定也符合国情。

（2）选择合适的试验设备

有了合适的试验条件，还要选择合格的并且合适的试验设备。合格的试验设备只是经过在有效期内的检定，但并不都是适合某一产品试验条件的设备。在试验标准中只讲条件，不讲用什么设备来实现，所以要选择合适的试验设备。

①按温变速率大小选择不同的试验设备

不同型号温度试验箱的温变速率不同，温度试验箱温变速率可达 15 ℃/min，但在大于7～10 ℃/min时也需加液氮才可达到。对于较长时间的试验，添加液氮是很麻烦而且成本很高的，所以有的单位在允许的情况下，选择高温段的温变速率大一些，达到15 ℃/min，而对低温段的温变速率则选小一些，只有 7 ℃/min，不需要加液氮，这样降低了成本，并且效果也不差，是适应设备实际情况的做法。因为设备的温变速率在高温、低温是不均匀的，分段温变速率更合理些。

②温度试验箱要求超温保护装置

在选择设备时，应选择有超高温保护并报警断电装置的温度试验设备，否则易出现超高温损坏试件的事故，这在各单位都有发生。而保护装置完善的设备则不会出现这类事故，早期的国产及进口设备往往没有保护装置，要加以改造才可使用。

③试验的操作要周到细致

对试验设备的使用操作应按规定的程序进行，要保证使试验设备达到试验条件的要求，值班操作人员要认真观察，按时记录，否则也会出现事故或试验不成功。

8.5　展望

对于大多数高可靠性航天电子产品来说，使用传统可靠性试验方法验证它们的可靠性指标在工程上很难实现。为了缩短产品的研制周期，减少研制费用，得到更多的可靠性信息，需要采用可靠性试验技术研究中出现的新方法和新技术。建议可通过运用加速试验法和内外场综合试验法把可靠性新方法、新技术与传统的可靠性试验相结合，来缩短评价产品可靠性的试验时间，减少评价可靠性的试验费用，以适应目前航天电子产品可靠性不断提高的需求。在实际的操作过程中，利用可靠性试验对影响产品质量的诸多因素进行全面的分析，尽可能地使其完善发展。但由于产品本身存在复杂性，难以将所有因素全部处理好，因此对于难以发现的隐患可以利用可靠性强化试验（Reliability Enhancement Test，RET）将其弥补。通过多种手段的相互结合，从而彻底找出产品存在的薄弱环节与相关隐患，保证产品的高可靠性。

可靠性验证试验的具体理论研究和应力参数的计算方法文献报道较少，但从欧美这几年标准的不断换版可以看出，欧美国家对可靠性验证试验技术研究不断深入，对其在军事领域中重要性认识不断加强。国内对可靠性验证试验主要还是停留在应用层面，对其基础结构的了解不是非常充分，对试验参数的施加还缺乏科学理论作指导。因此，可靠性验证试验理论基础及参数设定的科学性应作为未来主要研究重点之一。

可靠性分析与验证可发现产品在设计、材料和工艺等方面的缺陷，经过分析和改进，使产品可靠性逐步得到提高，最终达到预定的可靠性水平；通过可靠性验证试验，还可以验证产品可靠性指标是否达到规定要求，为评估产品战备完好性、任务成功性、维修人力费用和保障资源费用提供信息。可靠性验证试验经历了从传统模拟试验到激发试验的发展历程，激发试验代表了可靠性试验技术的发展方向。

此外，随着计算机技术的飞速发展，利用仿真系统软件（如 ANSYS、MATLAB 等）对产品的可靠性验证试验进行模拟，可大大降低工程变更的数量和成本；减少车间安装、调试和量产的时间；提高资源利用率，降低设备折旧率。同时，仿真软件还可以分析试验过程中产品失效的原因，对设计提出反馈建议，完善产品设计。

参 考 文 献

[1] 郭强，简维廷，黄宏嘉. 集成电路可靠性介绍 [J]. 集成电路应用，2008 (7)：52-52.

[2] KIN Y, IZUMI J. What is environmental testing [R]. Espec Technology Report, 1997 (3)：1-10.

[3] 曹耀龙，黄杰. 电子组件温度循环试验研究 [J]. 封装、检测与设备，2011, V36 (6)：487-491.

[4] PARKER T P, WEBB C W. A study of failure identified during board level environmental stress testing [J]. IEEE Transactions on Components, Hybrids and Manufacturing Technology, 1992, 15 (6)：1086-1092.

[5] NORRIS K C, LANDZBERG A H. Reliability of controlled collapse interconnections [J]. IBM Journal of Research and Development, 1969, 13 (3)：266-271.

[6] 梁雪仪. 温度循环筛选剖面的剪裁方法 [J]. 电子产品可靠性与环境试验，2002 (5)：35-38.

[7] Vollertsen, Rolf-P. Burn-In Integrated Reliability Workshop Final Report [J]. IEEE International, 1999：167-173.

[8] 应旺，王建宇. 大规模集成电路老炼的分析与研究 [D]. 南京：南京理工大学，2011.

[9] 沈宏军. 电子装备的首道工序-电子元器件的应力筛选 [J]. 舰船电子对抗，2003 (3)：46-49.

[10] 曾梁英，阮玮玮，胡子信，李明. 栅氧化层制程对 IC 产品可靠性的影响 [J]. 半导体技术，2010 (1)：90-93.

[11] 杜迎，郭大琪. 老炼试验方法和技术 [J]. 封装与组装，2003：36-40.

[12] 王文利，闫焉服. 电子组装工艺可靠性 [M]. 北京：电子工业出版社，2011.

[13] 陈华平，李辉，张颖，鹿文军，温志英. 电子产品寿命评估关键技术的研究 [J]. 可靠性与环境适应性理论研究，2013, 31 (2)：49-52.

[14] 李军，王玉梅. ALT 在电子产品中的应用分析 [J]. 环境适应性和可靠性，2012：19-21.

[15] 林震，姜同敏，程永生，胡斌. 阿伦尼斯模型研究 [J]. 可靠性与环境适应性理论研究，2005 (6)：12-14.

[16] LU J C, PARK J, YANG Q. Statistical inference of a time-to-failure distribution derived from linear degradation data [J]. Techno Metrics, 1997, 39 (4)：391-400.

[17] 赵建印，刘芳. 加速退化失效产品可靠性评估方法 [J]. 哈尔滨工业大学学报，2008, 40 (10)：1669-1671.

[18] 史晓雯，徐剑峰，徐丹. HALT 试验技术综述 [J]. 环境适应性和可靠性，2011：24-27.

[19] 邓林，王世涛. HALT 与 HASS 技术原理概述 [J]. 电子产品可靠性与环境试验，2004 (5)：26-29.

[20] 冯颖，刘忠健. 电子产品加速寿命试验的某些问题 [J]. 中国宇航学会结构强度与环境工程专委会及中国航天第八专业信息网 2008 年度技术信息交流会，351-356.

[21] 汪亚顺，张春华，陈循. 仿真基退化试验优化设计方法研究 [J]. 宇航学报，2008, 29 (1)：

　　　　　　380 – 384.

[22]　刘志辉，李长虹．自然环境试验在装备研制生产过程中的应用 [J]．电子产品可靠性与环境试
　　　　验，2012，5（30）：38 – 40.

[23]　邵青山．环境试验应注意的几个问题 [J]．140 – 143.

[24]　田野．探讨对军工电装产品环境试验的几点思考 [J]．硅谷技术应用，2013：207 – 208.

第9章　航天电子产品数字化制造技术

9.1　概述

数字化制造技术是当前世界上发展最快的一门技术，是在数字化技术和制造技术融合的背景下，并在虚拟现实、计算机网络、快速原型、数据库和多媒体等支撑技术的支持下，根据用户需求，迅速收集资源信息，对产品信息、工艺信息和资源信息进行分析、规划和重组，实现对产品设计和功能的仿真以及原型制造，进而快速生产出达到用户要求的产品的一种技术。美国洛克希德·马丁（Lockheed Martin）公司在 F35 战机的研制过程中使用了数字化制造技术，令生产制造周期缩短了 33%，成本降低了 50%；波音公司在新一代战神航天工具研制中应用数字化制造技术，令装配周期缩短了 57%。虽然我国在数字化制造技术领域有所发展，但与世界制造强国相比还有很大差距。

近年来，我国航天活动呈现出蓬勃发展的新态势，以载人航天、月球探测、新一代运载火箭等为主的一批国家重大科研工程相继展开，航天科技事业迎来了难得的发展机遇期。在新型运载火箭产品中，明确提出了通用化、组合化、系列化的设计思想和使用数字化技术进行研制的要求，并逐步实施数字化的设计、制造、试验等步骤，加快产品研制速度，为全面数字化制造技术的应用奠定了基础。

航天电子产品是一种高可靠的电子产品，是航天系统中十分重要的组成部分，在系统级、分系统级中有着广泛的应用。尤其是在运输、长期贮存、发射和飞行中，要经受各种复杂和恶劣环境的考验，受到安装空间和质量等多种条件因素的限制。航天电子产品的数字化制造技术正是在这样的背景下产生和发展起来的，克服了传统制造的弊端，加速了生产力与生产关系的变革，其主要优势为：

1）以质量作为产品制造的核心，使制造过程变得更加量化、可控。

2）将事前预防的理念通过数字化样机（Digital Mock‐Up，DMU）技术在虚拟三维空间实现数字化定义、数字化预装配和数字化工装设计等，并进行识别、传递和处理，解决 90% 以上的模样和初样产品问题。

3）在数字化制造过程中，设计人员与工艺人员的协同变得更加紧密，设计模型基本实现了在虚拟工艺环境中的自动化审查，使研制周期缩短 50% 以上。

4）工艺经验和知识作为计算机程序嵌入到 DFX（Design for X，X 表示制造、测试等）、产品数据管理/计算机辅助软件（Product Data Management/Computer Aided X，PDM/CAX）、制造执行系统（Manufacturing Execution System，MES）、企业资源计划（Enterprise Resource Planning，ERP）以及底层设备执行系统中，取消纸质文件，实现对

原材料（或半成品、成品）的识别、约束、改进、服务，逐渐成为数字化建设的核心体系。

5）数字化制造模式的出现，使电子互联专业的人员分工变得更专业化，人员技能水平得到了进一步的提升，机器人技术取代部分搬运和操作工序，降低了人为因素的影响，产品的制造过程更加稳定、可靠、高效。

9.2　航天电子产品数字化制造的主体构架

本节主要对航天电子产品数字化制造主体构架进行描述，对所涉及与计算机相关的硬件及软件结构原理不做具体展开。

航天电子产品的数字化制造是基于产品数字化设计的制造，以产品数据及模型为基础，通过对产品结构的识别、分析、仿真实现产品工艺设计的最优化，进而实现产品制造、制造资源管理、过程控制与反馈、数字化装配。主要包括软件系统层、数据层和产品层，通过三层构架，实现虚拟产品向实物产品的转换，如图9-1所示。

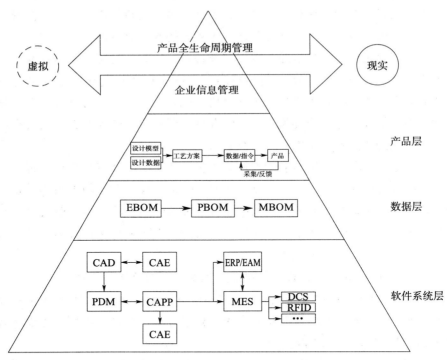

图9-1　航天电子产品数字化制造的主体构架图

9.2.1　软件系统层

利用基于网络的 PDM/CAX/MES 集成技术，结合企业资产管理（Enterprise Asset Management，EAM），并在现场采用分布式控制系统（Distributed Control System，DCS）、射频识别（Radio Frequency Identification，RFID）等技术，实现全数字化制造过

程。主要核心的软件系统为以下三种。

（1）设计核心构建的载体——CAD/EDA

计算机辅助设计（Computer Aided Design，CAD）是设计人员构建电子产品机箱及结构零件的主流技术。

电子设计自动化（Electronic Design Automation，EDA）是利用计算机辅助设计对电子产品进行电路布局布线、性能分析仿真、自动出图制图的一种技术。

电子产品首先需要利用 EDA 技术对电路原理进行初步设计，再进行集成电路（Integrated Circuit，IC）设计或印制电路板（Print Circuit Board，PCB）设计，通过对电路性能的分析仿真，改进设计结果。同时，利用 CAD 技术对其机箱机壳和零部组件进行设计，使电子产品达到完整的总体设计要求。近年来，随着技术的发展，CAD 与 EDA 技术在三维可视化上加强了融合。通过导入三维元器件模型，可以在 EDA 软件上显示电子产品的三维效果；通过导入电路数据，可以在 CAD 软件上显示整机的三维设计效果。设计图纸的可视化能力得到了进一步增强。

（2）工艺核心知识的载体——CAPP

计算机辅助工艺设计（Computer Aided Process Planning，CAPP）是利用计算机技术辅助工艺人员设计产品从原材料到成品的制造方法，并将产品设计数据转换为产品制造数据的一种技术，CAPP 系统作为产品设计/制造一体化的桥梁，是为产品提供制造数据的一个重要的工艺数据平台。

工艺资源库（也称工艺知识库）是 CAPP 的主要组成部分，其实用性将决定企业 CAPP 的应用成熟程度。工艺资源库的建立主要依靠企业长期以来积累的工艺经验和方法，通过调用相关标准文件，达到可以对产品模型进行快速、准确、高效工艺规程编制，形成工艺结构化数据，并可根据制造过程中出现的差错，进行持续改进，完善其内容。

因此，通过 CAPP 实现工艺设计，就必须将航天电装生产的工艺经验融合到 CAPP 中去，根据企业的实际需要和对企业技术力量的分析，形成个性化定制。

（3）制造核心管控的载体——MES

制造执行系统（Manufacturing Execution System，MES）是一套面向制造车间执行层的生产信息管理系统，它能通过信息的传播，对从订单下达开始到产品完成的整个产品生产过程进行优化管理，对工厂发生的实时异常情况，及时做出相应的反映和报告，并用上游的工艺数据进行相应的指导和反馈，是制造材料清单（Manufacturing Bill of Material，MBOM）形成的主要系统。一个设计良好的 MES 可以在统一平台上集成生产调度、产品跟踪、质量控制、设备故障分析、网络报表等管理功能，并使用统一的数据库为生产部门、质量部门、工艺部门、物资部门等提供车间管理信息服务。

MES 是形成 MBOM 的重要数据基础，也是数字化建设的关键之一。

9.2.2 数据层

航天电子产品的数字化制造要经过产品设计、工艺设计、生产制造三个阶段形成最终产品。为了便于不同阶段数据识别，将图示表达的产品结构转化成某种数据格式，这种以数据格式来描述产品结构的文件就是结构化数据，即材料清单（Bill of Material，BOM），是广义上产品对象的属性集合。主要有以下 3 种形式。

（1）设计结构化数据——设计材料清单（Engineering BOM，EBOM）

EBOM 是设计部门产生的数据，主要明确产品的构成，不面向具体的制造，是从产品功能的角度描述产品中各零部件之间的关系。对应文件形式主要有产品明细表、原理图、接线表、产品各种分类明细表等。

（2）工艺结构化数据——工艺材料清单（Process BOM，PBOM）

PBOM 是产品数据经过工艺规划后的产物，是工艺人员根据本企业的制造水平和能力对 EBOM 进行的工艺设计。它用于工艺设计和生产制造管理，PBOM 可以明确零件与零件之间的制造关系，跟踪零件制造过程，包括制造车间、操作人员、制造资源等信息。在设计 PBOM 的过程中，不仅要对 EBOM 重新组织，还要添加工艺路线信息，是制造资源规划（Manufacturing Resource Planning，MRP）/ERP 生产管理的关键管理数据结构之一。

（3）生产结构化数据——制造材料清单（Manufacturing BOM，MBOM）

MBOM 是面向生产过程的产品数据描述方式，一般情况下，MBOM 的结构关系与PBOM 是一致的，但 PBOM 中不反映辅助材料定额等信息，MBOM 中还要包含大量与制造过程有关的其他信息，例如元器件批次的有效性等。因此，有时 MBOM 也可以与PBOM 不一致，它还要把 PBOM 进行进一步的拆分和重组，并且把生产过程中涉及的所有物料与产品结构关联。

9.2.3　产品层

航天电子产品的形成是由产品模型/数据经过审查、验证、仿真转化为工艺方案，再形成数据/指令，从而转化为实物产品的变化过程。实现过程包括以下 3 个步骤。

（1）建立基于工艺知识的电子元器件模型

设计人员在进行印制电路板和整机设计时，会产生电子模型和数据表格。首先，需要利用 PCB 设计数据与 BOM 数据，结合元器件实体库及工艺经验和标准，通过在制造前进行虚拟装配分析，生成三维装配视图，自动全面检查设计错误（焊盘、走线、过孔等），第一时间发现设计缺陷或隐患，最大化促使设计与制造工艺能力匹配，减少改版次数，并快速产生可供设计部门及制造部门协同工作的可分享可制造性设计工艺分析报告；其次，以元器件的真实尺寸为依据建立元器件的封装及相应的信息，并加入工序中需要采用的工艺方法、工具工装等相关信息。需特别强调的是，元器件模型库的建立是一项复杂的工作，原则上每一种型号的元器件均需要建立对应的模型库，且具有唯一性，并随着新元器件的增加不断补充，所以工作长期而艰巨。

（2）建立三维设计模型的工艺设计方法

根据上游产品设计的三维模型，经过信息的提取与重构，在虚拟环境中对产品进行交互式装配工艺设计，充分利用设计信息体现产品设计意图，包括线束径向设计、装配顺序设计等，减少对物理模型的依赖；借助计算机智能规划技术，减少航天复杂产品的装配工艺规划时间，缩短产品研发周期，并形成三维可视化装配工艺文件，直观、清晰地体现装配工艺设计意图，使装配工人的装配效率得到提高，抑制漏装、错装现象的发生。

（3）建立先进制造模式

数字化制造的实体建设离不开制造模式的创新，通过实施单元制造模式、柔性制造模式、准时生产模式等，巧妙地将航天电子产品的种类由多转化为少，将生产量由小转化为大，将主要矛盾进行有条件的转化，使相似零件中原本分散的小生产量汇集成较大的成组生产量，从而在不大幅增加制造资源的前提下，提高生产制造能力。目前，单元制造模式是航天电子互联中普遍采用的一种生产模式。

单元制造模式的基本原理是以成组技术为基础，将具有相同生产过程的制造任务和制造资源集中在一定生产面积上，按工艺流程的顺序和要求布置生产设备，形成制造单元，通过零件或人员的流转实现具有该工艺流程的一类零件族的系列生产过程。

单元制造模式具有团队作业方式、"一个流"的生产作业形式等显著特点，在兼顾批量生产高效性和单件订货生产柔性方面具有高度优越性，能够适用于多品种、变批量的苛刻要求，并可以将产品的工序变得更加精细，提高生产人员的专注和熟练程度，从而提高产品生产效率，降低制造成本。

（4）制造现场转换、传递工艺信息

利用工艺设计系统与操作现场执行软件进行集成，实现工艺设计文件的读取与交换，建立可视化工艺在线执行系统，实现工艺在生产现场的可视化显示，将工艺文件转化为生产需要的工艺卡片、工装工具、工序流程、多媒体清单以及质量控制要求等信息；同时利用操作现场执行软件的异常报警系统，针对生产现场的异常情况，回传给工艺设计系统，工艺人员迅速制定临时工艺，在最快的时间内对生产计划、工时、耗料等数据做出相关调整和改进，有效提高工艺的指导性和执行力度。

（5）采集和反馈制造现场的数字化数据

制造现场的数字化数据采集和反馈包括 2 个方面的内容：

1）制造过程实时信息采集和实时事件管理；

2）电装制造资源的系统管控。

制造过程实时信息采集和实时事件管理是实现车间数字化制造执行系统运行模式的基础，由于车间制造环境的复杂性，制造执行系统需要从数据采集方法和采集设备两个方面进行功能加强，如在数据采集方法上应该按需集成多种方式［如分布式/直接数字控制（Distributed/Direct Numerical Control，DNC）方式、宏指令方式、传感器方式、PLC 程序方式和人机交互方式等］，在采集设备上应该支持多种数据采集设备［如 RFID、个人数字助理（Personal Digital Assistant，PDA）、电脑界面、嵌入式信息交互终端等］；同时应该包含车间实时数据采集和处理功能，以提高车间制造系统的敏捷性。

电装车间的制造资源主要包括智能烙铁、表贴机、回流焊机、丝网印刷机、AOI 检测仪、返修装置等工具或设备。对电装车间进行数字化工艺的底层建设，将以制造资源控制系统为基础，通过数据分配、指令传输、参数采集、信息反馈等功能实现制造资源的远程控制、数据监控以及计划配置等，同时也是实现异常报警叫停和过程数据包生成等功能的前提。

9.3　基于模型的数字化工艺

9.3.1　设计模型的转换

航天电子产品的设计模型主要有印制板组装件（PCA）模型和电子产品外壳（BOX）模型两类。目前市场上印制线路设计及结构设计软件种类繁多，如 Mentor、Protel 99se、AD、Cadence、UG、PRO/E 等。不同研究所、设计机构使用的软件也不尽相同，需要使用模型交换技术进行相互间的转换，下面介绍几种主要的模型转换格式。

IDF（Intermediate Data Format）文件是描述印制板结构关系的一种文件，是 Mentor Graphics 公司和 SDRC 公司共同开发的一种在机械 CAD 系统与 EDA 系统间进行模型交换的中间文件。在电子产品设计中，结构设计使用 CAD 软件设计零件，如元器件、接插件等，然后通过 IDF 文件，将数据传递给 PCB 设计人员作为 PCB 设计的基础，PCB 设计完成元器件布局后，再通过 IDF 文件把完整的 PCB 设计传给相关人员。虽然此种文件只作为两个公司的一种协议，但事实上，已经被几乎所有 CAD 和 EDA 软件通用，成为一种标准。

Gerber 文件是线路板行业软件描述线路板（线路层、阻焊层、字符层等）图像及钻、铣数据的文档格式集合。通常，Gerber 文件被送到 PCB 工厂，导入计算机辅助制造（Computer Aided Manufacturing，CAM）软件，从而为每一道 PCB 工艺流程提供图像数据。Gerber 文件还可以用于为特定设备提供图像资料，如自动化光学检测设备。目前，Gerber（RS-274-X）已经成为全球 PCB 行业图像转换标准格式，广泛用于自动导入导出。

ODB++文件是由 VALOR 公司提出的一种美国信息交换标准码（American Standard Code for Information Interchange，ASCII）双向传输文件，文件集成了所有 PCB 和线路板装配的功能性描述，涵盖了 PCB 设计、制造和装配方面的要求，包括 PCB 绘图、布线层、布线图、焊盘堆叠、夹具等所有信息。它的提出主要用来代替 Gerber 文件的不足，包含更多的制造、装配信息。

产品模型数据交互规范（STEP）文件是一种不依赖具体系统的中性模型数据格式，包括为进行设计、分析、制造、测试、检验和产品支持而全面定义的零部件或构件所需的几何、拓扑、公差、关系、属性和性能等数据，最大化地保存所有模型数据。PRO/E、UG、CATIA、SolidWorks 等都可以打开，文件格式主要有 .stp、.step。

OBJ 文件是 Alias/Wavefront 公司为自己的一套基于工作站的 3D 建模和动画软件开

发的一种标准 3D 模型文件格式，很适合用于 3D 软件模型之间的互导。目前，几乎所有的 3D 软件都支持 OBJ 文件的读写。

9.3.2　印制板模拟装配

印制板模拟装配是辅助工艺人员完成印制板组装件的工艺设计，通过对其进行审查，根据元器件的立体分布情况，选择相应的工艺路线，制定工艺流程。

首先，利用印制线路板设计数据与 BOM 数据，结合元器件实体库及丰富的行业设计和制造标准，在制造前进行软件智能化虚拟仿真分析，生成三维装配视图，自动全面检查设计错误（焊盘、走线、过孔、丝印等），第一时间发现设计缺陷或隐患，分析预测设计可能带来的生产缺陷、品质问题，最大化促使设计与制造工艺能力匹配，减少改版次数。其次，快速产生可供设计部门及制造部门协同工作的可分享可制造性设计工艺分析报告。逐一分析每个元器件组装及焊接过程中可能带来的工艺问题或产品质量隐患，按照严重程度划分级别，便于工艺人员及时制定应对措施，规划工艺，避免发生工艺品质问题或降低隐患发生频率。一般步骤为：

1) 在进行 PCB 文件设计之后，输出 IDF 文件，文件中包含印制板及元器件安装信息。其中印制板仅包含开孔、元器件位置信息，不包含核心的每层电路网络结构信息，如图 9-2 所示。

图 9-2　Mentor 中的 PCB 设计文件及 3D view 下的模型图

2) 转化三维模型。工艺将 IDF 文件导入 PRO/E 中，形成如图 9-3 所示包括印制板在内的所有元器件都是 2.5 维（面积和高度）的模型，再与真实模型库进行匹配（如图 9-4所示），相同元器件进行匹配后，形成如图 9-5 所示的效果图。

3) 编制三维工艺。工艺人员对转换后的模型进行检查，使用三维软件的视频编辑功

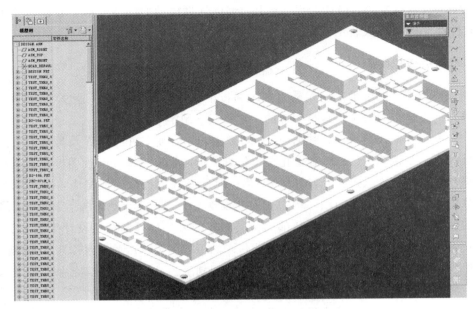

图 9-3　IDF 导入 PRO/E 后的效果图

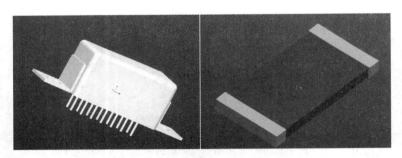

图 9-4　元器件模型图

能，并按照相关标准要求形成三维工艺。

9.3.3　整机模拟装配

　　整机模拟装配是在印制板模拟装配的基础上，结合产品的机壳、金工件、标准件、接插件等，将其按照一定工艺顺序组装到一起，并方便地在装配过程中识别各种零件的干涉情况，以及安装时所受应力情况。

　　产品的三维数字化整机预装是提高产品开发速度，保证整机开发可靠性和一致性的基础。建立元器件模型封装库可以有效地规范设计排版（包括元器件焊盘设计、安装方式、安装尺寸、安装位置），避免因元器件误装或安装干涉而导致返工返修等问题。采用三维模型设计整机预装从根本上改变了原有的指导操作工作方式，缩短了工艺审查操作工时，并保证了工艺审查质量。另外，通过整机虚拟装配可以减少原来的纸制文件和视图，将文件汇总为一个完整的三维模型进行实际生产操作指导，缩短了工艺文件编制工时，降低了

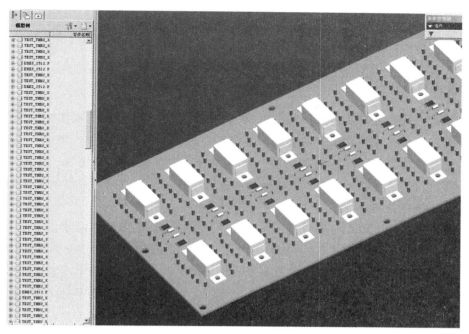

图 9 - 5　经过替换后的模型效果图

工艺工作量。该方法是按照印制电路板模拟装配步骤，并添加螺钉、加强筋等零件，形成一个完整的印制电路板模拟件，将多块印制电路板组装在一起，最后形成整机模型（如图 9 - 6 所示）。

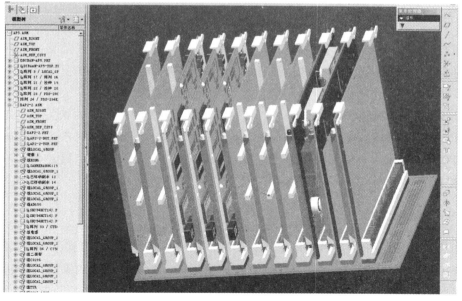

图 9 - 6　整机装配后的模型效果图

通过整机配装的全实体模拟制造，可以快速实现各种器件、电缆、电连接器、布线的各种布局、配装比较、集成分析和方案验证，提取各种剖面，进行自动干涉检查并可以精确检验整机装配空间等问题。

9.3.4　线束模拟装配

线束模拟装配是辅助工艺人员在整机模拟装配的基础上，模拟线束连接的最优走向。航天电子产品内部线束与其他产品有着明显区别，较少使用成品线束，需进行人工布线。布线前应建立连接器库、导线模型库等，对布线过程中涉及的路径规划、结构干涉、安装、固定等进行仿真分析，使整机线缆布局、安装过程及使用效果可在结构设计与电子线路设计过程中进行仿真、评估与优化。

电连接器库的建立可以有效地规范线束设计（包括电连接器外部尺寸、焊杯大小、安装方式、安装尺寸、尾罩形式等），从而避免因线径过大或尾部安装干涉而导致返工返修等问题。另外，电连接器库的建立也有利于设计文件可制造的工艺转化，电连接器的三维立体预装可以实现电子产品整机线束铺设的立体工艺审查，缩短工艺审查操作工时，规范走线位置，避开热源或者易磨损处，保证工艺审查质量。

总之，在电子产品印制电路板组装件（二级封装）的制造过程中，通过 CAD 软件实现设计、电路仿真、工艺审查、对标等相应功能，并直接将文件传递给设备进行印制电路板组装件的生产。然后通过模型转化，实现整机 BOX、线束（三级封装）的三维装配工艺设计。

9.4　数字化工艺仿真

电子产品的生产研制周期越来越短，在产品投产前就需要对所有可能遇到的问题进行预判。对于电子产品制造而言，如何迅速进行数字化样机设计和工艺仿真成为一个重点和难点。

仿真技术是以相似原理、系统技术、信息技术以及仿真应用领域的相关专业知识为基础，以计算机系统和相关的物理效应设备及仿真器为工具，利用模型对产品进行研究的一门多学科的综合性技术。目前航天电子互联制造中主要的仿真有 SMT 贴片仿真，以及焊接应力仿真。

9.4.1　SMT 贴片仿真

SMT 贴片仿真是根据印制板组装件的工艺方案，在计算机上对真实 PCB 贴装生产进行动态模拟，从而验证工艺方案。它是以 PCB 设计文件为驱动，经过系统的分析验证和信息的提取实现仿真结果的输出。在仿真的过程中，识别不能用于贴片机的元器件，生成散料盘及喂料器的上料清单，以及设备执行程序，从而为 PCB 设计数据的修改、达到设计最优提供最直观的依据。仿真可以用图 9 - 7 所示的流程图表示。

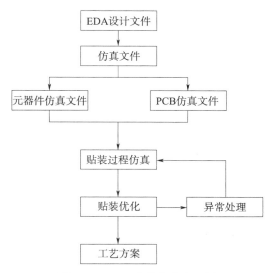

图 9-7　PCB 贴装仿真流程图

　　首先，利用 EDA 软件提供仿真文件，其内容包含元器件描述信息和 PCB 基板信息。由元器件描述信息可以得到元器件仿真文件，由 PCB 基板描述信息可以得到基板的仿真文件。元器件描述信息主要包括元器件封装信息、名称、逻辑符号、坐标、旋转角度、所在层、线段描述信息（CT）、圆弧描述信息（CA）、过孔描述信息（CV）、元器件焊盘描述信息（CP）；基板描述信息主要包括基板外框描述信息、基板线段描述信息（FP）、基板过孔描述信息（FV）、基板焊盘描述信息（FP）等。其次，利用仿真文件在贴片仿真环境下，识别设备贴装和人工贴装，并对设备贴装程序进行重新优化，处理异常信息。最后确定工艺方案。

9.4.2　集成电路焊接应力仿真

　　集成电路焊接应力仿真主要针对不同印制板组装件中的集成电路模块，在一定的温度曲线下焊接的可靠性。由于集成电路模块直接决定温度曲线类型，因此其在生产前的焊接应力仿真尤其重要。

　　以 CQFP、CBGA、LCCC 等陶瓷封装器件为例，器件本体材料与印制电路板基材的热膨胀系数差异较大，在热循环条件下，两种材料因热膨胀系数不同，导致连接部位存在内应力，这种应力应变若不能释放或吸收，将有可能对焊接连接部位造成影响，导致焊点出现裂纹甚至开裂的故障。

　　集成电路焊接应力仿真，首先要确定封装器件模型的要素（图 9-8），利用 CAX 软件建立完整的模拟 3D 模型，通过设定边界条件（如不规则边界和混合边界等）并使用有限元分析方法进行几何模型模拟计算。通过计算机的计算，能够提供复杂载荷条件下模型内的应力和应变分布，进而对器件在热循环过程中的应力和应变产生详细描述，最终以图形和数据的形式给出 CQFP、CBGA、LCCC 等封装器件焊点热应力环境下应力和应变的分析结果，反映出实际情况的趋势。

图 9-8　建立模型的各项要素

　　根据仿真技术研究的结果，利用有限元分析，找出元器件尺寸与等效应力的关系，以及等效应力的集中区域和应力最大位置（图 9-9），进行有针对性的验证试验工作，确定 CQFP、CBGA、LCCC 等封装器件的装焊工艺方案。

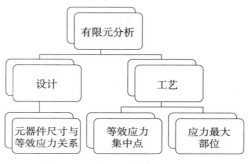

图 9-9　有限元仿真分析结果

9.5　数字化制造模式

　　随着信息技术的发展和应用，信息系统在企业中的使用也越来越广泛。不仅可以使企业内部和企业间的信息流通更为便捷和频繁，同时可以提高管理水平，有助于提高企业的生产效益。对于电子产品加工企业来说，信息系统主要涉及 3 个层面，即计划层、执行层和控制层。在计划层上，各类企业资源计划（Enterprise Resources Planning，ERP）系统迅速普及；在控制层可编程逻辑控制器（Programmable Logic Controller，PLC）、分布式控制系统（Distributed Control System，DCS）得到大量应用。但是在执行层，生产过程中无法得到切实可行的作业计划做指导，工厂管理人员和操作人员难以在生产过程中跟踪产品的状态数据，不能有效地控制在制品库存，而用户在交货之前无法了解订单的执行状况。车间作为制造企业的物化中心，产品最终要通过车间制造出来，车间生产计划、制造资源的状态等最终决定了一个企业的实际生产能力、产品质量状况，车间生产及管理自动化是实施企业计算机集成制造系统（Computer Integrated Manufacturing System，CIMS）整体解决方案的共性核心关键技术，车间生产管理及其信息系统的敏捷性在很大程度上决定着整个企业的敏捷性。

为解决生产计划的适应性，增加底层生产过程的信息流动及共享，以及对整个制造生产过程的有效管理控制已经成为一个重要的研究课题。20 世纪 90 年代，美国先进制造研究机构（Advanced Manufacturing Research，AMR）提出了制造执行系统（Manufacturing Execution Systems，MES）概念，并将 MES 定位于重点解决车间生产管理问题。1992 年，MES 国际联合会（Manufacturing Execution System Association，MESA）成立，它是以宣传 MES 思想和产品为宗旨的贸易联合会，并帮助其成员组织在企业界推广 MES 制定了一系列研究、分析和开发计划。

在航天制造企业生产环境下，航天电子产品具有多品种、小批次、变批量的特点，研制与批量并存，普遍存在加工时间紧、任务重、生产计划管理复杂等特点。传统的车间控制方式多为型号配置、手工组织，以手工计划为主，排产较差，产品配套不全，从而造成资源负荷不均、任务遗忘、信息采集难、现场信息不能及时反馈等问题。MES 是解决上述问题的关键系统，MES 应用面向服务架构，使得系统易于集成和协同控制，采用不平衡动态计划调度使得计划更为准确和可行。下面就基于先进制造模式的 MES 进行描述。

9.5.1　基于单元制造的车间制造执行系统

单元制造模式的基本原理是以成组技术为基础，将具有相同生产过程的制造任务和制造资源集中在一定生产面积上，按工艺流程的顺序和要求布置生产设备，形成制造单元，通过零件或人员的流转实现具有该工艺流程的一类零件族系列生产过程。基于单元制造的车间制造由基于单元制造的车间层、基于信息交互终端的数据采集与信息交互层、车间制造执行系统功能层、系统集成接口层和企业其他信息系统层等五个层次构成，如图 9 - 10 所示。由于单元生产是面向零件族和零件组的工序，而不是直接面向型号产品，这样就可以把多品种的单件研制和小批量生产转化为大批量生产，从而提高生产效率，缩短研制周期。

第一层是基于单元制造的生产车间层，将车间内的加工任务和生产设备进行优化重组，形成多个逻辑制造单元，每个逻辑制造单元包括具有工艺相似性的待加工零件和完成这些零件加工的制造资源。

第二层是基于信息交互终端的数据采集与信息交互层，信息交互终端是部署在车间生产现场同生产工人进行信息交互的工具，由于航天电子产品制造的自动化水平较低，存在大量的手工和半自动化加工设备，借助现场多功能信息交互终端可以提高加工设备的信息化水平，为 MES 的实施提供一个适度信息化的生产环境。信息交互终端能够把制造执行系统的部分功能延伸到车间的生产设备和操作工人，一方面，操作工人能够通过信息交互终端及时接收和查看生产管理人员下发的加工任务单、工艺技术文档等信息；另一方面，通过信息交互终端工人能够及时采集生产现场每个工位的生产进度、产品质量、设备状态等信息，并及时向上层计划管理部门反馈。

第三层是车间制造执行系统功能层，本文涉及的制造执行系统的功能涵盖了 MES 功能模型中建议的大部分功能，包括设备管理、人员管理、技术文档管理、产品规格管理、

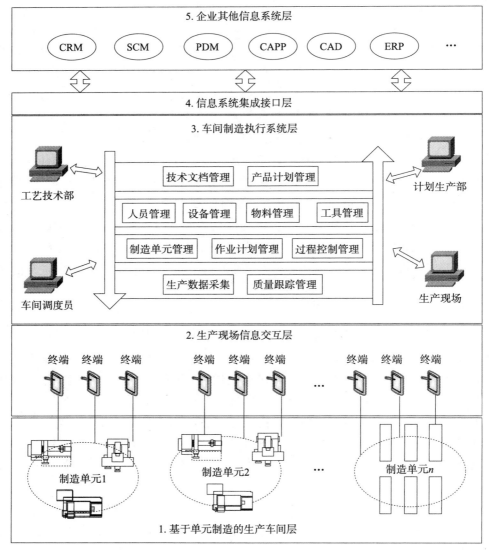

图 9 - 10　基于单元制造的车间制造执行系统框架结构

物料管理、工具工装管理、作业计划管理、制造单元管理、质量管理、消息管理、生产数据采集、生产绩效分析等功能。这些功能模块一部分运行在管理端，可由企业计划生产部门、车间登录系统后根据自身权限调用；另一部分在车间生产现场的终端上面运行。

　　第四层是车间制造执行系统与企业其他信息系统之间的集成接口层。良好的系统接口能够帮助开发人员快速地实现信息系统之间的有机集成，提高系统开发效率。

　　第五层是企业其他信息系统层，包络对客户详细资料进行管理和分析以提高客户满意度的顾客关系管理（Customer Relationship Management，CRM）系统、实现企业经营管理核心功能的 ERP 系统、实现产品设计信息共享和制造工艺流程管理的 PDM 系统、实现制造工艺设计的 CAPP 系统以及其他用于产品质量、工艺等方面的信息化系统。

9.5.2　基于单元制造的 MES 作业执行管理

航天电子产品制造企业的车间制造系统都属于离散事件动态系统，基于单元化制造的车间制造系统不但具有动态性，而且其生产过程的多变性也表现得十分突出，常常会导致一些异常事件的发生。这种多变性主要是由 2 个方面引起的：

1）企业外部的因素，包括订单需求量和交货期的变更、新订单的加入等；

2）企业内部的因素，如产品技术状态变更、工艺设计变更、机器故障、工件的返修返工等。

因此，在 MES 系统的构建过程中，需要对其数字化加工流程进行设计和明确，如图 9-11 所示。

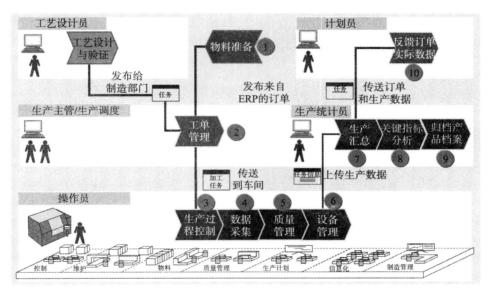

图 9-11　数字化制造流程

在 MES 执行中，工艺技术部门提供加工任务配置图纸和加工工艺文件、工装夹具明细以及检验规程等技术文档，生产调度人员根据工艺文件导入生产计划，车间调度将主生产计划分解，并进行车间作业任务排产，然后结合制造单元的划分情况，制定班组或个人加工任务的派工单，最后将派工单下发至制造单元中相应的操作人员和设备。在执行过程中通过反馈制造单元的评价，对现有工艺专检知识库进行更新；同时通过对生产数据的采集，更新系统中的信息记录，以便下次排产，如图 9-12 所示。当生产完成后，对产品进行交检入库。

作业执行管理是 MES 的核心部分，由计划调度员将 MES 排产后生成的任务派工到各个班组的班组长，班组长根据任务情况派工到操作者，操作者接收到任务后确定加工开始，加工过程中可以查阅相关的生产信息、技术文档，完成后汇报自己的加工完成情况并提交检验，如图 9-13 所示。检验员接收到任务后，填写检验结果，如无质量问题，MES

将检验结果汇报给 ERP 系统，如有质量问题，MES 先汇报给质量部门，等待质量部门处理意见后反馈回 MES 的检验员汇报界面，检验员确认后汇报给 ERP 系统。

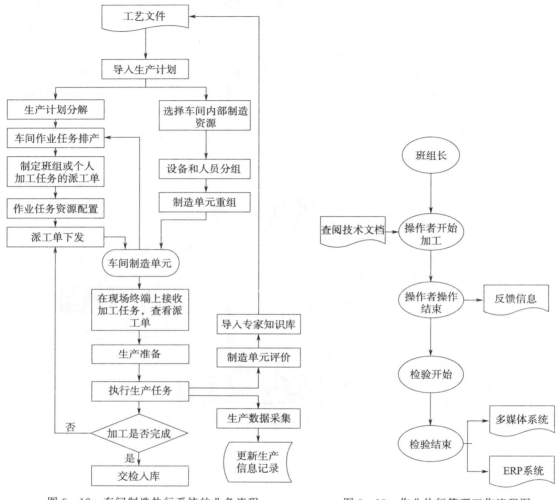

图 9-12   车间制造执行系统的业务流程   图 9-13   作业执行管理工作流程图

9.5.3   基于单元制造的 MES 质量管理

对于制造行业来说，制造过程的质量决定了产品除设计因素外的绝大部分质量，是企业追求精益质量的核心环节之一。同时，MES 拥有制造过程所有静态和动态的数据，形成巨大的制造数据集合，为质量活动的设计、执行、评价和改进提供了丰富的数据基础。通过 MES 质量数据的自动实时采集、分析与反馈控制，以及质量信息资源的共享，建立一套以数字化为特征的企业车间质量管理体系，能够有效提高质量管理活动的执行效率，并使制造过程的质量反映能力和质量控制能力得到提高。

9.5.4　数据统计分析

MES 的数据统计模块主要是针对生产系统和生产质量等方面信息的在线统计，如设备利用率、平均在制品库存、加权误期任务数等。该模块可以进行指定时间段内相关信息的统计分析，如 Pareto 图分析等。利用生产现场看板实现 MES 的数据统计以及排产查看等信息。通过报表、线型图、饼状图、柱状图等数据的展示手段，实现了人员统计、设备统计、物料统计、质量统计、任务统计，提供灵活的报表定制功能，生产管理人员可以直接在系统中通过简单的设置新增所需的统计内容、显示格式等，利用统计分析结果为生产管理层提供决策辅助。

另外，通过 MES 与多媒体系统、故障诊断系统等其他信息化系统相结合，还可实现生产过程中生产过程记录、关重设备监控等功能。

9.6　展望

随着航天事业的发展，航天电子产品会进一步加速产品研制速度，多品种、小批量的产品特点会向着更多品种、更小批次的方向发展，因此，为了适应未来产品的需求，应用数字化制造技术就显得尤其重要。

9.6.1　建立数字化协同模式

若将电子产品的制造过程定义为工艺准备、物料采购以及生产三大活动，那么现阶段，接收到设计输出后，工艺、物料、生产是一个串行的流程模式，如图 9 - 14（a）所示。而数字化协同模式会改变当前航天电子产品制造中形成的设计单位与生产单位分离的状况，实现设计与工艺的深度交互，工艺与物料的并行处理，现场生产的快速响应。将制造的全过程提前，并将各阶段的时间周期（T）进一步压缩，如图 9 - 14（b）所示。

1）设计部门形成初步文件时，工艺人员就参与进去，通过工艺知识专家系统和智能物料信息系统对设计人员的设计图纸进行工艺审查，保证产品的可实现性；

2）当设计图纸经过修改成熟后，物料采购和工艺活动同时进行，采购行为发生后，将实际信息更新并反馈给工艺系统；

3）工艺系统根据实际物料（代料、批次号）和生产计划数量形成工艺文件（流程图、设备程序、标准操作指导书、物料操作清单、工艺图表等文件）；

4）生产中根据阶段物料齐套情况，采用多样化的生产方式（专业化分工生产、单元生产、单人生产等），通过生产执行系统和质量管理系统将信息进行反馈，并完善工艺系统。

数字化协同模式将与制造相关的各种因素用网络连接起来，形成了一个完整的虚拟运行平台，同时又能监督、指导、控制实际的制造过程，保证了各个相关方的高效协作。数字化协同模式对现有组织管理模式提出了挑战，但也会极大地满足航天电子产品"多品

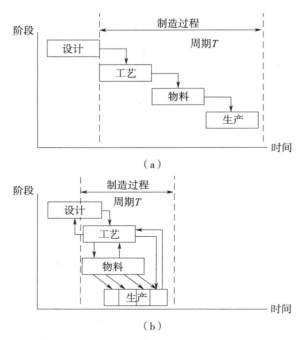

图 9-14　数字化协同模式的改变

种，小批量"的生产需求。

9.6.2　建立工艺知识专家系统

工艺知识专家系统的本质是将工艺人员多年的工作经验进行计算机程序化，辅助工艺人员快速地审查、判读设计文件，并自动生成各种工艺数据文件。但由于航天电子互联专业涉及多学科交互，部分工艺过程较难得到量化描述。因此，其关键技术是建立电子互联技术的量化工艺措施，使能够进行计算机程序化。主要结构如图 9-15 所示。

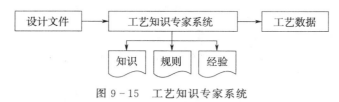

图 9-15　工艺知识专家系统

工艺知识专家系统可以弥补工艺人员经验认知的盲区，并通过生产制造过程的总结为其提供持续改进，完善功能。

参 考 文 献

[1]　王华侨，张颖. 数字化设计制造仿真与模拟 [M]. 北京：机械工业出版社，2010.

[2]　周传宏，马静，陈海华. 产品全生命周期管理技术-技术基础与案例分析 [M]. 上海：交通大学出版社，2006.

[3]　陈晓川，张暴暴，冯欣安，刘晓冰. 我国虚拟制造技术发展策略浅析 [J]. 机械设计与研究，1999（1）：12-14.

[4]　李明辉，屈胜利，朱欣志，陈亮，陈怀琛. EDMI 系统样件的拟实制造技术研究 [J]. 系统仿真学报，2001，13（2）：216-218，223.

[5]　董岩，常宏，屈胜利，朱欣志. 二维 VM 元器件动画模型库的一种建立方法 [J]. 计算机仿真，2003，20（5）：28-30.

[6]　曹啸博，许程东，胡春生. 云制造环境中的虚拟制造单元 [J]. 计算机集成制造 2012，18（7）：1415-1425.

[7]　乌尔里希·森德勒. 工业 4.0 [M]. 北京：机械工业出版社，2014.

[8]　李书阁. 面向单元化制造的车间制造执行系统研究及其应用 [D]. 重庆：重庆大学，2010.

附录　缩略语

A

ACA	Anisotropic Conductive Adhesive	各向异性导电胶
ACAF	Anisotropic Conductive Adhesive Film	各向异性导电胶膜
ADPE	Atmospheric Downstream Plasma Etching	常压等离子腐蚀
ASCII	American Standard Code for Information Interchange	美国信息交换标准码
ASIC	Application Specific Integrated Circuit	专用集成电路
AOI	Automatic Optical Inspection	自动光学检测
AWG	American Wire Gauge	美国线规
AXI	Automatic X – ray Inspection	自动 X 射线检测

B

BGA	Ball Grid Array	球栅阵列
BOM	Bill of Material	材料清单
BT	Bismaleimide Triazine	双马来酰亚胺三嗪

C

CA	Construction Analysis	结构分析
CAD	Computer Aided Design	计算机辅助设计
CAF	Conductive Anodic Filament	阳极导电丝
CAM	Computer Aided Manufacturing	计算机辅助制造
CAPP	Computer Aided Process Planning	计算机辅助工艺设计
CAX	Computer Aided X	计算机辅助，X 代表工程、设计、制造等
CCD	Charge Coupled Device	电荷耦合器件
CDM	Charged Device Model	充电器件模型
CGA	Column Grid Array	柱栅阵列
CMOS	Complimentary Metal – Oxide Semiconductor	互补型金属氧化物半导体
CMP	Chemical Mechanical Polishing	化学机械抛光
CIMS	Computer Integrated Manufacturing System	计算机集成制造系统
COB	Chip On Board	板上芯片直装

COF	Chip On Film	柔性芯片
COG	Chip On Glass	玻璃衬底芯片
CPU	Central Processing Unit	中央处理器
CRM	Customer Relationship Management	顾客关系管理
CSP	Chip Scale Package	芯片尺寸封装
CTE	Coefficient of Thermal Expansion	热膨胀系数
CTI	Comparative Tracking Index	相比漏电起痕指数

D

DCA	Direct Chip Attach	芯片直接粘接技术
DCS	Distributed Control System	分布式控制系统
DFX	Design for X	可行性设计，X 代表制造、测试等
DIP	Dual Inline Package	双列直插封装
DMU	Digital Mock – Up	数字化样机
DNC	Distributed/Direct Numerical Control	分布式/直接数字控制
DPA	Destructive Physical Analysis	破坏性物理分析
DSP	Digital Signal Processor	数字信号处理器
DRC	Design Rule Checking	设计规则检查

E

EAM	Enterprise Asset Management	企业资产管理
EBOM	Engineering Bill of Material	设计材料清单
EDA	Electronic Design Automation	电子设计自动化
EMC	Electromagnetic Compatibility	电磁兼容性
ENIG	Electroless Nickle/Immersion Gold	化学镀镍/浸金
EOS	Electrical Overstress	电气过载
ESD	Electrostatic Discharge	静电放电
ERP	Enterprise Resource Planning	企业资源计划

F

FC	Flip Chip	倒装芯片
FCB	Flip Chip Bonding	倒装焊
FCT	Flip Chip Technology	倒装芯片技术
FP	Flat Package	扁平封装
FPD	Flat Panel Display	平板显示器

FPGA	Field Programmable Gate Array	场可编程门阵列
FT - IR	Fourier Transform - Infrared Spectrum	傅里叶变换-红外光谱

G

GPIB	General Purpose Interface Bus	通用接口总线

H

HALT	Highly Accelerated Lift Test	高加速寿命试验
HASS	Highly Accelerated Stress Screen	高加速应力筛选
HAST	Highly Accelerated Temperature/Humidity Stress Test	高加速温度和湿度应力试验
HBM	Human Body Model	人体模型
HDI	High Density Interconnect	高密度互联
HIC	Hybrid Integrated Circuit	混合集成电路
HMIC	Hybrid Microwave Integrated Circuit	微波混合集成电路

I

IC	Integrated Circuit	集成电路
ICP	Integrated Circuit Package	集成电路封装
ICA	Isotropic Conductive Adhesive	各向同性导电胶
ICT	In Circuit Test	在线电路检测
IMC	Intermetallic Compound	金属间化合物

K

KGD	Known Good Die	已知好芯片

L

LCC	Leadless Chip Carrier	无引线芯片载体
LCCC	Leadless Ceramic Chip Carrier	无引线陶瓷芯片载体
LCD	Liquid Crystal Display	液晶显示器
LNA	Low Noise Amplifier	低噪声放大器
LTCC	Low Temperature Co - fired Ceramic	低温共烧陶瓷
LTPD	Lot Tolerance Percent Defective	批允许失效率

M

MBOM	Manufacturing Bill of Material	制造材料清单
MCM	Multi Chip Module	多芯片组件
MCP	Multi Chip Package	多芯片封装
MEMS	Micro Electro Mechanical System	微机电系统

MES	Manufacturing Execution System	制造执行系统
MET	Manufacturer Exposure Time	制造商暴露时间
MIC	Microwave Integrated Circuit	微波集成电路
MM	Machine Model	机器模型
MMIC	Monolithic Microwave Integrated Circuit	微波单片集成电路
MMT	Mixed Mount Technology	混合安装技术
MOS	Metal Oxide Semiconductor	金属氧化物半导体
MRPⅡ	Manufacturing Resource Planning	制造资源规划
MTBF	Mean Time Between Failure	平均失效间隔时间
MTTF	Mean Time To Failure	平均失效发生时间

N

| NF | Noise Factor | 噪声系数 |

O

| OM | Optical Microscopy | 金相切片分析 |

P

PA	Power Amplifier	功率放大器
PACE	Plasma Aided Chemical Etching	等离子辅助化学腐蚀
PBOM	Process Bill of Material	工艺材料清单
PCA	Printed Circuit Assembly	印制电路板组装件
PCB	Printed Circuit Board	印制电路板
PDA	Percent Defective Allowable	允许失效率
PDA	Personal Digital Assistant	个人数字助理
PDM	Product Data Management	产品数据管理
PET	Polythylene Terephthalate	聚对苯二甲酸乙二醇酯
PGA	Pin Grid Array	针栅阵列
PI	Polyimide	聚酰亚胺
PIND	Particles Impact Noise Detection	颗粒碰撞噪声检测
PTFE	Polytetrafluoroethylene	聚四氟乙烯
PLC	Programmable Logic Controller	可编程逻辑控制器
PLCC	Plastic Leaded Chip Carrier	塑料有引线芯片载体
POP	Package On Package	叠层封装
PWB	Printed Wiring Board	印制线路板

Q

QFJ	Quad Flat J – leaded Package	四边 J 形引线扁平封装
QFN	Quad Flat Non – leaded Package	四边无引线扁平封装
QFP	Quad Flat Package	四边引线扁平封装

R

RET	Reliability Enhancement Test	可靠性强化试验
RF	Radio Frequency	射频
RFID	Radio Frequency Identification	射频识别

S

SAM	Scanning Acoustic Microscope	扫描声学显微镜
SCP	Single Chip Package	单芯片封装
SCM	Supply Chain Management	供应链管理
SEM	Scanning Electron Microscope	扫描电子显微镜
SiP	System in Package	系统级封装
SIR	Surface Insulation Resistance	表面绝缘电阻
SMA	Surface Mount Assembly	表面贴装组件
SMD	Surface Mount Device	表面贴装器件
SMT	Surface Mount Technology	表面贴装技术
SOC	System On Chip	系统级芯片
SOIC	Small Outline Integrated Circuit	小外形集成电路
SOJ	Small Outline J – leaded Package	小外形 J 形引线封装
SOP	Small Outline Package	小外形封装
SOT	Small Outline Transistor	小外形晶体管
SPI	Solder Paste Inspection	焊膏检测

T

TCP	Tape Carrier Package	载带封装
TDR	Time Domain Reflectometer	时域反射计
THT	Through Hole Technology	通孔插装技术
TO	Transistor Outline	晶体管外形
TOL	Time of Label	标签时间
T/R	Transmit/Receive	发射/接收
TSV	Through Silicon Via	硅通孔技术

U

UBM　　　　　　Under Bump Metallization　　　　　　　　　　　　焊球底部金属层

V

VCO　　　　　　Voltage Controlled Oscillator　　　　　　　　　　　压控振荡器

W

WB　　　　　　Wire Bonding　　　　　　　　　　　　　　　　　　　引线键合